2004 年摄于瑞典首都斯德哥尔摩。

2015 年摄于上海苏州河畔寓所。

左起：弗莱登塔尔，魏思林，唐瑞芬，张奠宙。1987 年摄于上海莘庄。

访问陈省身先生（前者）。2004 年摄于南开大学宁园。

张奠宙（右）夫妇与杨振宁先生（中）合影。2009 年摄于上海静安宾馆。

ICMI 的 5 位华人执委合影。摄于 2013 年。左起：张英伯，梁贯成，张奠宙，李秉彝，王建磐。

与三位数学教育学者（均曾任师范大学校长）合影。摄于 2013 年。左起：王建磐，史宁中，张奠宙，宋乃庆。

与马知恩（左三）、顾沛（左二）等在高等数学教学研究会上。摄于 2010 年。

在 ICMI-10（哥本哈根）做 45 分钟报告（与戴再平合作）。摄于 2004 年。

在全国学科教师教育论坛上做大会演讲。2008 年摄于上海。

访问美国数学会。2007 年摄于美国罗德岛。

与华人学者合影。左起：梁贯成，蔡金法，马立平，张奠宙，黄毅英，郑振初，汪甄南，范良火。摄于2013年。

与国内的几位老专家合影。左起：唐复苏，唐瑞芬，李文林，张奠宙，戴再平，吕传汉，王林全。摄于2013年。

张奠宙夫妇与儿孙们合影。2013 年摄于上海苏州河畔寓所。

张奠宙夫妇合影。2018 年 2 月 20 日摄于上海寓所。

SHUXUE JIAOYU ZONGHENG

数学教育纵横

（张奠宙自选集）

● 张奠宙 著

广西教育出版社
南宁

图书在版编目（CIP）数据

数学教育纵横／张奠宙著．—南宁：广西教育出版社，2018.3（2023.1 重印）

ISBN 978-7-5435-8408-2

Ⅰ.①数…　Ⅱ.①张…　Ⅲ.①数学教学-研究-中国　Ⅳ.①O1

中国版本图书馆 CIP 数据核字（2017）第 301830 号

策　　划　黄力平
责任编辑　陶春艳　　　　　装帧设计　刘相文
责任校对　何　云　　　　　责任技编　胡庆团

出 版 人：石立民
出版发行：广西教育出版社
地　　址：广西南宁市鲤湾路 8 号　　邮政编码：530022
电　　话：0771-5865797
本社网址：http://www.gxeph.com
电子信箱：gxeph@vip.163.com
印　　刷：广西民族印刷包装集团有限公司
开　　本：787mm×1092mm　1/16
印　　张：34.25
字　　数：510 千字
版　　次：2018 年 3 月第 1 版
印　　次：2023 年 1 月第 5 次印刷
书　　号：ISBN 978-7-5435-8408-2
定　　价：82.00 元

自　序

2017年元月的一天，上海的天空有点雾霾。望着窗外冬日暖暖的太阳，终于下决心坐下来写这本《数学教育纵横》的自序。取名“纵横”，是为了和“经纬”（《数学教育经纬》，江苏教育出版社，2003年）相呼应。事实上，这是两个不同时期的文字记录。

回顾我的数学教育人生，大致有三个阶段。

1956年，我从华东师范大学数学系的数学分析研究班毕业，到1986年兼职数学教育研究室的研究员，是为数学教育研究打基础的阶段。在这三十年里，既有为了向科学进军而埋头读书的日子，也有搞“教育革命”到车间田头办学上课的经历。既有去复旦大学随夏道行先生研究算子谱论的安静时光，也有“文革”十年的蹉跎岁月。总体上说还是打基础，扩视野，吸取正反面的经验教训。就以1958年“大跃进”时期的空想狂热来说，最后沉淀下来的是远远地望见了世界数学发展的路标，由此知道了有拓扑学、抽象代数、微分几何、泛函分析、微分算子、计算数学、运筹学等数学学科的存在。在国家经济困难的20世纪60年代初，潜心读书，力求走上数学研究的道路。正所谓站得高才能看得远，走得多才能看得清。

1986年，我因研究算子理论升任教授，同时受托兼任华东师范大学数学系数学教育研究室的研究员。这成了我加入数学教育界的发端。从1986年进入数学教育界，到2001年68岁退休的15年，是我数学教育人生的第二个阶段，也是我学习国内外数学教育的探索阶段。幸运的是，我有机会到布达佩斯参加了1988年的第六届国际数学教育大会，并于1994年在华东师范大学主持了规模空前的ICMI-中国数学教育会议。由此一步步走向世界，以至担任过国际数学教育委员会（ICMI）的执行委员（1995—1998）。与此同时，我因研究现代数学史，结识了杨振宁先生和陈省身先生，并在王宽诚基金会的支持下到美国纽约市立大学、纽约州立大学（石溪）、加州伯克利的美国国家数学研究所进行了两年的访问。耳濡目染两位科学大师的言行，以及对国外数学教育状况的亲历，使我有了一定的全球视野。回国后借助长达14年的数学教育高级研讨班进行消化吸收，渐渐加深了对中国数学教育的理解，也更加尊崇中国数学教育。2003年，我70周岁，江苏教育出版社推出的《数学教育经纬：张奠宙自选集》记录了我这一阶段的心路历程。

进入21世纪，我翻开了学术人生的又一页。新世纪到来的时候，国家经济开始起飞，教育经费大幅增加，国家拨专款开展课程改革。政府主导的课程改革，倡导“自主、探究、合作”的教育理念，建立基础教育各科的课程标准，大幅度修订教材，直至改变课堂教学模式。我有幸和严士健教授一起担任了高中数学课程标准制定组的组长。这次课改的大方向无疑是正确的，但是有些做法有待细细斟酌。由于我知道中国学生在IAEP国际测试中的数学成绩遥遥领先，并已经产生了重大的国际影响，也知道中国数学教育界有“双基”（基础知识和基本技能）教学的传统，具有鲜明的中国特色，因而在工作中保留了自己的看法。例如，在《全日制义务教育数学课程标准（实验稿）》里没有提及“双基”，但在高中数学课程标准里却明确强调“双基”。我除参与高中数学课程标准的研制之外，还在2003年和2004年组织高级研讨班研讨数学“双基教学”，并主编《中国数学双基教学》（上海教育出版社，2006年），目的是尝试把“双基教学”系统化和理论化，将它作为中国数学教育的特色推向世界。

2001年，我68岁退休。退休之后，没有了团队，没有了学生，没有了项目，我成了“孤家寡人”。但有一个好处，就是有大把的时间，在领导、朋友和同行的支持下可以静心写作。2002年，国际数学家大会在北京召开，我适时推出《20世纪数学经纬》、《数学无国界：国际数学联盟的历史》（译作），编辑《陈省身文集》，随后出版《陈省身传》，在现代数学史研究上做了一番努力。与此同时，在数学教育方面，力求发表有创新性的研究成果。具体说来，有以下尝试：

●编写具有中国特色的《数学教育学》。2004年，与宋乃庆教授一起主编《数学教育概论》，以全新的国际视野阐述数学教育学特定的规律，以大量的中国数学教育教学案例（包括“数学双基教学”）彰显中国特色，以理论篇和实践篇的分述帮助读者更好地走上教学岗位。

●主持编写《中国数学教育研究丛书》（广西教育出版社，2006—2012年）。邀请著名学者撰写具有中国特色的数学教育专著共17卷，系列化地展现中国数学教育研究成果。该丛书被列为国家“十一五”重点图书出版规划项目。

●在树立民族自信的信念驱动下，研究数学教育的中国特色，出版《中国数学双基教学》（上海教育出版社，2006年）、《数学教育的中国道路》（上海教育出版社，2013年）。

●开拓“数学欣赏”的研究领域，以中国古诗意境阐发数学内涵。出版《情真意切话数学》《数学文化教程》。

●开拓大学数学教育研究领域。出版《大学数学教学概说》（高等教育出版社，2015年），这是关于大学数学教育的第一本著作。

●系列研究小学数学教材。在2014～2015年的两年中，发表了近30篇评论现行小学数学教材的文章，找出教材中存在的缺失，给出改进的建议，引起小学数学教育界的重视，目前上海教育出版社已据此出版了《小学数学教材中的大道理》。

在出版这些著作之后，还有一些见于各处的单篇文字，也有一点特色。将它们汇集起来，就是本书的任务了。广西教育出版社的老朋友黄力平知道了，就爽快答应在他那里出版。与力平老友相交已有几十年，早在我刚刚踏进数学教育圈，还默默无闻的时候，他就帮忙刊印我的一些著作，多年来我心存感激。他对我说，那就在2018年推出，算是《数学教育经纬》之后15年工作的一次总结，也凑巧是您85岁，向您表示庆贺之意。老友盛情，感人肺腑。

翻检从2003年以来关于数学教育研究的文字，可以分为以下几编，并大体按发表时间先后顺序排列。

第一编，涉及“数学教育的中国特色”。这是我近十年来的主要工作领域。其中开头两篇是正面论述数学教育的中国道路以及未来发展，接着是讨论中华传统文化对数学教育的影响，从历史角度考察数学教育如何拒绝杜威的实用主义教育。这一编里的一个关键词是“数学双基教学”，以及后来发展的“四基”模型。那篇总结我数学教育研究心路历程的文章，算是对这一时期的回顾与检讨。数学教育的中国道路涉及面很广，例如数学教育原则、数学文化欣赏和数学的教育形态等，这些在国际上少有论述。有两篇谈到从工具性理解到创新性理解，以及理解与记忆的关系，这是有关学习心理学的文章，立足于我国自己的实践，具有一定的实证价值。还有一篇记录了中国数学教育走向世界的一些事实，希望有助于增强民族教育的自信。

第二编，是对数学教育新视角的论述。其中有许多是特约稿，如改革开放30年的数学教育回顾、重大的数学教育论争和21世纪前十年的数学教育预测与回顾等。更多的是有关数学学科德育、基本数学教学方法、基本数学活动经验、数学教学中的合作学习等的阐述。还有一些则是触及当时现实的“商榷”与“论争”的文字。无论如何，这些文字都是那个时代的一种历史记录。

第三编，是关于数学文化和数学欣赏的文字。十余年来，我在这方面着力颇多，把相关文字集中起来，便于浏览。

第四编，则是一组访谈录。那是在2005～2009年的几年间，和有关同事的谈话记录。这些谈话，比较生动地记叙了一些数学教育故事，也是一份历史记录。

编完本书之后，觉得遗憾很多。对读者来说，一个重大的麻烦是重复。一个观点在许多文章中反复出现。尤其是“三根导线”的例子和对顶角相等证明的分析，就被反复使用了N次，肯定令人生厌。但是它们都嵌入了原文，无法删去。因此，深感对不起读者，请大家原谅。

60年的数学教学生涯，弹指一挥间。平生没有什么大的作为，无非是教书、写作两件事情。简单地总结是：

数学，数学史，数学教育，文章千古事；

教书，教书匠，教书育人，得失寸心知。

近些年来，我几进几出医院。80多岁的老人，一旦疾病缠身，什么事情都有可能发生。我将文稿的电子稿发往广西教育出版社，力平回信说他会亲力亲为做好编辑工作。

展望未来，中国的数学教育一定会有进一步的发展。2020年国际数学教育大会将在上海召开，这也许是展示中国特色的一个重要契机。如果本书的出版能多少有点帮助，幸甚至哉。

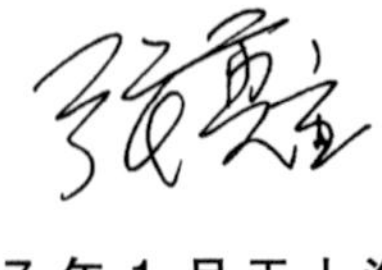

2017年1月于上海

目　录

自　序　/ 1

第一编　数学教育的中国特色 / 1

一、数学教育的中国道路 / 2

二、未来十年中国数学教育展望 / 26

三、中华文化对今日数学教育之影响 / 32

四、中国数学教学中的"双基"和开放题问题解决 / 41

五、"四基"数学模块教学的构建

——兼谈数学思想方法的教学 / 62

六、中国数学教育拒绝实用主义

——从徐光启、傅种孙到姜伯驹 / 74

七、建设中国特色数学教育学的心路历程 / 84

八、数学教学原则研究 / 133

九、数学教学中记忆与理解关系的调查研究 / 144

十、工具性理解、关系性理解和创新性理解 / 153

十一、教育数学是具有教育形态的数学 / 167

十二、数学文化课程需要系统化的总体设计 / 178

十三、数学和古典诗词的意境 / 195

十四、学科教育：教育发展的战略重点 / 201

十五、用西方话语体系诠释中国数学教育 / 212

十六、一个期盼：建设中国数学教育学派 / 217

十七、中国数学教育发展的一个标志 / 220
第二编 **数学教育述评 / 225**
一、期盼中国教育科学研究具有“大国”风范 / 226
二、代数教学中的模式直观 / 233
三、对《全日制义务教育数学课程标准（实验稿）》理念部分的意见 / 243
四、让我们来重新认识“三角”
——兼谈数学教育要在数学上下功夫 / 251
五、《数学教育学报》的筹办、发展与展望 / 255
六、“基本数学经验”的界定与分类 / 266
七、关于“现实数学”与“数学现实” / 275
八、数学教育改革开放30年 / 284
九、在坚实的基础上谋求创新发展
——数学教育60年回顾 / 295
十、21世纪前10年数学教育：预测和回顾 / 301
十一、弹指二十年，《导引》谱新篇
——《数学教育研究导引（二）》导读 / 312
十二、上海中小学数学教材应该有一个新的进展 / 319
十三、架起沟通语文和数学两科教学的桥梁 / 324
十四、因式分解怎么教 / 329
十五、珠算进入2011年版数学课程标准的参与经过 / 333
第三编 **数学文化与数学欣赏 / 338**
一、中国的皇权政治与数学文化 / 339
二、数学证明·数学意识·数学文化
——为萧文强先生光荣退休而作 / 348
三、关于数学史和数学文化 / 353
四、构建学生容易理解的数学教育形态
——数学和人文意境融合的20个案例 / 363
五、数学文化呈现的若干教学案例 / 378
六、一份“函数单元”的文化清单 / 389

七、万变不离其宗
——数学欣赏：欣赏数学中的不变量与不变性质 / 394
八、欣赏数学的真善美 / 399
九、数学欣赏：一片等待开发的沃土 / 412
十、数学欣赏论文点评选载 / 421
十一、数学归纳法与愚公移山故事 / 431
十二、八十老翁对话中美数学教育 / 434
第四编 数学教育访谈录 / 438
一、张奠宙、陈省身谈话录：陈省身谈数学教育 / 439
二、张奠宙、李旭辉谈话录：聚焦美国数学教育改革
——从一则美国的数学教育新闻谈起 / 443
三、张奠宙、李旭辉谈话录：关于数学知识的学术形态和教育形态 / 447
四、张奠宙、李旭辉谈话录：《成功需要基础》给我们的启示 / 450
五、张奠宙、冯承德、徐云华谈话录：中国数学教育的软肋——高中空转
——冯祖鸣老师等访谈录 / 455
六、张奠宙、冯承德、徐云华谈话录：没有批评表扬的学校管理
——在美国中学任数学教师的一些个人感受 / 459
七、张奠宙、张荫南谈话录：关于数学问题解决的谈话 / 463
八、张奠宙、毛宏德谈话录：为什么澳大利亚的学校没有升学压力 / 469
九、张奠宙、康士凯、邹一心谈话录：从 20 年来的课程改革看今天 / 474
十、张奠宙、顾鸿达、康士凯、朱成杰谈话录：从 1939 年的数学高考试卷谈起 / 483
十一、张奠宙、张景中、王鹏远谈话录：超级画板有了免费版和“方便面” / 489

十二、张奠宙、黄毅英谈话录：关于东西方数学教育观念的碰撞 / 497

十三、方均斌、李秉彝、张奠宙谈话录：数学教育三人谈 / 502

十四、邹佳晨、张奠宙、汪晓勤、李旭辉访谈录：究竟什么是方程

——析“含有字母的等式叫方程”之误 / 518

附录 张奠宙著作目录 / 525

第一编 数学教育的中国特色

第一编共十七篇文章，集中论证了数学教育的中国特色，以及对未来的展望。其中包括中华文化对今日数学教育的影响，拒绝杜威的实用主义教育观，作者在国际数学教育大会上所做的报告，以及“数学双基教学”“数学‘四基’”“数学理解”“数学教学原则”“记忆与理解”“教育数学”等重大课题的理论探讨，并总结了作者在研究这一过程中的心路历程。接下来几篇有关数学文化的建设和中国数学教育走向世界的一些历史性文字，是一种新的思考。关于数学学科教育的论述，不再依附“三论”（教学论、学习论、课程论）学说，力图走自己的路。

一、数学教育的中国道路

我国古代的数学和数学教育，有过辉煌的历史，但在宋元以后渐渐落伍。清末民国初期废科举、兴学校，数学教育开始向民众普及。不过，那时中小学的数学课程，并非植根于中国传统数学教育，而是另起炉灶，全盘从西方引进的。一百多年来，中国数学教育博采众长，采取兼容并包的方针，终于走出了一条具有中国特色的数学教育道路。进入21世纪以来，中国数学教育已经成为世界同行关注的一个焦点。上海在PISA国际测试中的优异成绩进一步使世界的目光聚焦于中国。中国数学教育正在大步走向世界。本文拟探讨数学教育中国道路的形成，研究其基本理念，总结我国数学课堂教学的主要特征。与此同时，分析、克服存在的弱点，进一步深化数学教育的改革。

（一）中国数学教育道路的基本内涵

辛亥革命以后，我们注重学习西方文化的精髓。数学教育也是如此。我们先学日本，辗转引进赫尔巴特的教育学说。继之崇尚欧美，包括美国杜威的进步主义教育。1949年，新中国成立之后，又全面学习苏联（一个数学超级大国）的经验。实行改革开放政策之后，我们更是全方位地引进欧美数学教育理念。可以说，像中国这样，既具有悠久的数学教育文化积淀，又能全方位地从包括苏联和美国在内的国外数学教育吸取营养的国家不多。

经过半个多世纪的努力，大约在20世纪60年代初，我国基本完成了数学教育的本土化历程。一个标志性的事件是1963年《全日制数学教学大纲（草案）》的公布。这份大纲，通过总结正反两方面的经验教训，确立了中小学的数学课程体系，构筑了“数学双基教学”的理念，提出了“数学三大能力”，总结出适合中国国情的课堂教学环节。可以说，中国数学教育的特色由此初步形成。

此后的“文革”十年使得数学教育受到严重的创伤。但是即便如此，在中国固有数学教育传统的支撑下，广大数学教师用自己的努力维持教学秩序，体现出中国数学教育传统的韧性。中国经济起飞，有中国数学教育的一份不可磨灭的贡献。其中的历史经验，也是数学教育中国道路的一个组成部分。

世界认识中国数学教育，是从中国的中学生参加国际数学奥林匹克竞赛开始的。从 1989 年开始，中国多次获得这一项竞赛的总分第一，为世界瞩目。至于中国数学教育的整体状况，则以 1989 年的国际教育成就评价（International Assessment of Education Progress，简称 IAEP）为肇始。在那次周密组织的抽样测试中，中国大陆 13 岁学生的数学成绩以 80% 的正确率位居第一，领先于第二位（73%）的韩国和中国台湾的学生。2009 年，中国上海初中学生参加国际学生评估（PISA）测试，数学成绩居于第一位。

这一现象，很自然地引起国外教育界对中国数学教育的关注。1996 年，曾在香港任教的澳大利亚著名学者维金斯和别格斯合著的 *The Chinese Learner*: *Cultural*, *Psychological and Contextual Influences*，提出了一个问题："为什么华人学习者能够取得优良的学习成绩，但是他们的教学过程看起来却非常陈旧？"[1] 这就是所谓的"中国学习者悖论"。西方学者无法理解，为什么教育经费投入严重不足的中国，却能够取得优良的国际测试成绩？为什么中国数学教育方式看起来属于死记硬背一类，中小学生却能够在数学理解上超过国外的中小学生？西方发达国家建立了许多数学教育理论，固然能够揭示一些数学认知的普适规律，但却无法解释中国数学教育所取得的成就，因而称之为"悖论"。

实际上，中国数学教育之所以能够有成功的一面，并不是不能解释的"悖论"。只是由于没有系统地研究中国数学教育的特殊道路，因而无法加以解释而已。

这里，我们不妨回忆一位老教育家的真知灼见。华东师范大学刘佛年教授这样说过：

我从旧中国的教育看到新中国的教育，经历过几十年来的风风雨

---

[1] WATKINS D A, BIGGS J B. The Chinese learner: cultural, psychological and contextual influences [M]. Hong Kong: CERC&ACER, 1996.

雨。教育无非是两种。一种是讲授式，教师以高水平、启发式的讲解，让学生容易接受。代表人物是赫尔巴特、夸美纽斯和凯洛夫。另一种是活动式，创设情境，让学生在活动中探索，主动地获得知识。代表人物是杜威。两者各有长短。那么我们中国应该采取什么态度呢？那就是兼容并包，不能走极端。一般地说，做学问可以有自己的特色，以便形成独特的学派。但是，指导实际工作、干事，不能走极端，真理往往在两个极端的中间。[1]

这就是说，兼容并包，把国际上各种优秀教育理念综合地进行理论分析和实践检验，中国数学教育已经走出了一条具有东方智慧的道路。

那么，现代中国数学教育如何定位？数学教育的"中国道路"应该怎样表述？如何实事求是地认识自己的长处和短处？我们不妨做如下概括：

中国数学教育，以人的全面发展理论为指导，继承中国几千年来的优秀教育传统，采取兼容并包、博采众长、扎根本土、勇于实践的态度，进行了百年实践。

中国数学教育特色的核心是："在良好的数学基础上谋求学生的数学发展。"这里的"数学基础"主要是数学"双基"（数学基础知识和基本技能）和三大数学能力（数学运算能力、空间想象能力和逻辑思维能力）。数学发展是指注重数学活动经验的积累，提高学生用数学思想方法分析问题和解决问题的能力，促进学生在德、智、体等各方面的全面发展。

中国数学教育避免走极端，即主张教师主导作用与学生主体性的辩证统一；打好基础与创新发展的有效平衡；接受性学习和探究性学习的适度对接；数学思维中理解与熟练的交互影响；数学学科知识与教学知识的有机结合。

与此相应的教学方式突出"数学内容本质的理解"。其主要特征包

[1] 摘自凤凰网2011年10月15日发布的凤凰视频"华东师大名师云集，入选新中国首批重点高校"，http://v.ifeng.com/news/society/201110/396bdc11-ee8e-4da4-bbf3-c37bb8a387d5.shtml。

括数学新知的导入教学、数学尝试教学、教师主导下的师班互动教学、数学变式教学以及数学思想方法教学等。

我们将在下面进一步论述数学教育中国道路的理念和特征。

（二）中国数学教育道路的文化背景

中国的数学教育重视基础知识和基本技能的教学，并坚持在此基础上谋求学生的全面发展。形成这样的理念绝非偶然，这是几千年来中华文明发展的必然结果。

第一，是农耕文化的影响。中国历史上，从天子亲耕，皇后亲蚕，到循吏劝农，无非就是要调动农民的生产积极性，使农民勤于生产。中国农民在田地里辛勤劳动的美德，为中国读书人提供了勤奋的榜样。勤劳的美德移到教育上来，就是强调“苦读”。精耕细作的勤奋，反映在数学教育上，就是倡导熟能生巧，要求背诵“九九表”，熟悉算法，注重解题。

第二，是儒家文化中的演绎思考的影响。儒家学说在整体上作为演绎体系呈现。这就是说，儒家经典相当于公理；大学问家的注释，相当于由公理出发进行的推理；读书人写八股文章，只是将公理和推理拼接起来的一个作业。因此，在学术逻辑架构上，数学和儒家并不发生抵触。事实上，清朝统治者从来没有害怕过西方数学，更没有反对过西方数学。

第三，是考试文化对数学教学具有正面和负面的作用。正面作用是：激励机制，明确方向；重视基础，善于书面表达，完美准确地给出答案。负面作用在于功利主义倾向。“书中自有黄金屋”“学而优则仕”等。在评价方法上，“一次性的、限时限刻的笔试”只能考查“基础”，特别是能够比较客观、公平地打分的那些“基础”。这样的考试成绩也只能反映应试者的知识识记水平，难以反映其发现创新、公关交流和合作领导等能力。

第四，是考据文化对数学教育的影响。清代中叶以戴震、阮元等为代表的考据学派注重证据的考证研究方法，与数学的逻辑严谨性十分接近。考据学派中的相当一部分人都是数学家，这并非偶然。

第五，是中华教育文化的影响。其中既有“教学相长”“温故知新”“举一反三”“诲人不倦”“传道、授业、解惑”等经典传统的影响，也包括“熟能生巧”“台上一分钟，台下十年功”“师父领进门，修行在个人”等民间俗谚的影响。

以上这些文化背景已经深入中国广大数学教育工作者的血液之中，成为他们教育行为的指针。

（三）中国数学教育道路的历史形成

中国的现代数学教育和整个教育的前进步伐一样，一方面以实事求是和兼容并包的方式，吸取国际上的优秀经验；另一方面又按照固有教育文化传统的浸润，进行本土化的改造。这一进程共分四个阶段。

第一阶段（1911—1949），引进国外各种不同的教育学说，以及20世纪初国际数学教育改革的进展信息，初建中国数学教育。

第二阶段（1949—1966），在学习苏联的环境下，经过1958年教育革命的曲折，总结自己的实践经验，初步形成了中国数学教育的特色。

第三阶段（1966—2000），通过对“文革”十年的拨乱反正，引进欧美教育理论，提出素质教育。中国数学教育坚持“双基”数学教学，开创数学思想方法的教学。

第四阶段（2000年以后），新世纪的课程改革自上而下地提出“自主、探究、合作”的教学模式，通过不断地实践、辩论、调整，《义务教育数学课程标准（2011年版）》获得了适度的平衡。

中国的数学教育一直处在改革的旋涡之中。确实，要前进就必须改革。但是，教育改革不能折腾。这方面我们既有正面的经验，也有反面的教训。以下让我们聚焦于几个重要的数学教育事件。

1. 关于杜威教育学说对数学教育的影响

1901年5月，留日归来的王国维在上海担任《教育世界》杂志的主编，并亲自翻译立花铣三郎著的《教育学》[1] 和藤泽利喜太郎著的

[1] 教育丛书（初集）[M]. 上海：教育世界出版所，1901.

《算术条目及教授法》[1]。这表明清末中国文化学者对数学教育的重视。这两部著作介绍了许多西方教育家（特别是赫尔巴特）的教育教学思想，对中国数学教育产生了重要影响。

约翰·杜威（John Dewey，1859—1952）是美国进步主义教育运动的代表。1919年，杜威来华访问，足迹遍及14个省（市）。五四运动前后，杜威的实用主义教育思想是当时最重要的教育思潮，影响之大，超乎寻常。

杜威的学生、美国教育家克伯屈（W. H. Kilpatrick）提出"设计教学法"，帕克赫斯特（H. H. Parkhurst）倡导"道尔顿制"，华虚朋（C. W. Washburne）则有"文纳特卡制"等具体的教学模式。帕克赫斯特、克伯屈和华虚朋还分别于1925年7月、1927年3月和1931年2月访问中国，宣传他们的教育理论和方法。杜威的一些学生先后在北京、南京、上海、苏州等地开办了一些实验学校[2]。

但是，中国教育家对杜威教育思想和教学实验进行了筛选，抵制了其中的一些错误做法。我国近现代著名教育家廖世承将东南大学附中的道尔顿制实验与普通班教学进行了对比研究，写成的《东大附中道尔顿制实验报告》一书，其结论是：

优点是道尔顿制较能适应学生个性；教员可以因此经常与学生接触；学差生可多得指导的机会；大多数学生因之而增加自主的能力。缺点是费时，不经济，练习簿先后交免不了抄袭，懒惰者不易督促。困难在于因学生学程前后参差不齐，有时牵动太多，不免增加教师与办事人员的困难；教师特别费力、费时……道尔顿制的特色在于"自由与合作"，但根据我国具体条件很难实行，"班级教学虽然有缺点，但也有它的特色"。[3]

这一报告，显示了杜威的实用主义教育理论在我国的教学实践并不成功。1926年以后，中国的道尔顿制实验热潮急速衰退，名噪一时

---

[1] 连载于1901～1902年的《教育世界》杂志。
[2] 单中惠. 杜威："西方孔子"在中国（下）[N]. 中国教育报，2007-06-15.
[3] 廖世承. 东大附中道尔顿制实验报告 [M]. 上海：商务印书馆，1925.

的道尔顿制实验从此偃旗息鼓[1]。

杜威的实用主义教育，只认可与日常生活需要的“消费数学”，全盘排斥充满理性精神的古希腊数学，甚至根本否认中小学课程包含“几何学”“代数学”的必要性。

克伯屈原是一位数学教师，后来投入杜威门下。他在20世纪20年代曾有两段十分“雷人”的话：“就日常生活中的思维类型而言，数学害大于利。现有中学的代数学和几何学的学习不应继续下去”，“我们过去教的代数和几何，不是太少，而是太多了”。克伯屈在中国演讲中甚至明确地说：“有许多科目，例如代数、几何、论理学学科，若不是为了升学起见，完全无用。宜选用适合中国国情的课程。”[2] 这种排斥几何学的观点，受到中国数学教育界的抵制。

傅种孙（1898—1962）是民国时期中国数学教育的领袖人物。他是一位数学家。1922年，他翻译出版了罗素的《罗素算理哲学》（*Introduction to Mathematical Philosophy*）。接着，他又在1924年翻译出版了形式主义数学哲学创始人希尔伯特（David Hilbert，1862—1943）的名著《几何原理》（今译《几何基础》）。20世纪20年代初，傅种孙曾在北京师范大学附中兼课。钱学森回忆说：“听傅（种孙）老师讲几何课，我第一次懂得了什么是严谨科学。”[3] 1929年，傅种孙聘请专家编写初、高中数学教材。到1935年，除高中代数之外，教材已经全部问世。这是我国足为楷模的一套数学教科书。

美国实用主义教育对数学教育的歧视，也受到我国著名数学家陈建功的批评与调侃：

哥仑比亚（今译哥伦比亚）大学教育学教授司内屯竟这样说：“‘消费者的数学’——算术的一部分——自然是人人所必需且不可以省略的，但是中学教的代数和几何，未必人人所必需，不必作为正科，应

[1] 汤才伯．现代教育宗师，办教育者楷模——纪念我国著名教育家、心理学家廖世承诞辰120周年［N］．文汇报，2012-06-11．

[2] 胡叔异、张铭鼎整理，《克伯屈在沪演讲录》《克伯屈在京演讲录》，原载于《教育杂志》1927年第19卷第5、第6期。

[3] 祁淑英，魏根发．钱学森［M］．石家庄：花山文艺出版社，1997：15．

改为随意科（选修课）。至于数学的陶冶价值，几乎无穷小。”……我们于此可以断言：美国数学教育的特色，是在培养“小市民性”。美国的数学教科书，是富于小市民的实用性和学习心理的色彩。[1]

仔细寻味可知，这些把数学仅仅用于消费性商业、为小市民服务的错误主张，正是杜威的实用主义教育观念所派生出来的。所幸的是，当时我国虽然曾经大规模推行杜威的实用主义教育，却没有完全跟着走。数学教育课程没有沦落为“小市民性”的消费数学。

2. 关于学习苏联数学教育的得与失

20 世纪 50 年代初，全面向苏联学习，数学教育也不例外。初期的学习不免带有教条主义地照搬的缺陷。例如，苏联的中小学学制是 10 年，而我们的学制则是 12 年。1948 年东北人民政府编译的苏联中小学数学教科书，除个别文字改动之外，将苏联中小学数学教科书 10 年的内容全盘翻译过来，成为我国 12 年的中小学数学教学内容，这显然是不妥当的。

但是，苏联的数学教材秉承赫尔巴特学派的教育理念，追随培利改革运动，实践克莱因（F.Klein）的先进数学教育主张，较之我国此前选用的来自英美的中学数学教材，显得更加系统、严谨、精练。这里我们仅以译自美国的《范氏大代数》和苏联教材做一比较，就会感觉到彼此的重大差异。

1951 年《范氏大代数》还在高中使用，高中的内容有：

基本演算；一元一次方程；联立一次方程系；除法变形；有理整式之因式；最高公因式及最低公倍式；有理分式；对称函数；二项式定理；开方；无理函数，根式与分指数；二次方程，二次方程之讨论，极大与极小；用二次方程式可解之方程式；联立方程之能以二次方程解之者；不等式；不定一次方程；比及比例，变数法；等差级数；等比级数；调和级数；递差法，高阶等差级数，插入法（删）；对数；排列及组合；多项式定理；可能率；算学归纳法；方程论。

---

[1] 陈建功．二十世纪的数学教育［J］．中国数学杂志，1952（2）．

这里，函数称为“变数法”仅占很小比例，而且只是一种方法而已，没有放在中心地位。整体上还是反映了“以方程为纲”的思想。相比之下，苏联数学教材在初中就引入“函数”概念，介绍函数的三种表示，具体研究正比例函数和反比例函数。高中则加强函数教学，突出指数函数、对数函数、三角函数的教学，这些现在看来很自然的处理，在20世纪50年代却是一个根本的转变，一次数学思想上的革新。

总的来说，学习苏联数学教育，使得我国的数学教育跟上了国际数学教育的前进步伐，培育了严谨、理性的学术风格，且使数学教学十分注重基础知识和基本技能的教学，强调逻辑思维，加强直观教学，重视联系实际。这些教学经验为以后“数学双基教学”的形成奠定了基础。

至于开始时全盘照搬苏联的教育体制和课程教材的做法，我们很快就纠正了。例如，苏联“凯洛夫教育学”的主张，开始时我们是全盘接受的。但是，不过十年光景，到了1958年我们开展“教育革命”，就开始批判“凯洛夫教育学”了。当时提出的口号是“教育为无产阶级政治服务，与生产劳动相结合”。既然是“革命”，就要全盘否定此前的教育体系。于是，提出打倒“欧家店”（欧几里得），开门办学，把学校办到工厂、农村，以劳动代替学习。“破除师道尊严”，鼓励由学生编教材。否定知识的系统性，主张从生产实际和生活实际中进行教学。这时的数学教育出现了“公社数学”“车间数学”等名目。学生在生产劳动中学习数学，几何证明等理性思维内容全部废弃。这些做法，已经和苏联的凯洛夫的主张决裂。在某种程度上，倒是和杜威主张的“以学生为中心”“教育即社会的教育”有所契合。

“文革”十年，又是一次更大的折腾，内容依然是批判“教师中心”“书本中心”“课堂中心”，实际上倡导的是“学生中心”“活动中心”“生产中心”。算术变成算账，几何变成“画线”，代数改为配置农药等。1963年大纲再次成为数学教学的指导性文件。1979年开始拨乱反正。总之，中华人民共和国成立后的30年是吸收苏联数学教育之长，又摒弃其短，兼收并蓄，实行本土化的过程。

3. 21 世纪初数学教育的一场论争

2001 年，《全日制义务教育数学课程标准（实验稿）》（以下称为《新课标》）率先公布，成为新一轮课程改革的先声。数学教育的中国道路进入了新的历史时期。

这次数学课程改革突出的成就之一是课程内容发生了重大的变化。多年呼吁未果的概率统计内容进入教材，《新课标》将它作为与代数、几何并重的学习领域推出。方程思想、坐标方法以直观的形式渗入小学内容；初中阶段加强了函数概念的教学；算法进入高中数学；曾在 20 世纪 80 年代进入中学后又被扫地出门的微积分和向量，重返高中数学课堂。这些改变，适应了信息时代的数学需求，也是许多数学教育工作者多年来追求的成果，其成就将会载入史册。

但是，这次改革对几何学的处理却引起了激烈的论争。2005 年姜伯驹等几位数学家在全国人民代表大会和中国人民政治协商会议上提出质询[1]。姜伯驹认为：

> 《新课标》全面否定了我国中等教育的优良传统，大大淡化了数学中的推理证明，代之以“贴近学生熟悉的现实生活，使生活和数学融为一体”。甚至连“平面几何”这个词都不见了，只许说“空间与图形”；“三角形内角和等于 180 度”这样的基本定理也不要求讲证明，有的教材以所谓说理代之，让学生用剪刀将三个角进行拼接实验。不鼓励学生问为什么，不讲证明，数学课就失去了灵魂。

这次课程改革，不仅是内容的变更，更突出的是教学理念和教学方法的变化。这次改革的核心思想是“以学生的发展为本”，倡导“自主、合作、探究”的教学方式，注重创新意识的培养和实践能力的提高。但是，此次改革没有采取“继承优良传统、扬弃旧有积弊”的方针，而是把此前的教育笼统地定位为“教师中心”“学科中心”“知识本位”“目中无人”“机械记忆”等，进行全面的否定和批判。人们耳熟能详、深入人心的“数学双基教学”“教师主导作用”“启发式教

[1] 姜伯驹．新课标让数学课失去了什么［N］．光明日报，2005-03-16．

学”“数学三大能力”等全部被删除了。这样一来，“学生中心”“活动中心”的影子隐约可见。从教育史的角度看，这是向赫尔巴特技术主义教育理论开战，向杜威进步主义学说靠拢。争论因而难免。教育部随后组织了时任东北师范大学校长史宁中为首的修订小组，对《新课标》进行修订。修改持续了8年之久，到2012年终于公布《义务教育数学课程标准（2011年版）》。这次修订保留了本次课程改革的正确部分，纠正了一些矫枉过正的提法，恢复并发展了一些优秀的传统。例如重提“教师主导作用”“启发式教学”等，将“双基”（基础知识和基本技能）发展为“四基”（增加基本数学活动经验和基本思想方法）。这一修订，完成了一个新阶段的提升。

由以上可以看出，中国数学教育的确如刘佛年教授所指出的那样，在动荡中兼容并包、寻求科学合理的中间地带。任何偏激的做法都是行不通的。经过百年努力，中国数学教育不断地修正，终于走出了一条属于自己的道路。

（四）中国数学教育秉承的基本理念

数学教育和其他学科教育一样，都需要处理好一些基本的关系。在这些关系上，东方和西方的见解不尽相同。大体上是各执一端，都具有一定的片面性。在实践中，需要及时、适度的调整，取得平衡。中国数学教育，面对这些相互矛盾又相互依存的关系，兼容并包地形成了自己的一些认识。这些认识是：

- 教师主导与学生主体的辩证统一。
- 打好基础与创新发展的有效平衡。
- 数学思维中熟练与理解的交互作用。
- 接受性学习与探究性学习的适度对接。
- 数学学科知识与教学知识的有机结合。

在这五个关系中，晚近以来的主流教育观念倾向于欧美的教育理论。大量的教育改革文件和学术论述，都在基础教育阶段突出强调“学生自主”“创新求变”“探究发现”“过程理解”的一个侧面。这的确是我们需要努力追求的。但是我们不能折腾，矫枉过正，搞片面性。

1. 教师主导与学生主体的辩证统一

数学教学和所有教学过程一样，最基本的关系是教师与学生的关系。赫尔巴特的经典教学理论，主张“教师中心”，杜威进步主义教育理论则主张“学生中心”，彼此各执一端。现代中国的教学理论则兼容并包，力求辩证统一的认识。一个比较完整的提法是：在尊重教师主导作用的同时，更加注重培育学生的主动精神，鼓励学生的创造性思维。[1]

在我国，教师在教学过程中是否起关键作用，早先并无大的争执。多年来，我们在教学中一向主张“学生是学习的主体”。按照马克思的能动的反映论，也从来反对“学生头脑是一只空桶，可以往里面注入知识”的说法。教师有传承前人经验、传授知识的任务，也具有主导课堂教学的责任。与此同时，教学应当运用启发式，使得教学符合学生主体认识的规律。可是，当20世纪90年代引进建构主义教育理念之后，由于无原则地追捧，才形成了否定教师主导作用的思潮。

然而，建构主义毕竟只是一种认识论。认识论研究只关注如何认识事物，怎么认识深刻就怎么去做，却不管认识的速度和效率。至于教学过程，则是有目的、有计划、按照数学课程标准的目标要求实行的班级集体认识活动。数学课程的目标，是要把几千年来人类积累的数学知识的基础部分，在短短的十来年中让学生学习并能理解和掌握，这需要很高的教学效率。而建构主义教学任凭学生的兴趣，自由摸索，根本不谈认识效率。

中国的主流教育观念仍然认为教师应起主导作用，也就是领导（leading）和支配（dominant）的作用。尽管一些教育家认为韩愈《师说》中的“传道、授业、解惑”是以“教师为中心”的理念，应当废弃，但从社会层面看，这一论述仍然是民众的共识。郑毓信曾就中国和英国的两堂小学数学课进行过教师主导作用的评述。结论是，同样是放

---

[1] 胡锦涛. 在中国科学院第十三次院士大会和中国工程院第八次院士大会上的讲话[EB/OL].（2006-06-05）. http://politics.people.com.cn/GB/shizheng/252/2152/2906/4527536.html.

手让学生进行探究，但在发挥教师的主导作用上存在明显的差异。[1]

2. 打好基础与创新发展的有效平衡

基础与创新，这是一个恒久的话题。近代的数学教育历史表明，重大的数学教育改革，往往是以强调“打好基础”，还是强调“提倡创新”为线索展开。例如，美国先是在20世纪60年代搞“新数学”运动，强调发现创新；失败后在20世纪70年代主张“回到基础”；20世纪80年代提出“问题解决”，再次倡导创新发展；2008年，美国总统任命的一个数学教育研究小组，经过两年的调查研究，正式公布了一项文件，题目是“成功需要基础”。这是美国的“翻烧饼”式折腾。

中国的情况也差不多。1958年“大跃进”运动提出“教育与生产劳动相结合”的教育革命，把课堂搬到车间田头。1960年则回到“数学双基教学”。随后的“文革”期间，又将几何学改为“画线制图”。最后由于缺乏系统的知识，削弱了基础，20世纪80年代经过拨乱反正，又回到基础。

中小学教育是基础教育，要使学生在良好的基础上谋求发展。创新需要坚实的基础知识和基本技能为基础，而建立基础又需要创新精神的引领。因此，打好基础和谋求发展，必须兼得。事实上，优质教育=坚实基础+发展创新。我们反对“在花岗岩基础上盖茅草房”，也反对“在沙滩上盖高楼大厦”。如果要说中国数学教育与欧美国家相比有什么区别，最显著的特征之一在于对基础的态度。流光溢彩的上层建筑往往掩盖了朴实无华的基础，以致在提倡创新的时候，往往会忽略基础的重要性。伟大的智者常常提醒我们要重视基础。牛顿说：“如果说我看得比别人更远些，那是因为我站在巨人的肩膀上。”巨人的肩膀，就是牛顿创新的基础。

华罗庚先生这样论述基础的重要性：

有人说，基础、基础，何时是了？天天打基础，何时是够？据我看来，要真正打好基础，有两个必经的过程，即“由薄到厚”和“由厚

---

[1] 郑毓信. 从“多位数加减法”的三个课例看传统的继承与发展［J］. 小学数学，2012（1）：4-8.

到薄”的过程。“由薄到厚”是学习接受的过程，“由厚到薄”是消化、提炼的过程。

经过“由薄到厚”和“由厚到薄”的过程，对所学的东西做到懂，彻底懂，经过消化的懂，我们的基础就算是真正打好了。有了这个基础，以后的学习速度就可以大大加快，这个过程也体现了学习和科学研究上循序渐进的规律。[1]

吴文俊先生则认为：

我非常赞成和推崇“推陈出新”这句话。有了陈才有新，不能都讲新，没有陈哪来新！创新是要有基础的，只有了解得透，有较宽的知识面，才会有洞见，才有底气，才可能创新！其实新和旧之间是有辩证的内在联系的。所谓陈，包括国内外古往今来科技方面所积累的许多先进成果。我们应该认真学习，有分析有批判地充分吸收。[2]

两位数学大师的论述表明，学生的创新，主要在于把“陈”了解得透，把“厚书”读“薄”。

3. 数学思维中熟练与理解的交互作用

西方的数学教育讲究理解，认为熟练的演算和解题没有什么价值。但是中国的教育名言是“熟能生巧”，认为要创新，必须熟练。两者的强调重点不同。事实上，熟练和理解之间具有交互作用，两者是相辅相成的。

熟练需要必要的记忆，大多数中国教师认为要“先记忆，然后逐步理解它”。比如，虽然孩子们不理解为什么钢琴的指法练习要这样规定，但必须先记住它，然后再逐渐地理解它。与之相仿，我们起先并不了解语法，仅仅依靠记忆和模仿来学说母语。在中国，我们经常说：“理解的，你要去做。不理解，你也要去做，在做的过程中不断加深理解。”在中国的小学里，快速而精确地进行整数、小数和分数的计算，是一道靓丽的风景。

熟练才能提高效率。“数学双基教学”的一个重要理念是：为了提

[1] 华罗庚．华罗庚：下棋找高手［M］．北京：解放军出版社，2002．
[2] 吴文俊．推陈出新　始能创新［N］．文汇报，2007-11-14．

高数学思考的效率，我们必须有足够的计算速度。实践表明，必要的心算速度能节省工作记忆的空间，以支持更高水平的数学思考。

“熟能生巧”是中国的教育古训，中国的一些著名科学家和数学家都能认同。其中的原因值得思考。

2004 年 9 月 13 日，物理学大师杨振宁在清华大学给本科生讲基础物理，再次引发了学术界对基础课的重视。17 日上海《文汇报》的报道中有句话说：“对于基本概念的理解要变为直觉。”这是对“熟能生巧”的一种现代诠释。

杨振宁的这句话告诉我们，对基本概念的理解，只做到说得清、道得明，会判别对象是否符合概念定义那是不够的。理解要达到“直觉”的程度，就要做到：无须停顿下来思考，就能够不假思索地做出判断。

2004 年 11 月 11 日，数学大师陈省身接受中央电视台记者的采访。面对成功，陈省身说他只是熟能生巧而已。陈省身进一步阐述说：

所有这些东西一定要做得多了，比较熟练了，对于它的奥妙有了解，就有意思，所以比方说在厨房里头炒菜，炒个木须肉，这个菜炒了几十年以后，才能了解得很清楚。数学也这样子，有些工作一定要重复，才能够精，才能够创新，才能做新的东西。[1]

这就是说，从事数学研究，必须对研究的内容非常熟悉。一旦有一个思想火花，就会觉得眼前一亮，觉察出它与现存的认识有别，随即迅速抓住思考，进行突破。如果基础不牢，就难以识别一些微小的变化，找到打开创新之门的缝隙。这是一个由“重复”到“精”再到“新”的过程。学习数学何尝不是如此？掌握一种数学思想方法，不能刚刚接触一个概念，就在那里讲创新。必须弄熟弄透，快速计算，走向理解。当然，这里的“熟”，不仅是滚瓜烂熟的“烂熟”，而是透彻理解的“精熟”。熟能生巧，是和刻苦钻研分不开的。

4. 接受学习与探究性学习的适度对接

耶鲁大学华裔教授蔡美儿的《虎妈战歌》激起了东西方教育文化

---

[1] http://news.sina.cn/c/2004-12-06/20235140899.shtml。

差异的热议。究其实质，无非是“家长严厉管制、孩子被动接受”和“家长宽松管理、孩子自主成长”的理念争执。

看东方：严管、纪律、苦读、作业、考试、技能、成绩，结果是善于自律、具有文化修养的人（也可能只是善于考试、缺乏创意）。

看西方：自主、兴趣、选择、愉快、探究、创意，结果是善于思考、具有创新精神的人（也可能导致放纵自流、虚度青春）。

数学教育，需要使得接受性学习和自主探究教学方式得到均衡发展。中小学课程里有大量的基本技能训练要求，在一开始时无法说清为什么要这样做，只能当作平台接受下来。例如初中的有理数运算法则，幂、指数运算法则，以及有理式的四则运算法则，合并同类项、配方、因式分解等技能，都需要先接受下来，以后慢慢消化理解。

就因式分解而论，为什么要将一个多项式分成两个多项式的乘积？这在一开始是无法说明白的，我们只能从“和差化积”“积化和差”这种哲学上的“互逆”机制上加以解释。只是到求解一元二次方程时其作用才得到初步显现，将一个二次三项式分解为两个一次式的乘积就可以求出两个根。这就是说，在教学过程中，先知其然而后再知其所以然，是不可避免的事情。中国数学教育，要求教师善于用启发式的方法让学生有意义地、某种程度上是被动接受地进行学习。与此同时，适度地提倡探究性学习，使二者得到有效平衡。

5. 数学学科知识与教学知识的有机结合

在数学专业与教育修养的关系上，一般地说，中国强调教师的数学素养，而西方更强调教师的教育素养。中国数学教师认为自身的数学素养是从事数学教学的基础。我们常说“要给学生一杯水，自己就要有一桶水”。所谓“一桶水”，就是指教师要有高标准的数学理解。在学科和教育两者之间，学科是本位的。教什么永远比怎么教更重要，就像吃什么比怎样吃（刀叉还是筷子）更重要一样。这种认识一直受到一些教育家的批评，但是我们仍然坚持着。

马立平的名著《小学数学的掌握和教学》[1]，将中国和美国小学教师关于数学理解的不同做了比较。这里让我们摘引书中引言中的一段话，以及一个令人惊异的案例。

中国学生在数学能力国际比较研究中明显地优于美国。然而相矛盾的是，中国教师接受的数学教育却远远少于美国教师。大部分的中国小学教师只接受过11到12年的中小学教育——他们完成初中学习后，到师范学校学习两到三年。相反，大部分的美国教师接受16到18年的正规教育——获得大学的学士学位，再进行一到两年的继续学习。

中国教师在开始他们的教学生涯时，对数学的理解就要比美国的教师好。他们对所教数学内容的理解，以及同样重要的对初等数学的教学方式的理解，在他们整个的职业生涯中继续不断加深。的确，大约10%的中国教师，尽管缺乏正规教育，但仍然表现出对数学的深刻理解，而这些是美国教师极其缺乏的。

设想你正在教分数除法。为了让孩子理解意义，许多教师尝试把数学和其他的事物联系起来。我曾问："为了教13/4÷1/2，什么样的故事或模型较好？"我为美国老师对这个问题的回答感到特别震惊。极少教师能给出正确的回答。100多位职前教师、新教师以及有经验的教师中的绝大部分，虚构出的故事是表示了13/4×1/2，或者是13/4÷1/2。其他的许多教师还编不出来。

这些访谈让我想起，当时我作为一个上海的小学生是如何学习分数除法的。老师帮助我们理解分数除法和正整数除法的关系——除法是乘法的逆运算，但分数除法推广了整数除法的意义：有包含模型（在13/4中有多少个1/2）及等分模型（求一个数使得它的一半是13/4）。后来，我自己成了一名小学教师，我的小学老师对分数除法的理解，是我的同事们的典型理解。然而，怎么会有那么多美国教师不能表现出这样的理解？

马立平的论述已经鲜明地揭示了中国数学教育的一个特征：教师

---

[1] 马立平. 小学数学的掌握和教学[M]. 李士锜，吴颖康，等译. 上海：华东师范大学出版社，2011.

的学科知识必须充分重视，教育学知识必须和数学学科知识有机结合。这是提高数学教学质量的根本之路。

正是以上五个基本理念上的差异，形成了数学教育的中国特色。

（五）中国数学课堂教学的六个特征

中国数学教育具有六个特征，那就是：教学导入、尝试教学、师班互动、变式练习、提炼数学思想方法，以及正在发展为“四基”的“双基”教学。

这六个特征的一个特点是，贯穿课堂教学的始终。晚近以来提倡的“自主、合作、探究”教学理念实际上只关注了认知过程的前半段。难道学习者一旦“探究”出来，学习过程就结束了？事实上，学习过程还有后半段，即巩固、小结、反思和升华。变式练习、数学思想方法的提炼，推陈出新的反思，是必须强调的重要措施。这六个特征，有些与国外的某些数学教育理念相类似，但是具有自己的特色，更加具体，具有可操作性，有些则是国外所没有的创新。

1. 数学新知的“导入”艺术丰富了情境创设的教学内涵

导入教学，是在课堂教学开始的适宜时刻，用适当的方式和适当的时间成本，可操作性地展开教学内容，是一种本土化了的教学艺术。导入方式，除现实“情境呈现”之外，还包括“假想模拟”“悬念设置”“故事陈述”“旧课复习”“提问诱导”“习题评点”“搭桥”“比较剖析”等手段。

情境创设多半用在课堂教学的开始阶段，因而可以成为教学导入的一种特定方式。但是，由于数学的抽象特性，就中小学数学教学内容而言，能够设置与学生的日常生活相联系的情境的毕竟是少数，而且多半是一些消费数学——买卖东西情境。许多数学课的内容，尤其是大量的“数与式”的运算规则的程序性数学内容，包括有理数运算规则、因式分解、合并同类项、配方、幂和指数运算法则等内容，很难设置现实生活的情境。即使设计出来，也是十分勉强。“负负得正”的计算规则，至今也没有一个被大家公认的生活情景加以支持。但是，教学导入则可以十分灵活地加以设计运用。恰当地运用“导入”教学，乃是一门丰富多彩的教学艺术。中国数学教育在这方面积累了大量的实践经验。

2. “尝试教学”体现了学生进行数学“探究”的教学特点

中国数学教育实行尝试教学。20世纪80年代，顾泠沅领导的“青浦经验”，提出“尝试指导、效果回授”的教学策略。[1] 邱学华倡导的“尝试教学法”[2]，主张“学生能尝试，尝试能成功，成功能创新”，特征是“先试后导、先练后讲”，在全国有重大影响。西南地区进行过大规模实践的“GX数学教学实验”，领导者陈重穆教授的“32字诀”里有“先做后说，师生共作”一句。这也是倡导学生先“做”，然后教师再“说”。因此，中国传统的数学教学，并非如某些人一味批评的只有“机械记忆”“灌输模仿”，我们有自己的具有“探究性”的传统。尝试，较之探究，时间成本低得多，运用更加灵活，因而更加切合教学实际。

3. “师班互动”体现了适合中国国情的合作交流

中国的课堂人数相对较多，一般是40人，多的达60人。这样的大班上课，用分组讨论、汇报交流的教学方式，十分困难。那么，数学课堂如何避免“满堂灌”，实现师生互动呢？在长期的实践中，广大数学教师采用了设计提问、学生口述、教师引导、全班讨论、黑板书写、严谨表达、互相纠正等措施，进行合作学习。师生之间通过猜想、探究与心算，用数学语言进行“大声说”的交流，最后形成共识。这是一个具有中国特色的创造。据调查，“师班互动”是课堂师生互动的主要类型。[3]

4. “变式练习”化解了重复操作的弊端

变式练习是中国数学教育的一个创造。中国数学教学中强调练习。在经历了尝试、探究过程之后，所获得的知识还必须加以巩固，拓展运

---

[1] 青浦县数学教改实验小组. 学会教学——青浦教改实验过程［M］. 北京：人民教育出版社，1991.

[2] 邱学华. 尝试教学法［M］. 福州：福建教育出版社，1995.

[3] 曹一鸣，贺晨. 初中数学课堂师生互动行为主体类型研究：基于LPS项目课堂录像资料［J］. 数学教育学报，2009（5）.

用。此外，在练习中又要求有一定的强度、速度、深度，主张熟能生巧。但是，这种练习并非简单重复，而是依赖变式处理获得新意。

数学的变式教学就是通过不同的角度、不同的侧面、不同的背景从多个方面变更所提供的数学对象的某些内涵，以及数学问题的呈现形式，使数学内容的非本质特征时隐时现而本质特征保持不变的教学形式。

5. 数学教学中关注数学思想方法的提炼

20世纪80年代，徐利治提出了“数学思想方法”理论。可贵的是，这一数学思想方法不是停留在理论探讨上，而是付诸实践，成为中国数学教师的共识。数学教师普遍具有数学思想方法的教学意识，注重掌握数学思想方法的内涵，将数学思想方法用于解题，并能够用数学思想方法进行总结和反思，这是中国数学教育的重要特征。到现在为止，西方数学教育界还没有像我们这样地关注数学思想方法，也还没有能够直接与之对应的数学教育研究领域。

6. “四基”数学教学

晚近以来，许多有识之士建议将“双基”扩展为“四基”[1]，即在数学基础知识和数学基本技能之上，再增加基本思想方法和基本活动经验。现在，这一建议已经写进《义务教育数学课程标准（2011年版）》。“四基”教学的核心依然是“在坚实的数学基础上谋求学生的全面发展”。“四基”之间相互关联的教学理论正在构建之中。一个初步的解释如图1所示的立方体。它的“长”与“宽”分别表示要让学生掌握基础知识，以及熟能生巧地习得基本技能；第三维的“高”则要求在知识和技能的基础上提炼、升华为数学思想方法。在形成这三项“基础”的过程中，注

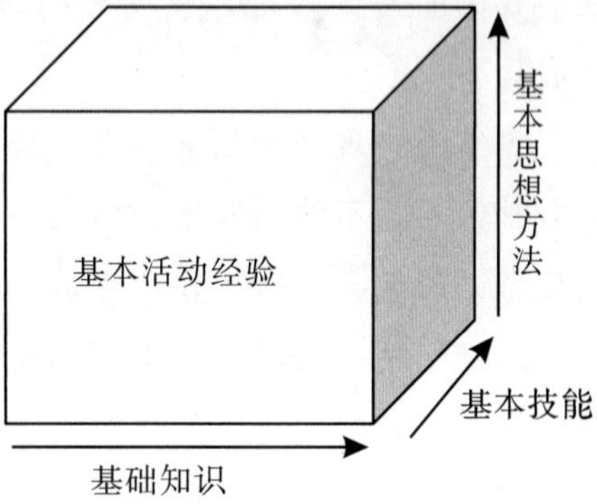

图1

[1] 张奠宙，郑振初．“四基”数学教学模块的构建——兼谈数学思想方法的教学[J]．数学教育学报，2011（5）．

意数学基本经验的积累，在图示中的位置则是充填于三维体之内部。数学活动无处不在。

以上特征标志着中国数学教育不仅有独特的教学理念，还有在实践中形成的整套教学设计。

（六）改革，依然是中国数学教育的主旋律

中国的数学教育，面临着三大挑战，那就是：极端应试教育带来的教育功利主义的侵蚀、学生主体创新精神的不足以及数学英才教育的严重缺失。

1. 改革数学考试

"应试教育"带来的巨大危害，还在不断地蔓延，极端功利主义的学习观，侵蚀着数学教育的健康肌体。这是东亚各国共同存在的问题。由于中国的封建科举意识特别强烈，社会转型时期带来的拜金主义泛滥，考试改革举步维艰，"应试教育"的弊病尤其突出。"素质教育轰轰烈烈，应试教育真真实实"是学校教育真实而尴尬的局面。要改变这一状况，不是数学教育一科能够做到的。那是一项巨大的社会系统工程。我们能够做的是，在现有的考试体制内，尽量避免"数学高考的八股化"。

事实上，现今的数学高考，越来越严重地走向八股化。全国和各省的数学试卷，不约而同地走向同一个模式，这是20世纪80年代引进标准化考试的结果：120分钟完成的数学试卷，必须有22道题，题量之大，连年纪稍大的高三数学老师都来不及做完；试卷的题型完全固定，甚至到了各题的次序都不得改变的地步。高考数学试题如何检测被试者的创新能力，能否用开放题等多样化的试题形式增加试题的正确导向，克服越来越严重的八股化趋势是数学教育改革的当务之急。

有一个建议是减少考题数量和延长数学高考答题时间，让考生不必去"快速反应"，熟练地做到"一看就会，一做就对"。如果考试能够检测学生的积极思考水平，而不是熟练反应，就会抑制日常教学中进行大量训练的顽疾（即"题海战术"）。

2. 扩大学生主体活动的空间：创新思考和认真执着

在数学教育实践中，重教轻学、重讲授轻探索的情形依然严重存在，"以学生的发展为本"的宗旨尚未完全实现。因此，数学新课程改革倡导的"自主、合作、探究"的教学理念，仍需进一步落实和加强。在新的十年里，需要由下而上地总结经验，积累优秀的教学案例，发扬优秀的传统理念，创建适合新形势的教学新风。

《义务教育数学课程标准（2011 年版）》中的许多重要理念需要扎扎实实地落实到课堂上。当然，"一个深刻的改革，一定不会把原来好的经验放弃，肯定是从原有的经验中启程的。好的改革不是另起炉灶，从零开始，这不可能，也不算实事求是"[1]。这意味着，要把教学改革和总结本土经验有机地结合起来。

数学课堂教学固然要培育学生的创新精神，但是数学教学还要着重培养学生认真执着的科学品格。2012 年 10 月 17 日，北京大学生命科学院著名教授饶毅，在《文汇报》《科技文摘》栏目里发表评论《比起创新，我们更缺认真执着》，发人深省[2]。他说：

我国传统……对创造性不够鼓励，儿童背书，成人注经，生怕离经叛道……现在我们国家已很清楚，创造性对于科学发展很重要，国家高度发展也需要创新。

而我们忽略的一个简单问题是：在目前我国科学界，可能全社会，非常缺乏认真和执着。这不是我国的传统的缺点，即使在我国近代也不是这样。比如，20 世纪 50 年代到 20 世纪 70 年代，我国的物质条件不好，社会也走了很长的弯路，但并不缺乏认真和执着。

……

高度的创造性，可能只是少数人能做好……而认真执着，是大多数人都不难努力就可以做到的。所以，也许我们国家目前情况下首先和普遍要追求的应该是认真执着。

---

[1] 朱慕菊，余慧娟．十年基础教育课程改革的思考——课改热点问题访谈录［J］．人民教育，2011（18）．

[2] 饶毅．比起创新，我们更缺认真执着［N］．文汇报，2012-10-17．

这段话对于数学教育改革有重要借鉴意义。数学是讲究严谨的科学。在语文教学中，学生凭借想象、天马行空地编造故事，就可以算作创新。然而，数学的创造，需要有严谨的证明作为支撑。因此，对于中小学生来说，要做到真正意义上的数学创新，可以说勉为其难。然而，要做到让学生“认真执着”，数学教学倒是可以大有作为的。把数学创新和数学严谨结合起来，将是未来数学教学改革的一个重点。

3. 大力弥补数学英才教育的缺失

数学英才教育的缺失是当今中国数学教育的重大隐忧[1]。与发达国家的数学教育相比，我们取得了举世公认的数学好成绩，但是在5%的数学英才培养上，已经远远落后了。

我国的数学英才教育早年通过奥林匹克数学竞赛进行培养和选拔，也颇有成绩。但是，奥林匹克竞赛的题目有很大的局限，基本不涉及微积分、抽象代数等现代数学基础。获奖选手的数学视野不够开阔，后劲不大。美国在英才教育方面的举措值得我们认真借鉴学习。尽管美国普通学校的数学教育并不成功，但是对5%优秀学生的英才教育却非常着力。这成功的5%支撑了美国在经济、科学领域长盛不衰的人才基础。从体制上看，美国有如下措施：

- 美国教育部设有天才教育处。
- 美国国会通过“天才儿童教育法”（1978）。
- 美国国会通过“杰维斯资赋优异学生教育法案”，每年特别拨款（1988）。
- 成立美国国家英才教育中心（1990）。

相比之下，我国根本没有任何有关天才儿童的法律规定，也没有任何相关的常设机构，更没有单独的拨款。

英才教育事关国家在未来国际竞争中“国家队”的建设，总有一天人们会将之提到紧迫的议事日程上来。

几个世纪以来，西方拥有社会科学领域包括政治领域的话语权。中

---

[1] 张英伯，李建华．英才教育之忧——英才教育的国际比较与数学课程［J］．数学教育学报，2008（6）．

国是世界上少数拥有独立的社会科学体系的国家之一。但是晚近以来，中国的教育界，包括数学教育，几乎全盘接受了西方话语权，并用之进行维持性研究，缺乏创设独立话语权的勇气。因此，数学教育的中国道路必须以建设自己独立的学术话语体系为目标，拥有自己的核心概念，重新回答数学教育面临的永恒的本质性问题。

参考文献

[1] 祁淑英，魏根发. 钱学森 [M]. 石家庄：花山文艺出版社，1997.

[2] 陈建功. 二十世纪的数学教育 [J]. 中国数学杂志，1952 (2).

[3] 姜伯驹. 新课标让数学课失去了什么 [N]. 光明日报，2005-03-16.

[4] 郑毓信. 从“多位数加减法”的三个课例看传统的继承与发展 [J]. 小学数学，2012 (1).

[5] 华罗庚. 华罗庚：下棋找高手 [M]. 北京：解放军出版社，2002.

[6] 青浦县数学教改实验小组. 学会教学——青浦教改实验过程 [M]. 北京：人民教育出版社，1991.

[7] 邱学华. 尝试教学法 [M]. 福州：福建教育出版社，1995.

[8] 朱慕菊，余慧娟. 十年基础教育课程改革的思考——课改热点问题访谈录 [J]. 人民教育，2011 (18).

【后记】本文最初以“建设中国特色的数学教育理论”为题，于2010年1月发表在《数学教学》上，并于2010年1月发表在《数学通报》(无第二节内容) 上。这是首次正面地给出“具有中国特色的数学教育”的提法。随后继续探索，我在2013年与于波合作完成《数学教育的“中国道路”》一书，由上海教育出版社印行。2014年，《中国教育科学》的编辑李冰约稿，遂有此文，并发表在该刊2014年第4期上。

在中国的教育界，否定和批评当前教育弊端的见解占据主流地位，总结百年中国教育成功经验的研究则很少看到。本文关于“数学教育的中国道路”的提法，虽然已有过不少正面的报道，但还不能说达成了共识。我们需要有基本的教育自信，敢于在国际上发出自己的声音。

二、未来十年中国数学教育展望

21世纪已经过去12年，中国的数学教育面貌发生了巨大的变化。2013年，数学教育改革进入了新的周期。未来新的十年，中国数学教育将走向何方？值得关注。以下提出10个相关的问题，供大家讨论。

（一）历史经验如何吸取

未来，乃是过去历史的继续。不能正确地认识历史，吸取经验教训，也就找不到前进的方向。辛亥革命以来，中国数学教育走过了100年。早年学习日本，后来接受欧美国家的影响。20世纪50年代则全盘学习苏联。经过“大跃进”运动和“文革”十年的波折，中国数学教育取得了举世瞩目的成绩。

但是，对我们这一百年来的历史经验，还存在着不同的认识。20世纪上半叶国民政府时期，中国数学教育受杜威进步主义教育的影响很深，如何估计其成败得失？20世纪50年代学习苏联，是前进还是倒退？1963年制定的数学教学大纲，是正确的还是错误的？这需要理论分析，更需要收集第一手资料。如何系统地访谈年事已高的数学教育专家，抢救性地进行“口述历史”记录，是一项紧迫任务。

（二）课程改革如何深化

进入21世纪之后，中国数学教育经历了数学课程改革的重大变革。经过实践的检验以及激烈的争论，《全日制义务教育数学课程标准（实验稿）》做了调整，公布了《义务教育数学课程标准（2011年版）》。高中数学课程标准的修订已经进入议事日程，目前已经完成了对高中数学课程标准的全国调研。

● 这是否意味着课程改革越过了疾风暴雨式的变革阶段，进入了平稳实践的发展阶段？

● 内容还需要调整吗？如概率统计、矩阵等的增加，二次曲线内容的删减，向量是否进入初中等。

●“自主、合作、探究”的教学改革口号需要修改和补充吗？数学教学能否实现“三维目标”？数学教育理念需要进一步梳理和完善吗？

●我们过去较多地借鉴了美国的经验，吸收了诸如数感、估算、问题解决等，成效如何？要不要更多地向法国、俄罗斯等欧洲国家的数学教育进行调研学习？

●未来十年肯定还要继续修订数学课程标准，怎样进行规划？

在当前的情况下，是否需要一次“摸清家底”的全国性的数学教育调查？其中既包括学生数学学习水平的调查，也涉及教师数学教学内容知识和教学知识的调查。一项“小学和初中学生数学水平”科学调查（与田万海等进行的20世纪80年代的调查相比较）是否必要？

（三）“四基”数学教学如何落实

《义务教育数学课程标准（2011年版）》提出数学“双基”教学向“四基”教学的发展，这是一个重大的变革，在理论和实践上都具有重要意义。但是“四基”目前还停留在理念建立的初步阶段，急需向纵深发展。例如：

●基本活动经验如何界定？有哪些基本类型？教科书如何反映？

●基本数学思想方法如何进行教学？怎样进入教材？怎样指导课堂教学设计？

●“四基”之间的关系如何？

●“数学四基教学”与三维目标的关系如何？

未来十年应该有计划地进行研究，给出一个明确的回答。

（四）“教育数学”（MPCK/MKT）研究

过去十年的课程改革，主要聚焦于教学方法的改革，即以“自主、合作、探究”的教学理念为主轴进行改革实践。至于对课程内容的诠释、数学本质的揭示、数学内涵的理解，则缺乏应有的重视。与此同时，西方的数学教育界正在大力倡导“数学教学内容知识”（MPCK）和“数学教学知识”（MKT）的研究。这是一个鲜明的反差。

中国过去有“数学教材教法”研究的传统，有过很好的研究积累。未来十年，我国是否应该建立起自己的具有教育形态的数学内容体系？张景中院士提倡的“教育数学”口号能否移植过来为我们所用？是否可以规划、出版成套的“教育数学手册”？张奠宙教授提出的“数学的教育形态”与“数学教学知识”之间有什么联系？如何建设我们自己的MPCK/MKT？

与此相关的问题是如何建设中国式的数学教师教育体系？数学教育研究生的培养如何深入到MPCK的层面？

（五）克服应试教育的弊端

应试教育的存在是一个社会发展问题，不是数学教育一个学科所能解决的。但是数学教育可否做一些局部的改动？

例如，是否可以打破高考数学试卷的固定模式，避免走向僵死的“八股化”？为什么各省市的数学试题都是一种模式？再如，是否可以延长考试时间，减少题量，让大量做题和快速反应占不到便宜？数学开放题等新型问题如何引导数学教学的改革？计算器能不能带进高考考场？除笔试之外，可否增加面试？

（六）珍视本土的数学教育创造

我国数学教育并非一无是处，应该有足够的民族自信。我们的任务是：如何结合本土的文化传统，形成贯通中西、兼容并包、具有鲜明中国特色的数学教育？未来十年能否将之提升为理论形态？初步的列举有：

●数学课“教学导入”环节的设计艺术。它和创设情境的区别与联系。

●“尝试教学”的理论与实践，它和探究教学的区别与联系。

●“师班互动”教学模式。在40人以上大班里，如何进行合作学习？“师班互动”和分组讨论、集中汇报的合作教学的联系与区别。

●变式教学。已经有多篇博士论文进行研究，尚待专题归纳提升。

●基本数学思想方法的教学。这是中国特有的提法。

●还有许多特定的专题，如平面几何入门教学、开放题教学、心算珠算能力教学、熟能生巧与数学学习等，怎样保持传统并能加以改革发展？

这些特色，如何用西方的数学教育话语加以陈述、改写、诠释，成为中国数学教育的理论形态，并用于与国际同行进行平等的交流？

（七）补救数学英才教育的缺失

中国数学教育的一个重大缺失是数学英才教育的滞后。如果说中国学生的数学平均水平在世界上领先，但是在数学英才教育的培养上却远远落后于许多发达国家。当澳大利亚的华裔天才陶哲轩、越南天才数学家吴宝珠先后获得菲尔兹奖之后，我们应当做何感想？如何建立体现一个国家顶尖数学实力的优秀学生培养体系？在未来十年里，我们如何开始改变这种状况？怎样论证数学英才教育和教育公平并不矛盾？

数学教育界是否需要撰写一份详尽的、权威的数学英才教育国际调查报告在国内进行宣传讨论，纠正一些错误认识？

我们的课程改革没有和大学相衔接的数学课程，例如美国的 AP 课程、双学分课程等。高中课程标准如何与英才教育相衔接？大学自主招生以来，对一些优秀学生的考核已经超出了高考大纲的要求，如何因势利导？数学英才选拔机制如何建立？中国的奥林匹克数学竞赛、少年班等措施为什么是不够的？

（八）如何应对“去数学化”的浪潮

进入 21 世纪以来，数学教育受到“去数学化”思潮的挤压，我们在未来十年内应该如何应对？现在的境况是：

●许多师范大学从事数学教育的教师脱离数学系，集中归于教育学院领导。

●数学教育硕士入学考试不考数学。

●数学课程标准和教材中，多方关注教学方式的改变，却很少在数学内容的科学性上下功夫，以致出现错误。

●数学教师培训中，已经没有数学内容的培训。数学教师的数学水平正在下降。

●数学家如何介入数学教育改革？缺乏应有的机制。

这些现象，都是背离我国传统，跟着外国的某些错误路子走。中国数学教师数学水准较高的优势究竟还能不能继续保持？

数学教育学科其实还没有完全独立。如何能够建设一门真正的二级学科？

（九）数学教育技术如何发展

我国在数学教育的信息技术上有特别的创造，如《超级画板》的创新。我们在未来十年内应当做什么？是否可以在数学课程标准中规定一些使用教育技术的具体要求？是否可以推荐若干份主要使用教育技术的教案？

数学课堂信息化如何与考试评价相衔接？在最近的 PISA 数学测试中，除了传统的纸笔方式，还出现了基于计算机的评价方式。这可能是数学评价的未来发展方向吗？

（十）中国数学教育怎样进一步和国际融合

中国数学教育正在大步走向世界。2008 年在墨西哥举办的第 11 届国际数学教育大会上中国进行了数学教育的国家展示。上海初中学生参加了 2009 年 PISA 的国际测试，在阅读、数学和科学方面都取得了优异成绩。中国数学教育从来没有像今天这样受到国际同行的关注。中国在看西方，西方也在看中国。

我们究竟应该怎样估计自己？既要有民族自信，又不能骄傲自满。那么，我们究竟应该怎样准确地向国外同行介绍中国数学教育的正面经验和负面教训呢？中国数学教育可以成为发展中国家教育进步的样例吗？中国经济提升的过程中，数学教育起着什么样的作用，是否能够相适应？

为了与国际同行进行交流，怎样才能产生一份具有国际影响力的数学教育杂志。此外，我们是否要申办 2020 年的 ICME-14[1]？如何更加积极地参与国际大型比较研究？

其他需要关注的问题还有很多，欢迎展望讨论。

【后记】2013 年 6 月，在华东师范大学举行未来十年中国数学教育展望学术研讨会，名家云集。其中包括李文林、史宁中、张英伯、刘坚、孙晓天、宋乃庆、张广祥、李秉彝（新加坡）、蔡金法（美国特拉华大学）、范良火（英国南安普顿大学）、马立平（美国独立学者）、梁贯成（香港大学）、黄毅英（香港中文大学），以及上海的顾泠沅、王建磐、鲍建生等。会前，我负责起草供会议讨论的主题文件（即本文）并在《数学教学》的 2013 年第 4 期发表。

[1] 2015 年，ICMI 已经批准在上海举办 2020 年的第 14 届国际数学教育大会。

三、中华文化对今日数学教育之影响

中国有13亿人口，是接受数学教育的最大人口群体。作为一个发展中国家，中国教育投入不多，甚至低于国际平均水平。但是在国际数学教育测试中，中国却可以有很好的成绩，可以位居正确率的第一名[1]。在探究其原因时，我们不由得回想起中华文化对数学教育的影响。以下将从自然环境、社会文化、考试制度、学术特征、教育传统五个方面进行论述。

（一）精耕细作的农耕文化：要求勤学苦练基础技术

中国早就形成了两大文明圈，即经营粟与小麦农耕的黄河文明和从事水稻农耕的长江文明。“汉文化基本上是农耕文化，特别是水稻栽培。”水稻栽培中，包括兴修水利（地理、土壤）、掌握农时（天文、历法）、先进农具，以及精耕细作等科学文化知识，所以水稻种植的成果如何，也就标志着农耕文化的发展水平。

中国人以勤劳著称于世。与提倡勤谨，强调身体力行相比，改进工具和技术，乃至于有关自然的探索始终放在次要的地位[2-3]。《孟子·公孙丑上》第一章引齐人之言说：“虽有智慧，不如乘势；虽有镃基，不如待时。”智慧和镃基（农具）指的是科学技术，而乘势和待时则属于体力和耐力的付出，意思是说，科学技术不如体力付出。种种教条都是要求人们少一些空想，多一些实干。愚公就是一个“重体轻智”的典型，他每天挖山不止，从来就没有像他的妻子和河曲智叟一样去考虑

[1] The International Assessment of Educational Progress [IAEP]. Learning mathematics [M]. Princeton: Educational Testing Service.

[2] 潘光旦. 寻求中国人位育之道：潘光旦文选 [M]. 北京：国际文化出版公司，1997：266.

[3] 明恩溥. 中国乡村生活 [M]. 午晴，唐军，译. 北京：时事出版社，1998：244-245.

移山的可行性。

《齐民要术·序》的核心可以归结为一个“勤”字。而这里的勤，指的是勤动手，而不是勤动脑。《齐民要术》中有这样的谚语：“智如禹汤，不如尝更。”尝更，一作常耕。所谓“勤能补拙”，指以体力来弥补脑力的不足。

勤劳的美德移到教育上来，就是强调“苦读”。所谓“头悬梁，锥刺股”便是古代读书人的真实写照。勤奋的种类很多，中国农耕文化中的勤奋，是精耕细作的勤奋。这种勤奋，讲究“不违农时”“干活利索”“小块经营”“不怕麻烦”。反映在文化学习上，就是对经典能够“倒背如流”，一笔一画、一丝不苟，而且精益求精，必须“写一手漂亮的毛笔字”，这都是在学习上“精耕细作”的表现。这些学习特征同样反映在基础教育里。数学教育自然不能例外。“九九表”的背诵，公式的记忆，解题套路的熟悉，乃至数学表达的准确，都可以从“以勤劳为特征”的农耕文化里找到影子。

与“农耕文化”相对照的是“游牧文化”。游牧生活居无定所，不束缚在一小块田地上。劳动粗放，无须精细。他们固然一样要吃苦，要勤劳，但是不必细细钻研“小视野”内劳作，而要关注大范围的草场、水源。

总之，讲究“勤劳劳作”“熟练技能”的中国农耕文化，折射到数学学习领域，便是重视记忆基础知识、强调基本技能的“双基”数学教学传统。

（二）治国平天下的王权文化：崇尚实用的管理数学

古希腊和古代中国的不同文化产生了不同的数学。每个民族有自己的文化，也就一定有属于这个文化的数学。古希腊的数学和中国传统数学都有辉煌的成就、优秀的传统。但是，它们之间有明显的差异，可以从社会文化的背景上找原因。古希腊是奴隶制国家。但当时希腊的雅典城邦实行奴隶主的民主政治。男性奴隶主选举执政官，投票决定预算和决算，以及战争与和平。这和皇帝君王决策的中国政治文化是有所区别的。奴隶主之间既然讲民主，往往需要用理由说服对方，于是学术上的辩论风气较浓。为了证明自己坚持的是真理，就需要证明。古希腊的学术，唯理论的学术风气很盛。数学也不例外。为了证明自己的学问是真理，先设一些人人皆同意的“公理”，规定一些名词的意义，然后把要陈述的命题作为公理的逻辑推论，即给出证明。

对顶角相等是古希腊几何学的先驱泰勒斯（Thales of Miletus，约公元前624—公元前546）最先证明的命题。中国古代数学有过光辉灿烂的成就，但是却没有“对顶角”的概念，也没有“对顶角相等”的命题。事实上，这显示了古希腊文明和中国古代文明在文化上的差异。

中国在春秋战国时期也有百家争鸣的学术风气。那时的学术界非常自由，任何意见都可以发表，学者可以向列国的统治者提供建议，得到君王采纳就可以“食有鱼，出有车”。不采纳，离开就是了。但是春秋战国时期实行君王统治制度，数学家只有为君王做谋士，提供管理国家的数学方法，才能得到君王的采纳。因此，中国古代数学多半以官方文书的形式出现，展现出“管理国家”的特点。《九章算术》的各章内容涉及丈量田亩、分配劳力、计算税收、运输粮食等国家管理的实用目标。因此，中国古代数学可以说是“管理数学”和“木匠数学”。它非常实用，长于计算，密切结合实际，这是长处，但在理性思维、推理论证方面，就不如古希腊的文明。

（三）宗法制度下的儒家文化：鄙薄数学教育却不与其抵触

中国文化是多元化的。早期的中国数学教育和道家渊源很深。隋唐时李淳风道士“与国子监算学博士梁述、太学助教王真儒等受诏注《五曹》《孙子》等十部算经。书成，高宗令国学行用”[1]。佛教中的禅宗在哲学观与推理过程方面影响数学的进程。墨家、名家和逻辑学有更为密切的联系。但是，自汉代以来，在汉民族地区处于正统地位的一直是儒家文化。这是一种皇权化了的儒学，与孔子的儒学有所差异。此后的儒家文化更加重视对君臣、父子、夫妇的宗法关系的维护，鄙薄科学技术，当然也就不会有数学的重要地位。像刘徽这样有贡献的数学大

---

[1]《旧唐书》卷七十九《李淳风传》，中华书局标点本第8册，第2719页。

家，绝对没有像柏拉图、亚里士多德、阿基米德、牛顿、欧拉那样受到社会的广泛重视和赞赏。数学往往只能作为民俗而存在，无法进入儒家文化的主流。不过，儒家文化本身却是一个演绎体系。学习儒家经典的目的不是加以发展，而是在儒家经典的框架下，进行阐述，不准改动，不准批评，不得违反。在演绎这一点上与西方数学要求并不抵触：

儒家经典相当于公理；

大学问家的注释，相当于由公理出发进行的推理；

读书人写八股文章，只是将公理和推理拼凑起来的一个练习。

因此，当西方数学进入中国，在接受公理化思想体系方面，并没有遭到儒学家的抵抗。徐光启翻译《几何原本》，在序言中认为该书的体系“不必疑，不必揣，不必试，不必改”，“似至晦，实至明”“似至繁，实至简”“似至难，实至易”，称赞有加，并未和儒家学说有抵触。出版之后，虽然响应者不多，却也未见批评围剿。相比之下，西方的“民主”“共和”“物竞天择”“猴子变人”等鼓吹革命的学说，则和皇权统治发生激烈碰撞。这些学说引起的争论较大，社会影响深刻。数学则远非如此。清朝统治者从来没有害怕过西方数学，更没有反对过西方数学。1859 年，李善兰翻译《代微积拾级》，成为中国懂得牛顿微积分的第一人，是京师同文馆中除经学之外唯一的中国本土教习（其余如生物、化学、地学等均为外国人），这从一个侧面显示出儒家经典和西方数学共存共荣的局面。

最后，儒家文化为数学学习提供了特定的社会环境。

儒家学说是一种关于现实生活伦理的思想体系，但是它毕竟不是宗教。一般来说，宗教都认同某种世俗以外的超人力量，离开现实人间生活，去追求另一个更加完美的世界。儒家学说恰恰相反，它的生命哲学是集中个人的努力，以追求现世可以达成的功业目标，不谈个人“出世”的事情。当有人问孔子死后之事，孔子回答说：“未知生，焉知死？”（《论语·先进》）评价一个人的毕生努力，主要是看其对现世社会的贡献。尽管个人生命有限，一个人通过“立德、立功、立言”的“三不朽”得以延续。这种追求现实功业的个人奋斗精神是儒家学说赋予中国学生学习数学的思想动力。

儒家文化下的家庭体系对子女的学习，包括数学学习有重要的影响。父母总是希望子孙后代能够奋发图强，延续自己和祖先的基业，以优异的成绩，包括在校期间的学习成绩，光耀门楣。一般来说，学生容易对密切结合现实的语文、地理、自然、社会等课程产生兴趣，而对暂时没有用处的数学（也许还有外语）则不太喜欢。如果家长听之任之，只靠学生自己的喜好，学生则往往首先放弃数学的学习。此时，中国学生在儒家文化影响下的优势就出现了。在家庭无微不至的关怀与帮助下，他们会背“九九表”，会心算，会乘除法，能记住通分规则、“负负得正”、颠倒相乘之类枯燥的程式。待到他们成年之后，这些基本功就非常有用了。至于幼年时放弃这些学习的孩子，要想在成年后补足这些基础，往往为时已晚。

以孔子为代表的中国教育文化是人类智慧园中的瑰宝。孔子本人是伟大的教育家。他提倡的“有教无类”“因材施教”都是著名的教育箴言。即使在具体的教学方法上，他也有许多精辟的论述，至今仍然闪耀着智慧的光芒。例如：

知之为知之，不知为不知，是知也。（《论语·为政》）

不愤不启，不悱不发。举一隅不以三隅反，则不复也。（《论语·述而》）

学而不思则罔，思而不学则殆。《论语·为政》

学而时习之，不亦说乎？《论语·学而》

温故而知新，可以为师矣。《论语·为政》

这些教育名言，经过千年流传，已经成为中华文化的核心部分。至于民间流传的教育古训，当然受到前面所述的文化的影响。其中最为普及的当属“熟能生巧”。这一理念，几乎所有中国人都相信，而外国人则未必。中国启蒙教育主张“熟读唐诗三百首，不会作诗也会吟”，背诵《三字经》《千字文》是儿童启蒙的必修课。艺人的经验则是：“曲不离口，拳不离手”“夏练三伏，冬练三九”“台上一分钟，台下十年功”。大家都认为，经常练习是成功的必要条件。理解固重要，练习不能少。数学练习受益于此良多。

（四）追求现世功业的考试文化：对数学教育是一把双刃剑

中国在魏晋南北朝时期（220—589），盛行门阀制度，讲究出身门第，官吏都是世袭，为了使平民百姓中有才能的人也可以做官，遂有通过考试选拔人才的科举制度的出现。如果说中国古代在科学上有四大发明，那么中国在人事制度上的重大创造就是科举。

隋文帝开皇七年（587）为科举的开始。隋炀帝大业二年（606），开设进士科，用试策（时务策）的方法选拔官吏，代替九品中正和州郡地方官的荐举制，从而把读书、应考与政治上的做官密切地连为一体。

唐代的科举考试科目很多，但以秀才、明经、进士三科最为重要。唐朝曾设立"明算科"，通过考试后要交吏部录用。科举考试在宋代有一场大的争论。王安石为推行新法，改革科举制度，要求在科举考试中罢诗赋、明经诸科，专以经义、论、策试进士。苏轼等则认为，经义策试没有准绳，学子纵论天下，孰优孰劣，全凭考官个人好恶决定，无法衡量人的真实才能。不如考诗赋，平仄格律，对仗工整，必须符合规定，当较为客观。这场争论，其实是考试命题政策之争。由于"考试公平"的主张取得压倒性的胜利，考试命题方法日趋客观化。

到了明清两代，八股文盛行。八股文以"起承转合"各两股的文章格式，把学子的思想束缚得紧紧的。评分标准自然很客观，可是读书人对国家大事、科学进步就变得毫无兴趣了。

考试文化对"双基"数学起到正面和负面的作用。正面作用是：激励机制，明确方向；重视基础，善于书面表达，争取完美准确地答题，保证取得高分。负面作用是：只重笔试成绩，忽视人文修养。尤其是"一次性的、限时限刻的笔试"，只能考察基础，特别是能够比较客观公平打分的那些基础。其考试成绩只反映了应试者知识的识记水平，难以反映创新能力、公关交流能力、合作领导能力等。如果学生答数学卷全凭记住程式"快速抢答"，不容其细细思考，就会和"八股取士"越走越近。

（五）崇尚严谨论证的考据文化：与数学的逻辑论证相吻合

清代中期，以戴震为首的考据学派在学术界占统治地位。考据学派的治学方法，重实证，讲究逻辑推理，因而贴近数学。清末以来的学术界，崇尚“严谨治学”的文化氛围，恰与西方数学要求严密逻辑推理的层面相吻合。此外，考据学派对中国传统算学有过重要贡献，他们中的许多人，如戴震、阮元等就是算学家。考据和数学“联姻”，并非偶然。

如果说，儒家学说从宏观上看是一个演绎系统，考据学派则把儒家文化体系在微观上进一步演绎化、逻辑化。显然，这种重证据、实事求是的学术精神和方法是考据学派能够通向现代科学，特别是数学的桥梁。对于考据学和数学的关系，著名数学史家钱宝琮先生在《中国数学史》中评论说：“到乾隆中年，经学家提出了‘汉学’这个名目和‘宋学’对抗，他们用分析、归纳的逻辑方法研究十三经中不容易解释的问题，后来又将他们的考证方法用到史部和子部书籍研究中去。研究经书或史书都要掌握些数学知识，所以古典数学为乾嘉学者所重视。”[1]

钱先生在这里指出了研究经史需要数学知识，因而考据学家大多要研究数学。这只是问题的一个方面。研究经史的学问家很多，应当都来研究数学才是，为何唯独考据学家都成了数学家？正如钱先生所指出：考据学家使用的是“分析、归纳的逻辑方法”，而逻辑方法正是数学研究所特别强调的。由此可见，考据学和算学相关联的内在原因是研究方法的相同——都依靠逻辑推理。

可惜的是，戴震、阮元等为代表的乾嘉考据学派奉行的是复古主义，主张“西学中源”，以为“西方数学都可以在中国古代算学中找到根源”，把向西方学习数学的大门关死了。中国传统数学到李善兰时已经画上句号，后来的中国现代数学则是到国外留学的博士另起炉灶，于五四运动前后发展起来的。它和考据学派没有学术血缘关系。但是，如

---

[1] 钱宝琮. 中国数学史［M］. 北京：科学出版社，1992：283.

前所述，二者在研究方法上、文化层面上依然有着深刻的联系。考据文化对数学教育有积极的一面——重视逻辑训练，也有消极的一面——忽视数学思维的创造性。

（六）结 语

今天的中国学生生活在具有中华文化传统的社会环境里，在学校里则要学习以逻辑见长的西方数学。产生的结果却是在数学考试成绩上，中国学生一直优于西方国家的学生。这种东西方情形倒置的原因很多，其中一个根本的因素是文化的差异。从最近美国 NCTM 发表的“聚焦文件”[1] 来看，他们在正确地强调培养创造性数学思维的时候，的确忽视了必要的基本训练。“苦读”“熟能生巧”“科举意识”“家庭管束”“追求现世功业”“继承考据传统”等文化因素，使得中国学生在数学上付出了比其他国家地区的学生更多的时间与精力。获得国际上的好成绩让我们不必自卑，却也不可盲目乐观。数学思维本来有两面：活泼的创造性思维和形式化的逻辑思维。如果学生们在接受基本训练的同时，把创造性思维层面过滤掉了，就会得不偿失。毕竟，创新是民族的灵魂。发展才是硬道理。只有在打好基础的前提下谋求学生的个性发展，中国的数学和数学教育才能走到世界的前列。

中国传统文化和西方文化正在融合。东西方数学教育也在走向融合。

参考文献

[1] 潘光旦．寻求中国人位育之道：潘光旦文选［M］．北京：国际文化出版公司，1997．

[2] 明恩溥．中国乡村生活［M］．午晴，唐军，译．北京：时事出版社，1998．

[1] The National Council of Teachers Mathematics［NCTM］. Curriculum focal points for pre-kindergarten through grade 8 mathematics: a quest for coherence［EB/OL］.（2007-06-29）. http://www.nctm.org.

[3] 钱宝琮. 中国数学史 [M]. 北京：科学出版社，1992.

【后记】本文原刊于香港《基础教育学报》2007 年第 16 卷第 1 期。研究数学教育的中国道路必然涉及中国传统文化对数学教育的影响。我对此课题的关注始于在香港的一次访问。记得是 1999 年，我应梁贯成院长之邀访问香港大学教育学院。我在浏览了许多民国时期的教育刊物之后，对清代考据文化的感触颇深。事实上，数学重逻辑演绎，考据讲证据论理，二者彼此相通，遂有考据文化影响中国数学教育的联想，并陆续收集了一些证据。之后在研究中国数学“双基”教学的过程中，我又一次涉及中国传统文化与“数学‘双基’”的关系。2006 年，香港《基础教育学报》来函组稿，即以本文投去。2014 年，蔡金法教授在美国编制数学教育的大型出版物，我和李旭辉合作撰写了有关中华文化与数学教育的英文文章，即将推出。

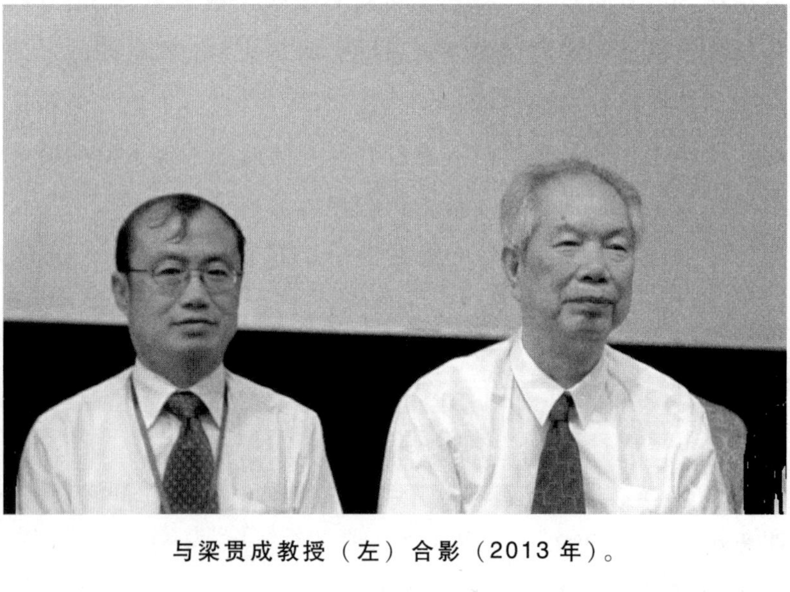

与梁贯成教授（左）合影（2013 年）。

四、中国数学教学中的“双基”和开放题问题解决

由于历史原因，在许多东方国家，包括日本、韩国、新加坡和中国，甚至在俄罗斯，数学教育家都非常强调基础教学的重要性。“双基”（基础知识和基本技能）原则在中国大陆体现得尤为充分。

中国实行“双基”教学原则，一个结果是在许多国际数学评估和竞赛中取得领先地位。例如，在1989年的国际教育成就评价（IAEP）中，中国的正确率名列第一，而在以往的国际数学奥林匹克竞赛（IMO）中亦屡获殊荣。

这是一个悖论。一方面，中国学生在许多国际数学测查中取得了优异的成绩。另一方面，中国的数学教学看起来总是在机械识记和重复练习。我们认为，“双基”教学的理念也许正是解释这一悖论的关键。

在本文中，我们将阐述数学“双基”教学的含义，以及中国大陆是怎样有机地将“双基”与“开放题问题解决”结合起来的。

（一）关于“双基”原则的四个方面

“双基”数学教学的含义是指在重视“双基”（基础知识和基本技能）的前提下，促进学生的创新和发展。

大多数中国的数学家和数学教育家都坚信“万丈高楼平地起”。事实上，小学和初中教育是基础教育，而基础教育的主要任务就是打好基础。尤其是必须从小打好扎实的基础，否则就会贻误一生。我们往往把孩子们的数学练习与语言练习或者弹钢琴相提并论。没有一个牢固的基础，“创造力”“不同的学生得到不同的发展”就都只能是奢谈。

关于“数学双基教学”的教育学定义可以从下面4个方面阐述：(1) 计算速度——速度带来效率；(2) 记忆程序——通过理解来记忆；(3) 精确地表达——建立在逻辑分析的基础上；(4) 做练习——通过变式改进重复。

1. 计算速度——速度带来效率

这是"数学双基教学"的一个重要因素。众所周知，计算技能是一个程序，而数学思考是一种过程。为了提高数学思考的效率，我们必须有足够的计算速度。事实上，速度将节省工作记忆的空间以支持更高水平的思考，即所谓"速度带来效率"。

在中国的小学里，快速而精确地进行整数、小数和分数四则混合运算是必须掌握的技能。据调查，中国的小学生能够在 1 分钟内完成 10 道 100 以内的加减法计算题。这是必须的吗？我们不能确定。然而，在中国这是一个普遍的速度。

首先让我们来看奉化调查（2002 年由周雷鸣和胡意香设计调查并完成）。

测试对象：一年级（7 岁）。

测试内容：90 道计算题。（要求在 15 分钟内完成）

（1）50 道 100 以内的加减法计算题。

3+13=	16+4=	50+5=	12+60=	2+57=
60+33=	53+9=	28+10=	30+48=	7+12=
9+17=	40+45=	23+8=	12+34=	86+8=
78-30=	20-12=	15-5=	20-15=	81-80=
100-40=	95-70=	27-4=	40-20=	18-12=
16-9=	36-16=	26-11=	47-8=	97-14=
45+1=	96-4=	63+7=	16-2=	37+6=
99-2=	38+50=	76-9=	8+25=	63-6=

80-40+30=	17+8+30=	49+20-60=	44-10+13=
35-20+15=	18-0+9=	10+60-8=	32+9-20=
98-30+11=	20-8-11=		

（2）40 个填空。

2+5=（　　）-5=（　　）+7=（　　）+2=（　　）

11-2=（　　）+9=（　　）-7=（　　）+6=（　　）

15-8=（　　）+2=（　　）-3=（　　）+18=（　　）

85-40=（　　）-20=（　　）-5=（　　）-11=（　　）

12+7＝（　　）+9＝（　　）-17＝（　　）+16＝（　　）

19+7＝（　　）-8＝（　　）+13＝（　　）+7＝（　　）

76-20＝（　　）+14＝（　　）-30＝（　　）+9＝（　　）

95-61＝（　　）+18＝（　　）-12＝（　　）+31＝（　　）

31+16＝（　　）-15＝（　　）+42＝（　　）-50＝（　　）

41-20＝（　　）+19＝（　　）-14＝（　　）+5＝（　　）

表 1 是奉化两个小学的调查结果。

表 1　一年级数学能力测查结果与分析

学校	样本数量	最快完成的时间	最慢完成的时间	
锦屏镇中心小学	48	6 分	15 分	
西溪学校	23	6 分 3 秒	14 分	
学校	平均用时	平均成绩	优秀率	通过率
锦屏镇中心小学	9 分 38 秒	90.1	46.65%	100%
西溪学校	9 分 52 秒	87.4	36.7%	96%

我们将提供有关“计算速度”的其他两项测查结果。

三年级的孩子（9 岁），平均每分钟能完成两道计算题。其中一部分问题是这样的：

125×72＝　　8500÷50＝　　4907÷7＝　　490×20＝

8640÷60＝　　8585÷17＝　　2821×3＝　　490÷35＝

在另一项对 2049 个样本的测查中，我们期望测量到解代数式计算题的速度。要求学生在 10 分钟内完成 38 道测试题。（详见附录）

其中一部分测试题是这样的：

解决问题（1）～（5）：

（1）$1-3x^2y+5x^2y$　　（2）$\frac{1}{4}ab^2-2ab^2$

（3）$\frac{1}{3}x^2y\cdot(-6x^2y)$　　（4）$6ab^2c\div(-9abc)$

（5）$(-3xy^2)^3$

分解因式（15）～（17）：

（15）$(a+b)^2-(x-y)^2$　　（16）$(x+y)^2+5(x+y)+6$

（17）$(m-n)^2+4(m-n)+4$

完全平方式（18）：

（18）$\frac{1}{2}x^2+x+\frac{2}{3}$

结论：我们可能对在校学生的计算速度过分苛求了。但对于速度的要求仍是中国数学教学的目标之一。“速算比赛”在许多学校年年举行。事实上，计算速度是在众多规定时间的比赛中取得好成绩的基础。

2. 记忆程序——通过理解来记忆

毫无疑问，在认知过程中记忆是非常重要的。然而，对于记忆和理解，人们持有许多不同的观点。比如，许多教育家强烈要求“不要死记硬背！”，而另一些人则说“记忆与理解相辅相成”。

大多数中国教师认为要“先记忆，然后逐步理解”。比如，虽然孩子们不理解为什么钢琴的指法练习这样规定，但他们必须记住它，然后再逐渐地理解它。与之相仿，我们并不了解语法，而是依靠着记忆和模仿来学说母语。在中国，我们经常说：“理解的，你去做。没理解，你也去做，在做的过程中，你会不断加深理解。”

这里有几个特殊的例子。

（1）所有的学生在8～9岁（二至三年级）时必须记忆并背诵“九九乘法表”。

（2）要理解“负负得正”的规则是很难的。迄今为止，我们仍然不能令人信服地解释为什么它是正确的。在中国，许多学生首先是记忆了它，然后才逐步理解它。

（3）对于三角函数的公式，在实际教学中，要求学生背诵三角求和公式、倍角公式、半角公式、和差化积或积化和差的公式，以及关于sin、cos、tan的公式（对于3倍角的公式近年来已不再要求学生记忆）。这是学生终身学习必备的基础知识，特别是在学习微积分的时候。

有些西方学者也接受这样的观点。举例来说，马登曾在1991年的文章中提到“记忆那些理解了的内容，通过记忆来理解”。记忆是深化理解的一种方法吗？或者是理解的前提？一项对日本学生的研究说明：记忆也许是通向理解的一种路径。[1]

3. 精确地表达——建立在逻辑分析的基础上

在中国，教师在教授数学时，对一些概念和观点常会做出非正式的解释。但从某种程度上讲，教师仍必须保持数学的精确性、逻辑性和规范性。特别是，数学语言要规范。学生必须做更多练习来学习逻辑表达。

其中的一个例子是中国数学教学强调严密的推理和证明。在“证实”和“证明”之间，后者更具价值。以一个基本的几何知识——勾股定理为例，在教学中必须用一些代数和几何的方法比较抽象地来证明它，而直观的剪拼和粘贴方法，不能看作是最终证明。

这里有一个出现在1991年全国高等院校统一招生考试中的题目：

问题15：下列哪个是假命题？

A. 存在 α、β 的值，使得 $\cos(\alpha+\beta)=\cos\alpha\cos\beta+\sin\alpha\sin\beta$。

B. 不存在 α、β 的无穷多个值，有 $\cos(\alpha+\beta)=\cos\alpha\cos\beta+\sin\alpha\sin\beta$。

C. 对于任意的 α、β，总有 $\cos(\alpha+\beta)=\cos\alpha\cos\beta+\sin\alpha\sin\beta$。

D. 没有 α、β 的值，使得 $\cos(\alpha+\beta)=\cos\alpha\cos\beta+\sin\alpha\sin\beta$。

正确选项是A。解决问题的过程应是一个严密的逻辑推理过程，有着充分的理由并被清楚而规范地表达出来。

“双基”教学坚持数学思考的抽象性。蔡金法教授2001年的一项研究表明，中国学生采用与美国学生不同的方法解决分数问题。测试题是这样的：

“比萨的比率问题：8个女孩分吃2个比萨，3个男孩分吃1个比萨，每个比萨的大小相同。请判断：每个男孩和每个女孩相比，谁得到了更多的比萨？”

有以下3种求解方法。

数字符号：$2\div8=1/4$；$1\div3=1/3$。但是 $1/3>1/4$。

语言：2/8等于1/4，而1/3大于1/4，男孩得到了更多的比萨。

画图：（如图1所示）

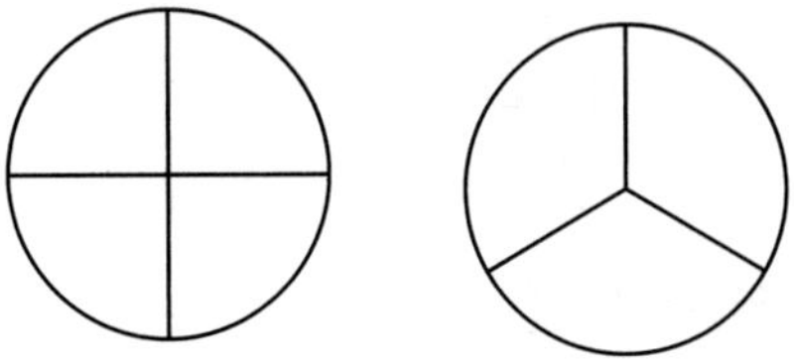

图1　切比萨

蔡教授的报告显示美国学生喜欢用画图的方法来解决问题，而只有极少数的中国孩子使用这个方法。如表 2 所示。

表 2　使用三种方法的学生数量

	中国			美国		
年级	4	5	6	4	5	6
正确率（%）	21	57	93	42	53	59
可视图	4	3	4	65	53	59
数字符号	35	51	58	28	36	47
语言表述	61	42	28	8	11	4

正如上面所指出的，“双基”教学更多关注逻辑分析、抽象思考和规范表达。

4. 做练习——通过变式改进重复

想要获得一项数学技能必须通过经常性的练习。显然，重复的数学练习是无助于实现个体发展的。最近，有许多研究报告指出有变化的重复是促进有效的数学学习的一种“中国”方法[2]。

让我们来看一个典型的关于变式的例子（仅仅改变一个字母：$c \to a$）。

例（2003 年高等学校招生考试试题）　如果函数 $y=ax^2+bx+a$ 的图象与 x 轴有两个交点，那么点 (a, b) 在 aOb 平面上的区域（不包括边界）为（　　）。

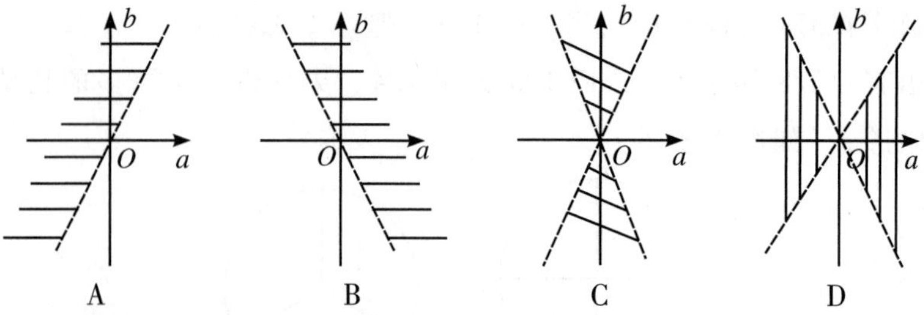

正确答案是 C，但 $a \neq 0$。

虽然我们只是在常规表达式 $y=ax^2+bx+c$ 中改动了一个字母 a，但函数 $y=ax^2+bx+a$ 涉及许多基本的数学知识：

- 二次方程的实数根。
- 判别式 $b^2-4aa=b^2-4a^2=(b+2a)(b-2a)>0$。
- 直线的方程表达式。
- 由直线界定的区域。
- 不应包括的直线 $a\neq0$。

中国学者的研究表明：通过“变式方法”可以改进重复。变式包括概念的逻辑变式和解题过程的变式，以及分为明显的变式和含蓄的变式。安排那些容易使人迷惑的练习比对一个任务的简单重复更有效[2]。许多研究表明，不断地进行逐步丰富的变式练习能达成对知识的理解，并指出了如下两个变式的例子。

(1) 概念性变式。

概念性变式 1（如图 2 所示）。

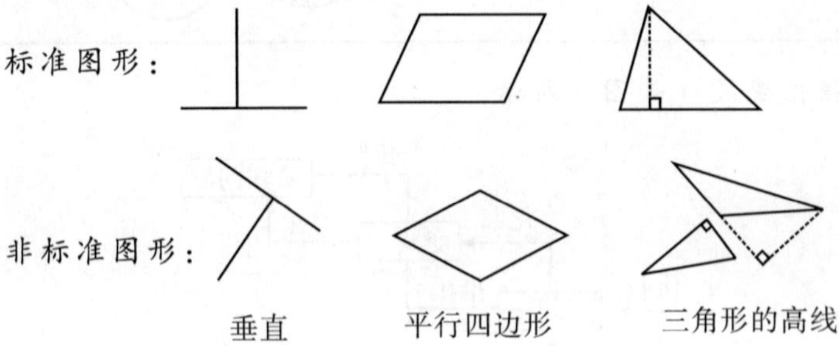

图 2 概念性变式 1

概念性变式 2（如表 3 所示）。

表 3 概念性变式 2

	概念图形	非概念图形
邻角	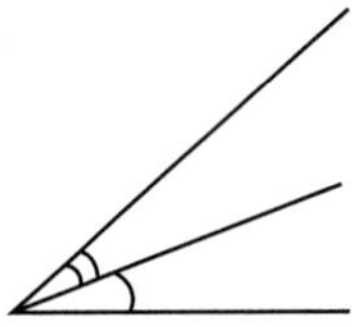	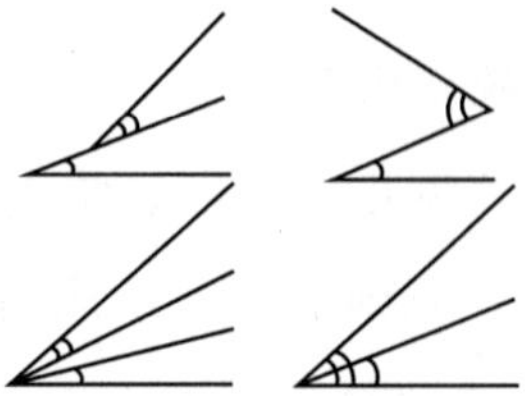

续表

	概念图形	非概念图形
对顶角		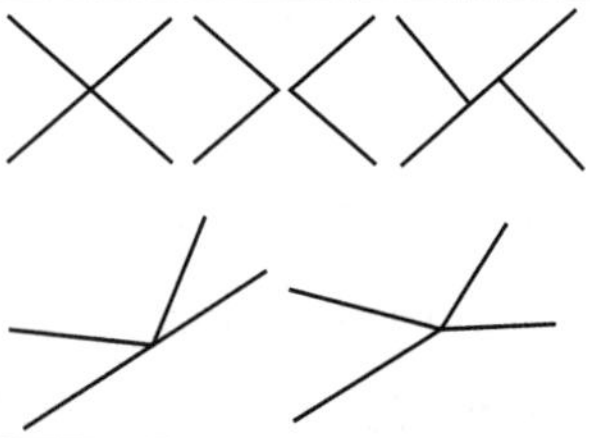
圆周角	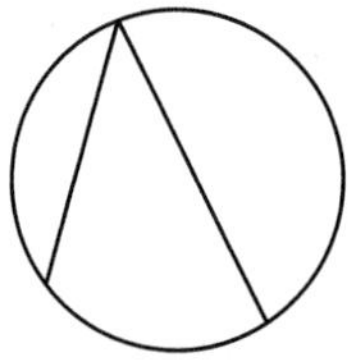	

(2) 过程性变式（如图 3 所示）。

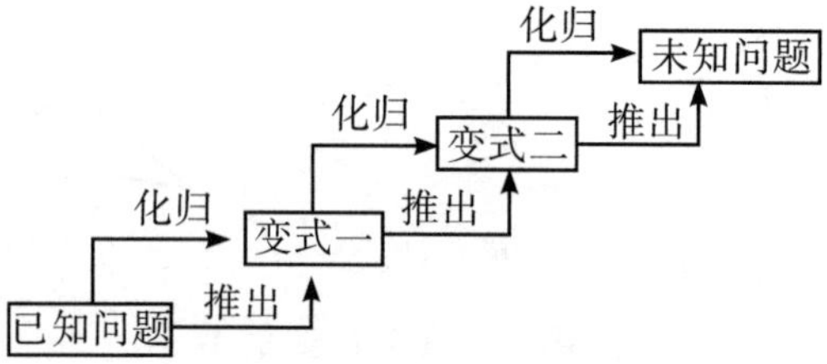

图 3　过程性变式

（二）“双基”数学教学的特征

中国是一个有着 13 亿多人口的发展中国家，有一个为期 9 年的义务教育系统。由于这里一个班级的规模达到了 40～50 名学生，在教学过程中，教师几乎不可能实施个别化教学。我们来看一看中国数学教学在“双基”原则影响下形成的一些特征。

(1) 课堂教学节奏由教师的教学计划所引领。它强调的是启发式教学，反对填鸭式的灌输。学生们被要求跟上全班大多数同学的学习进度。它要求教师尽可能快地表征主要的数学内容以避免学生花费过多的时间绕弯路。在中国的课堂里，并不总是教师讲述，学生进行口头回答是经常性的。通常，教师会提出一系列相关的简单问题，让学生集体回答或个别回答，引导他们通过众多小步子的提问学习而不是放羊式的自主探究来达成预设目标。这就是我们所说的“小步子教学”。

（2）使用“精讲多练”的原则。对于理解和操练的关系，它不赞成“理解优先”的提议，而是坚持它们同样重要。用于理解知识的讲述必须简明精要以留出更多的时间来解决数学问题。在时间分配上，没有必要花太长的时间去理解，因为理解并不能通过一次解释就达成，数学中必须有练习。在理解的前提下做数学练习当然好，但是，尽管没有透彻的理解，学生们仍然能够做练习，并且他们可以，也必然会在解题过程中逐步深化自己的理解。

（3）强调逻辑表达。“双基”原则强调在数学概念、法则、定理等的学习中培养数学思考的重要性和重复练习的作用。比如，完整的逻辑分类，否定命题时量词间的转换，对充分条件和必要条件的理解、分析、推理、综合、联想，以及“RMI”方法等。在考前复习时，尤其强调“温故知新”。有些优秀教师采用“大容量、快节奏、高密度”的教学策略，在一节复习课里复习二三十个问题，然后概括出其中的数学方法。这样的技能训练是高水平应用“双基”原则的一个典范。

（4）更多关注“数学方法”的应用。对“中学数学思考方法”（如综合和分析、归纳和演绎、数形转换、建立模型、类比、联系等）的调查发现，严密逻辑推导练习有助于发展数学思考能力。因此，一个人能在深层次学习时抓住数学思考的方法，形成整体结构和系统化的知识。研究揭示了灵活精妙的数学操练能够促进数学概念的形成。在计算中应用公式和规律的能力可以将机械操练转变为数学计算能力。熟练的计算和对公式的记忆能使数学思考更简洁、迅速，进而达到数学思考的更高层次。[1,3-4]

（三）在数学教学中实施“双基”数学教学原则的历史根源和社会环境

造房子要筑好地基。因此，我们都承认基础的重要性，问题是应强调到何种程度？许多中国教育家对此所持的信念是受千百年来中华文明的影响而逐步形成的。让我们回顾一下是哪些因素形成了中国传统教育对于基础的信念。

首先，千百年的农业文化，尤其是中华民族的稻作文化，要求深耕细作。农民在给定的一小块土地上，依赖熟练的技术来争取最大的收成。这与那些可以通过不断扩张而谋生的游牧民族的文化是截然不同的。因此，在中国漫长的农业社会，掌握高效的技能对生存而言至关重要。

其次，严格的考试机制和统一的考试命题迫使学生只学习那些将被测查的内容。中国的考试机制最早可以追溯到隋文帝开皇七年(587)。由于这个机制，平民一旦通过了国家考试就可以成为政府机关人员。这是一项高度公平和文明的政策。这也是中国人之所以认为考试可以决定一个人命运的根源。从明朝开始，在朝廷主持的考试中采用的考试项目变成了“八股文”(即按照死板的8个部分陈述一些凝练、呆板的基本知识与陈腐、僵化的写作技能)。至于现代数学考试，多数也是考查一些数学程序和熟练的技能。因为考试题目往往只能涉及“基础”，很难考查出创新性。学生为了能在考试中取得好成绩，也就只学习那些基础内容了。[5]

再次，中国传统的教育古谚有“熟能生巧”。人们相信教育的初级目标是熟悉。熟悉了，慢慢就精通了。

最后，20世纪50年代，中国大陆的数学教育深受苏联数学教育的影响。众所周知，20世纪50年代的苏联数学教育非常强调与记忆相关的基本规律和法则，强调严格的论证，包括逻辑推理的练习。

在上述因素的作用下，1963年，教育部在数学教学大纲中声明：“数学教育应该加强学生对基础知识和基本技能的学习。”此外，数学讲授应该能培养学生的“基本计算能力、空间想象能力和逻辑思考能力”。这些强调基础的观点一直影响到今天。

(四) 新的发展——开放题问题解决

如果我们认为中国的“双基”教学只是强调了记忆、模仿和操作[6]，那就失于片面。20世纪90年代初期，在许多数学教师的共同努力下，“双基”教学开始提升到数学思考的层面，产生了一系列符合学生思考规律的同时又是有意义的、科学的教学方法。

优质的数学教育应当坚持“扎实的数学基础”和“不断的数学创新”的结合。随着现代数学教育理论的发展，“双基”教学逐步进入到一个新的阶段。其中一个值得关注的新趋向是用开放题赋予数学“双基”新的内涵。近来，开放题的问题解决教学在中国成为一种新的时尚。“双基”与开放题问题解决的关系如图 4 所示。

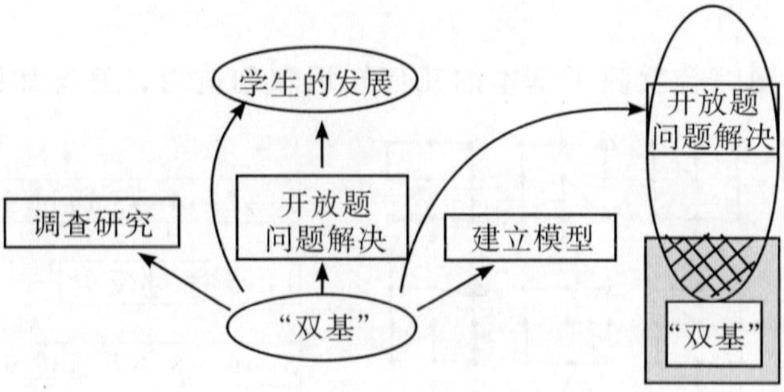

图 4　“双基”与开放题问题解决

开放题问题解决是 20 世纪 70 年代由日本首创，然后被引介到中国。20 世纪 90 年代初期，数学教师在他们的课堂教学中开始使用开放题。关键的一步是开放题出现在了许多热门考试的试卷中。作为一种教学方法，2001 年颁布的《全日制义务教育数学课程标准（实验稿）》提到了开放题问题解决。

怎样在“双基”教学中融入开放题问题解决呢？

一个经典的开放题是日本的“大理石问题”：“把 5 块大理石扔到一个平面上，怎样解释这些大理石不同的位置变化？”这是一个非常优秀的问题。但它看起来离“基础知识”太遥远了。

在过去的十年里，中国教育家设计了许多形式新颖的问题。这里有一些例子。

例 1　$8a^2b^2c^3$ 和 $12x^2y^3a^2$ 有什么共同特点？

可能的回答有：它们都是代数表达式，都是简单的代数式，它们都含有系数 2，每一个变量的指数都至少是 2，等等。事实上，它有许多答案，并紧密联系了“双基”——基本概念[7]。

再来看一道为数感而设计的简单开放题。

例 2　请在 50π 和 170 之间插入 3 个无理数。

这里有无穷个答案。学生们可以用不同的方法来构建无理数，而使用这些方法要求他们有计算技能。

例 3 简单的邮递路线问题。(上海金汇学校，1998)

如图 5，在一个正方形区域内有 9 个村庄。邮局在左上角。邮递员从邮局出发，走遍 9 个村庄最后回到邮局。可以走哪几条路?

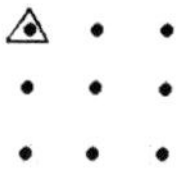
图 5

这个问题综合反映了基本的几何知识和创造力，答案如图 6 所示。

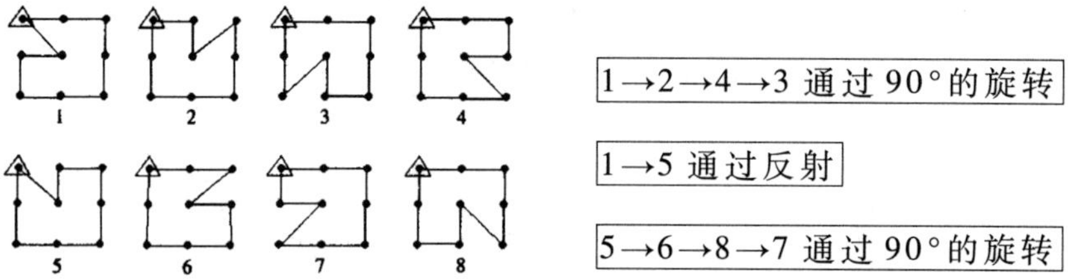

图 6

一个有趣的例子是偶然出现在 1993 年初中课本上的钟面问题。它表明计算技能可以和开放题问题解决结合起来。

例 4 如图 7，钟面上有 12 个数字，请在数字前添加正号或者负号，使它们的和等于 0。(钟面数字问题)

图 7

学生们通过计算可以给出几种答案。然而，超乎学生们和作者的想象，本题竟有 124 种答案！实际上，这是一个非常好的开放题。显然，学生们不可能列出所有的答案。但是，他们可以发现“正数的和必须等于负数的和”这样一个规则。举例来说，如果我们知道带有正号（负号）的数之和是 78（−78），那么就可以找到更多的答案。这道题目紧密联系了有理数加、减法计算的基本练习。

许多开放题只是一个数学情境，给出一些条件，但是没有结论。

例 5 如图 8，$\triangle ABC$ 是一个直角三角形，$\angle C=90°$，$CD\perp AB$，请尽可能多地找出图示中图形的形状和大小之间所存在的各种关系。

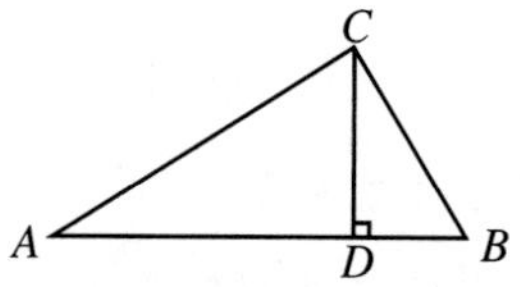

图 8

这种问题被广泛地使用于中国的课堂教学，特别是在复习课中。只要是与“双基”紧密联系的，有些国外的开放题也被用于我们的数学教学。

这里有一道来自日本的例题。

例 6　有一块长 4 米、宽 3 米的长方形园地，现要在园地上辟一个花圃，使花圃的面积是原园地面积的一半。请给出你的不同设计。（花圃设计问题——1993 年第十三届国际数学教育心理会议，日本）

答案很多，摘录几种，如图 9 所示。

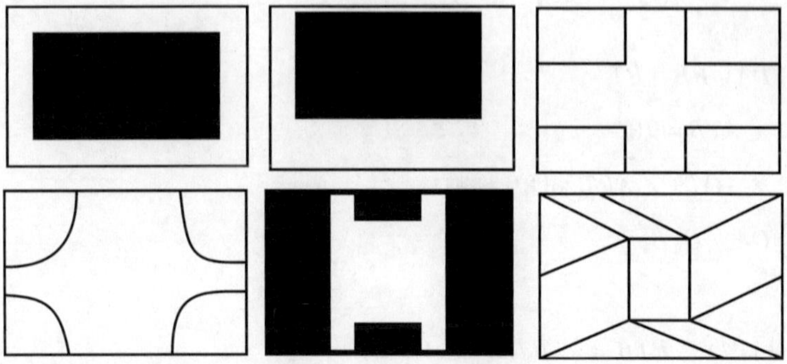

图 9

这个数学问题结合了艺术。值得称道的是，它联系了基本的几何知识和技能：画图、求面积、实数运算、等式、平方根等。

众所周知，考试是数学教育的指挥棒。一旦在热门考试的试卷上引进开放题，那么在课堂教学中使用开放题就会流行开来。现在，每一位中国数学教师都尝试在课堂教学中使用开放题，并且十分关注这类试题。

例 7　如图 10，$A_1B_1C_1D_1-ABCD$ 是一个直棱柱，四边形 $ABCD$ 应满足什么条件才能使 $A_1C \perp B_1D_1$？（1998 年全国普通高等院校统一招生考试）

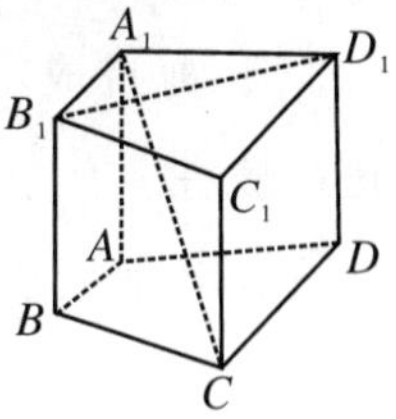

图 10

这是首次出现在全国高等院校入学考试中的开放题。虽然这道题在 150 分的总分中只占了 5 分，但是这个问题引起了老师们对解决开放题问题的注意。

例 8　$\odot O$ 和 $\odot O_1$ 相切于 T，PT 为其内公切线，AB 为其外公切线。且 A、B 为切点，AB 与 PT 相交于点 P。请根据图中所给的已知条件和线段，写出一个结论并证明它。（本题 12 分，按正确结论的难易程度来评分）（杭州

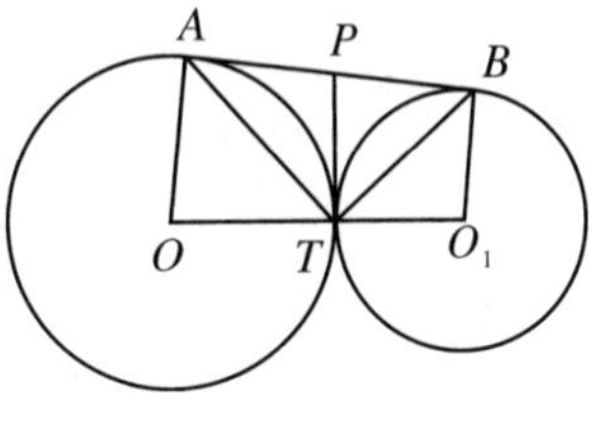

图 11

市 2001 年各类高中统一招生考试)

最后,考试中心的专家给出了如下的评分标准:

6 分,如果学生证明了:

1. $PA=PT$ ($PB=PT$)

2. $\angle PAT=\angle PTA$ ($\angle PBT=\angle PTB$)

3. $\angle OAP=\angle OTP=90°$

8 分:

1. $PA=PB=PT$

2. $\angle ATB=90°$

3. $\angle AOT+\angle APT=180°$

4. $OA /\!/ O_1B$

10 分:

$\triangle OAT \backsim \triangle PTB$ ($\triangle PTA \backsim \triangle O_1BT$)

12 分:

$PA \cdot PB = OT \cdot O_1T$

($PA \cdot PB = OA \cdot O_1B$)

在 2002 年的全国普通高等院校统一招生考试中出现了一道有意思的开放题。

例 9 给出两张相同的正三角形纸片:(1)将其中一张[图 12(a)]剪拼成一个正三棱锥;(2)将另一张[12(b)]剪拼成一个正三棱柱。使它们的全面积都与原三角形的面积相等。请设计一种剪拼方法,分别用虚线标示在图 12(a)、图 12(b)中,并简要说明。

图 12

考试中心只给出了一个“标准答案”,如图 13:

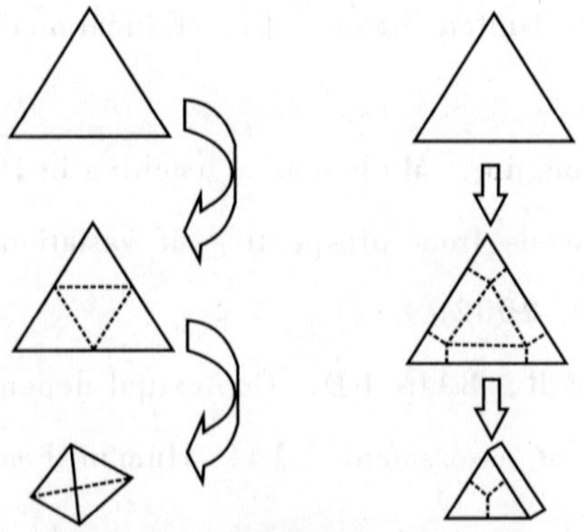

图 13

然而考生给出了像下面这样的一些答案，如图 14：

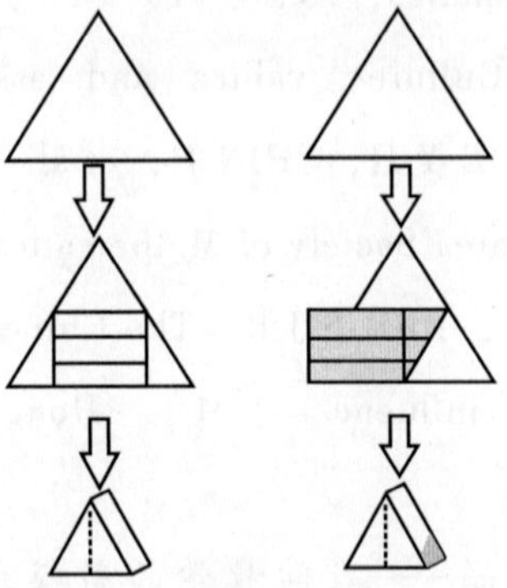

图 14

事实上，答案是无穷的。让我们来回忆“波尔约—盖尔文”定理：如果给出两个面积相等的多边形，其中一个可以首先被分割成有限的若干个多边形，然后重新安排这些多边形可以得到第二个多边形。“重新安排”在这里意味着对每一个切割所得的多边形做直线运动或旋转。

（五）结　论

东西方数学教育正在寻求基础与发展之间的平衡[8-9]。中国的“双基”教学亦力求超越已有成就，在课堂教学中获得基础和发展的平衡。无论如何，“基础知识和基本技能在一个人的一生中始终是非常重要的”。基础需要与时俱进。

参考文献

［1］ HESS R D，AZUMA M. Culture support for schooling：contrasts between Japan and the United States [J]. Educational Researcher, 1991, 20 (9): 2-9.

[2] HUANG Rongjin. Mathematics teaching in Hong Kong and Shanghai: a classroom analysis from prospective of variation [D]. HongKong: Hong Kong University, 2002.

[3] THOMAS P R, BAIN J D. Contextual dependence of learning approaches: the effect of assessment [J]. Human Learning, 1984 (3): 227-240.

[4] LI Shiqi. Does practice make perfect: a key belief in China [J]. For the Learning of Mathematics, 1996, 19 (3): 33-35.

[5] BISHOP A. Culture, values and assessment in mathematics [C] //PARK H S, CHOE Y H, SHIN H, et al. Proceedings of the ICMI-EARCOME 1. Seoul: Korea Society of Mathematical Education, 1998.

[6] WATKINS D A, BIGGS J B. The Chinese learner: cultural, psychological and contextual influences [M]. Hong Kong: CERC& ACER, 1996.

[7] 戴再平. 开放题——数学教学的新模式 [M]. 上海: 上海教育出版社, 2002.

[8] LEUNG F K S. The traditional Chinese views of mathematics and education: implications for mathematics education in the new millennium [C] //PARK H S, CHOE Y H, SHIN H, et al. Proceedings of the ICMI-EARCOME 1. Seoul: Korea Society of Mathematical Education, 1998.

[9] LIM-TEO S K. Seeking a balance in mathematics education: the Singapore story [C] //PARK H S, CHOE Y H, SHIN H, et al. Proceedings of the ICMI-EARCOME 1. Seoul: Korea Society of Mathematical Education, 1998.

[10] MURPHY D O. Education: a Hong Kong perspective [J]. Australian Universities Review, 1987, 30 (2): 43-44.

[11] 鲍建生. 中英数学试题比较研究 [D]. 上海: 华东师范大学, 2002.

[12] CAI Jinfa. Improving mathematics learning: lessons form cross-national studies of Chinese and U. S. Students [J]. Phi Delta Kappan, 2001, 82 (5): 400-404.

[13] WONG N Y. In search of the "CHC" learner: smarter, works harder or something more? [C] //PARK H S, CHOE Y H, SHIN H, et al. Proceedings of the ICMI-EARCOME 1. Seoul: Korea Society of Mathematical Education, 1998.

[14] ZHANG Dianzhou, LIANG C K S, Wong N Y. Some characteristics of mathematics education in East Asia: an overview from China [C] // PARK H S, CHOE Y H, SHIN H, et al. Proceedings of the ICMI-EARCOME 1. Seoul: Korea Society of Mathematical Education, 1998.

[15] 张奠宙. 清末考据学派与中国数学 [J]. 科学 (上海), 2002, 54 (2): 43-47.

附录：江苏省农村中学生计算能力调查[1]

(一) 测试科目和方法。

1998 年，对 2049 名来自中国江苏省 8 所学校，共 43 个班级的学生进行了一次测查。内容是数学整式（包括组成、完全平方式和因式分解）。

安排了不同难度的 38 道问题，并且限定 10 分钟。这是对学生基本数学能力的测查，尤其是完成的速度。

(二) 测试结果统计。

下表显示了测查结果，x 是正确答案的平均值，σ_n 是正确数据的标准差，Y (%) 是正确率。

正确率的定义是测试中的正确答案除以小组成员数乘答题时间再乘 100%。

[1] 该调查由田中先生在 2003 年于常熟师专完成。

表 1　正确答案的平均值、标准差和正确率

	8 年级	9 年级	10 年级	11 年级	12 年级	合计
x	17.82	20.73	28.11	29.43	31.00	25.78
σ_n	6.08	7.05	4.22	4.34	4.20	7.29
y	46.89	54.55	73.97	77.45	81.58	67.84

在数学教学中，帮助学生通过扎实的训练掌握基础知识以形成一种较高的数学能力是教学的一个主要目标。

根据对上述案例的统计分析，并结合数学教师们的经验，概括出了 3 个指标，它们是平均数、通过级别和优秀级别。根据统计结果，给出下面的参考标准：

表 2　解整式测查结果参考标准表

	平均数*	通过*	优秀*
	正确答案	正确答案	正确答案
8 年级	17.90	≥13	≥27
9 年级	21.84	≥16	≥32
10 年级	27.67	≥24	≥34
11 年级	30.06	≥26	≥36
12 年级	31.29	≥28	≥36

* 正确答案数：共 38 个问题

计算测查卷：

1. 解决问题（1）～（5）：

（1）$1-3x^2y+5x^2y$　　（2）$\frac{1}{4}ab^2-2ab^2$

（3）$\frac{1}{3}xy^2\cdot(-6x^2y)$　　（4）$6ab^2c\div(-9ac)$

（5）$(-3xy^2)^3$

分解因式（6）～（8）：

（6）$x^{2m}-9$　　（7）x^2-3x+2

（8）$y^2+y+\frac{1}{4}$

完全平方式（9）：

（9）x^2-2x+1

2. 解决问题（10）～（14）：

（10）$-\frac{2}{3}ab+\frac{3}{4}ab+ab$　　（11）$-y^2-2x^2-(-3y^2)$

（12）$3x^3y\cdot\frac{1}{2}x\cdot(-2xy^2)$　　（13）$3x^2y\cdot\frac{1}{3}xy\div(-xy)$

（14）$[(-2n)^2]^3$

分解因式（15）～（17）：

（15）$(a+b)^2-(x-y)^2$　　（16）$(x+y)^2+5(x+y)+6$

（17）$(m-n)^2+4(m-n)+4$

完全平方式（18）：

（18）$\frac{1}{2}x^2+x+\frac{2}{3}$

3. 解决问题（19）～（20）：

（19）$4x^3-(-6x^3)+9x^3$　　（20）$2a^2by\left(-\frac{1}{3}by\right)+a^2by$

分解因式（21）～（23）：

（21）$a^2-ab+ac-bc$　　（22）$m^2-n^2+am-an$

（23）$x^2+2xy+y^2-z^2$

完全平方式（24）：

（24）x^2+px+q

4. 解决问题（25）～（30）：

（25）$-\frac{1}{2}ab^2(b^2+3a^2b)$

（26）$(x-2y^2)(-2x^2y)$

（27）$(m^3n+mn^2)\div\frac{1}{3}mn$

（28）$(a^3b^4c-2ab^3c)\div(-2ab)$

（29）$(-2ab^2+a^2b+3ab^2)^2$

（30）$(-a^2b)^5\div a^6b^2$

5. 解决问题（31）～（32）：

（31）$(4x^2y-5xy^2)-(3x^2y-4xy^2)$

（32）$6ab^2\left(-\frac{1}{3}ab^4\right)\div 2a(-ab^2)$

6. 解决问题（33）～（38）：

（33）$2s^2t+\frac{1}{2}s^3t^2\div\frac{3}{2}st+\frac{2}{3}s^2t$

（34）$ab^2c^2-ab\cdot\frac{1}{2}bc^2-ab^2c^2$

（35）$xy^2z-xy\cdot x^2y\cdot(-xz)$

（36）$-m^5n^3\div\frac{1}{3}m^2n^2\div mn+4m^2$

（37）$(21a^2b^2-35a^3b^3)\div 7a^2b^2\cdot 2ab$

（38）$2x^5y^4\div\frac{1}{2}xy^2+(-3x^2y^2)2x^2$

【后记】第10届国际数学教育大会于2004年在丹麦的哥本哈根举行。大会的国际程序委员会主席MNISS来信要我做一个45分钟的常规报告，我立即接受了。那时我正致力于“数学双基教学”的研究，觉得这是将“双基”教学推向世界的一个机会。不过，当时对“数学双基教学”的研究还很少，理论性的概括尤其不够。我只能在2003年苏州大学举行的高级研讨班等各种渠道的基础上进行概括和梳理。另一方面，戴再平教授研究的开放题，很有中国特色，尤其是能够和中国的“双基”教学相对接，于是我建议增加戴再平为演讲者之一。题目定为“中国数学‘双基’教学和开放题教学”，大会程序委员会也同意了。报告用英文起草，一直在不断地修改。直到大会开幕前夕，我和上海教育出版社的韩希塘同住一个旅馆，还在谈论该怎么说才好。好多想法，如记忆通向理解，速度赢得效率，等等，都是临时加进去的。

数学“双基”教学和开放题教学相结合，成为东西方数学教育思想结合的一个成果，比较引人注目。我和戴再平用英文演讲，还是很吃力的，好在有香港大学的莫雅慈教授帮忙，一切顺利。那天韩国的崔英翰教授也在听演讲。他觉得韩国和中国的数学教育有许多地方很相像，于是邀请我在第10届国际数学教育大会（ICME-10，2004）上做报告。报告被收入大会论文集，原文是英文，后在韩国数学教学学会杂志《数学教育研究》（2004年第9期）（国际刊号：ISSN 1226-6663）先行发表。“数学‘双基’教学”译成英文是“Two Basics Teaching Approach”，自此为大家所了解。《数学教育学报》将原文译成中文，刊于《数学教育学报》2005年第4期。由于此后对“双基”数学教学的研究有新的认识，原文引入时做了微小的修改。

与戴再平教授（右）于上海合影（2013年）。

五、“四基”数学模块教学的构建

——兼谈数学思想方法的教学

中国数学教育，一向以“双基”（基础知识和基本技能）的掌握作为重要诉求。20世纪80年代徐利治先生倡导“数学方法论”，数学思想方法教学进入课堂。晚近以来，许多有识之士建议增加为“四基”[1]，即增加基本思想方法和基本活动经验。现在，这一建议已经在《全日制义务教育数学课程标准（修订稿）》征求意见时被正式采纳，而且在数学教育界获得高度的认同感。

那么，“四基”之间的关系如何？怎样进行“四基”教学？都是重要的研究课题。这里试图诠释“四基”之间的关系，构建“四基”数学教学模块，并借助案例进行阐述。

多年来，有关数学思想方法本身的研究非常丰富，但是关于如何在课堂上进行数学思想方法的教学的研究文献非常少。研究者借助“四基”数学模块的构建，着重探讨基本数学思想方法的教学途径，寻求和其他“三基”的融合，希冀能够在课堂上落实基本数学思想方法的教学，为发扬中国数学教育特色提供一些新的思路。

“四基”并非孤立地存在着，而是互相连接，形成你中有我、我中有你的交错局面。“四基”的基本形式是一个三维的模块。学生头脑里的数学大厦是在一个个的基础模块之上建立起来的。

这里，给出“四基”数学教学模块的示意图。

2006年，在宁波举办的数学教师进修班上，曾经提出过“‘双基’数学模块”的建议[1]，实际上，这个模型已经超出了“双基”范围，涉及“三基”：

第一维度，基本数学知识的积累过程；

第二维度，基本数学技能的演练过程；

第三维度，基本数学思想方法的形成过程。

这样一来，“四基”中前“三基”就已经形成了一个三维的“数学基础模块”。那么第四个“基本”——基本数学活动经验应该放在哪里呢？基本数学活动经验本身并不构成一个单独的维度，而是充填在三维模块中间的黏合剂。事实上，数学教学是数学活动的教学。学生通过无处不在的基本数学活动获得的经验与数学基础知识、基本技能、基本思想方法交织在一起，渗透在整体数学学习过程之中，如图1所示。

数学基础模块有大小之分。例如，方程是一个大的基础模块，一元一次方程则是一个较小的模块。彼此有从属关系。正如人有神经系统、循环系统、消化系统、呼吸系统等许多重要部分，而人的各个系统又是由各种不同的脏器作为组成部分。进一步，各种脏器又以细胞作为载体。数学也是如此。

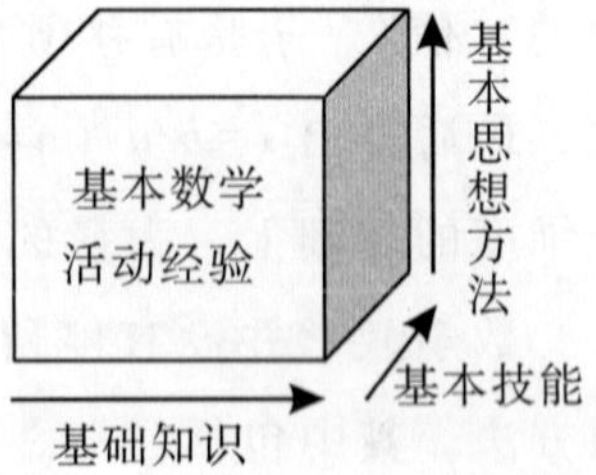

图1　“四基”模块示意图

这一模块的构建，可说是中国数学课堂教学的一个典型模式。其中既有扎扎实实打基础的内容，也有提炼数学思想方法的发展部分，在整个活动中，借助变式练习，积累数学活动经验，显示了中国数学教育的特色。

在一堂数学教学课中，知识的获得、技能的训练、数学方法的提炼，互相交叉渗透。没有单纯的知识，也没有脱离知识的技能。至于数学方法，建筑在知识和技能之上，但也会具有独立的价值，而学生在学习过程中获得的数学活动经验，则以上述“三基”为载体。

那么，以上的“四基”数学模块，是如何形成的呢？

数学内容是各不相同的。弗赖登塔尔指出，数学知识有两类：程序性的算法知识和思辨性知识[2]。程序性又可以分为语言表示（如符号表示、书写格式）程序、操作性的变换程序（如解方程的同解变换）和运算规则（如负负得正）等部分。思辨性的知识也有概念形成、定理的建立、演绎证明和反思等不同的类别。但是，无论哪一种数学基础，都是“四基”相互作用的结果，只是形成的过程彼此不同、机制互相有异。因此，“四基”模块形式也是多种多样的。以下将就各种类型的“四基”模块进行探讨，并结合一些案例进行分析。

例1 概念型综合模块：一元一次方程。

本案例的“四基”呈现顺序是：基础知识的掌握→练习获得基本技能→通过反思获得基本思想方法。在整个学习过程中，收获基本数学活动经验。具体过程如下。

一元一次方程是形如 $ax+b=cx+d$ 的代数式，其中 x 是未知数，a、b、c、d 都是已知常数，这是基础知识。目标是求出满足此等式的未知数的“值”。于是有移项、合并同类项等操作，使之变换成 $ax=b$ 的形式，最后得出 $x=b/a$（$a\neq0$）。这些操作则是一种技能。于是，在这两个维度的基础上，大量的变式练习（数学活动）获得了基本活动经验。

数学教学并没有停留在这一水平上，而是不断地提升各种数学思想方法。其中包括：

●化归方法。化到 $ax=b$ 的标准型。

●未知到已知的转换：方程知识的方法论分析。

●变化的过程是“同解”的，即 x 的值是不变的。变化中的“不变”思想方法。

●方程解法和算术解法的区别。如果将未知数比喻成“河对岸的宝物”，那么算术方法是正面探究，摸着石头过河，一步步接近宝物。方程方法则是用带钩的绳子和宝物拉上关系，然后一步步地将宝物“拉过来”。二者的思路是相反的。

最后，提升到方程是一种关系：方程是为了求未知数，在已知数和未知数之间建立的一种等式关系。解方程就是通过关系找出未知数。这样一来，如何寻求未知数（解方程）的数学活动经验，就自然地获得了。

总之，一元一次方程基础模块的构成过程是从基础知识和基本技能的结合开始，通过大量解题的活动获得经验，并不断地将之提升为数学思想方法。前后呼应，形成一个“四基”数学模块。进一步，这一模块将来可以和一元二次方程、二元一次方程组、函数与曲线方程等模块综合在一起，构成更大的“方程”“四基”模块。

例2 定理证明型模块：勾股定理。

此课的展现顺序如下。掌握勾股定理的内容与证明→从文化的角度欣赏数学思想方法的价值→进行变式练习，掌握基本技能。具体过程如下：

首先，用边长为3、4、5的直角三角形引入新课内容，猜想勾股定理内容并加以证明。这是基础知识。

然后，利用多媒体展现勾股定理的文化价值：

●中国古代的陈子定理。

●古希腊《几何原本》中的证明。

●赵爽的代数方法证明。

●2002年国际数学家大会的会标。

●试图和外星人通讯使用的图案。

●华罗庚等建议采用勾股定理的名称。

数学的文化欣赏是数学思想方法的重要组成部分。它能揭示数学思想的本源和数学产生的社会背景，提高数学文化素养。数学欣赏也是一种反思，整理学过的知识，使之立体化、具象化、历史化。

在课堂上欣赏勾股定理之后，还要进行大量的变式练习，运用勾股定理解决一系列的问题，将其作为一种基本技能和经验留存在脑海里，形成“四基”模块。

例3　问题解决型模块：中位线定理的一题多解。

本课题的“四基”呈现顺序是简单地提出中位线定理→进行一题多解的训练→在解题活动中获得证明方法的多样性体验。

中位线定理是初中几何教学的精品内容之一，为我国数学教师所钟爱（但在许多国家的数学课程中已经没有了）。此定理貌似简单，却必须增添补助线或变换图形，绕个弯子才能得出证明。

一般认为，此定理有4种证明方法[3]：（1）延长中线法；（2）180度移动上部三角形法；（3）平行四边形法；（4）面积法。

这一内容的主题是学习一题多解的证明方法，它既是基础知识，又是基本技能，也是数学方法，更是数学思维活动的体验。

以下几个案例往往以“一基”为主，比较单纯。

例4　突出“数学思想方法”的模块：对顶角相等。

这是初中平面几何入门教学模块中的一个小模块。如图2，两条直线相交，那么∠α等于∠β。

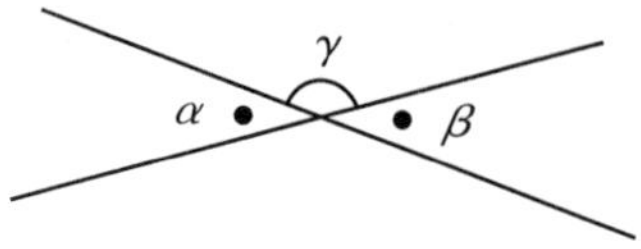

图2 两直线相交示意图

这个定理当然也属于数学基础知识。可是这太简单了，一眼就看出来了。这还要证明吗？那不是自找麻烦吗？

请注意，在欧几里得编写的《几何原本》中，“对顶角相等”是命题15。证明如下：∠α+∠γ是平角，∠β+∠γ也是平角，然后根据公理3（“等量减等量，其差相等”），所以∠α=∠β。

这一证明方法当然也属于数学基本技能。但是重要的价值不在“对顶角相等”的命题本身，而在于泰勒斯提供了不凭直观和实验的逻辑证明。

因此，这一模块的主题是基本数学方法的教学：理解从公理（基本事实）出发，进行逻辑推理的演绎证明。在教学中，从“不必证明”提升到需要证明会使学生感到理性的震撼。

进一步，要分析产生这种思维方式的社会文化背景。古希腊是奴隶制国家，当时希腊的雅典城邦实行奴隶主民主政治。由男性公民组成的民众大会有权制定法律，处理财产、祭祀、军事等问题（注意：广大的奴隶、妇女、外来人不能享受民主权利）。既然是平等的民主政治，当彼此间存在不同意见时需要说服对方。为了说明自己坚持的是真理，就需要理性证明。“对顶角相等”就是在这样的背景下产生的。

古希腊奴隶主的民主政治和中国奉行的皇帝君临天下的王权政治是有根本区别的。“对顶角相等”在古希腊需要证明，在中国却被认为无须证明。在春秋战国时期，只有对君王管理国家有用的数学（如丈量田亩、计算赋税等）才会得到数学家的重视。“对顶角相等”对王权没有用处，所以中国古代数学没有“对顶角相等”这样的内容。

由此可见，在“对顶角相等”这一小模块中，数学思想方法的价值和文化背景处于核心地位。数学基础知识和数学基本技能则相对次要。学生在这个模块里得到的理性震撼，则是基本数学活动经验的重要组成部分。

例5 突出基本数学活动经验的模块：负负得正。

19世纪德国数学家汉克尔早就告诉人们：在形式化的算术中，“负负得正"是不能证明的。虽然可以从整数公理出发推导出"负负得正"，但那也不过是用人为的公理设置保证其成立而已。

从数学本源上看，"负负得正"是前人提出的一项人为的规定。这里没有什么情境可以创设，作为基础知识接受下来就是。这是一种基本技能，操作起来也非常方便。至于"负负得正"的数学思想方法，则要提升到"有理数系"的公理化的高度来认识，在基础教育中难以实现。剩下的问题是如何调动学生已有的知识经验来帮助他们确认和理解。

既然这种确认的手段不能用逻辑证明法，也不能从现实情景中得到证实（用火车向东的路程为正、向西为负，或12时以后为正、以前为负的例子，往往越说越糊涂）。以下借助一些生活常理，即日常生活经验做比拟，以求学习者能够相信、接受这一规则。例如：

●反面的反面是正面。

●不得不做就是要做。

●左的反面是右，右的反面又是左。

●敌人的敌人是朋友。

●折纸活动，折过去再折回来回到原地。

根据这些道理，可以使学生确认"负负得正"。事实上，将日常经验转化为基本数学活动经验，体验了，合理地解释了，接受了就好，无须证明。

例6　突出基本技能演练的模型：因式分解[4]。

因式分解是将代数式进行"和差化积"的基本技能。这项技能难以引入实际情景加以诠释，也没有方法在一开始就阐明因式分解的意义和价值（往往到一元二次方程求解时才显出其作用），完全是为以后的代数方程的求解做准备的。但是，如何进行因式分解，则和数学思想方法紧密相关。李庚南老师设计了3个尝试题：

$$（1）\ a^2b+ab^2；（2）\ x^2-4；（3）\ m^2-m+\frac{1}{4}。$$

让学生尝试将这些具体的代数式设法进行"和差化积"。学生可能成功也可能失败。于是李庚南老师进行启发诱导：我们能不能"逆向"

使用乘法分配律？“逆向”运用平方差公式？“逆向”使用完全平方公式？

经过点拨，学生恍然大悟，将这3个尝试题中的多项式化成了两个单项式的相乘。有了“公式和规律”逆向使用的基本数学思想方法作为指导，因式分解的本质就显得十分简单了。以后的任务便是大量的变式练习，培养学习技巧，从而形成熟练的因式分解运算能力。因式分解模块以技能训练为主，点睛之笔是“逆向思维方法”。在课堂上只有几分钟，意义非凡。

例7 定理证明中的综合运用型模块：正弦定理。

正弦定理是高中三角学中的一个基本定理：在△ABC中，有

$$\frac{a}{\sin A}=\frac{b}{\sin B}=\frac{c}{\sin C}。$$

近来的一些公开课上，让学生量一量3边之长、3个角的正弦值，作比，诱导出要求的结果。这是败笔。

要让学生掌握真正的数学思想方法，就应当让学生观察高h进入模块构造阶段。

（1）如图3，同一个h，可以有两种不同的表示：

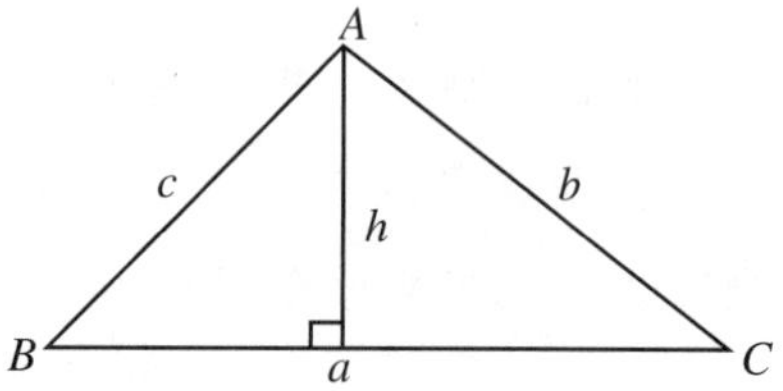

图3

$\sin B=\frac{h}{c}$，$\sin C=\frac{h}{b}$，

$\Rightarrow c\sin B=b\sin C$，

$\Rightarrow \frac{c}{\sin C}=\frac{b}{\sin B}$。

同一对象的两种不同表示，相当于在两个不同的事物之间架起了彼此联系的桥梁。这时，往往是数学发现的契机。这一数学方法是学习正弦定理的有机组成部分。

（2）借助面积重复“同一对象两种表示”的数学方法。

由三角形的面积公式得出：

$$\frac{1}{2}ab\sin C=\frac{1}{2}bc\sin A=\frac{1}{2}ac\sin B,$$

整理后即得正弦定理。

(3) 联系平面几何的定理：三角形大角对大边，小角对小边。这是定性的结果。正弦定理则是定量的结论。在锐角情形下，大角的正弦值大，小角的正弦值小，但是3条边长与其对角的正弦之比是定值。这又是一种数学思想方法的解说。

(4) 如果将$\angle B$、$\angle C$的正弦$\sin B$、$\sin C$看作是AB、AC在h上投影所打的折扣率（投影之后都变短了），可将正弦定理的内涵看得更加深刻。

以上说明就是用数学思想方法不断地加深对数学知识的理解。

(5) 分类讨论。下面是对钝角三角形的讨论。若$\triangle ABC$的$\angle B$为钝角（如图4），

$CD\perp AB$，交AB的延长线于D，则

$\frac{CD}{b}=\sin A\Rightarrow CD=b\sin A$；

$\frac{CD}{a}=\sin(180°-B)=\sin B$，

$\Rightarrow CD=a\sin B$，

$\Rightarrow b\sin A=a\sin B$，

即$\frac{a}{\sin A}=\frac{b}{\sin B}$。

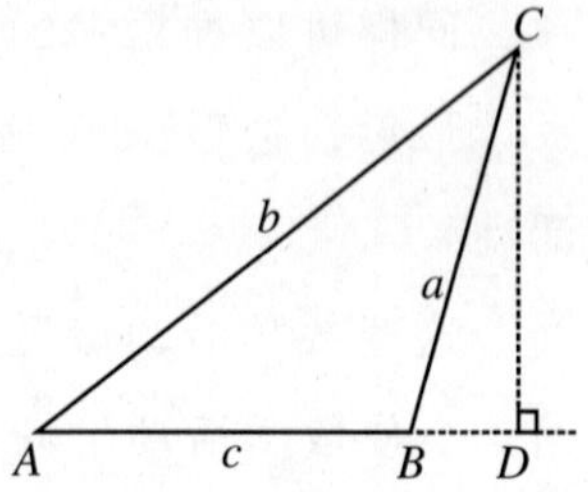

图4

类似有$\frac{b}{\sin B}=\frac{c}{\sin C}$，

所以$\frac{a}{\sin A}=\frac{b}{\sin B}=\frac{c}{\sin C}$。

这样，就在数学思想方法与数学基础知识的交叉中（辅之以一定量的练习，这里不赘述）构建起一个“四基”数学模块。

例8　实际情境创设中的“四基”模块：巨人的手。

弗赖登塔尔有一个关于相似形的著名情景：“昨晚一位外星人访问我校，在黑板上留下了一个巨大的手印。今晚他还要来。请问他看的书有多大？坐的椅子有多高？”[5]

这一情景诱发出一系列的基本数学活动，同时又交替地运用数学思想方法，结合基础知识和基本技能的培养，构成“四基”数学模块。

以下是一个具体的步骤设计：

巨人的手好大！他用的书一定也很大。（素朴的相似数学方法，与生活常识发生联想）

到底大多少，看巨人的手比我的手大多少就知道了。（相似数学思想的量化）

那就量一量吧，量出巨人和我的中指的长度作为标准。（测量的技能，也是数学活动）

现在量得了巨人的中指长 a、我的中指长 b、我的数学书的宽度 c，那就可以推出巨人所看的书的宽度 d 了。（这是相似比的知识和相似变换数学方法，比的计算技能）

同样可以推出书的长度 e。（类比数学方法，计算技能）

最后，把巨人要用的书的长度和宽度画在黑板上。（数学基本活动）

这些数学活动渗透着丰富的数学思想方法。教学中适当地提炼、总结，会使数学活动生动活泼，课堂会充满数学方法的氛围。“四基”数学模块就建立起来了。

例 9　积累数学经验的模块：立体几何与奖杯制作。

基本数学经验除在日常数学探究、演练、反思中积累之外，还应该主动设计一些课堂活动，帮助学生观察和体验数学之美、数学思维之妙。

一个很好的例子是在学习球体、柱体、锥体之后，用这些几何图形制作本班运动会的奖杯，既要美观，还要注明各个部分的尺寸。这是数学和人文相结合的教学案例。（华东师范大学第二附属中学郑耀星提供）

例 10　形成重大数学方法的模块：坐标系与数形结合。

笛卡儿坐标系的建立，是重要的数学基础知识和数学基本技能，也为数形结合的数学思想方法提供了舞台。建立直角坐标系是一个重要的“四基”模块。这是一个螺旋上升的过程，其中充满了许多数学思想方法的运用。不过常常被忽略。

第一循环：坐标表示位置。第几排第几座可以确定一个位置，来源于生活常识，不教也会。许多课程设计花费大量时间操练实属多余。不过，这毕竟是数学结合思想的起点。

第二循环：原点的建立。生活中是没有0排，也没有0座的。但是，刻度尺是从零开始的。如果教室中学生的课桌是从1排1座开始，那么教师应当问，老师的讲台是第几排？0排。学过分数就知道坐标可以是小于1的分数，所以要从零开始画坐标。（这里有数系构造的思想）

第三循环：初中引入负数以后，涉及数轴。这时，实数和数轴之间建立一一对应关系，其证明涉及线段的不可公度理论，非常纷繁。不求证明，当作教学平台接受下来就是了。但是数学思想方法的要点不可忽略。完整的数轴概念是数形结合思想的产物。

第四循环：表示数学对象。坐标方法的价值不能限于确定位置这样的浅近理解，必须提升到"表示数学对象"的高度来认识。上海长宁区的老师对初中坐标系的课程设计，是把课桌椅并拢，将两根带箭头的长绳直角交错，以某同学为原点。于是学生都有一对数作为坐标了。然后令两个坐标都是负数的同学站起来（第三象限），两个坐标相等的同学站起来（一条直线）等。这是数形结合思想的精髓。

第五循环：表示函数图象。数形结合思想的主要运用。

第六循环：曲线与方程。解析几何，数形结合思想的高峰。

第七循环：数形结合思想的熟练运用。一个教师编拟了这样的一道题——"已知：a、b、$c\in \mathbf{R}^{+}$，求证：$\sqrt{a^2+b^2-ab}+\sqrt{b^2+c^2-bc}>\sqrt{c^2+a^2-ca}$。"教师用代数方法让学生碰得"头破血流"，之后再让学生使用三角形两边之和大于第三边的几何思考方法来解决此题。数形结合方法在这一时刻进行点拨，效益大增。

坐标系和数形结合思想构成的模块始于生活常识和小学，一直延伸到高中的解析几何，是多次循环的结果。

以上初步探讨了"四基"模块的形成，特别注意数学思想方法这一维度的介入和展开。只有把数学思想方法嵌入日常的教学之中，使之成为教师备课的有机组成部分，"数学四基教学"才能真正落到实处。

参考文献

[1] 张奠宙. 中国数学双基教学 [M]. 上海：上海教育出版社，2006.

[2] 弗赖登塔尔. 作为教育任务的数学 [M]. 上海：上海教育出版社，1995.

[3] 王建磐. 中国数学教育：传统与现实 [M]. 南京：江苏教育出版社，2009.

[4] 杨九俊. 李庚南“自学·议论·引导”教学流派论稿 [M]. 南京：江苏科学技术出版社，2011.

[5] 徐斌艳. 数学教育展望 [M]. 上海：华东师范大学出版社，2001.

【后记】“数学双基教学”一词在《全日制义务教育数学课程标准（实验稿）》里没有提及。后来由史宁中教授主持的课程标准的修订组建议将数学教育的“双基”发展为“四基”。这是一个意义深远的改变，在理论和实践上都有重要价值。但是，究竟这“四基”彼此间的关系如何？怎样在课堂上体现？这在《义务教育数学课程标准（2011年版）》中并没有得以解释，有关的研究也很少。史宁中教授是我母校东北师范大学的校长，我们早就彼此熟悉。记得在2006年，有一天他曾经问我“四基”的提法怎么样？我当即表示赞成。此后我即开始思考，试图建立“数学四基教学”的理论。恰巧香港教育学院的郑振初博士来访。他希望总结内地的数学教育经验，向国外推介。我就请他一起来研究“四基”。我们有过几次讨论，形成了这篇文章，并刊于《数学教育学报》2011年第20卷第5期和《义务教育数学课程标准（2011年版）》同步。就最近几年的情况而言，“数学四基教学”的研究并无重大进展，更谈不上形成“数学四基教学”的理论了。我们好不容易有一些自己的想法，真不希望仅仅停留在口号上。

与郑振初博士（左）于上海合影（2013 年）。

六、中国数学教育拒绝实用主义

——从徐光启、傅种孙到姜伯驹

辛亥革命以后，我们注重学习西方文化的精髓。数学教育也是如此。我们先学日本，辗转引进赫尔巴特的教育学说；继之崇尚欧美，包括美国杜威的进步主义教育；1949年中华人民共和国成立之后，又曾全面学习苏联（一个数学超级大国）的经验；实行改革开放政策之后，更是全方位地引进欧美数学教育理念。可以说，世界上没有哪一个国家，像中国这样，既具有悠久的数学教育文化积淀，又能全方位地从包括苏联和美国在内的国外数学教育里吸取营养。在这一漫长的过程中，中国数学教育博采众长，择善而从，逐渐具有了自己的特色，尤其在对待"几何学论证演绎体系"的态度上，形成了一以贯之的传统。可以说，从明末翻译《几何原本》的徐光启，到民国时期数学教育界的代表人物傅种孙，乃至21世纪初对课程改革提出质疑与批评的姜伯驹，在几何学教学的认识上是一脉相承的。20世纪以来中国数学教育在一定程度上拒绝和抵制了杜威的数学教育主张，和这一传统密切相关。

众所周知，中国的一些学校数学课程并非基于中国古代数学，而是另起炉灶，大量从西方引进的。对于西方的数学理性精神，一些中国知识分子也是大量接受。

开启这一传统的是徐光启。他在《几何原本杂议》中谈了自己对古希腊理性精神的感悟："此书有四不必：不必疑，不必揣，不必试，不必改。有四不可得：欲脱之不可得，欲驳之不可得，欲减之不可得，欲前后更置之不可得。"他还说："（此书）有三至三能：似至晦，实至明，故能以其明明他物之至晦；似至繁，实至简，故能以其简简他物之至繁；似至难，实至易，故能以其易易他物之至难。”[1] 对于一种由域外传入的学科，17世纪的中国知识分子能有这样深刻的评论，难能可贵。这种理念流传后世，融入了中华文化，以至成为中国数学教育的一块基石。

清代中期以来，以戴震为首的考据学派进一步和西方传入的数学联姻。事实上，戴震、阮元等自己就是算学家。考据学派的治学方法，重实证，讲究逻辑推理，因而贴近数学。中国学术界崇尚“严谨治学”的文化氛围，恰与西方数学要求严密逻辑推理的理念相吻合。著名数学史家钱宝琮先生在《中国数学史》中评论说：“到乾隆年，经学家提出了‘汉学’这个名目和‘宋学’对抗，他们用分析、归纳的逻辑方法研究十三经中不容易解释的问题，后来又将他们的考证方法用到史部和子部书籍研究中去。研究经书或史书都要掌握些数学知识，所以古典数学为乾嘉学者所重视。”[2]

明末清初的中国学者，同样重视西方数学和数学教育。留日归来的王国维，于1901年5月在上海创办了《教育世界》杂志，并亲自翻译立花铣三郎著的《教育学》[3] 和藤泽利喜太郎著的《算术条目及教授法》[4]。这表明清末中国文化学者对数学教育的重视。

以上笔者约略地叙述了辛亥革命以前，中国知识分子对西方数学的认识。此后，现代中国的数学教育继承和发展了这一传统，并与后来传入的杜威教育学说产生了激烈的碰撞。

约翰·杜威（John Dewey，1859—1952）是美国进步主义教育运动的代表。1919年，杜威来中国访问，足迹遍及14个省（市）。杜威的哲学和教育主张与中国五四运动时期所提倡的科学与民主的潮流相一致，因而受到当时中国先进知识分子和新文化运动人士的普遍欢迎。早在1919年秋天，由数学教育家俞子夷主持的南京高等师范学校附属小学的实验开始试行设计教学法，此后，中国学者组成新教育共进社实践

---

[1] 徐光启：《几何原本》序。
[2] 钱宝琮．中国数学史［M］．北京：科学出版社，1992：283．
[3] 教育丛书（初集）［M］．上海：教育世界出版所，1901．
[4] 连载于1901～1902年的《教育世界》杂志。

杜威的教育理论，南京高等师范学校附属小学的实验学校更直接被命名为“杜威学校”，影响很大。[1]

杜威的学生、美国教育家克伯屈（W. H. Kilpatrick）提出“设计教学法”，帕克赫斯特（H. H. Parkhurst）倡导“道尔顿制”，华虚朋（C. W. Washburne）则有“文纳特卡制”等具体的教学模式。帕克赫斯特、克伯屈和华虚朋本人还先后于1925年7月、1927年3月和1931年2月访问中国，宣传他们的教育理论和方法。1921年，第七届全国教育联合会提出“推行小学设计教学法案”，推动了设计教学法在中国教育界尤其是在小学教育界的传播和实验。杜威的一些学生还先后在北京、南京、上海、苏州等地开办了一些实验学校。杜威对这些实验学校也很感兴趣。[2]

杜威实用主义教育实验，在小学阶段得到一定的成效。俞子夷的著作《新小学教材及教学法》，在理论上受杜威、桑代克、克伯屈以及赫尔巴特和陶行知的影响。但是，在中学阶段，尤其是几何教学方面，杜威及其学生的学说则遭受冷遇。事实上，中国教育家对杜威教育思想也并非全盘接收。中学的教学实验曾经坚定地抵制了其中的一些错误做法。

我国教育家廖世承对南京东南大学附中的道尔顿制进行了实验研究。他采取比较研究的方法，对道尔顿制和设计教学法的消极作用加以揭示。廖世承据此实验写成的《东大附中道尔顿制实验报告》一书，最后的结论是：

优点是道尔顿制较能适应学生个性；教员可以因此经常与学生接触；学差生可多得指导的机会；大多数学生因之而增加自主的能力。缺点是费时，不经济，练习簿先后交免不了抄袭，懒惰者不易督促。困难在于因学生学程前后参差不齐，有时牵动太多，不免增加教师与办事人员的困难；教师特别费力、费时。在对实验班和比较班两组学生成绩的看法上，大多数教师认为差别不大。最后，实验结果表明，道尔顿制和

---

[1] 单中惠. 杜威教育思想与近代中国教育［J］. 教育史研究，2002（1）.
[2] 单中惠. 杜威：“西方孔子”在中国（下）［N］. 中国教育报，2007-06-15.

通常采用的班级授课制的实际效果不相上下。道尔顿制的特色在于“自由与合作”，但根据我国具体条件很难实行，“班级教学虽然有缺点，但也有它的特色”。[1]

这一著作在当时产生了很大的学术影响，也成为我国教育实验史上的一部经典著作。报告显示了杜威的进步教育理论虽然在重视儿童的学习主体，提倡贴近社会生活的学习活动方面，应有可取之处，但是在教学层面并不成功。1926 年以后，中国的道尔顿制实验热潮急速衰退，名噪一时的道尔顿实验连带设计教学法从此偃旗息鼓。[2]

1920～1930 年的中国数学教育界，坚持自徐光启以来的传统，与杜威的实用主义教育划清界限。

杜威的实用主义教育，全盘排斥充满理性精神的古希腊数学。杜威和他的学生们只认可日常生活需要的“消费数学”，明确否认学习几何学、代数学的必要性。

克伯屈原是一位数学教师，后来投入杜威门下。他在 20 世纪 20 年代曾有两段十分“雷人”的话：“就日常生活中的思维类型而言，数学害大于利。现有中学的代数学和几何学的学习不应继续下去”，“我们过去教的代数和几何，不是太少，而是太多了”。克伯屈在中国演讲中甚至明确地说：“有许多科目，例如代数、几何、论理学学科，若不是为了升学起见，完全无用。宜选用适合中国国情的课程。”[3] 这种排斥几何学的观点，与徐光启当年的认识南辕北辙，自然受到中国数学教育界的抵制。

傅种孙先生（1898—1962）是民国时期中国数学教育的领袖人物。他是一位数学家，1922 年翻译出版了罗素的《罗素算理哲学》（*Introduction to Mathematical Philosophy*）。接着，他又在 1924 年翻译出版了形式主义数学哲学创始人希尔伯特（David Hilbert，1862—1943）的名著

---

［1］ 廖世承．东大附中道尔顿制实验报告［M］．上海：商务印书馆，1925．

［2］ 汤才伯．现代教育宗师，办教育者楷模——纪念我国著名教育家、心理学家廖世承诞辰 120 周年［N］．文汇报，2012-06-11．

［3］ 胡叔异、张铭鼎整理，《克伯屈在沪演讲录》《克伯屈在京演讲录》，原载于《教育杂志》1927 年第 19 卷第 5、第 6 期。

《几何原理》（今译《几何基础》）。1929年，傅种孙联合附中教员集股筹款，创设厂甸师大附中算学丛刻社，用丛刻社的盈余聘请专家编写初、高中数学教材。他自己任总编辑，每本书他都审查，到1935年，除高中代数之外，教材已经全部问世。这是我国足为楷模的一套数学教科书。他自己著的《高中平面几何》即是其中一册，该书1933年初版，到1937年共印四版。采用该书的教师都说用起来有事半功倍之效。20世纪20年代初，傅种孙在北京师范大学附属中学兼课。钱学森回忆说："听傅（种孙）老师讲几何课，我第一次懂得了什么是严谨科学。"[1]

美国实用主义教育对数学教育的歧视受到我国著名数学家陈建功的批评与调侃。陈建功先生亲自编写过许多中学数学教材。他在著名的论文《二十世纪的数学教育》中这样评论美国的数学教育：

哥仑比亚（今译哥伦比亚）大学教育学教授司内屯竟这样说："'消费者的数学'——算术的一部分——自然是人人所必需且不可以省略的，但是中学的代数和几何，未必人人所必需，不必作为正科，应改为随意科（选修课）。至于数学的陶冶价值，几乎无穷小。"……我们于此可以断言：美国数学教育的特色，是在培养"小市民性"。美国的数学教科书，是富于小市民的实用性和学习心理的色彩。所以美国没有一本数学教科书是数学专门的人写的，著者大多是教育工作者或是心理学者。[2]

仔细寻味我们可知，这些把数学仅仅用于消费性商业、为小市民服务的错误主张，正是杜威的实用主义教育观念所派生出来的。哥伦比亚大学的那位司内屯教授认为数学的陶冶价值（指以理性精神陶冶培育学生）是"无穷小"，但那正是徐光启、傅种孙和陈建功等广大中国数学教育工作者所要坚持的。二者完全处于对立的状态。

杜威本人有一段话直接谈到数学教学，他写道：

在学校里，学生思维训练失败的最大原因，也许在于不能保证像在

[1] 祁淑英，魏根发．钱学森［M］．石家庄：花山文艺出版社，1997：15.
[2] 陈建功．二十世纪的数学教育［J］．中国数学杂志，1952（2）.

校外实际生活那样，有可以引起思维的经验的情境。一个教师看到学生做小数乘法时，计算程序是对的，但结果却错了。例如一个学生的答数是320.16元，另一个说是32.016元，第三个学生说是3.2016元。这表明，学生虽然会计算，但并没有思考。因为他们思考一下，就不会对数目的理解相差这么大。于是，教师派学生到一家木材行去买学校手工场所需的木材，预先和商人约好让他们计算货价。数字的运算和教科书里的相同，但小数点全都没有弄错。这是因为情景本身引起学生的思考，限定了他对木材价值数目的理解。因此。教科书的习题需要一个情景。[1]

杜威的这番论述，所涉及的数学是“小数”，属于消费数学范围。即便是这样切合日常生活的数学，也非要“从做中学”，把“数学完全寓于生活之中”，这是实用主义教育的典型体现。按照杜威的说法，有了买木材的情景就可以让学生不出错，但是这能否保证学生在其他场合也不出错呢？情境创设不是万能的。抽象的数字计算能力的培养是一个程序化的操作。学生由于没有掌握抽象的小数运算的算法法则，才会把小数点的位置弄错。对于重算法的中国数学教育工作者来说，杜威的教育学说是无法接受的。

1949年中华人民共和国成立以后，数学教育经历过许多曲折。第一次折腾是1958年的“教育革命”。当时提出的口号是“教育为无产阶级政治服务，与生产劳动相结合”。既然是“革命”，就要全盘否定此前的教育体系。于是，开门办学，把学校办到工厂、农村中去，以劳动代替学习。“破除师道尊严”，鼓励由学生编教材。否定知识的系统性，主张从生产实际和生活实际中进行教学。这时的数学教育出现了“公社数学”“车间数学”等名目。学生在生产劳动中学习数学，几何证明等理性思维内容全部废弃。到了1959年，学校的教学秩序遭到全面破坏，学生的学习成绩全面下降，不得不停止“实验”，恢复基本的教学秩序。时隔数年，“文化大革命”期间，又重复1958年“教育革

[1] 杜威. 思维与教学 [M]. 孟宪承，俞庆棠，译. 上海：商务印书馆，1936：89.

命”的错误，而且变本加厉，破坏得更加厉害。几番折腾，几多教训。所谓“教育革命”，表面上是打着“马克思主义教育思想”的旗号，但是在实际行动中，却和杜威的教育主张十分相像：破除师道尊严，以学生为中心；否定知识传授，以参加生产劳动的“活动”为中心；批判书本知识的系统性，走出校门以社会活动为中心。这不正是实用主义教育所倡导的教育图景吗？“文化大革命”结束之后，经过拨乱反正，中国数学教育终于回到了正确的轨道上。

进入21世纪，一场新的教育改革拉开了帷幕。2001年，《全日制义务教育数学课程标准（实验稿）》（以下简称《新课标》）率先公布，成为新一轮课程改革的先声。数学教育的中国道路进入了新的历史时期。

这次数学课程改革突出的成就之一是课程内容发生了重大的变化。多年呼吁未果的概率统计内容进入教材，《新课标》将它作为与代数、几何并列的学习领域推出。方程思想、坐标方法以直观的形式渗入小学内容；初中阶段加强了函数概念的教学；算法进入高中数学；曾在20世纪80年代进入中学后又被扫地出门的微积分和向量，重返高中数学课堂。这些改变，适应了信息时代的数学需求，也是许多数学教育工作者多年来追求的成果，其成就将会载入史册。

但是，这次改革对几何学的处理却引起了激烈的论争。2005年，姜伯驹等几位数学家在全国人民代表大会和中国人民政治协商会议上对此进行质询。姜伯驹认为：

《新课标》全面否定了我国中等教育的优良传统，大大淡化了数学中的推理证明，代之以“贴近学生熟悉的现实生活，使生活和数学融为一体”。甚至连“平面几何”这个词都不见了，只许说“空间与图形”；“三角形内角和等于180度”这样的基本定理也不要求讲证明，有的教材以所谓说理代之，让学生用剪刀将三个角进行拼接实验。不鼓励学生问为什么，不讲证明，数学课就失去了灵魂。

其实，数学上很多概念并不是完全可以实验出来的。比如“三角形内角相加是180度”，你真用尺子去量，可能会有误差，也许就得不到这个180度。现在这些概念都不讲了，只让学生认识一个具体的角，这还是数学吗?

平面几何中很多概念看似很简单,但是不把它讲清楚不行。一是要让学生认识图形,二是让学生从简单入手,逐步深入,学会怎样认识问题、分析问题。最简单的东西,往往也是最本质、最基本的东西,通过对简单的把握,建立思维体系,通过推理,得出的结果往往是惊人的。这就是数学思维,是科学精神,是我们要着力培养的一项重要内容。很多人说:"平面几何是对人生很重要的一课。"对这一点,科技界是有共识的。[1]

这一段论述与徐光启当年对《几何原本》的赞赏,在精神上是完全一致的,也和钱学森评价听傅种孙讲授平面几何课的严谨性,是一脉相承的。我们也不妨认为,这是在新时期对杜威实用主义教育否定"形式陶冶"论调的批判。

更为重要的是,这次课程改革,不仅是内容的变更,更突出的是教学理念和教学方法的变化。这次改革的核心思想是"以学生的发展为本",倡导"自主、合作、探究"的教学方式,注重创新意识的培养和实践能力的提高。

但是,为了实现"触及问题的改革才是真改革"的预想,此次改革没有采取"继承优良传统、扬弃旧有积弊"的方针,而是把此前的教育传统定位为"教师中心""学科中心""知识本位""目中无人"和"机械记忆"等,进行全面的否定和批判。从教育史的角度看,这是向赫尔巴特技术主义教育理论开战,向杜威进步主义学说靠拢。

2001年,《全日制义务教育数学课程标准(实验稿)》刚一公布,就引发了激烈的争论。在中国数学会教育工作委员会召开的数学家和数学教育工作者的座谈会上,发言者对这份文件的许多方面进行批评,除对大幅度削减平面几何内容表示强烈的异议以外,更对新的课程标准中否定中国数学教育界许多行之有效的共识表示质疑。例如,耳熟能详、深入人心的"数学双基教学""教师主导作用""启发式教学""数学

---

[1] 姜伯驹. 新课标让数学课失去了什么[N]. 光明日报,2005-03-16.

三大能力”等全部被删除。这样一来，学生中心、活动中心的影子隐约可见。

教育部随后组织了以东北师范大学校长史宁中教授为首的修订小组，对《新课标》进行修订，修订持续了八年之久，到2012年才公布《义务教育数学课程标准（2011年版）》。《义务教育数学课程标准（2011年版）》保留了本次课程改革的基本精神，吸收了各方面的批评意见，纠正了一些矫枉过正的提法，恢复并发展了一些优秀的传统。例如，重提“教师主导作用”“启发式教学”等，将“双基”（基础知识与基本技能）发展为“四基”（增加基本数学活动经验和基本思想方法）。这一修订，完成了一个新阶段的提升。

杜威教育思想虽然对于革除教师注入式讲授的教育弊端，关注学生主动学习，建立课堂中师生的民主关系具有积极的意义，但是，由于其忽视教师的主导作用，忽视知识的系统性，否定数学提升学生思维品质的重大价值，无法成为中国数学教育的指导思想。晚近以来，有些学者认为，杜威的教育思想是21世纪以来的课程改革的指导思想之一，历史证明，就数学教育而言，这是做不到的。

参考文献

[1] 钱宝琮. 中国数学史 [M]. 北京：科学出版社，1992.

[2] 单中惠. 杜威教育思想与近代中国教育 [J]. 教育史研究，2002 (1).

[3] 单中惠. 杜威：“西方孔子”在中国（下）[N]. 中国教育报，2007-06-15.

[4] 廖世承. 东大附中道尔顿制实验报告 [M]. 上海：商务印书馆，1925.

[5] 汤才伯. 现代教育宗师，办教育者楷模——纪念我国著名教育家、心理学家廖世承诞辰120周年 [N]. 文汇报，2012-06-11.

[6] 祁淑英，魏根发. 钱学森 [M]. 石家庄：花山文艺出版社，1997.

[7] 陈建功. 二十世纪的数学教育 [J]. 中国数学杂志，1952 (2).

[8] 杜威. 思维与教学 [M]. 孟宪承，俞庆棠，译. 上海：商务印书馆，1936.

[9] 姜伯驹. 新课标让数学课失去了什么 [N]. 光明日报，2005-03-16.

【后记】本文原刊于《教育科学研究》（北京）2014 年第 12 期。这是一篇有关当代教育史的论文。晚近以来，我国不少教育界人士尊崇杜威的实用主义教育学说，但就数学教育领域来说，杜威及其弟子的研究不足甚多，因而在民国时期就受到多方质疑。数学教育中国道路的形成是和数学教育界长期质疑杜威实用主义教育学说密切相关的。

七、建设中国特色数学教育学的心路历程

我接受过民国时代的数学教育，后来又研究了新中国成立后的数学教育。一路走来，终极的奋斗目标就是构建中国特色的数学教育学体系。

1933年，我出生在浙东小城——奉化。1951年成为大连工学院应用数学系的学生。院系调整后在东北师范大学数学系毕业。1954年考入华东师范大学数学系的数学分析研究生班，此后留校工作。20世纪60年代，我曾到复旦大学跟随夏道行先生研究线性算子和算子组的谱理论，成为一名纯粹的数学研究者。1985年，我在担任华东师范大学数学系函数论教研室主任的同时，兼任数学教育研究室研究员，由此踏上数学教育的研究道路。此外，我还热衷于20世纪的中外数学史研究，于是成了涉及数学、数学史、数学教育三方面的“三栖动物”。

辛亥革命以来的一百多年，乃是追赶西方文明的一百多年。数学教育也是如此。一百多年来，我们先学日本，继之崇尚欧美，包括美国杜威的进步主义教育。1949年中华人民共和国成立以后，又曾全面学习苏联（一个数学超级大国）的经验。实行改革开放以后，更是全方位地引进欧美数学教育理念。可以说，世界上没有哪一个国家，像中国这样，既具有悠久的数学教育文化积淀，又能全方位地从包括苏联和美国在内的国外数学教育中吸取营养。

综观今日世界的教育理论，包括数学教育理论，没有哪一种学说和体制是公认正确的典范，整体的走向是根据不同的文化背景和社会需求走向多元化和多极化。一百多年来中国的数学教育采取兼容并包的方针，古为今用，洋为中用，将一切先进的前人经验与中国的实际相结合，事实上已经成为数学教育多元化世界中的一极。

经过一百多年的发展，中国数学教育在世界上享有良好的声誉，这是我国几代人、千百万数学教育工作者奋斗的结果，水到渠成，瓜熟蒂落。因此，梳理、总结一百多年来的数学教育实践经验，构建中国特色

的数学教育学体系，也就落在我们这一代人的身上。在这一进程中，我有幸参与其中，做过一点工作。现在，我已进入耄耋之年，本文的写作是为了记叙过去三十年我从事数学教育研究的心路历程，兼及一些相关的人和事。如果这些个人的思考与感悟能够为未来中国数学教育的发展起一些铺路石的作用，幸甚至哉！

（一）数学教育学是一门独立的学科[1]

在学校教育过程中，凝聚无数教师心血，占据学生身心主要精力的是学科课堂教学。数学教育学就是一门研究数学课堂教学的独立的学问。

1. 一点历史

我国现代学校教育从清末开始。1902 年在京师大学堂设立师范馆，各科关于教授法的课程相继问世。20 世纪 20 年代任职于南京高等师范学校的陶行知先生，建议改“教授法”为“教学法”，当时校方没有采纳，但这一建议不胫而走，很快得到社会公认。

1949 年新中国成立以后，师范院校开设的教育类课程中，一直沿用各科“教材教法”的说法。就数学教材教法课程而言，几乎没有理论探讨，很少国际视角，也谈不上多少中国传统，大体上是国家数学教学大纲和全国统编中小学数学教材的一份使用说明书。由于这门课程学术含量不足，那时还不能称为一门独立的学科。

数学教育，乃至一般的学科教育，在中国的学术地位一向不高。事实上，即使到了 20 世纪 80 年代，“Mathematics Education”一词在国际上已经广泛使用，也仍不能为中国教育界所接纳。在国家颁布的学位条例中，至今没有数学教育学的地位，数学教育只能以“数学教学论”的名义成为教育系列中一个三级学科。此外，我国尽管在 1985 年设立了博士学位制度，可是直至 20 世纪末，连北京师范大学和华东师范大学这样的学府，都无权招收数学教育方向的博士生。数学教育研究环境

---

[1] 2008 年，教育部在华东师范大学召开全国学科教育会议，笔者应邀做大会发言。发言全文见《教育科学研究》2011 年第 8 期，第 5～9 页。本节内容节选于此文。

的窘迫，由此可见一斑。

1984 年，由丁尔升翻译的苏联斯托利亚尔的《数学教育学》出版，人们第一次看到了“数学教育”的提法。这就告诉国人，在中国也应该有自己的数学教育学。进入 20 世纪 90 年代，学科教育逐渐形成气候。科学教育、人文教育、语文教育、数学教育等课程和著作相继问世。按照中小学课程中各个学科的特性来分，学科教育大体上有 7 个大的门类，即语文教育学、外语教育学、人文教育学、数学教育学、科学教育学、艺术教育学、体育教育学。其中，科学教育学和人文教育学具有综合性的特点，它们是一些相关学科的整合。由于数学不是以某种物质运动性态为研究对象的，所以它与物理、化学、生物、地理等学科的性质不同，因而数学教育不同于科学教育。事实上，钱学森在学科分类中，把数学和哲学并列，位于自然科学和社会科学之上。[1]

进入 21 世纪之后，中小学的课程改革运动风起云涌，时至今日，学校教学改革的大政方针已经确定。而总体方针确定之后，贵在落实。这就是说，要实现教育的可持续发展，关键在于把教育改革的目标落实到各个学科的教学上，落实到课堂上。然而毋庸讳言，忽视学科教育的情形至今仍然存在着。例如，在《国家中长期教育改革和发展规划纲要（2010—2020 年）》里，就很少提及学科教育，更谈不上把学科教育作为未来教育发展的一个战略重点。

2. 数学教育，往往是整个教育改革的导火索和突破口

学科教育，虽然在教育学的视野里，只不过是一个具体学科的教学例子，但往往是一场大变革的前奏。

1901 年，工程师、英国皇家科学院教授培利（J. Perry，1850—1920）在英国科学促进会发表演说，猛烈抨击英国的教育制度，随后发起数学教育改革运动，打响了 20 世纪教育改革的第一枪。培利主张在普通学校里不再以古希腊的经典著作《几何原本》为教材，而主张教授工业革命以后的社会所需要的科学知识。这场改革起于数学教育改

---

[1] 钱学森. 关于思维科学［M］. 上海：上海人民出版社，1986：20.

革，后来波及全世界。

1957年，随着苏联卫星率先上天，美国实行《国防教育法》，掀起学科教育的改革大潮，风靡世界。数学课程改革率先发轫，世称“新数学运动”。接着科学教育也发生巨变。与之相适应的教育理论，如布鲁纳的名著《教育过程》等，先后问世。

由于数学学科具有较高的国际可比性，20世纪末，一些国际组织进行了多次大规模、多学科的持久性学科教育调查，例如TIMSS、PISA、IAEP[1]等，对中小学生的数学、科学成绩进行国际比较，产生了广泛的国际影响。

最近的美国教育改革又是从数学学科开始的。1998年，美国一群数学家带头批评美国数学教育的教学内容，将之形容为“一英里宽，一英寸深”，因而引发了全社会不同数学教育见解的激烈争论，世称“Mathematics War”（数学战争）。2006年，美国小布什总统直接任命一个“数学教育咨询委员会”研究解决美国学生数学成绩落后的问题。该委员会在2008年3月14日形成报告，标题是*Foundations for Success*（成功需要基础）。这是学科教育影响全局的又一国际事例。

我国在2001年颁布《全日制义务教育数学课程标准（实验稿）》（以下简称《新课标》），也曾引起巨大争论。在2005年的“两会”上，许多数学家的提案批评《新课标》存在严重问题，中国数学会曾因此举行公开的听证会。数学教育改革的这场民主讨论，对整体的课程改革起了有益的推动作用。

总之，学科教育改革往往是整体教育改革的前奏。忽视学科教育，特别是数学教育，就会失去考察学校整体教育的先机。

3. 学科教育学要研究各个学科教学的特定规律

一般的教育学原理，是从认识论的角度，按照认知心理学的观点，阐述学生的学习过程，并据此提出一般的学习论和教学论。学科教育学

[1] TIMSS指国际教育成就评价协会（IEA）发起和组织的评价研究和评测活动，含义为国际数学与科学趋势研究项目；PISA指国际学生评估项目；IAEP指国际教育成就评价。

当然要运用这些科学成果。但是，不同学科内容的要素不同，学生的思维和教师的教学也有其特殊性，所以，学科教育研究不能简单地“自上而下”，满足于“一般教育学+学科例子”的做法，而必须植根于学科本身，“自下而上”地深入研究学科本质对学生思维发展的影响，揭示各门学科教与学的“个性”，发现和提炼各个学科教育的特定规律。众所周知，自然科学技术有两个部分：基础理论研究（如物理学）——属于科学院的研究任务，工程实践研究（如航天工程）——属于工程院的研究任务。“嫦娥奔月”工程固然要运用物理学的原理，但是物理学研究不能代替航天工程，航天工程有自己的技术设计理论和施工规范。因此，如果把一般教育学比喻为自然科学中的“基础理论”，那么学科教育就是一门实践的“工程性”研究学科。学科教育进行教学设计，进而提出可操作的、可直接用于课堂教学实践的工作方案，相当于完成一项具体任务的工程研究和施工方案。

综上所述，数学教育学（乃至其他的学科教育学）是一门独立的学科。当教育改革的大政方针确定之后，学科教育必将成为教育发展的战略要点。国内外的发展趋势证明了这一点。

（二）树立数学教育的民族自信是一个艰苦的认识过程

五四运动以来，新文化运动批判旧学。新中国成立以后，又长期批判“封资修”，到“文革”时期横扫“四旧”，全面否定传统，中华民族的文化自觉因此受到严重的伤害。教育领域也是如此。民国时期以杜威的进步主义教育思想为圭臬，新中国成立之初照搬苏联的教育理念，20 世纪 80 年代“拨乱反正”之后，我国则以引进欧美国家的教育思想作为改革的方向。多年来，中国的教育一直处在“革命”的旋涡之中，对于教育现状不满的批评较多，对自身发展的肯定和积累不足。至于一百多年来中国自己的优秀教育传统，还需深入研究和发扬光大。

形成巨大反差的是，在一系列国际教育测试中，中国大陆学生的数学成绩屡屡领先，中国数学教育具有良好的国际声誉。上海初中学生在 2009 年和 2011 年的 PISA 国际测试中的成绩居于领先地位，更是轰动世界。最新的例子则有，英国出版社引进上海的《一课一练》教辅图书，引起社会的普遍关注。国外的肯定推动了数学教育的民族自觉和民族自信，数学教育中国道路的研究，终于一步步提上了议事日程。

不过，全面认识自己并不容易。笔者作为中国数学教育发展进程的一名参与者，回顾三十多年来自己的经历，有一个从一味地批判到有破有立，并从不自觉到自觉地全面审视自己的过程。

20世纪80年代，我刚刚进入数学教育领域。那时，在我的印象里，数学教育恰如荒芜已久的庭院，杂草丛生，一片萧条。即便是"拨乱反正"，也还是回到20世纪50年代苏联凯洛夫教育学的框架，岂不还是很落后？

1988年，我有幸到布达佩斯参加第六次世界数学教育大会。大会展示了西方各式各样的数学教育理论，例如，大众数学的观念、数学教育的心理研究、适度非形式化的数学观、问题解决的教学模式、数学课程的数学化思想、信息教育技术，以及基于计算机技术的数学建模理论等，这对我来说，都是前所未知的新闻。激动之余，便觉得要全盘接受，大力引进。于是，我与同事们一起尝试把这些新理论编入《数学教育学》[1]一书。那时，这本书的内容比较新颖，不久就再版，曾被许多院校采用为研究生教材。然而，该书完全没有提及我国数学教育的任何优良传统。

到了1992年，我在宁波组织了第一次数学教育高级研讨班。人民教育出版社的刘远图先生带给我一个重要消息：在1989年由21个国家和地区参加的IAEP国际数学测试中，中国大陆13岁的学生以80%的正确率高居第一位，领先于第二位的（73%）的韩国和中国台湾的学生，欧美发达国家的成绩更为落后。这让我异常震惊。刘远图先生对我说，那次测试由国外专家进行随机抽样，测试过程还是比较科学的。此外，中国的中学生在国际数学奥林匹克竞赛中也屡创佳绩。这一连串的信息使我对中国的数学教育有了新的认识，我开始有了一点自信，觉得虽然我们的数学教育问题很多，却并非一无是处，不能全盘否定。

---

[1] 张奠宙，唐瑞芬，刘鸿坤．数学教育学［M］．南昌：江西教育出版社，1991．

我还注意到，同在汉字文化圈里的日本、韩国等国家，以及中国台湾、中国香港等地区，数学成绩也都在IAEP国际数学测试中遥遥领先。这使我进一步意识到中华文化影响下的数学教育具有特别的意义。1992年我在访问日本时，演讲题目就是“可以说东亚数学教育学派吗？”。[1]

整个20世纪90年代，我们不再盲目地搬运国外的理念，而是着重寻求东西方的适度平衡，对于一些言过其实的“理论”，清醒地保持一定的距离。例如，对于建构主义教育观念，就没有怎么去追捧。数学教育高级研讨班所通过的《数学素质教育草案》以及历届研讨记录了这一过程。

与此同时，国际上对中国数学教育的关注也在不断升温。2000年，第九届国际数学教育大会在东京召开。我因参与了会议的筹备，有机会建议在这样的国际会议里设立华人数学教育论坛，由范良火和我主持。论坛十分热烈。在此次论坛的基础上，范良火等华人数学教育学者于2004年在新加坡出版了英文版的 *How Chinese Learn Mathematics*，国际反响热烈。中文版《华人如何学习数学》也于2005年由江苏教育出版社发行。值得高兴的是，该书的姐妹篇 *How Chinese Teach Mathematics*（英文版）也在2015年出版。[2]

进入21世纪之后，我参与了新课程改革，并成为高中数学课程标准研制组的两名组长之一。这次课改取得了很多成绩，在数学教学内容现代化方面的许多重大改革，如对概率统计、向量几何、微积分、算法等的处理，极为重要，影响深远。至于“自主、探究、合作”教育理念的提倡，也有积极意义。然而，为了实现“触及问题的改革才是真改革”的预想，此次改革没有采取“继承优良传统、扬弃旧有积弊”的方针，而是把此前的教育传统定位为“教师中心”“学科中心”“知识本位”“目中无人”“机械记忆”等，没有任何肯定。这些见解和我

---

[1] 本演讲刊于《日中数学教育共同研究会文集》，日本教育研究所1992年版；同时发表于《数学教育学报》创刊号。

[2] FAN Lianghuo, WONG Ngai-Ying, CAI Jinfa, et al. How Chinese teach mathematics [M]. Singapore: World Scientific Publishing Company, 2015.

国数学教育享有的国际声誉相抵触。由于此前认识上的一些积累，我对新课改过程中全面否定我国数学教学传统的做法不以为然。

事实上，具有不同意见的还有许多数学家。2001 年，《新课标》刚一公布，就引发了激烈的争论。在这份实验稿中，数学教育界耳熟能详、深入人心的“数学双基教学”“教师主导作用”“启发式教学”“数学三大能力”等全部不见了。在中国数学会教育工作委员会召开的数学家和数学教育工作者座谈会上，发言者对这份文件的许多方面进行批评，尤其是大幅度削减平面几何内容。由于 2005 年姜伯驹等几位数学家在全国人民代表大会和中国人民政治协商会议上提出质询[1]，教育部随即启动了数学课程标准的修订，以东北师范大学校长史宁中为首的修订小组前后工作了八年之久，推出了《义务教育数学课程标准（2011 年版）》（以下简称《标准（2011 年版）》），做了适度调整。

在激烈的论争中，我进一步意识到，要树立数学教育的民族自信，仅凭经验是不够的，还必须总结自己的成功经验，使之上升为理论。

正确地认识自己，需要勇气和动力。以下几件事情，使我终生难忘。

●2004 年，我为了写《陈省身传》国际数学大师陈省身谈起数学教育（见上海《文汇报》2004 年 11 月 5 日）：

张：最近以来，中国向国外的流行教育理论学习，引进了很多“后现代主义”的教育理论，认为中国的数学教育很落后，美国数学教育才是先进的。

陈：中国千万不要学习美国的数学教育。中国的数学教育在实践上肯定比美国好。中国好不容易有一项比美国好的数学教育成绩，为什么自己不珍惜，不总结呢？

●留美的马立平博士对我说：“中国数学教育的长处，是课程内容比较系统，基础比较扎实。美国则不行。我担心中国数学教育走上美国的道路。”（2006 年在香港教育学院与笔者的谈话）

---

[1] 姜伯驹. 新课标让数学课失去了什么［N］. 光明日报，2005-03-16.

●香港大学的梁贯成博士说："以前我总是到国际'教育超市'里去挑选适合香港教育的产品。TIMSS 国际测试的结果告诉我，香港有自己的优势，要好好认识我们自己。"（2007 年在华东师范大学数学系的演讲）

●2008 年，好友 S. Usiskin（美国芝加哥大学教授）来信，要我推举两位中国教授到美国介绍中国数学教育改革，一切费用由美方承担。于是，我推荐孙晓天和李俊赴会。另外，华东师范大学的同事李士锜教授多次应邀到国外介绍中国数学教育状况。

这些见解和事实，不断地促使我形成关于数学教育的民族自觉。

众所周知，中国学生在国际数学测试中能够取得优良成绩，原因在于数学基本功比较扎实，即具有坚实的数学基础知识和数学基本技能。中国的"数学双基教学"是国内外公认的中国数学教育的优良传统。鉴于此，我将 2002 年和 2004 年的数学教育高级研讨班的主题都定为"中国数学双基教学"，并在这两次研讨的基础上，主持编写了《中国数学双基教学》一书，2006 年由上海教育出版社出版。封面上印着："越是民族的，就越是世界的。"

紧接着，一个撰写具有中国特色的数学教育的计划在头脑里不断地萦绕。2011 年，我读了张维为的《中国震撼——一个"文明型国家"的崛起》[1]，立即触发了我写作《数学教育中国道路》的冲动。经过一年多的筹备，终于在 2013 年由上海教育出版社出版（与于波合作）。

以上简要回顾了我对中国数学教育认识上的变化，这是一段历经三十年审视自我的艰难过程。

（三）"数学教育中国道路"的一个理论框架

中国数学教育的成功，国外教育界早就有所关注。1996 年，曾在香港大学任教的澳大利亚著名学者维金斯和别格斯，在合著的 *The Chinese Learner: Cultural, Psychological and Contextual Influences* 中提出了

[1] 张维为. 中国震撼——一个"文明型国家"的崛起 [M]. 上海：上海人民出版社，2011.

一个问题："为什么华人学习者能够取得优良的学习成绩，但是他们的教学过程看起来却非常陈旧？"[1] 这就是所谓的"中国学习者悖论"。西方学者无法理解，为什么教育经费投入严重不足的中国，却能够取得优良的国际测试成绩？为什么中国数学教育方式看起来属于死记硬背一类，中小学生却能够在数学理解上超过国外的中小学生？西方发达国家建立了许多数学教育理论，固然能够揭示一些数学认知的普适规律，却无法解释中国数学教育所取得的成就，因而称之为"悖论"。

实际上，中国数学教育有成功的一面，并不是悖论，而是由于没有系统地研究中国数学教育的特殊道路，所以无法加以解释而已。

这里，我们不妨回忆一位老教育家的真知灼见。华东师范大学刘佛年教授这样说过：

我从旧中国的教育看到新中国的教育，经历过几十年来的风风雨雨。教育无非是两种。一种是讲授式，教师以高水平、启发式的讲解，让学生容易接受。代表人物是赫尔巴特、夸美纽斯和凯洛夫。另一种是活动式，创设情境，让学生在活动中探索，主动地获得知识。代表人物是杜威。两者各有长短。那么我们中国应该采取什么态度呢？那就是兼容并包，不能走极端。一般地说，做学问可以有自己的特色，以便形成独特的学派。但是，指导实际工作、干事，不能走极端，真理往往在两个极端的中间。[2]

这段话使我认识到，中国数学教育采取兼容并包的方针，不断地把国际上的各种优秀教育理念综合地进行理论分析和实践检验，可能在事实上走出了一条具有东方智慧的道路。

那么，现代中国数学教育如何定位？数学教育的"中国道路"应该怎样表述？中国数学教育有哪些不同于西方的基本理念？又有哪些具有中国特色的具体特征？我们不妨做如下的陈述。

---

[1] WATKINS D A, BIGGS J B. The Chinese learner: cultural, psychological and contextual influences [M]. Hong Kong: CERC&ACER, 1996.

[2] 摘自凤凰网2011年10月15日发布的凤凰视频"华东师大名师云集，入选新中国首批重点高校"，http://v.ifeng.com/news/society/201110/396bdcll-ee8e-4da4-bbf3-c37bb8a387d5.shtml。

1. 中国数学教育的核心思想

中国数学教育的核心："在良好的数学基础上谋求学生的数学发展。"这里的"数学基础"，主要是数学"双基"（数学基础知识和基本技能）和三大数学能力（数学运算能力、空间想象能力和逻辑思维能力）；数学发展是指注重数学活动经验的积累，提高学生用数学思想方法分析问题和解决问题的能力，促进学生在德、智、体等各方面的发展。

2. 中国数学教育秉承的五个基本理念

数学教育和其他学科教育一样，都需要处理好一些基本的关系。在这些关系上，东方和西方的见解不尽相同，大体上是各执一端，都具有一定的片面性。在实践中，需要及时、适度地调整，取得平衡。中国数学教育面对这些相互矛盾又相互依存的关系，兼容并包地形成了自己的一些认识。

（1）教师主导与学生主体的辩证统一。

数学教学和所有教学过程一样，最基本的关系是教师与学生的关系。赫尔巴特的经典教学理论主张"教师中心"，杜威进步主义教育理论则主张"学生中心"，彼此各执一端。现代中国的教学理论则兼容并包，力求辩证统一的认识。一个比较完整的提法是：在尊重教师主导作用的同时，更加注重培育学生的主动精神，鼓励学生的创造性思维。[1]

（2）打好基础与创新发展的有效平衡。

基础与创新，这是一个恒久的话题。近代数学教育历史表明，重大的数学教育改革，往往是以强调"打好基础"还是"提倡创新"为线索展开。如果要说中国数学教育和欧美国家相比有什么区别，最显著的特征之一在于对基础的态度。流光溢彩的上层建筑往往掩盖了朴实无华的基础，以致在提倡创新的时候，往往会忽略基础的重要性。

中小学教育是基础教育，要使学生在良好的基础上谋求发展。创新

---

[1] 胡锦涛．在中国科学院第十三次院士大会和中国工程院第八次院士大会上的讲话［EB/OL］.（2006－06－05）. http：// politics. people. com. cn/GB/shizheng/252/2152/2906/4527536. html.

需要坚实的基础知识和基本技能为基础，而建立基础又需要创新精神引领。因此，打好基础和谋求发展必须兼得。事实上，优质教育=坚实基础+发展创新。伟大的智者常常提醒我们要重视基础。牛顿说："如果说我看得比别人更远些，那是因为我站在巨人的肩膀上。"巨人的肩膀，就是牛顿创新的基础。

(3) 数学思维中熟练与理解的交互作用。

西方的数学教育讲究理解，认为熟练的演算和解题没有什么价值。但是中国的教育名言是"熟能生巧"，认为要创新，必须熟练。两者的强调重点不同。事实上，熟练和理解之间具有交互作用，两者是相辅相成的。熟练需要必要的记忆，大多数中国教师认为要"先记忆，然后逐步理解它"。

(4) 接受学习与自主探究学习的适度对接。

东西方教育文化，存在着"家长严厉管制，孩子被动接受"和"家长宽松管理，孩子自主成长"的两个极端。

看东方：严管、纪律、苦读、作业、考试、技能、成绩，结果是善于自律、具有文化修养的人（也可能只是善于考试，缺乏创意）。

看西方：自主、兴趣、选择、愉快、探究、创意，结果是善于思考、具有创新精神的人（也可能导致放任自流，虚度青春）。

中国数学教育，要求教师善于用启发式的方法让学生有意义地（从某种程度上来说是被动接受的方式）进行学习；与此同时，适度地提倡探究性学习，使二者得到有效平衡。

(5) 数学学科知识与教学知识的有机结合。

在数学专业与教育修养的关系上，一般地说，中国强调教师的数学素养，而西方更强调教师的教育素养。中国数学教师认为自身的数学素养是从事数学教学的基础。我们常说"要给学生一杯水，自己就要有一桶水"。所谓"一桶水"，就是指教师要有高标准的数学理解。

3. 中国数学课堂教学具有的六个特征

中国数学课堂教育具有六个特征，这就是：教学导入、尝试教学、师班互动、变式练习、提炼数学思想方法，以及正在发展为"四基"的"双基"教学。

这六个特征的一个特点是，贯穿课堂教学的始终。晚近以来提倡的“自主、合作、探究”教学理念实际上只关注了认知过程的前半段。难道学习者一旦“探究”出来，学习过程就结束了？事实上，学习过程还有后半段，即巩固、小结、反思和升华。变式练习、数学思想方法的提炼，推陈出新的反思，是必须强调的重要措施。这六个特征，有些与国外的某些数学教育理念相类似，但是具有我国自己的特色，更加具体，具有可操作性，有一些则是国外没有的创新。

（1）数学新知的“导入”艺术丰富了情境创设的教学内涵。

导入教学，是一种本土化了的教学艺术。这是指在课堂教学开始的适宜时刻，用适当的方式和适当的时间成本，可操作地展开教学内容，向既定的教学目标前进。导入方式，除现实“情境呈现”之外，还包括“假想模拟”“悬念设置”“故事陈述”“旧课复习”“提问诱导”“习题评点”“搭桥”“比较剖析”等手段。恰当地运用“导入”教学乃是一门丰富多彩的教学艺术，中国数学教育在这方面积累了大量的实践经验。

（2）“尝试教学”体现了学生进行数学“探究”的教学特点。

中国数学教育实行尝试教学。20 世纪 80 年代，顾泠沅领导的“青浦实验”，提出“尝试指导、效果回授”的教学策略。[1] 邱学华倡导的“尝试教学法”[2]，主张“学生能尝试，尝试能成功，成功能创新”，特征是“先试后导、先练后讲”，在全国有重大影响。西南地区进行过大规模实践的“GX 数学教学实验”，领导者陈重穆教授的“32 字诀”里有“先做后说，师生共作”一句。这也是倡导学生先“做”，然后教师再“说”。这里同样是让学生先尝试一下。因此，中国传统的数学教学，并非如某些人一味批评的只有“机械记忆”“灌输模仿”，我们有自己的具有“探究性”的传统。尝试，较之探究，时间成本低得多，运用更加灵活，因而更加切合教学实际。

---

[1] 青浦县数学教改实验小组. 学会教学——青浦教改实验过程 [M]. 北京：人民教育出版社，1991.

[2] 邱学华. 尝试教学法 [M]. 福州：福建教育出版社，1995.

（3）“师班互动”体现了适合中国国情的合作交流。

中国的课堂人数相对较多，一般是40人，多的达60人。这样的大班上课，用分组讨论、汇报交流的教学方式，十分困难。那么，数学课堂如何避免“满堂灌”，实现师生互动呢？在长期的实践中，广大数学教师采用了设计提问、学生口述、教师引导、全班讨论、黑板书写、严谨表达、互相纠正等措施，进行合作学习。师生之间通过猜想、探究与心算，用数学语言进行“大声说”的交流，最后形成共识。这是一个具有中国特色的创造。据调查，“师班互动”是课堂师生互动的主要类型。[1]

（4）“变式练习”化解了重复操作的弊端。

变式练习是中国数学教育的一个创造。中国数学教学中强调练习。在经历了尝试、探究过程之后，所获得的知识还必须加以巩固，拓展运用。此外，在练习中又要求有一定的强度、速度、深度，主张熟能生巧。但是，这种练习并非简单重复，而是依赖变式处理获得新意。

数学的变式教学就是通过不同的角度、不同的侧面、不同的背景从多个方面变更所提供的数学对象的某些内涵，以及数学问题的呈现形式，使数学内容的非本质特征时隐时现而本质特征保持不变的教学形式。

（5）数学教学中关注数学思想方法的提炼。

20世纪80年代，徐利治提出了“数学思想方法”理论。可贵的是，这些数学思想方法不是停留在理论探讨上，而是付诸实践，成为中国数学教师的共识。数学教师普遍具有数学思想方法的教学意识，注重掌握数学思想方法的内涵，将数学思想方法用于解题，并能够用数学思想方法进行总结和反思，这是中国数学教育的重要特征。到现在为止，西方数学教育界还没有像我们这样地关注数学思想方法，也还没有能够直接与之对应的数学教育研究领域。

---

[1] 曹一鸣，贺晨．初中数学课堂师生互动行为主体类型研究：基于LPS项目课堂录像资料［J］．数学教育学报，2009（5）．

（6）“四基”数学教学。

晚近以来，许多有识之士建议将“双基”扩展为“四基”[1]，即在数学基础知识和数学基本技能之上，再增加基本思想方法和基本活动经验。现在，这一建议已经写进《标准（2011年版）》。“四基”教学的核心依然是“在坚实的数学基础上谋求学生的全面发展”。“四基”之间相互关联的教学理论正在构建之中。

以上特征，标志着中国数学课堂教育不仅有独特的教学理念，还有在实践中形成的整套教学设计。这些特征，一般教育学理论很少论及，和国外数学教育理论也有明显的差异。

（四）构建本土化的“数学教育学”

构建中国特色的数学教育学，不仅要有专门的理论著作，还要有比较通俗的为本科师范生而写的教材。2004年，我和宋乃庆教授主编的《数学教育概论》（以下简称《概论》）由高等教育出版社出版，2008年推出第二版，2015年将有第三版问世。2008年，我又配合宋乃庆教授编写《小学数学教育概论》，也是由高等教育出版社出版。这两种教材的出版意味着数学教育学科教材首次列入国家“十一五”和“十二五”教材规划。

有别于数学教材教法的说明书式的编写方针，《概论》的内容分为理论篇和实践篇两大部分。这样做，使得教材既能呈现一定的数学教育学理论形态，又包括有助于学生走上讲台的若干实践经验。

在理论篇的第三章“数学教育的基本理论”中，我们介绍了弗赖登塔尔的数学化教学理论、波利亚的解题理论、建构主义的数学教学论，以及我国的“双基”数学教学论（第三版改为“数学教育的中国道路”）。这是第一次把中国的数学教学作为一个理论加以提出。

在第四章和第五章中，没有采取“教学论、学习论、课程论+数学例子”的套路，而是力求体现数学教育学特有的规律性认识。涉及的

---

[1] 张奠宙，郑振初．“四基”数学教学模块的构建——兼谈数学思想方法的教学[J]．数学教育学报，2011（5）．

内容包括：数学教育目标的确定、数学教学原则、数学能力的界定、数学知识的教学、数学思想方法的教学、数学活动经验、数学教学模式、数学教学的德育功能、数学进行中数学本质的揭示、学习心理学与数学教育、数学史与数学教育、数学教育技术、数学优秀生的培养与数学竞赛、数学后进生的诊断与转化。

这些内容的揭示都是从数学教育特有的课题出发，体现数学教育学的特殊规律性。以下仅就数学教学原则为例，摘引《概论》的有关部分，借以说明数学学科教育的特色。

教学原则，是一切教学活动的总纲。数学教学原则，当然必须符合一般教育原则。不过由于数学学科的特殊性，数学教育原则具有自己的鲜明特点。

1. 一般的教学原则。

我国古代数学思想丰富璀璨，教学原则确切朴实，如因材施教、循序渐进、启发诱导、教学相长等。在近现代，教育家陶行知还提出了“教学做合一”的原则。这些教学原则对当今的教学仍具有深刻的影响。当前我国的一般教学原则在以往的基础上有所发展，一个权威的提法是以下八条（王策三《教学论稿》）：（1）思想性和科学性统一的原则；（2）理论联系实际的原则；（3）教师主导作用和学生主动性统一的原则；（4）系统性原则；（5）直观性原则；（6）巩固性原则；（7）量力性原则；（8）因材施教原则。

西方关于教学原则的提法多种多样。20 世纪 40 年代苏联的凯洛夫主编的《教育学》对我国当时的影响很大。该书提出了五条教学原则，即直观性、自觉性与积极性、巩固性、系统性、可接受性。布鲁纳的教学原则体系包括动机原则、结构原则、程序原则、强化原则（布鲁纳《教育过程》）。这些教学原则都在一定程度上反映了客观教学规律，数学教学当然应当遵循。

2. 以往的数学教学原则。

在许多有关数学教材教法的著作中，长期流传的“数学教学原则”是具体与抽象相结合、理论与实践相结合、严谨性与量力性相结合、巩固与发展相结合。（其他著作的提法还有：传授知识与发展能力相结合、面向全体学生和因材施教、展现思维过程、积极性、培养性、科学性）这些提法，依然没有突出数学的特点。就“理论与实践相结合”来说，那是一个放之四海而皆准的普遍真理，实在是太笼统了。即使在教育学层面上加以考察，它也适用于一切学科，并非数学所专用。因此，我们必须另起炉灶，归纳整理出适合数学教学的教学原则。

3．数学教育的四个教学原则。

就数学教学的实际过程而言，数学教学原则可以概括为：学习数学化原则、适度形式化原则、问题驱动原则、渗透数学思想方法原则。以下我们分别简述这四个数学教学原则。

（1）学习数学化原则。

数学化是弗赖登塔尔提出来的。他认为，数学作为人类的一种活动，其主要特征就是数学化。实际上，数学本身是用数学化方法组织起来的一个内部联系密切的思想体系。没有纵向的数学化，数学知识就像一盘散沙，缺乏系统性和合理性。因此，数学学习的过程就是数学化的过程。我们在课堂教学实行数学化的教学原则，就是要强调从数学整体出发学习数学，善于将实际问题转化为用数学语言描述的数学模型，从而把握数学思想方法的本质，并最后使问题获得数学化的解决。

（2）适度形式化原则。

形式化是数学的一项特征。形式化有助于数学理论体系的简单化、严格化和系统化。数学的形式化包括“符号化、逻辑化和公理化”三个层面。数学符号化是数学形式化的基础。如果说，语文是方块字符号按汉语语法组成的篇章，那么数学就是用数字、字母和运算符号，从基本事实（公理）出发，依照逻辑联结、描述数量关系和空间形式的知识体系。可以说，数学的世界是一个符号化的世界。

但是，数学毕竟不是形式，生动活泼的数学内涵不能淹没在形式主义的海洋里。20世纪中叶以后，数学教学提倡某种程度的“非形式化”，即在教学中不能搞极端的形式化，使得数学变得枯燥无味，脱离现实，远离大众。过分强调数学的抽象语言而忽视其思想内容，就会把光彩照人的数学女王拍成X光照片里的一副“骨架”。

（3）问题驱动原则。

问题驱动，是数学的特征所确定的。数学主要以“问题”的方式呈现。所以我们常说：问题是数学的心脏。数学问题是数学发展的原始驱动力。中国古代数学经典《九章算术》就是一本问题集。1900年希尔伯特的23个问题，曾在一定程度上预言了数学的发展方向，成为20世纪许多数学家奋斗的目标。费马猜想、庞加莱猜想的解决，更被当作人类智慧的象征。

从学习的角度看，“数学是做出来的”——数学学习是“解决问题”，课后练习是演练“问题”，数学考试是回答“问题”，研究性学习也是研究“问题”。数学教学要让学生会解常规问题，也会解非常规问题，在解决问题的过程中学习数学。可以说，问题是贯穿数学教学活动的一条主线，是学生数学学习的驱动力之一。

（4）渗透数学思想方法原则。

数学思想方法的教学是中国数学教学的特色之一。人们所学得的数学概念、数学定理、数学公式，经过很长一段时间之后，往往会遗忘。但是永远留在记忆之中的，正是数学思想方法。古人云：“授之以鱼，不如授之以渔。”这句至理名言也道出了科学思想方法的重要性。如果把数学问题比作一颗颗珍珠，用数学联结和数学思想方法串起来，则会变成一件美轮美奂的艺术品。数学思想是一种隐性的数学知识，要在反复的体验和实践中才能使个体逐渐认识、理解，内化为个体认知结构。

总之，在数学教学中注意内容的彼此关联，努力渗透并提炼数学思想方法，是我们应当努力运用的原则。

以上提出的四项数学教学原则，是彼此联系，环环相扣，层次递进，浑然一体的。首先，我们的总目标是数学化。但是数学化的过程是用形式化的数学进行表述和前进的。人们掌握符号化、逻辑化的数学基础知识和基本技能，才能解决一个个的问题。其次，数学问题是用系列化的问题驱动的，通过数学问题的变式，更以问题解决的过程展开教学。当人们在这一系列的数学活动中获得智力的提升，用数学思想方法加以统帅的时候，数学教学的图景就会变得清晰而美丽。这样一来，数学教学原则就和数学教学过程紧密地联系在一起，成为指导数学教学的指针。

由上述有关数学教学原则的探讨，可知数学教育学应该有自己的特定规律。这里的论述并非完美，有待进一步深入探究。

（五）做好西方数学与中华文化的融合

现代学校的数学是清末民初从西方国家全盘引进的。西方数学所承载的是西方文化，具体来说，就是古希腊的理性精神和文艺复兴时期的人本主义。这些文化因子，经过一百多年的数学教学，已经不知不觉地汇入我国的现代文明，我们从中得益良多。但是，中国的数学教育毕竟还要和中国文化相融合，使得西方数学经历一个本土化的过程。国际上有所谓“民族数学”（Ethnomathematics）之说，其内容就是研究如何将数学融入各个民族的文化中去。

1. 一点历史回顾

中华文化与西方数学联姻，并不是一个新问题。具有浓厚爱国主义情结的我国数学前辈，曾经在20世纪50年代掀起过一个西方数学本土化的高潮。就以现今通称的勾股定理来说，在民国时期的数学教科书里，都称为“毕达哥拉斯定理”。这一更名的过程并不简单。如果翻开1950年的《中国数学杂志》，就可以看到许多文章在探讨此事。有人建议称“商高定理”，也有人认为叫“陈子定理”较为合适。最后大家倾向于不以人名命名，直接点明其内容，称之为“勾股弦定理”。最后为简单起见，确定为“勾股定理”。经数学教材编写者和广大教师高度认同，写入教材，进入课堂，一直沿用至今。此后，中国古代数学成就继续进入中小学数学课程。“杨辉三角”代替了“巴斯卡三角形”。刘徽的割圆术、祖冲之的圆周率研究成为数学课程进行爱国主义熏陶的重要内容。此外，那时的高中数学教材，有无限等比数列的内容。由于数列 $\{1/2^n\}$ 是极限为0的无限过程，所以就有人引用“一尺之棰，日取其半，万世不竭”（《庄子·天下篇》）加以比喻。这是中华文化和西方数学的巧妙融合，至今成为经典。可惜的是，这一进程没有很好地继续下去。

在20世纪80年代，也曾有过一些创见。例如：宏观上有吴文俊先生提出中国古代数学传统的“算法”体系，其价值可以和《几何原本》相提并论；微观上则有徐利治先生认为“孤帆远影碧空尽”一句，可以表示连续量趋向于零的过程（这一形象的描绘，乃是“一尺之棰，日取其半”比喻的发展）。但是，这些见解没有真正形成一个强烈的教学理念，因而也就没有真正地进入数学课堂。

21世纪初进行的大规模数学课程改革曾经大量引进和借鉴的是西方的做法，诸如数感、符号感、估算等相继进入人们的视线。然而，这场改革并没有提出数学教学与中华文化互相融合的目标，一个突出的例子是把体现中国古代数学传统的“珠算”逐出了《新课标》。所幸的是，《标准（2011年版）》让算盘重回课堂，要求学生“认识算盘”，能用算盘表示多位数。这是一个恢复性的改进。但是从总体上看，《标准（2011年版）》在数学和中华文化的融合上，并没有迈出新的步伐。翻开今天的教材，提到中华文化的地方，依然是杨辉三角、刘徽割圆、负数引入、祖冲之的约率和密率那几个熟悉的题材。

因此，西方数学内容与中华文化的关系，仍有很大的研究空间。

2. 中华传统文化对今日数学教育之影响[1]

中国今日的数学教育是几千年来中华文明发展的必然结果。我们可以从自然环境、社会文化、考试制度、学术特征、教育传统等方面论述今日数学教育的文化渊源。

（1）精耕细作的农耕文化：要求勤学苦练基础技术。

勤劳的美德移到教育上来，就是强调“苦读”。中国农耕文化讲究精耕细作，反映在文化学习上，就是对经典能够“倒背如流”，一笔一画，一丝不苟，精益求精。这些学习特征同样反映在今天的基础教育里。数学教育中强调“九九表”的背诵、公式的记忆、解题套路的熟悉，乃至数学表达的准确，都可以从以勤劳为特征的农耕文化里找到影子。

---

[1] 张奠宙. 中华文化对今日数学教育之影响［J］. 基础教育学报（香港），2007，16（1）.

（2）治国平天下的王权文化：崇尚实用的管理教学。

每个民族有自己的文化，也就一定有属于这个文化的数学。古希腊和古代中国的不同文化产生了不同的数学。

古希腊虽是奴隶制国家，但当时希腊的雅典城邦实行奴隶主的民主政治。男性奴隶主选举执政官，投票决定预算和决算，以及战争与和平。奴隶主之间既然讲民主，就往往需要用理由说服对方，为了证明自己坚持的是真理，就需要先设一些人人皆同意的“公理”，规定一些名词的意义，然后把要陈述的命题作为公理的逻辑推论，即给出证明。《几何原本》就是古希腊理性文明的典范。

中国在春秋战国时期也有百家争鸣的学术风气。那时的学术界非常自由，任何意见都可以发表。但是中国的数学家只有为君王做谋士，提供管理国家的数学方法，才能得到君王的采纳。因此，中国古代数学多半以官方文书的形式出现，展现出“管理国家”的特点。《九章算术》的各章内容涉及丈量田亩、分配劳力、计算税收、运输粮食等国家管理的实用目标。因此，中国古代数学可以说是“管理数学”和“木匠数学”。它非常实用，长于计算，密切结合实际，这是长处，但在理性思维、推理论证方面，就不如古希腊的文明。

（3）宗法制度下的儒家文化：鄙薄数学教育却不与其抵触。

自汉代以来，在汉民族地区处于正统地位的一直是儒家文化。儒家文化重视对君臣、父子、夫妇的宗法关系的维护，鄙薄科学技术，当然也就不会有数学的重要地位。像刘徽这样有贡献的数学大家，绝对没有像柏拉图、亚里士多德、阿基米德、牛顿、欧拉那样受到社会的广泛重视和赞赏。数学往往只能作为民俗而存在，无法进入儒家文化的主流。不过，儒家文化本身却是一个演绎体系。在演绎这一点上与西方数学并不抵触：儒家经典相当于公理；大学问家的注释，相当于由公理出发进行的推理；读书人写八股文章，只是将公理和推理拼凑起来的一个练习。

儒家文化下的家庭体系对子女的学习，包括数学学习有重要的影响。在家庭无微不至的关怀与帮助下，他们会背“九九表”，会心算，会乘除法，能记住通分规则、“负负得正”、颠倒相乘之类枯燥的程式。

待到他们成年之后，这些基本功就非常有用了。至于幼年时放弃这些学习的孩子，要想在成年后补足这些基础，往往为时已晚。

以孔子为代表的中国教育文化是人类智慧园中的瑰宝。孔子本人是伟大的教育家，他提倡的“有教无类”“因材施教”都是著名的教育箴言。即使在具体的教学方法上，他也有许多精辟的论述，至今仍然闪耀着智慧的光芒。例如：“不愤不启，不悱不发。举一隅不以三隅反，则不复也”（《论语·述而》），“学而不思则罔，思而不学则殆”（《论语·为政》），“学而时习之，不亦说乎”（《论语·学而》），等等。这些教育名言，经过千年流传，已经成为中华文化的核心部分。它们已经融入数学教师的血液中，在数学教学中发挥着至关重要的作用。

（4）追求现世功业的考试文化：对数学教育是一把双刃剑。

科举考试有破除门阀世袭制度，公平选拔人才的重要意义。隋朝为科举的开始。唐朝曾设立“明算科”，学子通过考试后交吏部录用。到了明清两代，八股文盛行。八股文以“起承转合”各两股的文章格式，把学子的思想束缚得紧紧的。

考试文化对数学教学有正面和负面作用。正面作用是：激励机制，明确方向；重视基础，善于书面表达，争取完美准确地答题。负面作用是：只重笔试成绩，忽视人文修养。尤其是“一次性的、限时限刻的笔试”，成绩只能反映应试者知识的识记水平，难以反映创新能力、公关交流能力、合作领导能力等。

（5）崇尚严谨论证的考据文化：与数学的逻辑论证相吻合。

清代中期以来，以戴震为首的考据学派在学术界占统治地位。考据学派的治学方法，重实证，讲究逻辑推理，因而贴近数学。清末以来的学术界，崇尚“严谨治学”的文化氛围，恰与西方数学要求严密逻辑推理的层面相吻合。此外，考据学派对中国传统算学有过重要贡献，他们中的许多人，如戴震、阮元等就是算学家。考据和数学“联姻”，并非偶然。

考据学和逻辑学的关系实际上是很密切的。在20世纪初，考据学仍是一种学术时尚。1918年，《北京大学日刊》发表讲师刘鼎和的文章《书尔汝篇后》，接着又刊出署名为理科数学门毛准的文章《书“尔汝篇后”后》，先后和胡适的考据学论文《尔汝篇》讨论，后来胡适也有回应。《北京大学日刊》是一份公告式的新闻类日报，可见当时的考据学是何等普及。数学门的学生写考据学文章，是数学和考据学联姻的结果。而文化对数学教育的影响，有重视逻辑推演的积极的一面，也有忽视数学思维的创造性的消极一面。

进入21世纪以来，中国传统文化和西方文化正在融合，东西方数学教育也在走向融合。

3. 一个例子：《道德经》与数学归纳法

有人会问：中华文化究竟能不能大量进入中国的数学课堂？我觉得，非不能也，乃不为也。中华文化中确实包含着许多数学智慧，只是我们未加重视而已。让我们来看一个明显的例子。

《道德经》里最出名的一段是：“道生一，一生二，二生三，三生万物。”这13个字，简直是一组中国化的自然数公理。它透露了以下信息：自然数是一个接一个地“生”出来的；1“加1”，就能生出2，2再“加1”就能生出3，不断地“加1”就能生出万；自然数里有1，2，3……多得不得了，没完没了；1前面还有一个“道”，在数学上用0代表。

更进一步，细细品味《道德经》中的这段话，还和高中数学的数学归纳法有十分密切的联系。众所周知，数学归纳法原理是和自然数公理等价的。“一生二，二生三”，相当于数学归纳法中$n=1$，2时，命题成立的要求。最后的目标是要获得“三生万物”的结果。然而，要“生”出万物（自然数全体）来，必须每个与n有关的命题都能“生”出与$n+1$相关的命题。这不正是数学归纳法原理的精髓吗？

总之，强调一个“生”的动词，保证每个与n有关的命题都能“生”，做到生生不息，正是《道德经》里蕴藏着的“数学归纳法”智慧。

4. 中外数学知识可以进一步融合

将西方数学与中华文化互相融合，已经有了许多成功的范例。今天，我们的任务是与时俱进地增加新的融合点。以下是一些已经使用或者建议试用的案例。

(1) 继续融入中国古代的文化成就。

①一年级小学生就可以背诵“道生一，一生二，二生三，三生万物”。

②珠算是手指计数的延伸，算盘比一捆小棒之类的计算工具高明得多。

③中国的十进制计数制与罗马计数制的比较。上海外滩大钟上使用的是罗马数字，它不是位置计数制。

④墨子关于圆的定义。

⑤西方数学中的“对称”与纯粹中国化的“对联”的共性：寻求变化中的不变性质。

⑥非常显然的“对顶角相等”定理要不要证明？古希腊的奴隶主民主文化认为需要证明。中国皇权文化影响下的“国家管理数学”对此没有兴趣。

⑦人为设置的温度计正负度数，与自然形成的中国古代收入支出的正负数。

⑧三角比：角的正弦是单位菱形面积。(现代创新。张景中)

⑨“离离原上草，一岁一枯荣”与周期性。可以写出草长的表示式。

⑩《道德经》与数学归纳法。

这是一个极不完全的清单，有待集思广益，不断补充。

(2) 数学与中国古诗文在意境上的沟通。

中华文化的许多脍炙人口的诗词作品，虽然并不直接反映数学知识，但在意境上可以和西方数学相通。这里也略举数例。

①抽屉原理与“只在此山中，云深不知处”——纯粹存在性定理的意境。

②苏轼的《琴诗》：“若言琴上有琴声，放在匣中何不鸣？若言声在指头上，何不于君指上听？”这样的判断与数学中的反证法，在意境上彼此可以沟通。

③高中数学要遇到两种不同的无限：$[a, b]$ 中点的实无限与数列的潜无限。我们用“无边落木萧萧下，不尽长江滚滚来”的诗句（杜

甫《登高》）进行比喻，可以增加数学的人文性。

④陈子昂的《登幽州台歌》：“前不见古人，后不见来者。念天地之悠悠，独怆然而涕下。”其意境正与爱因斯坦的四维时空相通。

⑤整体与局部。欧拉多面体定理是一个整体性的结果，和局部的大小形状无关。这正是韩愈诗句“草色遥看近却无”的意境。

我们希望，文史学者能和数学教育工作者合作探究，架起中华文化与数学意境相互连接的桥梁，既能增加数学内容的人文性，也能给中国古典文化以新的生命力。

（3）发扬中国学者诠释西方数学的优良传统。

西学东渐以来，我国学者从中华文化的角度来诠释西方数学，有许多已经成为文化经典。我们需要加以继承发扬，代代相传，形成传统。以下是几个重要的例子。

①明代徐光启的《几何原本杂议》指出：“此书有四不必：不必疑，不必揣，不必试，不必改。有四不可得：欲脱之不可得，欲驳之不可得，欲减之不可得，欲前后更置之不可得。”这样的认识，不正是几何教学要达成的目标吗？如果我们把它写入教材，让学生体会几何学的精髓，将会十分有益。

②清代乾嘉学派的考据文化与数学、逻辑的论证殊途同归。钱宝琮认为“研究经书和史书都要掌握些数学知识，所以古典数学为乾嘉学派所重视”。清末民初的国学大师章太炎、王国维对数学十分重视，有许多论述和译作。

③李善兰将“等式”一词翻译为“方程”的用心良苦。最近的研究表明：将西方数学里的“等式”一词译成“方程”是一次中国化的创新。实际上，“方程”出自中国传统数学典籍《九章算术》第八章的标题，内涵远远超过“等式”一词。李善兰的用心，我们至今没有充分认识，需要深刻理解，并加以弘扬。

④近现代数学家的贡献，如华罗庚关于“读书的厚薄说”“数形结合”的论述，吴文俊关于“中国古代数学的算法体系在世界数学史上地位”的论述。

以上列出的揭示中华文化里数学智慧的研究领域，还是一块尚待开发的土地。这些课题，目前大多还仅限于思考与建议阶段，尚未进入教材，需要在课堂上进行大量的教学实践。

（六）回顾数学教育中国道路上走过的一些台阶

在构建中国特色的数学教育学过程中，必须兼容并包国外的优秀理论成果，继承前辈学者创立的优良传统。这是一个艰苦的积累过程，譬如登山，需要一步步地登上各级台阶，没有捷径可走。回顾过去的三十年，觉得以下的一些事件值得记叙。

1. 一次启蒙：邀请弗赖登塔尔来访

20世纪80年代，一个重要的事件是荷兰著名数学家和数学教育家弗赖登塔尔（Hans Freudenthal，1905—1990）访华。

弗赖登塔尔是20世纪杰出的数学教育家。他生于1905年，专长李群的研究。20世纪50年代后关注数学教育，迅速成为国际数学教育界的领袖。他的一系列数学教育著作影响遍及全球。

提出这一邀请设想的是陈昌平教授。古人云："取法乎上，仅得其中。"陈先生认为，中国数学教育要走上世界前沿，必须借鉴国际上最先进的理论和实践。国家经费有限，要请就请最好的。

邀请发出之后，弗赖登塔尔应约于1987年冬访华三周。事实证明，这是一个非常重要的决策。

当年，我们如饥似渴地向弗赖登塔尔请教：什么是现实的数学？它与消费者的数学有什么瓜葛？什么是数学化？它与抽象化、形式化有什么关联？什么是再创造？它与发现法又有什么区别？数学教育之有别于一般教育的特殊性体现在哪里？教师的教与学生的学究竟应该如何掌握相互的关系？什么是"反思抽象"？如何理解数学结构的教学现象学？这些问题，反映了当时我们急于想了解国际数学教育最新动态的愿望。

弗赖登塔尔在华东师范大学的讲学在中国的数学教育界撒下了种子，为我们打开了通往世界数学教育领域的一扇大门。人们认真地学习他的著作，领会他的思想，钻研他的观点，期望国际上先进的数学教育思想能够为我们所用，找到适合中国国情的数学教学策略与理念。时至今日，我们中国的数学教师都已知道弗赖登塔尔的一些数学教育论述。

诸如现实的数学、数学化、再创造等词语，已成为大家的常识。

弗赖登塔尔结束在上海的访问又去了北京，也做了几次演讲。他在中国演讲的讲稿，后来以 *Revisit to Mathematics Education-China Lectures* 为书名，于 1994 年由 Kluwer Academic Publisher 公司出版。1999 年上海教育出版社推出了刘意竹等的中译本，书名是《数学教育再探——在中国的讲学》。

一代宗师弗赖登塔尔在中国的大地上留下了不可磨灭的足迹，他的来访是对我们的一次现代数学教育的启蒙。

弗翁来访时的翻译是唐瑞芬教授，她有一篇详细的回忆文字《弗赖登塔尔在中国》，刊于《数学教学》2005 年第 3 期。

2. 认真读书：关于《数学教育研究导引》的出版

构建中国特色的数学教育学，需要对国际国内的数学教育研究成果有相当深度的了解，因此，收集、研读、消化一批重要的著作和论文，就是一个必须站上去的台阶。

20 世纪 80 年代的华东师范大学数学系研究生讨论班上，我曾经仔细研读过两部著作。一是弗赖登塔尔的《作为教学任务的数学》(*Mathematics as an Educational Task*)，研读后经陈昌平等译出，由上海教育出版社于 1995 年出版。另一本是 F. H. Bell 1978 年的著作 *Teaching and Learning Mathematics* (*In Secondary Schools*)。除此之外，20 世纪 80 年代有关数学教育的外文著作，我们也尽量收集。

这时，恰巧江苏教育出版社的喻纬编辑来约稿，希望出版《数学教育研究导引》一书，内容包括进展综述、专著导读、论文评介、课题推荐四大部分。这就促使华东师范大学数学系的数学教育团队研读国内外数学教育论著，或自己研究，或请专家介绍评论。其中既包括弗赖登塔尔、F. 克莱因、G. 波利亚等名家的宏观论述，也收集了像克鲁捷斯基的《中小学生数学能力心理学》、英国 CSMS 数学小组的《孩子们的数学理解（11—16 岁）》这样非常具体的数学教育研究报告，计有二十余种。

1994 年该书[1]问世，因内容新颖，成为那个年代数学教育研究工作者了解国内外学术动态的一扇窗户。对本书的编者来说，则通过撰写一系列著作的导读和一批国内外论文的介绍，进一步扩展了自己的国际视野。这一经历，对于看清中国数学教育的长处和不足，找准自己在世界上所处的位置，以至逐渐呈现出中国数学教育的整体图景，都是一个极为重要的台阶。

时隔二十年，由鲍建生等主编的《数学教育研究导引（二）》[2]出版，继续在新形势下发挥它的引领作用。

3. 一个雏形：《数学素质教育设计草案》

1992 年，我刚从美国访问回来，知道有不少学者在国外研习过数学教育，但是从未在一起讨论过中国的数学教育，更没有机会把国内外的见闻化为建议和行动，借以报效国家。于是延请华东师资培训中心的张振亚向教育部人事司申请设立“数学教育高级研讨班”，不想立即获得批准，得到 3000 元资助。接下来，我和唐瑞芬教授一起，开始策划和主持这一研讨班。

我们随即发请帖，其中有熟悉港澳地区的苏式冬，参加国际数学 IAEP 测试的刘远图，熟悉英国数学教育的王长沛、郑毓信，刚从俄罗斯返回的郑炼，去过新加坡的范良火，熟悉德国数学教育的朱乐平，还有刚刚去日本进行学术交流的戴再平。唐瑞芬和我则访问美国回来不久。除此之外，还有中国高教学会高等师范教育研究会数学教育会数学教育研究会的理事长李求来、青岛的郭国庆校长、广州的郭思乐先生。反正熟悉国际数学教育的比较活跃的人物都请了，且都来了。大家热情很高，经常聊到深夜。我们也曾以法国的“布尔巴基学派”为榜样，试图为中国数学教育的改革形成一股民间的学术力量。

---

[1] 张奠宙，戴再平，唐瑞芬，等. 数学教育研究导引［M］. 南京：江苏教育出版社，1994.（1998 年增订后再度出版，作者中增加了倪明）

[2] 鲍建生，徐斌艳. 数学教育研究导引（二）［M］. 南京：江苏教育出版社，2013.

这次研讨成果，便是《数学素质教育设计草案》（以下简称《草案》）[1]。这份《草案》经受了历史的考验。多年后再来看，觉得它当时确实有点超前，但是后来都陆续成为现实（在一定程度上）。这种预见性，可以说是学术研究的一种最高期望。以下摘录其中的一些标题。

可贵的高分下隐伏着危机

指挥棒：当心走入八股化误区

从英才数学到大众数学

营养丰富却咬不动的数学牛排，是否合适

数学素质需要设计

数学应用意识的失落

突破口：提倡问题解决

观念转变：允许非形式化的数学

薄弱环节：数学学习心理学

紧迫课题：计算器进入课堂

适度性原则，不要走极端

让孩子们喜欢数学

把学习数学的主动权交给学生

值得一提的是“适度性原则，不要走极端”，反思今日数学教育中的许多问题，根子仍然是走极端。

4. 一个平台：数学教育高级研讨班15年

建设中国特色的数学教育，是改革开放时代全国数学教育工作者的共同心愿。多年来，以北京师范大学钟善基、丁尔升、曹才翰诸位教授为代表的数学教育研究，执全国之牛耳。在具体操作层面则有人民教育出版社的余元庆、吕学礼、张玺恩、张孝达等先生。他们编写了影响几代人的《数学教学大纲》以及成套的数学教材。在世纪之交，由北京的严士健、孙晓天、刘坚等参与主持的数学教育讨论班，以及东北师范

[1] 全文始见《数学教学》1993年第3期，以后收入张奠宙、戴再平和唐瑞芬等主编的《数学教育研究导引》。

大学史宁中组织的数学教育讨论班，都对数学课程改革产生了深远影响。

我直接参与组织的数学教育研究平台，起始于前文提及的1992年的数学教育高级研讨班。以后每年举行一次，前后持续了15年之久[1]。以下文字（摘自《数学教育高级研讨班13年》[2]）是对数学教育高级研讨班的介绍与评论。

数学教育高研班作为进行学术交流的一个平台，以其独特的学术视角、自觉的使命意识、强烈的实践精神，凝聚了国内一大批数学教育人士，长期关注我国数学教育的热点、重点、难点问题，引介国际数学教育界的理论与信息，推出本土数学教育理论研究与实践成果，介入数学教育改革，成为国内数学教育界一个独特的学术研究共同体，为凝聚大家的学术共识起到了重要的作用。

高研班着眼于我国数学教育的实际（优势与不足）和时代发展的需要，"从国外先进教育教学理论的本土化（如介绍建构主义理论、提出问题解决、开放题及应用题的教学）转向关注我国数学教育的薄弱环节（数学教育心理学）和对优良传统（'双基'教学）的理论提升"。对诸如数学教育心理学、数学素质教育、课程改革、"双基"教学等问题予以持久关注。它试图澄清或努力回答一些国际数学教育界对我们的提问，如中国学习者悖论、国内教师培训体系、"双基"教学的理论与实践等，充分体现了其努力使中国数学教育融入世界话语主流的责任意识。

数学教育高级研讨班的活动，包括承办国际数学教育会议或邀请国外专家到会演讲，举行数学教育博士论坛、提供国际教育考察报告、介绍历届国际数学教育大会（ICME）成果等。这使高研班"具有国际视野，成为国际数学教育和国内数学教育进行交流碰撞的主要场所"，有利于我们形成"立足本土，放眼世界"（郑毓信语）的学术视野。

---

[1] 张奠宙，何文忠. 交流与合作：数学教育高级研讨班15年［M］. 南宁：广西教育出版社，2010.

[2] 吴登文、李三平、罗增儒，数学教育高级研讨班13年连载于《中学数学教学参考》2005年第4、第5期。

数学教育高级研讨班研讨主题一览表（1992—2006）

年份	地点	主题
1992	宁波	数学素质教育设计
1993	扬州	数学学习心理学及数学教育哲学、数学问题解决教学、形式化与非形式化的关系、数学学习后进生问题
1994	上海	数学教师培训国际数学教育会议
1995	青岛	数学素质教育的含义与评价、数学素质教育实践报告
1996	金华	数学教学中如何贯彻德育目标、数学教育基本理论探讨数学素质教育成果介绍
1997	上海	国际数学教育专家报告、东亚数学教育会议筹备
1998	青浦	“数学素质教育理论与实践”标题下的多主题学术报告
1999	上海	未来展望：2010 年的中国数学教育、中小学数学骨干教师培训方案
2000	南京	高中数学课程标准研讨
2001	成都	数学教育心理学专题研究
2002	苏州	中国数学教育的“双基”教学、高等师范院校数学教育技术课程大纲
2003	西安	数学教育研究的学术规范、数学教育学位研究生培养
2004	南宁	基础与创造：中国数学双基教学的理论与实践
2005	上海	东亚数学教育会议
2006	重庆、宁波、澳门	“数学课程标准”的理论探讨 《数学教育概论》教材的修订

5. 独立思考：与建构主义教育保持距离

对于国外的各种数学教育理论，不可不加选择地实行拿来主义。

在 20 世纪 90 年代，建构主义教育理论曾被认为是教学理论的一场革命，是学习理论的新纪元，有的学者甚至认为应当把它作为课程改革的指导思想。我们不否认建构主义对人的认识过程，包括学生的学习过程进行了认识论的分析，确实具有一定的科学价值，但是，建构主义在哲学上具有主观唯心主义成分，在如何将建构主义运用到数学教学时，更有一些不适当的提法。因此，我们在肯定它的合理部分的同时，坚决地和它保持一定的距离。建构主义教育理论热闹过一阵，2010 年以后渐渐地消沉下去。事实上，建构主义在中国数学教育界并没有产生多么具有实质性的影响。

以下是我们在《数学教育概论》里所写的评论。在当时，持这样观点的著作还是比较少见的。

在美国的“数学论坛”网站上，对“什么是建构主义?”的回答是：“学生需要对每一个数学概念构造自己的理解，使得‘教’的作用不再是演讲、解释，或者企图去‘传送’知识，而是为促使学生进行心智建构创设学习环境和条件。这种教学方法的关键，是将每一个数学概念按皮亚杰的知识理论分解成许多发展性的步骤，这些步骤的确定要基于对学生的观察和谈话。”

照这样的定义，教师不要演讲了，也不能传送知识了，只要创设环境让学生去建构就行了。于是，教师在课堂上的“主导作用”“示范作用”不再提了，教师只能是旁观的“组织者、合作者、引导者”。这样的提法是有害的。

事实上，我们历来主张“学生是学习的主体”，从来拒绝“学生头脑是一只空桶，可以往里面注入知识”的说法。俗话说“师傅领进门，修行在个人”，也是这个意思。然而，教师有传承前人经验的任务。教师在课堂上赋有“传授”知识的任务，也具有主导课堂教学的责任。所需要的是教学应当运用启发式，符合学生主体认识的规律。

此外，建构主义毕竟只是一种认识论。然而，教学过程不能等同于认识论。认识论研究只关注如何认识事物，却不管认识的速度和效率；而教学则是有目的、有计划的，按照《课程标准》目标实行的班级集体认识活动。数学课程的目标，是要把几千年来人类积累的数学知识的基础部分，在短短的十来年中让学生学习并能理解和掌握。这需要很高的教学效率。但是，建构主义教学任凭学生的兴趣，自由摸索，却根本不谈认识效率。可是，没有效率的教学是走不远的。

总之，对于建构主义学说，我们应当吸取其中的精华，拒绝一些“极端的”“唯心的”成分，才能真正有助于我国的教育改革。

中国数学教育走自己的路，必须对国外的理论做一番筛选，剔除一些不正确或者不适合中国国情的内容。与建构主义保持距离只是其中一例。

6. 国际交往：走近国际数学教育委员会

建设中国特色的数学教育，离不开国际交往。但是直至“文革”动乱结束的1976年，我国的数学教育与外界还几乎是隔绝的。进入20世纪80年代，东北师范大学的马忠林、北京师范大学的钟善基两位前辈，开始与日本的同行进行互访。丁尔升先后出席了一些数学教育方面的国际会议。国门渐渐打开。

国际上最权威的数学教育组织是国际数学教育委员会（International Commission of Mathematics Instruction，简称ICMI）。它隶属于国际数学家联盟（IMU），每四年召开一次国际数学教育大会（ICME）。早在1980年，中国首次派出代表团去美国加州伯克利参加第四届国际数学教育大会（ICME-4），华罗庚应邀做大会报告。

1986年，中国以五票投票权的大国身份加入IMU，从此开始了我国全面、正式地参与国际数学教育委员会的活动。

中国大陆有七位学者参加了ICME-6（1988年，布达佩斯）。以后每届的中国学者越来越多。各届大会的时间与地点是：ICME-7，1992年，加拿大魁北克；ICME-8，1996年，西班牙塞尔维亚；ICME-9，2000年，日本东京；ICME-10，2004年，丹麦哥本哈根；ICME-11，2008年，墨西哥蒙特雷；ICME-12，2012年，韩国首尔；ICME-13，2016年，德国汉堡。

中国学者陆续进入ICMI的领导机构。张奠宙（1995—1998年，指担任职务时间，下同）、王建磐（1999—2002）、梁贯成（2003—2006）和张英伯（2011—2014）先后当选ICMI执行委员。

此外，张奠宙、王长沛、郑毓信、鲍建生、李士锜、徐斌艳分别担任第八至第十三届国际数学教育大会国际程序委员会委员。中国学者积极参与大会学术活动，多人应邀做45分钟的报告，担任许多分组的召集人。

在2008年的墨西哥大会（ICME-11）上，中国进行数学教育的国家展示，向世界全面介绍中国数学教育的历史与现状。展示的内容收入王建磐主编的《中国数学教育：传统与现实》（江苏教育出版社，2009年），英文版则于2012年在新加坡出版。

香港大学的梁贯成教授于2013年获得了ICMI颁授的弗赖登塔尔奖，成为自2002年该奖项设立以来首位获奖的亚洲学者。他的突出贡献在于利用儒家传统文化解释东亚地区学生在国际数学成就测试中的优秀表现。

为了让国际同行更好地了解中国数学教育，曾于1991年在北京师范大学，1994年在华东师范大学举行了ICMI-中国数学教育国际会议。这在教育经费相当困难的20世纪90年代，很不容易。

值得关注的是，在教育部、上海市教委的支持下，经中国数学会授权，以王建磐为核心的华东师范大学数学教育团队已经获准于2020年在上海举办第14届国际数学教育大会。

参与数学教育界的这些国际活动，是形成数学教育中国道路的重要一步。

（七）若干具有中国特色的数学教育研究课题

数学教育的中国特色已在前文中不断地提及，这里再对若干研究课题做一点补充性说明，意在梳理笔者的一些创新性思考。

1. 从“数学双基教学”到“数学四基教学”

中国数学教育，以“数学双基教学”见长。一般认为，中国学生在国际数学教育测试中屡获佳绩，原因即在于基础扎实。不过，我国教育家们并不这么认可，至今从未对“双基”给予多少正面的评价。于是，“数学双基教学”的研究不得不由数学教育工作者自己来做。前已提及，2002年、2004年两年的数学教育高级研讨班，研讨主题都是“数学双基教学”。研讨之后，“数学双基教学”的一些规律性认识渐渐浮现出来。

摆在我们面前的有四个问题：记忆和理解的关系如何？计算速度重要吗？直观情景如何保持逻辑严谨？演练怎样避免机械重复？

我们的回答是：

计算速度——速度导致效率，快速计算可以节约解决问题时的“思维工作空间”。

准确记忆——记忆通向理解，必要的记忆是理解的基础。例如“负负得正”这样的规则，先记忆然后在运算过程中慢慢理解。

逻辑表达——数学需要直观情景的支持，但也需要精确的逻辑表述。中国数学双基教学尤其强调形式化数学语言的精准掌握。

重复演练——练习应有变式。没有重复便没有技能。但是重复需要多种变化，如概念变式、程序变式、问题变式等。

在研讨过程中，为了检测中国学生的基本运算速度，我们用较大的样本制订了两个衡量中国学生数学基本运算技能的量表：江苏省苏南地区关于“整式运算”速度的量表[1]；四川省关于小学生计算能力的量表及其测试结果[2]。

这样的量表具有客观性，可以现实地检测当前学生的运算技能水平。长远地看，它们是中国学生运算技能的一种可供历史参照的标志。

与此同时，“双基”教学的研究也在推向世界。2004 年夏，我和戴再平教授应邀在哥本哈根举行的第十届国际数学教育大会上做 45 分钟的报告，题目是“中国数学‘双基’教学和数学开放题”。当年秋天，又应邀去韩国报告同样的内容，英文版在韩国发表。

2006 年，上海教育出版社终于推出《中国数学双基教学》一书[3]。2008 年，广西教育出版社再推出《数学“双基”教学的理论与实践》[4]。

新世纪以来，随着《义务教育数学课程标准（2011 年版）》的颁布，“数学双基教学”正在发展为“数学四基教学”，即在“双基”之上，再增加基本思想方法和基本活动经验。“数学四基教学”的理论正在形成之中。

---

[1] 田中，等. 数学基础知识、基本技能教学研究探索 [M] //张奠宙，李士锜. 数学教育研究前沿. 上海：华东师范大学出版社，2003.

[2] 张晓霞，马岷兴. 小学生数学计算技能测试及计算教学研究 [M]. 南宁：广西教育出版社，2008.

[3] 张奠宙. 中国数学双基教学 [M]. 上海：上海教育出版社，2006.

[4] 张奠宙，等. 数学“双基”教学的理论与实践 [M]. 南宁：广西教育出版社，2008.

2. 关于数学三种形态的论说

2001年，我提出了数学有学术形态和教育形态的论说[1]。文中指出，数学有两种形态：学术形态和教育形态。数学教育的任务就是要将数学的学术形态转换为学生易于接受的教育形态。正在此时，张景中先生提倡教育数学，我认为教育数学是一种教育形态的数学。在一篇文章中，我进一步分析数学有三种形态：原始形态、学术形态和教育形态[2]。

原始形态是指数学家发现数学真理、证明数学命题时所进行的繁复曲折的数学思考。它具有后人仿效的历史价值。学术形态，是指数学家在发表论文时采用的形态——形式化、严密地演绎、逻辑地推理。它呈现出简洁的、冰冷的形式化美丽，但往往把原始的火热的思想淹没在形式化的海洋里。教育形态则是指通过教师的努力，把人类数千年积累的数学知识体系转化为使学生容易接受的形态，从而启发学生高效率地进行火热的思考。

把数学的学术形态转化为教育形态，是所有数学教师的责任。教育形态和原始形态有相同的地方，即都有火热的思考。不同的是，教育形态的思考要有高效率，能引起学生的兴趣，使学生容易接受。遗憾的是，有些教师的讲课只是停留在数学的学术形态上，自我欣赏其冰冷的美丽。更糟的教学则是抄黑板——把书本上的形式演绎过程冰冷地抄在黑板上了事。

数学的火热思考，需要：高屋建瓴地把握数学的本质，突破单纯形式化的束缚，注重揭示数学知识的内在联系；显现数学规律的形成过程；追求数学思想方法的提升；真正做到返璞归真，平易近人，言之有理，感悟真情。

在实际教学中，数学本质被两种活动所掩盖。一种是过度的形式化，把光彩照人的数学女王拍成了一张只有“骨架”的X光片。另一

---

[1] 张奠宙. 关于数学知识的教育形态 [J]. 数学通报，2001 (4).

[2] 张奠宙，王振辉. 关于数学的学术形态和教育形态——谈“火热的思考”与“冰冷的美丽” [J]. 数学教育学报，2002 (2).

种是教条式的教学改革，只图表面热闹，缺乏效率地走过场。

以上论述，引起许多学者的关注，后来陆续有许多有关数学教育形态的论说发表。

3. 关于“熟能生巧”

“熟能生巧”是中国的教育古训，西方学者多半不赞成，可是，中国的一些著名科学家和数学家都能认同。其中的原因值得思考。

2004年9月13日，杨振宁在清华大学给本科生讲《基础物理》。9月17日，《文汇报》的报道中有句话说：“对于基本概念的理解要变为直觉。”这就是说，对基本概念的理解，只做到说得清、道得明，会判别对象是否符合概念定义那是不够的。理解要达到“直觉”的程度，就要做到无须停顿下来思考，就能够不假思索地做出判断。这是对“熟能生巧”的一种现代诠释。

2004年11月11日，数学大师陈省身接受中央电视台记者李小萌的采访。面对成功，陈省身说他只是熟能生巧而已。陈省身进一步阐述说：

所有这些东西一定要做得多了，才比较熟练，对于它的奥妙有了解，就会有意思。数学的有些工作一定要重复，才能够精，才能够创新，才能做新的东西。这就是说，从事数学研究，必须对研究的内容非常熟悉，才能有所创新。这是一个由“重复”到“精”再到“新”的过程。

华罗庚先生的“读书厚薄说”，指出了如何进行“熟能生巧”的一条途径。他所说的“把薄的书读厚，把厚的书读薄”，前者是讲“熟”，把每一个细节都弄清楚，后者就是巧了。“熟能生巧”不是没有规律。

以上三位国际著名的大师级学者不约而同地赞成“熟能生巧”，并非偶然。要创新，必须对已有的东西非常熟悉。一旦有一个思想火花，就会觉得眼前一亮，觉察出它与现存的认识有别，迅速集中思考，进行突破。如果基础不牢，就难以识别微小的变化，发现打开创新之门的缝隙。当然，这里的“熟”，不是滚瓜烂熟的“熟”，而是透彻理解的“熟”。熟能生巧是和刻苦钻研分不开的。

数学教育学者李士锜用现代心理学对“熟能生巧”做了系列的研究[1]。他认为：

数学学习不能等同于工匠学习手艺。对数学来说，熟能生巧所指的“巧”，其实质应是理解。也就是说，我们应当回答“做大量习题的操作性训练是否能促进理解？”

数学知识建构的形式是活动和反省抽象。数学是经验性或拟经验性活动。具体地看，经验性主要表现是对数学对象的操纵。数学的起源是数，数的概念来自“数数”这样一种行为性的操作活动。先要对一堆堆小石子“数（shǔ）”才能形成数。加法概念不是来自更多的小石子，而是来自添加或合并的操作活动。

经验提供了组织概念的基础，却并未提供概念本身。要构造自己理解的概念，达到学习的目的，还要出现一种思想上的飞跃，即皮亚杰提出的“反省抽象”。要进行反省，需要有被反省的基础，就是操作过程。所以，学生的练习是一种基础活动，是必不可少的。而且，这种活动必须是个人认知的亲身体验。学生必须亲自投入，通过信息去主动地组织现象，操纵对象。

李士锜总结说，解题训练作为一种教学法，并不只是让学生接触、熟悉和记住解题技能与技巧。运算操作是数学思维的发生之处，是完整的概念形成的一块基石，它为学生的理解领会提供了必要条件，或者说，“熟能生巧”的合理性表现在必要性上。在这个意义上，可以肯定“熟能生巧”的积极意义。此外，李士锜建议要防止“熟能生笨”，防止“熟能生厌”。

4. 关于数学德育功能

每门课程都具备育人的目标。那么数学教学如何体现它的德育功能呢？一般教育学是无法给出具体答案的。《数学学科德育——新视角·新案例》[2]一书提出了一个具有数学特点的框架，并收集了大量

---

[1] 李士锜. 熟能生巧吗［J］. 数学教育学报，1996（3）：46-50.

[2] 张奠宙，胡庆玲，陈双双，等. 数学学科德育——新视角·新案例［M］. 北京：高等教育出版社，2007.

的教学案例加以说明。这一框架包括以下内容：

一个基点：热爱数学。

三个维度：数学文化中的人文精神、数学科学的理性素养、数学内涵中的道德品质。

六个层次：（1）数学本身的文化内涵——以优秀的数学文化感染学生。（2）数学内容的美学价值——以特有的数学美陶冶学生。（3）数学课题的历史背景——以真实的数学发展历程激励学生。（4）数学体系的辩证因素——以科学的数学观指导学生。（5）数学周围的现实背景——以智慧的数学模型鼓舞学生。（6）数学教学的课堂环境——以优良的课堂文化塑造学生。

21世纪的课程改革，提倡三维目标——“知识与技能”“过程与方法”“情感态度与价值观”。以上的数学德育框架设计，为数学课程实现“情感态度与价值观”教学目标提供了一条具体的操作路径。

5. 一个建议：数学方法论分类

20世纪80年代，徐利治先生提倡数学方法论，随即风行全国。这是一项影响巨大的理论创造。由于“数学思想方法”的提法尚未见诸国际数学教育研究的分类目录，所以，在数学教学过程中凸显“数学思想方法”的研究，可谓中国数学教育较为显著的特色之一。他的《数学方法论选讲》[1]是开山之作。《徐利治谈数学方法论》[2]一书进一步阐述了数学方法论的理论结构。郑毓信的《数学方法论》[3]一书，更加结合中学数学教学的实际，影响广泛。此后，数学方法论的著作大量出现，不断有所创新。

为了追随徐先生的研究足迹，我和过伯祥先生合写了《数学方法论稿》[4]一书。过先生钻研波利亚的著作多年，颇有心得，尤其是对中学数学解题的理论构思，颇有新意。我主要的努力目标是想给“数学思想方法”进行比较清晰的分类。

---

[1] 徐利治. 数学方法论选讲［M］. 1版. 武汉：华中科技大学出版社，1983.
[2] 徐利治. 徐利治谈数学方法论［M］. 大连：大连理工大学出版社，2008.
[3] 郑毓信. 数学方法论［M］. 1版. 南宁：广西教育出版社，1996.
[4] 张奠宙，过伯祥. 数学方法论稿［M］. 1版. 上海：上海教育出版社，1996.

第一层次：重大数学方法与哲学范畴。

哲学是自然科学和社会科学的整体上的总结和概括，数学则是自然科学和社会科学在数量关系上的总结与概括。哲学可以划分为许多范畴，而与每一个范畴相适应的有一个数学学科。以下是一个简要的目录：

●形式与内容	●一般数学方法
●原因与结果	●数理逻辑方法
●时间与空间	●几何方法
●运动和静止	●微积分方法
●偶然和必然	●概率方法
●同一与差异	●模糊数学方法
●局部与整体	●拓扑方法
●量，质，度	●度量计算方法
●可能与现实	●数学控制论方法
●实践与认识	●数学模型方法

第二层次：一般科学方法的数学应用。

数学中大量使用一般科学方法，如归纳和演绎。我们不能把一般科学方法混同于数学方法，而应称为科学方法在数学中的应用。这些包括：直觉猜想、观察实验、归纳类比、逻辑化归。

第三层次：构建数学知识的常用数学方法。

纯粹数学中，常使用一些数学所特有的方法，其中包括数学表示方法、等价变换方法、公理化方法和结构分析、同构方法、数形结合方法、不变量与不变性质、关系—映射—反演方法（RMI 方法）等。

第四层次：数学应用中的常用数学方法。

应用数学在研究相关的数学模型时，采用一些独特的方法，其中包括概率统计方法（蒙特卡洛方法）、函数分析方法、优化决策方法、近似方法、计算机模拟方法等。

第五层次：数学演算中的具体技巧。

中小学数学中使用大量的具体技能型方法，例如因式分解中的十字相乘法、配方法、代换法等。不及备述。

6. 收集优秀的数学问题

数学教学需要问题驱动。为了推动数学教学改革，我们除了提出新的教学理念，还必须构造新的题型。1996 年，我和戴再平教授合作，推出过一本《中学数学问题集》[1]，后来还在台湾出了繁体字版。我曾经陆续推介过一些数学问题，有较好的反响。以下是几个例子。

例 1 关于"船长年龄"。

我曾注意到，在 1984 年的 ICME-5 上，有一篇来自法国的报道，其中提到"一条船上有牛、羊若干头，问船长几岁"。结果有 64% 的学生给出了答案。我于是编了以下的问题：

在一条船上，有 75 头牛、32 只羊，请问船长的年龄是多少岁？

1992 年在我的家乡奉化某中心小学测试，结果只有 8% 的学生说不能做，绝大多数学生觉得教师给的题目都是能做的。题目里的数据 75、32，如相加得到 107，船长的年龄不可能这么大，于是绝大多数小学生用减法得出了"船长年龄为 43 岁"的结论。

这一结果表明，中国学生还是比较缺乏自信，独立思考不够。此题在国内获得持久关注。以下是 2007 年某师范大学附小二至六年级参加测试的学生的测试结果统计表（教师不做任何解释，不回答任何学习的提问，2 分钟以内完成）。

答案	107 岁	43 岁	加减都做	其他答案	不能做	合计
六年级	4	18	2	17	4	45
五年级	29	19	0	7	0	55
四年级	9	39	1	27	8	84
三年级	23	46	1	10	2	82
二年级	24	28	1	11	3	67
合计	89	150	5	72	17	333
百分率	26.7%	45.0%	1.5%	21.6%	5.1%	

这一怪题常被用来检测学生是否具有独立思考能力。

[1] 张奠宙，戴再平. 中学数学问题集 [M]. 上海：华东师范大学出版社，1996.

例 2　巨人的手[1]。

昨晚外星人访问我校，留下一个巨大的手印（在黑板上）。据说，这位外星人和地球人的外形十分相似。今晚他还要来，请问：要给他使用的桌子多高？书应该多大？铅笔应该多长？他们用的硬币面积有多大？

这是来自欧洲的一个经典的数学活动案例。这一活动将比例、几何图形、数字计算综合起来，适合小学生的兴趣特点和数学水平。测量是基本数学活动，但要密切联系数学本质。在提倡“数学四基教学”的今天，测量作为一项基本数学活动，值得进入中国的数学课堂。

例 3　三根导线的电阻。

20 世纪 90 年代的一天，上海位育中学的陈振宣先生对我说了一个“三根导线”的故事。他的一个学生毕业后在和平饭店做电工，工作中发现在地下室控制 10 层以上房间空调的温度不准。经过分析，原来是空调使用三相电，而连接地下室和空调的三根导线的长度有所不同，因而电阻也不同。剩下的问题是如何测出这三根导线的电阻，然后予以调整。显然，用电工万用表无法测量出如此长导线的电阻。于是这名电工想到了数学。他想：一根一根地测很难，但是把三根导线在高楼上两两相接，然后在地下室测量两根导线的电阻是很容易的。如图，设三根导线的电阻分别是 x、y、z，他列出以下三元一次联立方程：

$$\begin{cases} x+y=a, \\ y+z=b, \\ z+x=c。 \end{cases}$$

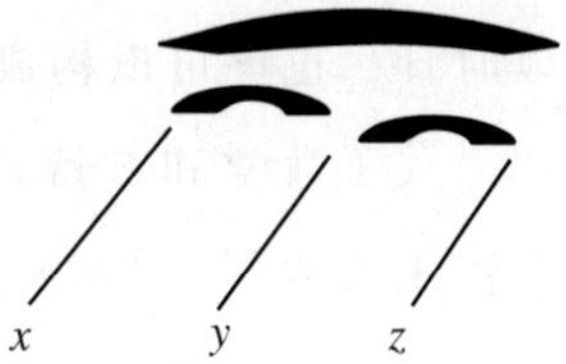

解之，即得三根导线的电阻。

解这样的联立方程，知识和能力都不成问题，难的是要具有应用联立方程的意识和眼光。这个故事告诉我们，在看不见数学的地方发现数学，才是创造性地运用数学的境界。袁枚曾说：“学如弓弩，才如箭镞，识以领之，方能中鹄。”有知识，没有能力，就像只有箭，没有弓，射不出去。但是有了箭和弓，还要有见识，找到目标，才能打中。

[1] 徐斌艳. 数学教育展望［M］. 上海：华东师范大学出版社，2001：179.

例 4 钟面问题（选自浙江版数学教材）。

将钟面上 12 个数字之间分别添上加号或减号，使它们的和为零。

这是一道密切结合数学“双基”的开放题，答案有 124 个。这对训练数字加法，寻求规律的探索方面有积极意义。戴再平教授领导的数学开放题的研究，曾获得广泛关注，并进入各地的中考试题。这在世界上是少有的。

收集中国特色的数学问题，是建设中国数学教育学体系的重要组成部分。

7. 提倡“数学欣赏”

我注意到数学教学与语文等其他教学一种不同的现象：学生会做数学（解方程、证定理），却不能欣赏数学；与之相反，多数学生可以欣赏唐诗，却不能写唐诗，学生能够欣赏音乐和绘画，自己多半不能真正地演唱和作画。那么，我们能不能改变一下呢？数学教师除了能够帮助学生解题，是否也能够帮助学生欣赏数学呢？一般的文化欣赏是一种能力，需要培养，数学文化的欣赏能力也需要培养。

关于欣赏数学，我和合作者出版了《情真意切话数学》[1] 和《数学文化教程》[2]。与此同时，在《中学数学教学参考》杂志开辟专栏，与一线教师探讨在课堂上进行数学欣赏的尝试。专栏迄今仍在继续。积以时日，也许可以构成中国数学教育的一个特色。

关于数学和古诗词的关联，我曾经在《文汇报》的文学副刊《笔会》上发表过一些短文。数学历来被认为是抽象难懂、形象古板，不招人喜欢的，要在一家大报的文学副刊里出现数学文章，比较难。这里摘录一段在 2011 年 8 月 15 日《笔会》上发表的文字。

云深不知处

亲友要我帮他们上小学的孩子“把脉”，看看其数学思考灵不灵。我常常先问，你们学校有多少学生？回答或是 500，或是 1000。于是

---

[1] 张奠宙，丁传松，柴俊，等. 情真意切话数学［M］. 北京：科学出版社，2011.

[2] 张奠宙，王善平. 数学文化教程［M］. 北京：高等教育出版社，2013.

我的问题来了:“你们学校的学生是否有人同一天过生日?”孩子们的回答不大一样,有说“不会的,没那么巧”,也有说“不知道”的,或者说“大概会有的”,等等。如果有孩子非常坚决地说“肯定有”,我就断定他能够把数学学好。

这是个典型的存在性定理。因为一年至多有366天(闰年),生日也只能有366个。一旦学校的学生人数超过366,则可以绝对肯定必然存在两人的生日相同,即同一天过生日。不过,究竟是哪两个人,在哪一天共同过生日,我却无法知道。这种只知其“有”,却并不知道具体是“谁”的结论,称为纯粹的存在性命题。

在人文意境上,存在性定理最美的描述,莫过于贾岛的诗句:

松下问童子,言师采药去。

只在此山中,云深不知处。

许多朋友欣赏“云深不知处”的苍茫意境,但是我喜欢的却是这首诗所体现的难以名状的确定性,那简直就是为数学而作的。隐者在哪里?“云深不知处。”但是他确实“只在此山中”。这就是纯粹的存在性数学问题的意境。

“数学欣赏”会是中国数学教育的特色之一吗?目前还只能是一种期待。

8. 一点考证:中国数学教育拒绝杜威的实用主义[1]

中国的近代教育深受杜威教育学说的影响,延续至今。但是,我国数学教育的发展,尤其是在几何教学中,却一以贯之地拒绝杜威的实用主义教育。这无疑也是中国数学教育的特色之一。

约翰·杜威(John Dewey,1859—1952)是美国进步主义教育运动的代表。1919年,杜威来华访问,足迹遍及14个省(市)。杜威的学生、美国教育家克伯屈(W. H. Kilpatrick)提出“设计教学法”,帕克赫斯特(H. H. Parkhurst)倡导“道尔顿制”,华虚朋(C. W. Washburne)则有“文纳特卡制”等具体的教学模式。帕克赫斯特、克伯屈和华虚

---

[1] 张奠宙. 中国数学教育拒绝实用主义——从徐光启、傅种孙到姜伯驹[J]. 教育科学研究,2014(12).

朋本人先后于1925年7月、1927年3月和1931年2月访问中国，宣传他们的教育理论和方法。

杜威的实用主义教育，全盘排斥充满理性精神的古希腊数学。杜威和他的学生们只认可日常生活需要的“消费数学”，明确否认学习几何学、代数学的必要性。克伯屈原是一位数学教师，后来投入杜威门下。他在20世纪20年代曾有两段十分“雷人”的话：“就日常生活中的思维类型而言，数学害大于利。现有中学的代数学和几何学的学习不应继续下去”，“我们过去教的代数和几何，不是太少，而是太多了”。克伯屈在中国演讲中甚至明确地说：“有许多科目，例如代数、几何、论理学学科，若不是为了升学起见，完全无用。宜选用适合中国国情的课程。”[1]

但是，中国的几何教学有自己的传统。开启这一传统的是徐光启。他在《几何原本杂议》里谈了自己对古希腊理性精神的感悟：“此书有四不必：不必疑，不必揣，不必试，不必改。有四不可得：欲脱之不可得，欲驳之不可得，欲减之不可得，欲前后更置之不可得。”他还说：“（此书）有三至三能：似至晦，实至明，故能以其明明他物之至晦；似至繁，实至简，故能以其简简他物之至繁；似至难，实至易，故能以其易易他物之至难。”[2] 对于一种由域外传入的学科，17世纪的中国知识分子能有这样深刻的评论，难能可贵。这种理念流传后世，融入了中华文化，以至成为中国数学教育的一块基石。

傅种孙（1898—1962）是民国时期中国数学教育的领袖人物。他在1924年翻译出版了形式主义数学哲学创始人D. 希尔伯特（David Hilbert，1862—1943）的名著《几何原理》（今译《几何基础》）。1929年，傅种孙联合北京师范大学附中教员集股筹款，创设厂甸师大附中算学丛刻社，用丛刻社的盈余聘请专家编写初、高中数学教材。这是我国足为楷模的一套数学教科书。20世纪20年代初，傅种孙在师大

---

[1] 胡叔异、张铭鼎整理，《克伯屈在沪演讲录》《克伯屈在京演讲录》，原载于《教育杂志》1927年第19卷第5、第6期。

[2] 徐光启：《几何原本》序。

附中兼课。钱学森回忆说："听傅（种孙）老师讲几何课，我第一次懂得了什么是严谨科学。"[1]

美国实用主义教育对数学教育的歧视，受到我国著名数学家陈建功的批评与调侃。陈建功先生曾亲自编写过许多中学数学教材。他在著名的论文《二十世纪的数学教育》里这样评论美国的数学教育：

哥仑比亚（今译哥伦比亚）大学教育学教授司内屯竟这样说："'消费者的数学'——算术的一部分——自然是人人所必需且不可以省略的，但是中学的代数和几何，未必人人所必需，不必作为正科，应改为随意科（选修课）。至于数学的陶冶价值，几乎无穷小。"……我们于此可以断言：美国数学教育的特色，是在培养"小市民性"。美国的数学教科书，是富于小市民的实用性和学习心理的色彩。所以美国没有一本数学教科书是数学专门的人写的，著者大多是教育工作者或是心理学者。[2]

仔细寻味可知，这些把数学仅仅用于消费性商业、为小市民服务的错误主张，正是杜威的实用主义教育观念所派生出来的。哥伦比亚大学的那位司内屯教授认为数学的陶冶价值（指以理性精神陶冶培育学生）是"无穷小"，但那正是徐光启、傅种孙和陈建功等广大中国数学教育工作者所坚持的。二者完全处于对立的状态。

进入21世纪，一场新的教育改革拉开了帷幕。2001年，《新课标》率先公布，成为新一轮课程改革的先声。但是，这次改革对几何学的处理却引起了激烈的论争。2005年，姜伯驹等几位数学家在全国人民代表大会和中国人民政治协商会议上进行质询。姜伯驹认为：

《新课标》全面否定了我国中等教育的优良传统，大大淡化了数学中的推理证明，代之以"贴近学生熟悉的现实生活，使生活和数学融为一体"。甚至连"平面几何"这个词都不见了，只许说"空间与图形"；"三角形内角和等于180度"这样的基本定理也不要求讲证明，有的教材以所谓说理代之，让学生用剪刀将三个角进行拼接实验。不鼓

---

[1] 祁淑英，魏根发. 钱学森［M］. 石家庄：花山文艺出版社，1997：15.
[2] 陈建功. 二十世纪的数学教育［J］. 中国数学杂志，1952（2）.

励学生问为什么，不讲证明，数学课就失去了灵魂。[1]

这一段论述和徐光启当年对《几何原本》的赞赏，在精神上是完全一致的，也和钱学森评价听傅种孙讲授平面几何课的严谨性，是一脉相承的。我们不妨认为，这是在新时期对杜威实用主义教育否定“形式陶冶”论调的批判。

杜威教育思想虽然对于革除教师注入式讲授的教育弊端，关注学生主动学习，建立课堂中师生的民主关系具有积极的意义，但是由于忽视教师主导作用，忽视知识的系统性，否定数学提升学生思维品质的重大价值，无法成为中国数学教育的指导思想。晚近以来，有些学者认为，杜威的教育思想是21世纪以来的课程改革和课堂教学的指导思想之一。历史证明，就数学教育而言，这是不可能做到的。

（八）结束语

中国数学教育的百年风雨历程值得我们加以总结提升。一方面需要建立民族自信，发扬长处，形成传统。如能提出具有中国特色的数学教育理论，当是对人类文明的一个贡献。另一方面，中国数学教育也有严重的缺陷。应试教育的乌云一直在头顶盘桓。数学教育的功利主义倾向正在吞噬年轻生命的活力。数学英才教育的缺失，使得数学优秀生囿于高考、奥数的局限，不能及时到达世界数学研究的前沿。改革未有穷期。大力克服这些弱点，也将是中国数学教育特色的一部分。

应该看到，研究中国数学教育的特色，将是一个漫长的过程。现在的总结只是刚刚开了一个头，未来要做的工作还多得很。尤其是用西方的话语阐述中国特色数学教育，更是一个艰巨的任务。在本文结束的时候，衷心希望更年轻的学者能够自觉创新，为人类的文明进步做出中国数学教育的一份贡献。

参考文献

[1] 张奠宙，唐瑞芬，刘鸿坤．数学教育学［M］．南昌：江西教

[1] 姜伯驹．新课标让数学课失去了什么［N］．光明日报，2005-03-16．

育出版社，1991.

[2] 姜伯驹. 新课标让数学课失去了什么 [N]. 光明日报，2005-03-16.

[3] 张维为. 中国震撼——一个“文明型国家”的崛起 [M]. 上海：上海人民出版社，2011.

[4] 邱学华. 尝试教学法 [M]. 福州：福建教育出版社，1995.

[5] 曹一鸣，贺晨. 初中数学课堂师生互动行为主体类型研究：基于LPS项目课堂录像资料 [J]. 数学教育学报，2009 (5).

[6] 张奠宙. 中华文化对今日数学教育之影响 [J]. 基础教育学报（香港），2007，16 (1).

[7] 鲍建生，徐斌艳. 数学教育研究导引（二）[M]. 南京：江苏教育出版社，2013.

[8] 张奠宙，何文忠. 交流与合作：数学教育高级研讨班15年 [M]. 南宁：广西教育出版社，2010.

[9] 张晓霞，马岷兴. 小学生数学计算技能测试及计算教学研究 [M]. 南宁：广西教育出版社，2008.

[10] 张奠宙，胡庆玲，陈双双，等. 数学学科德育——新视角·新案例 [M]. 北京：高等教育出版社，2007.

[11] 徐利治. 徐利治谈数学方法论 [M]. 大连：大连理工大学出版社，2008.

【后记】本文刊于《中国教育科学》（北京）2015年第4期。这是我参与我国数学教育研究30年的一次总结。作为“数学教育中国道路”建设者的一员，我曾经有一个很长的认识过程。起初是单纯仰慕国外的先进经验，折服于各种眼花缭乱的理论。然后从实践中看到中国数学教育的特色，并一步步地总结自己的长处，包括“数学双基教学”、熟能生巧、记忆通向理解、尝试优于探究、变式避免重复、数学思想方法构成解题的核心等。由于我国教育界的主流观念是中国教育不如欧美教育，一直认为中国数学教育是死记硬背和满堂灌等，因而这种思想转变过程是漫长而痛苦的。

2013年初，我对现行小学数学教材中的一些缺失提出了系列的批评意见。人民教育出版社的章建跃编审将我的意见转交给有关编辑之后，反过来向我约稿，因而结识了《中国教育科学》的编辑李冰先生。《中国教育科学》是人民教育出版社打造的高品位出版物。李冰希望我为刊物的“大家论坛”撰稿。我自然是诚惶诚恐。于是将自己从事数学教育30年来的心路历程写下来，希望能作为一点历史记忆得以存世。按规定，“大家论坛”里还要有一篇别人写的评论文章作为呼应。我请了西南大学的宋乃庆教授撰写。承蒙宋教授拨冗写作[1]，李冰编辑细心修改，两文得以同时刊出。

与宋乃庆教授（右）合影于上海（2013年）。

[1] 宋乃庆. 中国特色数学教育的引领者——张奠宙先生 [J]. 中国教育科学，2015 (4).

八、数学教学原则研究

一般的教学原则已经被无数的教育学者研究过。这些原则由于适用面广，往往会比较空泛，难以准确地指导数学教学。在数学教育学类著作中，提了一些“数学教学原则”。但是大多数是“一般原则”的复制品，仍然不能令人满意。因此，我们希望跳出“一般教育学+数学例子”的模式，按照数学知识发生过程，以及数学教学的实践需要，提出数学教学所特有的教学原则。

（一）对现有各种教学原则提法的评述

我国古代数学思想丰富璀璨，教学原则确切朴实，如因材施教、循序渐进、启发诱导、教学相长等。在近现代，教育家陶行知还提出了“教学做合一”的原则，这些教学原则对当今的教学仍具有深刻的影响。当前我国的一般教学原则在以往的基础上有所发展，一个权威的提法是以下8条（《教学论稿》，王策三）：（1）思想性和科学性统一的原则；（2）理论联系实际的原则；（3）教师主导作用和学生主动性统一的原则；（4）系统性原则；（5）直观性原则；（6）巩固性原则；（7）量力性原则；（8）因材施教原则。

西方关于教学原则的提法多种多样。20世纪40年代苏联凯洛夫主编的《教育学》（1948）对我国当时的影响很大，该书提出了5条教学原则，即“直观性”“自觉性与积极性”“巩固性”“系统性”“可接受性”。布鲁纳的教学原则体系包括动机原则、结构原则、程序原则和强化原则（《教育过程》，布鲁纳）。其他的提法还有：以自然适应性为基础原则，多方面兴趣原则，自觉性，积极性，动机、结构、程序、反馈原则，高难度、高速度进行教学，教学过程最优化，知识结构和学生认知结构相统一等。这些教学原则都在一定程度上反映了客观教学规律，数学教学当然应当遵循。

数学学科的特殊性要求数学教学原则必须具有鲜明的数学特点。通过和以上一般教育学的教学原则相比较可以发现，目前的数学教学原则体系往往只是把一般教学论的教学原则简单地“移植”为数学教学原则，或者对一般教学论的教学原则进行数学说明而已，即仍旧停留在一般教育原则的层面上。例如，我国流传很广的《中学数学教材教法》的提法是具体与抽象相结合，理论与实践相结合，严谨性与量力性相结合，巩固与发展相结合。其他著作的提法还有传授知识与发展能力相结合，面向全体学生和因材施教，展现思维过程，积极性，培养性，科学性等。

（二）数学教学原则体系的构建

数学教育学经过一百年的发展，已经具有自己特有的研究对象和特定的研究课题，渐渐从一般教育学中独立出来。正如19世纪数学、物理学等科学学科从哲学中独立出来一样，学科教育的出现是历史的进步。

客观地讲，学科教学还比较年轻，许多研究还没有深入各个学科教学的特定环境中去。由于数学的独特性、符号化、国际可比性，数学教育在学科教育中是发展得比较完善的。尽管如此，我们还没有探究出数学教育特有的基本矛盾和基本规律，因而也还没有建立起独特的数学教学原则。

建立数学教学原则体系，需要考察数学知识的发生过程，找出数学认知规律，总结数学教学的实践经验，为数学教学提供客观规律性的认识。

我们首先注意到，有关数学学科的特征，已经从“抽象性、严谨性和广泛应用性”的粗疏描摹，向更加精细的方向前进。仅仅说“抽象”是不够的，数学是一种模式，学习数学是学习数学化的过程；仅仅说“严谨”也不够全面，数学是形式化的科学，数学教学则必须适度形式化，即形式化和非形式化的统一；只是说数学有广泛应用性，未免空泛。数学是一种模型，数学活动的重要方式是数学建模，数学呈现形式是符号语言表达的数学问题。

数学教学研究的成果表明，数学学习是再创造的过程。数学是“做”出来的，学生通过做题，找到知识之间的内部联系，整体地看待数学，提炼其中的数学思想方法，形成数学思维品质，并服务于社会现实需要。

因此，就数学教学的实际过程而言，数学教学原则可以概括为：学习数学化原则、适度形式化原则、问题驱动原则和渗透数学思想方法原则。

（三）数学教学原则的论述

下面我们来分别论述上述4条数学教学原则。

1. 学习数学化原则

数学化是弗赖登塔尔提出来的。他认为，数学作为人类的一种活动，它的主要特征就是数学化，数学学习的过程就是数学化的过程。与其说学习数学，不如说学习数学化[1]。至于什么是数学化，他并没有给出十分明确的界定。按照我们的理解，帮助学生学习数学化，就是学会用数学的观点考察现实，运用数学的方法解决问题。一个茶杯放在学习者面前，物理学观点是看茶杯是否导电、传热、坚固；化学观点是看茶杯的材料是否稳定，是否会氧化，是否会有有害物质渗出；而数学的观点则是看它的几何形状、表面积和容量的大小，材料是否浪费等。他必须把茶杯的颜色、材料的分子结构、物理性能等放在一边。

当我们面对一个情景，如果是一个小学生，必须会区分该情景究竟是“加法”问题，还是“减法”问题；一个中学生则要看得出这是方程问题还是函数问题，是一个概率问题，还是一个几何问题。接着，学生还要判断这个问题是否有解，如何解，解答是否符合实际，不断调整和反思。这种数学化的学习，和单纯记忆“知识点”、背诵题型、搞题海战术的教学是不同的。

将这一原则运用在课堂教学上，就是要正确设定教学目标，突出所教内容的数学本质，显示课程所具有的数学价值。举例来说，如果这堂课的内容是“方程概念”，那么“含有未知数的等式叫方程”虽然在教科书上用黑体字标出，但它不是本节课的重点，这句话并没有提高你的“数学眼光”，增强数学化的能力。其实，方程概念的实质是“为了寻求未知数，在已知数和未知数之间建立起来的一种等式关系”。学生有了这样的数学化观念，就能将许多现实问题列出方程解决，做到数学化。

数学化和数学建模有密切关系。我们在教学改革中，强调数学情境的创设，数据的采集、选择和转换，数学模型的建立，数学方法合理性分析，以及数学解答的检验等，都是符合数学化原则的。将问题数学化，形成数学问题，获取数学知识的现实本源，是数学教学必须坚持的基本原则之一。一个反面的例子是：“一条船上有 5 头牛、32 头羊，问船长几岁？”如果学生能够算出船长的年龄，那么数学教学中就没有很好地坚持学习数学化的原则。学生不能区别什么是数学，什么不是数学。如果忽视了数学化的过程，只是把现成的数学强加给学生，导致“学生只是记住了抽象的定义、规则、定理，而不知道它们的来龙去脉”，那么数学学习就没有意义了。

数学化的教学原则是“抽象与具体相结合”一般原则的深化。数学确实很抽象，连 1，2，3 这样的数都是大量具体事物的抽象。但是，有时它也很具体，例如一个茶杯的几何形状，一个大饼的 1/3，丢硬币国徽向上的概率等。单纯强调抽象不全面，只说与具体相结合又太笼统。（哪门学科不要抽象与具体相结合？）数学的抽象，是以数学化的形式呈现的。

数学化是从数学整体出发学习数学。实际上，数学本身是用数学化方法组织的一个内部联系密切的领域。没有纵向的数学化，数学知识就像一盘散沙，缺乏系统化和合理化，适用性不强[1]。这种数学化的思维形成，有助于学生整体地看待数学知识，掌握数学知识之间的内部联系，站在系统的高度把握知识，寻找每个知识环节和它以外知识间的联系，可以将多种多样的知识在多方联系中浑然一体，既见树木又见森林，这是数学教学必须坚持的方向。联系到许多应试教育下的数学教学只是熟悉题型，记忆解题程序，做了数学题却不了解数学问题的意义和价值，就会觉得提出“数学化”原则的重要性了。

数学化能力是由数学的抽象、形式化的语言特征决定的一种特殊能力。用数学解决实际问题，首先就是要将实际问题转化为用数学语言描述或数学模式。由于处于不同思维水平阶段的学生往往拥有不同层次的数学现实，掌握着不同形式的数学语言，也具有不同程度的数学化水平。所以数学教学要遵循思维发展和认识过程的规律，在不同的思维水平阶段，提出不同的数学化要求，才能真正循序渐进并取得预期的结果[2]。

2. 适度形式化原则

形式化是数学的特征。自从20世纪初，大数学家希尔伯特提出形式主义数学哲学观以来，数学的形式化特征更加浓烈。形式化有助于数学理论体系的简单化、严格化和系统化。由于形式化能够简洁明了地表示纯粹的数量关系，因而可以帮助不断澄清思想、理出线索，寻找本质联系。形式化的另一重要作用是有助于数学的发现和创造。已有数学知识的形式结构，可以为探索和确定未知的数学形式结构提供猜想、类比的基础或借鉴的模型[1]。

数学的形式化包括符号化、逻辑化和公理化3个层面。

数学是符号化的形式化语言。用一套表意的数学符号去表达数学对象的结构和规律，从而把对具体数学对象的研究转化为对符号的研究，并生成演绎的体系。这就是数学的形式化[1]。

数学符号化是数学形式化的基础。如果说语文是方块字符号按汉语语法组成的篇章，那么数学就是用数字、字母和运算符号，依照逻辑联结，描述数量关系和空间形式的知识体系。可以说，数学的世界是一个符号化的世界[3]。

数学教学的重要目标是会使用符号。从小学开始，加减乘除符号、等号的使用，交换律、分配律的表达，应用题列等式，都是数学符号教学的重要内容。进入初中阶段，字母代表数、式的运算、列方程、建立函数关系、几何证明的书写等，符号表示起关键作用。高中阶段以上，则需要使用集合语言，对数、指数、正弦、余弦等符号，以及微分、积分、向量、矩阵等运算符号。这些符号的学习与方块汉字的识字教学有许多共同之处。

语文教学是用方块字按照语法来表达思想感情，内容丰富、形式多样。数学则是将一串符号按照逻辑关系写成定理或公式，借以表示客观规律，简明准确，彰显理性。语文学习要写作文，将文字组成完整的篇章，数学则要尽量公理化，形成演绎体系。

总之，数学教学必须根据数学是一种符号语言的特点，使学生形成运用符号、按照逻辑规则表达数学内容的能力。这是公民素质的重要组成部分，也是数学学习的主要目标之一。

但是，数学毕竟不是形式，生动活泼的数学内涵不能淹没在形式主义的海洋里。20世纪中叶以后，人们渐渐觉得，形式化固然是数学基本特征，但不能走极端，使数学变得枯燥无味，远离大众，脱离现实。过分强调数学的抽象语言而忽视其思想内容，就会把光彩照人的数学女王拍成一副X光照片里的“骨架”。于是，就产生了数学教学中“非形式化”（informal）的研究。

用形式化数学语言表达的数学内容是它的学术形态：严谨、简明、准确，体现了“冰冷的美丽”。数学教学的一个重要目标就是进行再创造，通过火热的思考，将这种学术形态转换为学生易于接受的教育形态。

因此，我们提倡适度的形式化的教学原则。

如前所述，流行的数学教学原则之一是“严谨性与量力性的结合”。这一提法，似乎比较狭隘。形式化的内容很广泛，并非只是严谨而已。至于量力性原则，是学生年龄特征所决定的，并非数学所独有。在这一原则看来，似乎数学是越严谨越好，只是年龄太小，做不到而已。其实，逻辑严谨的对立面是它所表达的数学意义和价值，是运用“严谨”形式时所经历的火热思考。一味强调“严谨至上”，其实是对数学的一种误解。

3. 问题驱动原则

在以往的数学教学原则中，没有提到“问题驱动”的含义，乃是一个重大的缺失。事实上，无论自然科学还是社会科学，都是由问题驱动的。所以中国古代把“研究”称为“做学问”。问，是知识的起源。我们需要强调的是，在各门科学中，数学主要以“问题”的方式呈现。所以我们常说：“问题是数学的心脏。”（哈尔莫斯语）数学问题是数学发展的原始驱动力。中国古代数学经典《九章算术》就是一本问题集。1900年希尔伯特的23个问题曾预言了数学的发展方向，成为20世纪数学家奋斗的目标。费马猜想、庞卡莱猜想的解决，更被当作人类智慧的象征。

作为对照，语文教学则更多以阅读为基础，用情意驱动，体会表达思想感情的方式方法，借以抒发自己的内心感受，并达到与别人进行交流的目的；历史教学则是以历史事实的叙述和评论为线索展开，最终形成正确的历史观。至于物理、化学、生物等学科，虽然也要揭示大自然的奥秘，解答许许多多的问题，但是它们多半从自然现象和实验结果出发，以物质运动的各种形态的研究为依归。以上学科中虽然也有许多问题，但是不能以问题驱动为原则进行教学。

相比之下，数学问题的提出则有更大的自由度。数学问题可以直接来源于现实情景，我们也可以人为地编制数学问题。这是因为数学研究的对象是“思想材料”。例如，合数、素数的概念在现实生活中找不到原型。哥德巴赫猜想（一个充分大的偶数可以表示为两个素数之和）并非从自然现象中得来。一般来说，数学结论的正确与否，主要看逻辑上是否正确，并不需要像物理学猜想那样必须用实验证实。当然，真正有意义的问题，经过一段时期之后，也会发现有实际应用。这就是说，提出数学问题的情景可以是现实情境，也可以是纯数学情境。也正因为提出数学问题有比较大的自由度，才使得数学问题可以人为地编制、安排、形成体系，整体上驱动数学教学。

正因为数学是由问题驱动的，所以数学教学也必须用问题驱动。在数学教学实践中，问题驱动是十分有效的教学方式。晚近以来，西方在数学教育改革中提出“问题解决”的口号，并非偶然。我们总是从创设问题情境开始，寻求解题策略，求出问题的答案，评析问题解决的结果。课程内容是以问题为线索进行安排的。以一元二次方程为例，首先，提出一个实际问题，归结为一元二次方程求解；接着，解决 $x=a$ 的特殊问题，用配方的方法将一般问题归结为特殊问题；然后，形成解决一般问题的求根公式，通过判别式分析问题；最后，用韦达定理得出根与系数的关系，全面地、完整地解决一元二次方程的求解问题。问题贯彻始终，问题构成线索，问题驱动教学。

从学习的角度看，数学是“做”出来的。数学学习解决“问题”，课后练习是演练“问题”，数学考试是回答“问题”，研究性学习也是研究“问题”。数学教学要让学生既会解常规问题，也能解决非常规问题，在解决问题的过程中学习数学。可以说，问题是贯穿数学教学活动的一条主线，是学生数学学习的驱动力之一。

数学教学的深化和发展是通过问题的变式来完成的。中国的教育传统表明，一个基本概念或基本技能的形成，需要有一定程度的重复。但重复之中还有变化，通过不断变化的问题，为学生提供合适的变异空间，多角度地理解概念的本质和建立本质的联系，循序渐进地解决一系列的变式问题，形成比较系统的数学知识模块[4]。仍以一元二次方程为例，先是常系数的，可以分解因式的，然后是字母系数的，需要配方解决的，还有带参数的，需要分类讨论解决的，以至更深层次需要用韦达定理等多角度交叉处理的。这样的变式，也是用问题驱动的。

4. 渗透数学思想方法原则

数学思想方法的教学是中国数学教学的特色之一。自从徐利治先生倡导数学思想方法的研究以来，我国出版了大量的相关著作，以至成为高师院校数学系的一门课程。它的内容包括宏观的数学思想方法，如数学哲学思想、文化价值、美学观念、数学建模思想、数系扩张思想方法、方程思想、函数观念、微积分方法、随机思想等，还有一些普适的数学思想方法，如数形结合方法、化归思想方法、RMI原理。此外，亦有大量的一般科学方法的应用，如归纳、演绎、联想、分类、类比等。至于解题过程中具体策略的运用，更有许多深入的阐述。这是我国一笔宝贵的财富。事实上，所学得的数学概念、数学定理、数学公式，经过很长一段时间之后，人们往往会遗忘。但是永远留在记忆之中的，正是数学思想方法。古人云：“授人以鱼，不如授之以渔。”这句至理名言也道出了科学思想方法的重要性。

中学数学内容丰富多样，彼此之间存在着内在联系，呈现出很强的层次性和系统性。那么怎样把一些看起来互不相关的数学内容整合在一起呢？一个重要的方面就是提炼数学思想方法。如果把数学问题比作一颗颗珍珠，用数学联结和数学思想方法串起来，则会变成一件美轮美奂的艺术品。数学思想方法是一种隐性的数学知识，要在反复的体验和实践中才能使个体逐渐认识、理解，内化为个体认知结构。以前提到的数学教学原则中，有“理论与实践相结合”“巩固与发展相结合”两条。这样的提法并没有错，只是没有体现数学特点，不过是一般教育原则的重复而已。此外，这两条原则又过于笼统。符合数学特点的理论是什么？数学教学中什么是“发展”，又如何发展？这两条原则都没有体现，因而在数学教学实践中就很难将其把握和运用。在我们看来，数学教学中要阐发的数学理论，其核心就是数学思想方法。把大量的数学解题实践提炼为数学思想方法，是数学教学中理论与实践相结合的基本要求。此外，所谓巩固，是指掌握数学的基础知识和基本技能，其中包括进行数学化的基础知识，符号化、逻辑化和形式化的基本技能，以及解常规数学问题的基本能力。至于发展，则是要能够探究和解决非常规数学问题，并在大量的数学实践活动中，从整体上把握数学内部的联结，理解和运用数学思想方法。教材对数学思想方法的渗透、展现是借助于数学知识、技能进行的。数学思想方法要不断地渗透、提炼和融入教材的内容。将上述两条数学教学原则具体化，提炼数学思想方法的要求也就显得很自然了。

总之，在数学教学中注意内容的彼此关联，努力渗透并提炼数学思想方法，是我们应当努力运用的原则。

下面以一元二次方程的模块为例，考察以上 4 条数学教学原则的具体运用。

首先，要将一个实际问题数学化，形成一元二次方程的概念；考察一元二次方程的特点，提出求解一元二次方程的数学思路——通过变形，将未知转化为已知，这是数学化的过程。

然后，要运用形式化的原则，使用符号表示一元二次方程，借助整式运算（分解因式、配方、化简）形成以方程概念、求根公式、韦达定理等为主的知识链。彼此呼应，紧密关联。

接着，还要应用问题驱动的原则，通过变式，讨论各种各样的一元二次方程，用例题、习题、考题的不同形态形成一元二次方程的知识网。例如，有以下的问题变式途径：从数字系数到字母系数；从简单的求根到讨论其实根分布状况；从正面求根到利用韦达定理研究根的性质；从一般的一元二次方程到含有参数 m 的方程（$x^2+mx+3=0$）；从参数的一般性质到参数的变化范围、最大（小）值……

通过上述变式，学生做了大量的习题，不断反思、纠错、深化理解，构成一元二次方程的“双基网”。

与此同时，在变式教学过程中，逐步渗透“化归”“判别式”“图象识别”“根与系数的联系”等思想方法。

通过这样的教学，数学化、形式化的知识链，用变式问题的驱动形成知识网，最后通过数学思想方法的渗透，形成立体化的一元二次方程的“双基”模块。一个个的数学知识单元就在 4 条数学基本原则的指导下，在学生的头脑里形成了。

最后，我们认为，以上提出的 4 条数学教学原则是彼此联系、环环相扣、层次递进、浑然一体的。我们的总目标是数学化。但是数学化的过程是用形式化的数学进行表述和前进的。人们掌握符号化、逻辑化的数学基础知识和基本技能，就能解决一个个问题。于是用系列化的问题驱动，通过数学问题的变式，以问题解决过程展开教学。当人们在这一系列的数学活动中获得智力的提升，用数学思想方法加以统帅的时候，数学教学的图景就会变得清晰而美丽。

参考文献

[1] 弗赖登塔尔. 作为教育任务的数学 [M]. 上海：上海教育出版社，1992.

[2] 张奠宙，唐瑞芬，刘鸿坤. 数学教育学 [M]. 南昌：江西教育出版社，1996.

[3] 徐利治. 徐利治论数学方法学 [M]. 济南：山东教育出版社，2001.

[4] 张奠宙. 中国数学双基教学 [M]. 上海：上海教育出版社，2006.

【后记】本文刊于《数学教育学报》2007 年第 2 期。我一向不赞成把数学教育学看成“一般教育学+数学例子”的模式，而是认为数学教育学要有自己的基本问题、特定规律。其中也包括总结出数学教学需要遵循的特定原则。2005 年，张艳霞老师作为访问学者来到华东师范大学，由我担任她的指导教师。我请她研究数学教育的原则。先从弗赖登塔尔的数学化原则开始；继而考虑数学的特点——形式化的抽象。至于陈述方式，按照“问题是数学的心脏”的说法，则应由问题驱动。一旦把问题解决了，还必须提炼为数学教学方法。这四条原则应该是数学教学所必须遵循的规律，也构成了本文的框架。这样的提法，国内外都没有见到过。如能成立，当是中国数学教育的特色之一。

九、数学教学中记忆与理解关系的调查研究

学习数学重在理解。《美国学校数学教育的原则和标准》指出：最近几十年，对数学教育研究的重要成果之一是"概念性的理解、事实性的知识和操作机制是达到熟练的重要因素"[1]。我国《全日制义务教育数学课程标准（实验稿）》指出："对数与代数学习的评价，应主要考查学生对概念、法则及运算的理解与运用水平，不应单纯地考查对知识的记忆，对于运算的评价不能过分要求技能。"[2] 然而，数学中有这样一些知识，它们具有超验性、合情性、难以理解性[3]，因而学生初学起来，并不能获得较好的理解。在这种情况下，就要正确处理理解和记忆的关系了。

我们选取小数乘法和有理数乘法作为案例，采取问卷调查、访谈等方法，获得第一手数据，通过对数据的分析，阐述了理解和记忆的关系，并对数学教育改革提出一些建议。

（一）小数乘法的意义并不容易理解

我们设计了以下两个测试题目，选取山东省枣庄市两所教学水平较好的城市小学的147名学生（这两所小学在当地同类学校教学质量综合评估中分别排在第2、第3位）作为调查对象，调查他们对小数乘法意义的理解情况。

题目：（1）8.2×10的意义是什么？（2）0.6×0.15的意义是什么？

结果如下：53.1%的学生给出了正确的解释，有接近一半的学生不能够用语言来表述小数乘法的意义。在所有的错误中，最典型的就是把"0.6×0.15的意义"说成"0.6个0.15的和，或者0.6的0.15倍"。我们对学生进行了访谈（文中学生用S表示，访谈者用I表示）。

I：0.6×0.15的意义是什么？

S1：0.6个0.15相加的和，或者0.6的0.15倍。

I：可以说0.6的0.15倍吗？

S1：可以。

I：能说一说一个数乘小数的意义吗？

S1：不会。

I：能说一说0.2×0.4表示什么吗？

S1：0.4个0.2的和。

I：怎样表示呢？

S1：表示成0.2+0.2+…

I：0.4个0.2还不够1个0.2呢？

S1：不好解释了。

I：能说一说一个数乘小数的意义吗？

S1：我只理解，从来不去记。

I：你从来不记小数乘法的意义，那你记小数乘法的法则吗？

S1：不记。

I：为什么？

S1：妈妈不让记，让我去理解。

I：妈妈是做什么工作的？

S1：妈妈是教师，妈妈只让我去理解。

I：既然你妈妈只让你去理解，那你能谈谈你所理解的小数乘法的意义吗？

S1：理解小数乘法的意义主要是怎样做才对，在考试的时候知道填空题怎样填才是对的。

I：我明白了，你的意思是理解小数乘法的意义就是能够正确地做这方面的题目。你能试着说一说一个数乘小数的意义吗？

S1：我举个例子。比如0.25×0.4，先按照25×4来做，因为0.25有两位小数，0.4有1位小数，共有3位小数，所以，再点上小数点，就得到了结果，结果是0.1。

学生已经习惯了表述整数乘法意义的方式，比如5×3表示5个3的和或者5的3倍，因而很自然地将以上乘法算式解释为“几个几的和”。这显示了整数乘法的负迁移作用，也表明学生没有理解小数乘法的意义。

这个学生一再强调自己从来都不记忆，特别是对于小数乘法的意义这些内容，而主要是去理解。他还强调，妈妈反对记忆。事实上，他的确没有记忆。

不记忆不要紧，问题是他是否理解了小数乘法的意义。退一步说，小数乘法的意义好理解吗？事实上，小数乘法的意义很不好理解。小数乘法的意义，依赖于分数的意义和分数乘法的意义。如果学生对分数和分数乘法的意义缺乏深刻的理解，特别是对分数、分数乘法的直观表征缺乏深刻的理解，那么对小数乘法运算就可能只是记住或者会使用法则，而对法则背后的东西如运算的意义知之甚少。对小学生而言，“纯粹抽象的事物是难以理解的，所谓理解基本上等同于建立直观形象”[4]。既然如此，要想直观地理解小数乘法的意义（包括运算），必须在学习了分数乘法后，才能实现。但在现行的教材中，分数乘法在后续的学习中才介绍。从理解的角度而言，就像先把马车放到了马的前面。既没有对分数的充分理解，又没有分数运算的知识作为基础，学生就较难理解小数乘法。小数乘法的意义是乘法意义的一次扩展，原有的知识并不能像整数乘法运算那样给小数乘法的意义提供合适的固着点。这就需要对原有的认知结构进行调整、重组，以容纳新知识。因此，近一半的学生不理解小数乘法的意义也就不足为奇了。

（二）“负负得正”需要先记忆，然后再慢慢理解其背后的道理

杂交水稻之父袁隆平院士说过：“我最喜欢外语、地理、化学，最不喜欢数学，因为在学正负数的时候，我搞不清为什么负负相乘得正，就去问老师，老师让我记住就是了。我慢慢得出结论，数学不讲道理。”（原作者注：其实是那个老师未讲清道理，并非数学不讲道理，作为学习，有些较难的知识先作为平台接受下来，以后再慢慢理解也未尝不可）[5]

要说明什么是“负负得正”非常容易，但要说明为什么“负负得正”就不那么容易，甚而有些困难。为了解学生对有理数乘法算理（关键是为什么“负负得正”）的理解情况，我们设计了以下题目，对

山东省枣庄市两所中学的138名学生进行了测试（这两所中学在当地同类学校教学质量综合评估中分别排在第2、第4位）。

题目：计算（-5）×（-3）是多少，然后用尽可能多的方法，如文字解释、画直观图、算式表示等来说明自己的答案是正确的，即说明为什么“负负得正”。说明得越详细越好。学生的回答情况见表1。

表1　学生对（-5）×（-3）的理解情况

理解类型	样本量	最小值	最大值	平均分	正确率（%）
程序理解	138	0	2	1.94	97.0
直观理解	138	0	2	0.13	6.5
抽象理解	138	0	2	0.10	5.0
形式理解	138	0	0	0.00	0.0

说明：程序理解，即利用法则给出正确的计算结果；直观理解，即通过直观的模型说明结果的合理性；抽象理解，即通过抽象的模型说明结果的合理性；形式理解，即通过形式化的方式说明结果的合理性。

从表1可以看出，97.0%的学生给出了正确的计算结果，也就是说，这些学生知道什么是“负负得正”；然而，只有11.5%的学生对为什么“负负得正”给出了合理的解释，换言之，学生很少理解为什么“负负得正”，很少理解有理数乘法的算理。正因为不理解为什么“负负得正”，很多学生对“负负得正”提出了质疑。以下是对部分学生的访谈。

（1）为什么“负负得正”？

S2：我认为我们班没有几个同学能够说明为什么“负负得正”。真要说为什么的话，就是两个负数相乘，就相互抵消了。

我感到这个法则很别扭，很不舒服。数学家创造这个知识的时候，为什么负负就得正了，为什么不得负。

I：你在学习中是怎么办的？

S2：还能怎么办。不这样办，又能怎样呢？

学生质疑数学家为什么创造了“负负得正”，很不情愿地接受下来。从个人的情感上不愿意接受，但是实际中又不能不接受。

（2）我错在哪里？

S3：在老师讲有理数乘法的时候，老师讲的与我的想法不一样，而我恰恰认为我的想法是对的。后来，老师出了一些运算题，我按照我的想法做了，结果是我错了而老师对了，但我一直发现不了我到底错在哪里。

（3）“负负得正”可能被推翻。

S4：“负负得正”虽然是一个规定，但某一天可能会被推翻，因为这个东西不是很合理。

I：2+3 等于几？

S4：5。

I：这个结论可能被推翻吗？

S4：这不可能。2+3 等于 5 都已经用了这么长时间了。再说，2 个手指头加上 3 个手指头，不就是 5 个吗？

I：你的意思是没有 −5 个手指头，没有 −3 个手指头。你上面不是说，−5 个苹果乘 −3 个苹果就是 15 个苹果吗？（注：这是该生为说明 $(-5)\times(-3)=15$ 时所使用的解释）

S4：我觉得我说的也不合理。

由上可以发现：让学生接受“负负得正”是很容易的，但要让学生心悦诚服地、理解性地接受“负负得正”却非常困难，原因在于这类知识具有超验性、合情性等特征。

首先，负数具有超验性。一个苹果表示 1，半个苹果表示 0.5，这些数字虽然也是一种抽象的存在，但是它们都有着明确的表征物，且这些表征物与我们的日常生活经验紧密相连。同时，这些数字都与测量密切相关。而“负数则不是测量出来的。如果说亏损 20 元，这个 20 仍旧是个正数。因此人们不觉得非要接受负数不可”。人们常常用“得到的钱数是正数、失去的钱数是负数来表征正数和负数，但是，拒绝接受负数的人总是认为‘失去的钱数’在实体对应的原则下仍然是一个正数值，这时‘负号’仅仅是‘失去’一词的代用物而已”[4]。不能够实际测量，正是一些数学家不愿意承认负数的理由。“负数是由具体数学向形式数学的第一次转折。要完全掌握这种转折中出现的问题，需要有高度的抽象能力。"[6]"如果你知道从一流数学诞生开始，数学家花了1000年的时间才得到负数的概念，又花了另外1000年的时间才接受了负数概念，那么，你就可以肯定：学生在学习负数时将有多困难。因此我们必须为这样的困难做准备，并帮助他们克服这样的困难。"[7]负数超越了日常的经验，不能够与物体的个数建立起联系。如果学生仍然习惯于用物体的个数、测量的结果来表征数字，而不能够运用推理的方法来理解负数，就会产生这样的质问：现实生活中负数在哪里？

其次，"负负得正"具有合情性。理论上讲，数学知识的获得需要经过严格的演绎证明。"数学知识的基础，即确定数学命题真理性的依据，是由演绎证明所组成的。"[8]但在中小学，由于学生的认知水平较低，许多结论是通过举例和不完全归纳而得到的，数学知识表现出"合情性"特点。"负负得正"就是这样的知识：在整数环的公理系统中可以严格地证明"负负得正"这个法则；但在中小学，则无法做到演绎证明。况且，从知识发生的角度看，负数的产生并不是演绎证明的结果；证明"负负得正"是19世纪数学家建立了形式化公理系统后才做到的。既然不能够证明，教师就只有通过一些模型来说明"负负得正"的合理性。"在中小学通过严格的证明是做不到的。要追求一种和谐的模式直观。比如可以直观地认为，乘法对加法的分配律在负数范围内依旧成立，在此基础上，我们能够对为什么'负负得正'做直观的理解。"[9]

由于负数具有以上两个特点，因而学生在学习负数时往下找不到经验这块实实在在的地，往上够不到演绎推理这个天，处于两难的处境——既难以找到直观的基础，又未建立逻辑的基础，因而很难理解"负负得正"。这时，只能忍耐一些，先接受下来，再慢慢理解。

（三）两点建议

1. 课程标准：确定合理的理解层次

以上调查表明，学生对小数乘法的意义和有理数乘法的算理的理解是有限的。因而，课程标准应对有关运算的理解提出适切的目标，不可人为拔高；目标要具体、明确，具有可操作性，不可泛泛而谈。

比如，有的教师用书提出“对有理数及其运算的评价，要关注学生对有理数的意义、有理数运算法则的理解水平”“对运算的评价重点应放在学生对算理的理解”[10]。仅仅提出以上要求，而不进行明确的解说，我们不禁要问：什么是对有理数运算法则的理解？理解有几个水平？什么是有理数乘法的算理？如何说明“理解了算理”？事实上，正如上面调查所表明的，只有很少的学生能够说明为什么“负负得正”。

课程标准的制订也好，教材的编写也罢，不可把目标界定得如此模糊。强调理解，要明白什么是理解，要知道理解有几个层次（水平），要清楚有多少学生可以达到哪一个层次的理解。否则，强调理解就是一句空话。强调理解，而又不明确理解应该达到的层次，可能导致教学效率降低，消减学生数学学习的兴趣。小数乘法的意义亦然。

2. 教师的教学：正确处理理解与记忆的关系

一方面，数学学习应该注重理解，因为获得较好理解的知识才能够被牢固地掌握和灵活地应用，具有很好的迁移性；另一方面，对于像有理数乘法、小数乘法的意义这样的超验性的、合情性的、难以理解的知识，则应要求学生在不太理解（或者说初步理解的）的情况下先记下来，能够做一些基本的题目，然后再慢慢地理解。否则，基本的东西都没有记忆，做题的时候全凭感觉，一开始就错了，将来就不好改正了。正确的做法是，记住一些基本的东西，先学会正确地做，以后再来说明道理，因为记忆是通向理解的[11-12]。这也就是我们通常所说的“平台理论”：把前人创造的知识作为发展的平台，不断前行；站在巨人的肩上，登高望远。总之，不可一概地强调理解，一味地反对记忆，要因情制宜。

参考文献

[1] 全美数学教师理事会．美国学校数学教育的原则和标准［S］．蔡金法，等译．北京：人民教育出版社，2004：21-32.

[2] 中华人民共和国教育部．全日制义务教育数学课程标准（实验稿）［M］．北京：北京师范大学出版社，2001：89.

[3] 巩子坤．数学知识的特征与学习方式的有效选择［J］．中国教育学刊，2005（11）：45-49.

[4] 张奠宙，张广祥．中学代数研究［M］．北京：高等教育出版社，2006.

[5] 罗增儒．案例创作："（-3）×（-4）=？"数轴表示的挑战［J］．中学数学教学参考，2004（12）：3-7.

[6] 克莱因．高观点下的初等数学：第1卷［M］．舒湘芹，等译．武汉：湖北教育出版社，1989：22.

[7] KLINE M. A proposal for high school mathematics curriculum［J］. Mathematics Teacher，1966，59（4）：322-330.

[8] 欧内斯特．数学教育哲学［M］．齐建华，张松枝，译．上海：上海教育出版社，1998：1-4.

[9] 张广祥，张奠宙．代数教学中的模式直观［J］．数学教育学报，2006（1）：1-4.

[10] 马复．《数学》教师教学用书（七年级上册）［M］．北京：北京师范大学出版社，2002：35-36.

[11] ZHANG Dianzhou. The "Two Basics" mathematics teaching approach and the open ended problem solving in China［J］. Research in Mathematical Education，2004，8（3）：123-144.

[12] WATKINS D A，BIGGS J B. The Chinese learner：cultural，psychological and contextual influences［M］. Hong Kong：CERC&ACER，1996：69-82.

【后记】本文是与在枣庄学院工作的巩子坤老师合作，刊于《中国教育学刊》2007年第9期。21世纪初，我在研究中国的"数学双基教学"的时候，就曾注意到记忆和理解的关系，并提出了"记忆通向理解"的教学规律。2002年，我去西南大学参加数学教育的国际会议，认识了在西南大学攻读博士学位的巩子坤老师。几番接触，觉得两人许多看法比较一致。我们彼此也有合作的愿望。事实上，我自2001年68岁时退休以后，没有了项目和团队。许多有关"数学双基教学"的设想无法通过实践进行检验。由于巩子坤正在写博士论文，我可以请他帮我做一些实际调查。巩子坤觉得我们的谈话颇有帮助，有段时间干脆到华东师范大学访问，交谈就方便多了。本文就是这些谈话的一个结果。文中提出的许多观念，如“超经验”的数学，程序理解、直观理解、抽象理解、形式理解的层次，以及“记忆通向理解”等，都是源于中国教育实践的产物。2009 年巩子坤的博士论文以《程序性知识教与学研究》作为书名在广西教育出版社出版。

十、工具性理解、关系性理解和创新性理解

在日常教学设计中，我们常常关注的问题是学生是理解了知识还是没有理解知识，是部分理解还是全部理解等。但是，很少考虑到是否还有其他不同类型的理解。当代最负盛名的英国数学心理学家斯根普（R. Skemp）有一篇著名论文，题目是“关系性理解和工具性理解”（*Relational and Instrumental Understanding*）[1]，这是对“理解”层次认识的一次重大突破。

（一）国内学者对工具性理解和关系性理解的介绍与评论

斯根普指出，工具性理解是指一种语义性理解：符号 A 所指代的事物是什么。或者一种程序性理解，一个规则 R 所指定的每一个步骤是什么，如何操作等。简言之，就是按照词语的本意和计算程序进行操作，即“只知是什么，不知为什么”。

关系性理解则还需对知识意义和替代物本身结构上的认识，获得概念和规律（定律、定理、公式、法则等）的途径，以及规则本身有效性的逻辑依据等，简言之“不仅知道要做什么，而且知道为什么”。那么我们通常所说的理解是指哪一种理解呢？

《辞海》解释说：“理解是应用已有知识揭露事物之间联系而认识新事物的过程。”[2]《全日制义务教育数学课程标准（实验稿）》（以下简称《新课标》）将理解解释为：“能描述对象的特征和由来，能明确地阐述此对象与有关对象之间的区别与联系。”[3] 李士锜则认为，理解一个数学对象，是指“在心理上能够组织起适当而有效的认知结构，并使之成为个人内部知识网络的一部分”。[4]《辞海》《新课标》和李士锜所说的理解都涉及“事物间的联系”“对象的区别与联系”“认知结构、知识网络”等，实质上都是指“关系性理解”。因此，在通常的教学实践中工具性理解几乎被忽视。

21 世纪以来，国内学者对斯根普的“理解分类”进行了介绍与研究。马复首先分析了斯根普的两种理解；然后指出，传统的“定义

（定理）—实例—练习—习题”的数学教学模式所表现出来的对于理解的定位就是“工具性理解”。但教学设计应当让学生获得的是关系性理解，而要想达到“关系性理解”显然还需要让学生从事其他类型的数学学习活动[5]。在后续的魏民、钟志华的论文中，都研究如何从“工具性理解”向“关系性理解”的转变，加强过程性教学[6]，却都未对“工具性理解”的价值做出更多的阐述。

（二）对工具性理解进行本土化的解释

斯根普认为，工具性理解也是一种理解，并进一步指出这种理解还有许多优点。有些知识，如两个负数相乘或分数相除，很难从关系上去理解。“负负得正”和“除以分数等于乘以这个分数的倒数”是很容易记住的规则，但不易解释其原因[7]。

斯根普的这种说法和我们固有的一些理念发生冲突。长期以来，我们一直认为“知其然而不知其所以然”乃是一种机械记忆，不能归属于理解的范围。新课改以来，更强调课堂教学要设定“过程性目标”，即认为学习必须“知其然而且要知其所以然”，必须揭示知识的发生过程。因此，我们需要结合本土的有关论述，进一步阐明工具性理解的意义。

我们首先想起钱伟长的一则关于“刀”的故事。1996年钱伟长在《自然杂志》复刊后的卷首篇发表了一篇文章，其中提到数学工具与工程技术关系的论述，他说：“做一番事业，用的工具要恰到好处，目的是解决问题。就像屠夫杀猪要用好刀，但这把刀能用好就行，不要整天磨刀，欣赏刀，刀磨得多好啊！那是刀匠的事。”钱校长还说：“不要做刀匠，要做屠夫，去找最合适的刀，去杀最难的问题。”[8]

钱伟长对数学这把“刀”在工程上应用的论述和斯根普所说的“工具性理解”意思是相通的。仔细想来，钱伟长所说的“刀”就是工具。对于“刀”，使用者必须能加以识别，了解它的价值、效能、用途，会用它解决各种问题，即知悉“刀”之“然”。这是大多数“屠夫”应知应会的内容。一些好的“屠夫”虽然不是刀匠，不必会制造刀。但是知道一些“刀”的制造过程，知其所以然，有助于用好这把“刀”。这相当于对“刀”的关系性理解。至于一些使用该刀的专家（“屠夫”），要能够创造性地利用这把“刀”解决一些复杂的问题，并能发现原“刀”的不足，对“制刀”提出改革建议。这就不仅“知其所以然”，还能发现新的“然”，由此可以进入创新的层面了。

另一个与“工具性理解”相关的是“教学平台理论”。“平台”是借用计算机科学的名词，例如 Windows 文字处理平台。对“Windows 平台”拿来会用就是了。除少数专家之外，一般人只知其然，不必详细了解它的“所以然”（编制过程）。事实上，许多数学内容已经作为平台在使用，例如希尔伯特的《几何基础》、戴德金的实数分割说、康托的实数序列说、公理化的实数系等。除非是这方面的专家，普通数学学习者不必都需要理解其所以然，只要懂得其意义和作用，能够站到这个平台上往前走就可以了。

中学数学里有一个突出的例子是数轴，数轴上的点和全体实数能够一一对应，即实数恰好一对一地填满数轴。这是一个平台，我们只要“知其然”，明了它的意义，会在架设直角坐标系时加以使用就可以了。至于它的“然”，要使用“可公度”和“不可公度”线段的理论，相当费时费事。这一理论在 20 世纪 50 年代还曾出现在中学数学教材，后来就删除了。现在对数轴只做“工具性理解”，将它当作平台加以使用。

（三）数学理解的三个层次：工具性理解、关系性理解和创新性理解

1. 工具性理解对教学有指导意义

中小学数学里，只做“工具性理解”的内容很多，大致说来有以下几类。

第一类，前人使用的语言。数学课程里会出现许多专有名词、符号以及表述格式等，它们都是一种语言，是前人形成的习惯。我们只要记忆模仿，知其然即可。例如三角比之一的正弦，为什么叫正弦？为什么用符号 sin 表示？为什么二次曲线之一叫椭圆，不叫“扁圆”？几何证明为什么用“∵”（因为）、“∴”（所以）这样的格式书写？这些都是

前人不断总结选择、后人继承修订的结果。对于数学语言，我们主要是使用而不是问其渊源（当然数学史专家会进行研究）。

第二类，约定俗成的规则。例如为什么自然数从零开始？复数的乘法为何那样定义？“负负得正”的理由何在？设置平行公理是否合理？为什么数学要用逻辑论证？数学的严密性是怎样形成的？这些问题都是前人根据经验加以概括而成的运算法则和思想体系。我们只能理解其价值，无法说明其所以然。就以“负负得正”而言，它是一种运算规则。我们可以举出一些实例（如火车的方向和时间前后等），也可以用一些运算规则（如分配律的保持等）。但是这些不过是一种合理化的说明，并非其全部的“所以然”理由。弄得不好，这种情境创设往往越说越糊涂，于理解并无大益。反倒是一些简单的比喻会使学生更容易接受和认可。譬如反面的反面是正面、不得不做就是要做、左的反面是右、右的反面又是左等语境，用来理解“负负得正”含义倒会容易些。至于确切知道“负负得正”的“所以然”，就需要从有理数公理化体系上加以诠释，那就超出了基础教育的范围。

第三类，无法严格处理的内容。中小学数学中有许多概念，学生只能先模糊地承认并拿来使用而无法知其所以然。例如圆周率 π 是无理数，证明起来很麻烦，但是不知道为什么 π 是无理数，不影响学生求圆面积、球体积。再如什么是面积和体积的定义？中小学阶段根本无法严格定义。现行教材的说法是：“物体表面的大小叫作面积。”没有“面积”谈何“大小”？因此，这是一个不严谨的描述而已。大家知道，依照测度理论，面积是一个有限可加、运动不变、单位为1的正方形的平面点集类上的函数。这要在大学的测度论课程才能搞清楚。对于这类知识，我们当然无法在中小学阶段就知其所以然。

第四类，一些基本技能的训练。中小学课程里有大量的基本技能训练要求，在一开始时无法说清为什么要这样做，只能接受下来。例如初中的“有理数运算”“式的运算”等，高中的许多恒等变换如三角变换、绝对不等式的证明等，一开始也只能接受下来，给予工具性理解。一个典型的例子是因式分解，为什么要将一个多项式分成两个多项式的乘积？这在一开始是无法说明白的，只有在求解一元二次方程时才能显示其作用。然而这也只是因式分解功能的一部分，而且永远也不能把其“所以然”说完整。因式分解的教学我们只能从“和差化积”“积化和差”这种哲学上的“互逆”机制上加以解释，给予工具性理解。

以下我们以平面直角坐标系的教学为例，分析工具性理解对教学的指导意义。

许多坐标系的教案，通常都企图进行关系性的理解，即想回答：“笛卡儿是怎样想到坐标系的？”“如何探索、发现出来的？”于是就有蜘蛛在天花板上的位置、经纬度的启发、电影院里第几排第几座等情境创设出来，并抽象为“两个数确定平面位置”的思想作为坐标系的来源，以为这就找到了它的“所以然”，其实这是一种肤浅的教学设计。中小学进行平面直角坐标系教学的关节点，首先在于原点的设置。电影院没有0排0座，教室里学生座位也没有0排0座。我们的问题应该是问：“老师的讲台应该是第几排第几座呢？”由此引出0排0座。其次，要知道坐标系上的点和有序的实数对是一一对应的，然后认识原点和象限。最后，让两个横坐标相等的同学站起来便是一条直线。这样做可以体现坐标系能够表示数学对象的功能。这些都属于对坐标系进行深刻的工具性理解。这就是说，工具性理解不等于死记硬背，要真正做到工具性理解，把握其数学本质并不是容易的事情。

2. 研究关系性理解的含义有助于学生形成认知结构

关系性理解的含义，马复在文[5]中做了解说，对于该对象获得了关系性理解，包含有4个层面的意思：

（1）知道——知道该对象的定义。一些本质属性、若干典型实例以及与若干其他对象之间的差异。

（2）应用——能归纳、概括事物的特征与规律。可以在与最初接触该对象的相似情境中应用该对象的某些性质，通过模仿范例去解决一些问题，并且知道求解过程的合理性。

（3）联结——可以在该对象与自我认知结构中已有的相关数学概念之间构成本质上的联系，扩展知识网。

（4）新题解决——能够在全新的问题情境中，把所学的对象作为一种解决问题的手段、方法甚至思路，用于新问题的解决，并产生新的思想和观念。

以上对关系性理解的界定，有作者自己的解释和理解，并向前走了重要的一步。但是其中的“知道”，似乎和工具性理解有所重叠。在“应用”这层意思里，“初步应用”如套公式、按规则运算等，也属于工具性理解的要求。至于“问题解决”的部分，能解决全新的数学问题，则已经超出关系性理解的范畴，达到创新性理解的水平了。

关系性理解的标志有以下特征：（1）揭示知识发生过程。包括情境创设、抽象概括、去粗存精、形式化表示等。（2）进行演绎逻辑分析。对数学定理、原理、规则进行逻辑证明，与周围知识进行逻辑连接。（3）提升为数学思想方法。将数学知识的形成和论证提升为数学方法。（4）形成自身的认知结构。学习者将数学知识经过以上的认知活动之后，形成个人的数学图式网络，并能运用于变式状态下的数学情境。

举例说明——对数的教学[9]。

对数和对数函数的工具性理解在于能够识别符号 log，知道是指数运算的逆运算和指数函数的逆函数，并能用对数表进行计算，将数字的乘法化为较为简单的加法来进行。

进一步，关于对数的关系性理解有以下 4 个层面：

（1）展示对数知识的发生过程。高中阶段进行对数教学时，学生已经有了集合对应的概念。教师在引入时不妨使用“对应”的概念，加强学生对对数的直觉了解。先给出如下两个对应着的数列：

1	2	3	4	5	6	7	8	9	10	11	12	…
2	4	8	16	32	64	128	256	512	1024	2048	4096	…

探索：找出两个数列之间的对应关系。目的是培养学生观察发现、归纳类比、概括抽象、符号表示等数学思维能力。显然对应关系为 $N=2^b$。模仿算术运算的符号，如（+，－）、（×，÷），用 $\log_a N$ 表示对数运算。

（2）对数性质的逻辑证明。对数性质的关键在于把握运算规则 $\log_a MN=\log_a M+\log_a N$。

首先，如计算 16×256 的值，可以先计算 $\log_2 16+\log_2 256=4+8=12$。第一行中的 12 对应第二行中的 4096，于是就有 16×256=4096。然后，再用指数式进行逻辑推导。

（3）提升为数学思想方法。对数概念的建立涉及“互逆”运算的数学思想方法。特别地，对 $\log_a MN=\log_a M+\log_a N$ 的证明过程，可以提升为关系—映射—反演（RMI）方法。

（4）形成认知结构。这需要学习者进行反思，将相关知识融汇为一体，符号 log 作为一个特殊的运算和函数，能与其他运算和函数相区别又互相联系构成网络。

3．创新性理解能促使学生创造性思维的形成

关系性理解再深入一步就会进入创新性理解。所谓创新性理解就是在认识知识本身结构的基础上，对已有知识进行提高、推广和拓展，或者对某种操作的更新或改变，或者进行文化、美学的欣赏，具有创新的特征。简言之：知其然并且知其“新”的“然”和“所以然”。

创新性理解的起点是要能够清晰而准确地把握数学对象的本质。一个概念，一个问题，经过各种变式以后，学习者仍能剥离那些非本质因素，透彻地看清其本质所在，可能产生创新的冲动。数学的发展总是在推陈出新。没有“陈”，怎能知道“新”？在学习过程中同样也要“推陈出新”。只有站到前人的肩膀上，才能看到更远的地方。华罗庚的读书法[10]告诉我们，先把书从薄读到厚，那是在努力获得关系性理解；然后，从厚读到薄，就是能够提纲挈领，掌握其本质，以形成个人的知识网络。一旦知道问题的关键，达到熟能生巧的境界，就会出现创新的契机。

创新性的数学理解，是在提出新问题，进行新猜想，拓展新内容的过程中完成的。学习者在新的层次或者更宽的领域里进行居高临下的观察，多角度地思考原有的概念和问题，达到一种新的思维水平。创新性理解的结果是将原有的学习内容置于新的认知图景之中，通过比较、分辨，形成新的认知结构。

4. 以二元一次方程、分数的乘法及基本不等式为例进行三个层次的剖析

我们用以下三个例子进行说明。

例 1 二元一次方程组的理解。

工具性理解：会用消元法、代入法解数字系数的一元二次方程。会用一元二次方程求解鸡兔同笼等问题。

关系性理解：知道数字系数的二元一次方程求解的过程，理解代入法是一种化归为一元一次方程的数学思想方法。注意到系数行列式不为0的要求。能够比较代数方法和算术方法求解鸡兔同笼等问题的区别与联系。

创新性理解：经历大量的变式练习之后，掌握了解方程组内容的本质是将二元化为一元；可以进行其他二元方程和三元一次方程的求解，进而可以用行列式和矩阵进行居高临下的考察。

例 2 分数的乘法。

Z. Usiskin 在 ICME-12 上的演讲提出了数学理解的 5 个维度。他所举的一个例子是分数的乘法。

（1）程序性理解：2/3 × 4/5 = ? 能够得出答案是 8/15。

（2）应用性理解：一个长方形农场的长和宽分别是 2/3 km 和 4/5 km，那么它的面积是多少？能得到答案是 8/15 km^2。

（3）证明性理解：能够推理证明 $a/b \times c/d = ac/bd$（用乘法交换律、结合律等加以证明）。

（4）表示性理解。用图形表示（如图 1）。

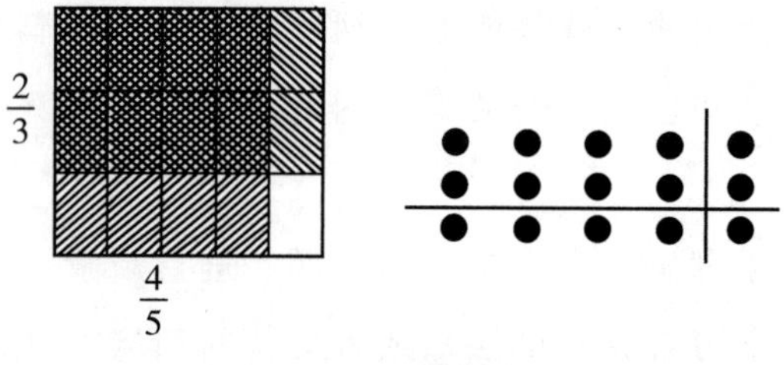

图 1 表示性理解

以上 4 个维度，前两者属于工具性理解，后两者相当于关系性理解。

Z. Usinkin 还给出了图 2。从点 C 连接大梯形的四个顶点，再在这四条线上截取各自的 2/3 处，得到的四点构成小的梯形。小梯形各边的长度是原来大梯形各边长度的 2/3，如大梯形的一腰长为$\frac{4}{5}$，则小梯形相对应的腰长为 $2/3\times4/5=8/15$。

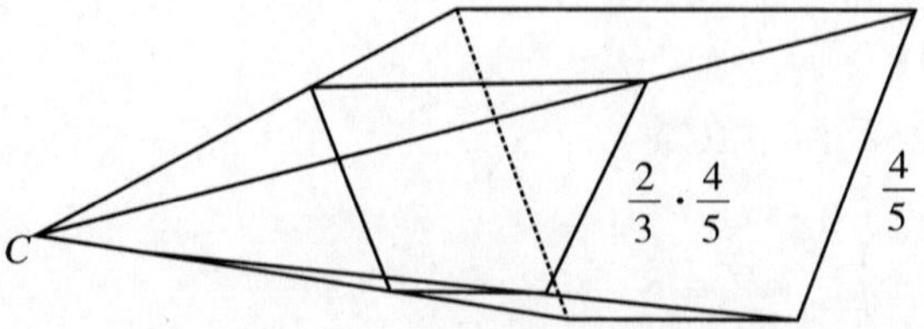

图 2　创新性理解

图 2 已经超出了分数乘法的基本含义，进入平面几何的领域，构成了新的认识。这实际上是把 2/3 当作一种施加于 4/5 之上的操作，具有了新的含义。因此，我们认为这是一种创新性理解。

此外，Z. Usiskin 给出的第 5 个维度是历史文化的维度（说明埃及最早使用分数等）。历史文化维度则是一种人文思考，也超出了分数乘法演算的范围。这两者都有居高临下的观察和思考，具有一定的创新性。

例 3　基本不等式[11]。

如果 a，$b\in\mathbf{R}$，那么 $a^2+b^2\geqslant2ab$（当且仅当 $a=b$ 时取“=”号）。

对它的工具性理解，需要知道这是一个绝对不等式，即恒不等式。它条件少，结论明确，能够应用于数字大小的比较、函数的最值以及参数的适用范围等简单问题的求解。

进一步，要对它进行关系性理解。首先是演绎证明：

（综合法）因为 $(a-b)^2\geqslant0$，所以 $a^2+b^2\geqslant2ab$。

（比较法）$a^2+b^2-2ab=(a-b)^2\geqslant0$，则 $a^2+b^2\geqslant2ab$。

（反证法）假设 $a^2+b^2<2ab$，则 $(a-b)^2<0$，矛盾。

（分析法）欲证 $a^2+b^2\geqslant2ab$，只要证 $a^2+b^2-2ab\geqslant0$，而 $(a-b)^2\geqslant0$。

通过演绎证明，揭示了基本不等式各个量之间的相互关系，理解了这一不等式成立的根据。与此同时，将之提升到数学思想方法，认识到它们最后都是化归为 $(a-b)^2 \geqslant 0$。

基本不等式还可以有超越关系性理解的更高级的理解成分。首先通过变式练习和反思，获得此不等式的巨大的应用价值，把握其本质，进一步体会“基本”的含义。如推演以下的不等式：

① $\frac{a+b}{2} \geqslant \sqrt{ab}$ $(a,\ b \in \mathbf{R}^+)$；

② $\frac{a^2}{b} \geqslant 2a-b$ $(b \in \mathbf{R}^+)$；

③ $\frac{a}{b^2} \geqslant \frac{2}{b}-\frac{1}{a}$ $(ab^2 \in \mathbf{R}^+)$；

④ $a(a-b) \geqslant b(a-b)$；

⑤ $a+\frac{1}{a} \geqslant 2$ $(a \in \mathbf{R}^+)$；

⑥ $a-1>1-\frac{1}{a}$ $(a \in \mathbf{R}^+)$；

⑦ $x^2 \geqslant 2ax-a^2$ 等。

在这些变式的引领下，所获得的理解成为进一步推陈出新的基础。

由此出发进行开拓可以获得创新性理解，即在更高思维层次上推演一些全新的不等式：

① $ab \leqslant \frac{1}{2}\left(\lambda^2 a^2 + \frac{b^2}{\lambda^2}\right)(\lambda \neq 0)$；

② $a^3 + b^3 \geqslant a^2 b + ab^2 (a,\ b \in \mathbf{R}^+)$；

③ $a^4 + b^4 \geqslant 2a^2 b^2$ 等。

这些不等式的推演，已经不是简单地运用，具有明显的创新成分。

进一步，基本不等式可以和其他领域的知识联系起来，进行新的创新思考。

（1）与不等式、方程知识相联系。把 $a^2+b^2 \geqslant 2ab$ 转化为 $(a+b)^2-4ab \geqslant 0$。这个形式与根的判别式（$\Delta=b^2-4ac$）很像，可构造以 a，b 为根的一元二次方程 $x^2-(a+b)x+ab=0$，则 $\Delta=(a+b)^2-4ab \geqslant 0$，即 $a^2+b^2 \geqslant 2ab$ 成立。

（2）与函数知识相联系。设 a，b 同号，把 $a^2 + b^2 \geqslant 2ab$ 转化为 $\frac{a}{b}$

$+\frac{b}{a}\geqslant 2$，设$\frac{a}{b}=x$，可构造函数$f(x)=x+\frac{1}{x}$，根据函数的单调性定义可证，在$(0,1)$上$f(x)$是减函数，在$(1,+\infty)$上$f(x)$是增函数，则$f(x)=x+\frac{1}{x}$的最小值是2，即$x+\frac{1}{x}\geqslant 2$成立，所以$a^2+b^2\geqslant 2ab$。从$a^2+b^2\geqslant 2ab$化为$\frac{a}{b}+\frac{b}{a}\geqslant 2$，条件是$a$，$b$要同号，如果$a$，$b$是异号，问题依然成立。

从以上3个例子，我们已经可以看到3种数学理解的联系与差异。

（四）一个多层次的数学理解分类

如上所述，数学理解有工具性理解、关系性理解和创新性理解3个层次。我们注意到皮瑞-基伦的理解模型[10]（如图3），此模型的最后一个层次是“发明创造”。因此，将创新作为一种理解的最高层次早有先例。

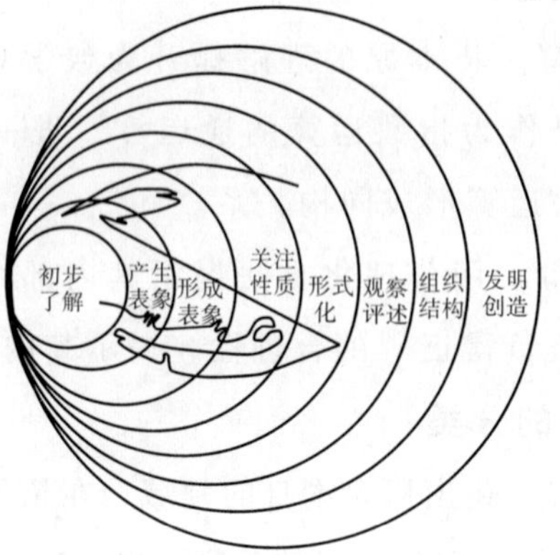

图3　皮瑞-基伦的理解模型

在理解的各个层次中，创新性理解自然属于最高级，如图4所示。三种理解既相对独立又相互联系，它们的交融促成综合性的理解教学的实现。当然，理解有层次性，创新性理解属最高级理解。具体地说，每层理解又可以分为不同类型的理解要求。

1. 工具性理解的分类

（1）识记性理解。认识并能记忆。例如正弦的定义与符号。

（2）描述性理解。描述其意义，便于识记。例如对“负负得正”

进行一些合理性的解释。

（3）确认性理解。举例说明其正确，获得确认。例如分数的颠倒相乘。举一些具体数字的实例，加以确认。

（4）功能性理解。说明其作用，便于使用。例如平面直角坐标系。关注原点，表示数学对象。

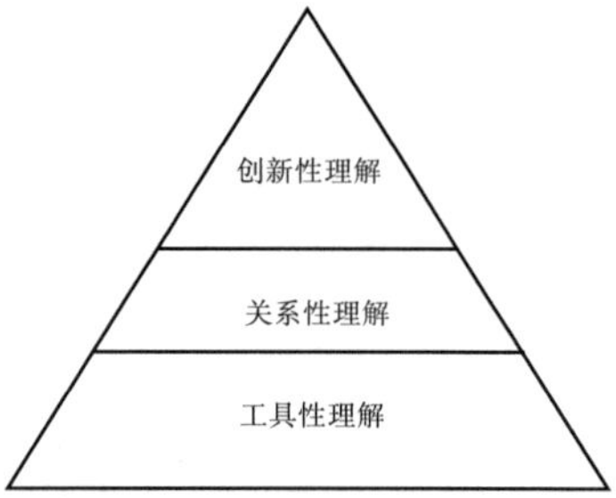

图4 数学理解示意图

（5）平台式理解。接受下来，投入使用。例如数轴上的点和实数系中的数是一一对应关系。

2．关系性理解的分类

（1）证明性理解。运用逻辑演绎方法展示其生成过程，证明其正确，说明结论为什么成立。例如定理的证明。

（2）论说性理解。例如函数概念的形成、实例操作、过程展示、明确对象整体把握概念。

（3）反思性理解。将本原的理解提升为数学思想方法的运用。例如对数，本原理解是作为指数运算的逆运算，进一步用RMI原理说明乘法运算映射为加法运算形成同构关系。

（4）结构性理解。用公理化方法揭示其内部结构。例如从有理数公理化体系说明“负负得正”的合理性，揭示其内在结构的特质。

3．创新性理解的分类

（1）拓展性理解。跳出概念本身的领域，在拓展领域内揭示其内涵。例如基本不等式和函数、方程知识的关联，以及发展为几何的理解。

（2）复杂问题解决的理解。将本原的理解通过应用获得新的理解。大量的解题过程都是一种创新过程。例如用向量的数量积证明三垂线定理，非常简洁明了。

（3）推广式理解。发现本原知识的不足，对其加以改造，推陈出新。例如有限数列向无限数列的推广等。

（4）数学文化与美学层面的理解。

以上理解分类，并不能完全概括数学理解的复杂内涵，但是有助于我们的教学设计确定合理的教学目标。

参考文献

[1] SKEMP R R. Relational and instrumental understanding [J]. Mathematics Teaching, 1976, 77 (2).

[2] 辞海编辑委员会. 辞海 [M]. 上海: 上海辞书出版社, 2011.

[3] 中华人民共和国教育部. 全日制义务教育数学课程标准（实验稿）[M]. 北京: 北京师范大学出版社, 2001.

[4] 李士锜, 吴颖康. 数学教学心理学 [M]. 上海: 华东师范大学出版社, 2011: 64-65.

[5] 马复. 试论数学理解的两种类型——从R. 斯根普的工作谈起 [J]. 数学教育学报, 2001 (3): 50-53.

[6] 钟志华. 数学理解的类型 [J]. 数学教学研究, 2007 (10): 2-3.

[7] 鲍建生, 周超. 数学学习的心理基础与过程 [M]. 上海: 上海教育出版社, 2009.

[8] 钱伟长. 谈谈非线性科学 [J]. 世界科学, 1994 (10).

[9] 蒋亮. 高中的对数应该怎么教? [J]. 中学数学教学参考, 2011 (6): 7-9.

[10] PIRIE S, KIEREN T. Growth in mathematical understanding: How can we characterise and how can we reprsent it? [J]. Educational Studies in Mathematics, 1994 (2): 165-190.

[11] 任伟芳. 化神奇为平凡——一堂不等式的证明课 [J]. 数学教学, 2004 (6): 11.

【后记】2009～2010年，宁波鄞州区和江苏太仓市的6位老师组成了高级研讨班。我是他们的指导教师。期间，我建议他们阅读鲍建生与周超的合著《数学学习的心理基础与过程》，对什么是数学理解进行研究，做读书笔记。这对我也是一个巨大的挑战。一线教师很忙，花在做读书笔记上的时间不多。我在他们的一些笔记的基础上进行汇集、修改和补充，并按照审稿人的意见进行修改，尤其是将 Z. Usiskin 在 2008 年的 ICNE-12 上的报告内容糅合进来，进一步提出了创新性理解的层次。这样一来，就有了工具性理解、关系性理解、创新性理解这三个层次的理论。未来是否能够站得住，还需要时间检验。

作为指导教师，我投入了许多精力，而在发表时，将名字列在了最后一位。文章刊于《数学教育学报》2014 年第 4 期 第 69～73 页。

中国人民大学复印报刊资料《高中数学教与学》2014 年第 11 期刊印了本文，并有编辑手记如下：

“本文提到的工具性理解是一个值得深入思考的问题。从一般的逻辑看来，要知其然，首先要知其所以然。但是，在十几年数学教育中，要知晓人类数百上千年的数学研究成果已属不易，但从时间上考虑，要想对每一个数学知识都做到‘关系性理解’恐怕是不现实的。另外，有些数学知识看起来简单，但是要完全解释清楚可能就很不简单了。在这种问题上花费大量时间，最后可能是越讲越糊涂。所以，在数学学习中，一些公式、定理还是需要熟记的。记住结论固然不是数学教育的最终目的。但是不能矫枉过正，没有‘工具性理解’，一味谈创新，这只是一种不切实际的空想。”

这份编辑手记重视工具性理解的作用，也就为建设中国特色的数学教育理论给予了宝贵的支持。

张奠宙（右二）与宁波三位老师合影。

十一、教育数学是具有教育形态的数学

近来，关于数学教育改革出现了大论战。这是一件体现社会主义民主的好事。真理越辩越明，我们期待更辉煌的中国数学教育。在中国改革开放的大环境下，数学教育也必须与时俱进地进行改革。改革是硬道理，但是，矫枉不要过正，通过实践检验真理，前途一定是光明的。对于新的课程标准来说，批评固重要，建设价更高。

（一）教育数学是数学的教育形态

数学有三种形态：原始形态、学术形态和教育形态。

原始形态是指数学家发现数学真理、证明数学命题时所进行的繁复曲折的数学思考。它具有后人仿效的历史价值。

学术形态是指数学家在发表论文时采用的形态——形式化、严密地演绎、逻辑地推理。它呈现出简洁的、冰冷的形式化美丽，却把原始的火热的思想淹没在形式化的海洋里。

教育形态是指通过教师的努力，启发学生高效率地进行火热的思考，使学生容易接受人类数千年积累的数学知识体系。

把数学的学术形态化为教育形态，是所有数学教师的责任。教育形态和原始形态有相同的地方—— 火热的思考。不同的是思考要有高效率，使孩子们容易接受。这里，可以顺便提到师范大学的“师范性”。师范大学和其他大学一样，要做科学研究，讲授高等数学。但是，师范大学的老师，包括所有高等数学课程，都要努力呈现所讲内容的教育形态，潜移默化，就能为未来的数学教师做出榜样。遗憾的是，师范大学教师的讲课呈现得更多的还是学术形态的数学，更坏的教学则是抄黑板——把书本上的形式演绎过程冰冷地抄在黑板上了事。

（二）反对在数学教学中“去数学化”的倾向

最近，在中小学数学教育中，出现了一种“去数学化”的倾向。不久前，项武义教授在华东师范大学的谈话中用到这个词，很精辟。

一堂数学课是否成功，当然主要看是否达到了数学教学目标。首先是学生是否理解和掌握了数学（数学的科学性），包括对数学本质的理解、数学知识的掌握，以及数学能力的形成。但是，现在的评课标准是："创设了日常生活情景吗？""学生进行了活动吗？""分小组进行合作了吗？""用了多媒体吗？""教学是否有工作单进行探究？"等。表1给出了一张实际使用的数学课评议表。教育手段的运用应当研究，但是不可游离于数学本身。还有一种奇谈怪论：结果不是最重要的，重要的在于参与；知识不是最重要的，重要的在于过程。课堂教学不能任意浪费学生的时间，糟蹋青春。

表1　一张实际使用的数学课评议表

项目	因素	优秀	良好	待提高
情意过程	教学环境			
	学习兴趣			
	自信心			
认知过程	学习方式			
	思维的发展			
	解决问题与应用意识			
因材施教	尊重个性差异			
	面向全体学生			
	教学方法与手段			
基本功	扎实、有效			
总评				

数学本质的把握需要数学修养。中国数学教育传统历来重视教师的数学专业水平。前辈们常说，做一个数学教师，要想给学生一杯水，自己先要有一桶水。但是，现在的某些教育理论告诉我们，不需要一桶水，一杯水也够了，关键看你能不能把水倒给学生。另一种教育观则认为，数学老师没有水也可以，大家一齐去打井，就会有水了。

数学教育有"去数学化"倾向，和一部分数学家轻视数学教育有关。数学界远离数学教育，数学教育就不得不向一般教育靠拢。所有的数学教育论文都用教育学语言包装，缺乏数学味道。目前的状况是，数学教育只不过是教育学的“一个例子”，没有独立的“学格”。一些有远见的教育家则希望数学教育能够丰富一般教育，形成自己的特点。

这里，我们呼吁更多的数学家、有较高数学修养的大学数学教师转向数学教育研究，向华罗庚、苏步青、徐利治、姜伯驹、张景中等先生学习，关心数学教育，研究数学教育，提高数学教育，评价数学教育。

（三）关于“数学本质”的呈现

反对“去数学化”，就必须强调“数学本质”。其内涵包括数学知识的内在联系、数学规律的形成过程、数学思想方法的提炼、数学理性精神的体验等诸多方面。

体现数学本质要做到返璞归真、平易近人、言之有理、感悟真情。在实际教学中，数学本质被两种活动掩盖：一种是过度的形式化。把光彩照人的数学女王，用 X 光看成一副“骨架”。另一种是教条式的教学改革。只图表面热闹，缺乏效率的走过场。下面我们来看一些有关数学本质的正反面例子。

例 1　三角形内角和等于 180 度的问题。

姜伯驹指出：“‘三角形内角和等于 180 度’这样的基本定理，让学生用剪刀将 3 个角进行拼接实验。只知其然不知其所以然，如何培养思辨能力？”复旦大学教授李大潜则说：“老是量，就倒退到尼罗河时代去了。”

实际上，三角形内角和定理并没有实用价值，这样的知识超越日常经验的需要。当初古希腊学者也不是“量”出这个定理来的。该命题的价值在于培养理性思维，从公理出发进行演绎推理。因此，从数学实质看，要获得这一定理，要么从平行公理推出来，要么直接作为公理。“量”只是作为公理合理性的一种说明，而不能成为证实的手段。

例 2　小学里乘法交换律的教学。

交换律的本质是变化中的不变性。有一个教学设计，让学生做活动，包括学生交换座位，兔子和鸭子交换任务，以及用柄特别长的勺子交换喝水（勺子太长自己喝不到），等等。这些交换活动固然有趣，却离开了“数量不变”的交换律本身。如果让学生交换座位，而不指出“学生的总数没有变”，那就不是数学课了。

例 3 正弦定理的教学。

大家熟知，正弦定理 $a/\sin A = b/\sin B = c/\sin C$ 的数学本质是“定量地描写三角形边角之间的关系”，是“大角对大边，小角对小边”的定量化。但是，最近我收到一份“推荐为优秀”的高中数学教案，设计方案是：让学生随便画三角形，量 a，b，$\angle A$，$\angle B$，用计算器计算相关比值；然后分组测量，汇报结果，猜想结论。表 2 是一个学习小组的报告。

表 2 学生测量计算结果

学生	a	b	c	$\angle A$	$\angle B$	$\angle C$	$a/\sin A$	$b/\sin B$	$c/\sin C$
甲	4.1	3.3	3.75	70°	50°	60°	4.330	4.363	4.308
乙	5.3	3.1	3.6	107°	50°	33°	5.660	5.557	5.692
丙	3	3	3	60°	60°	60°	2.598	2.598	2.598

这样做不是数学思考。正弦定理绝对不是量出来的。数学不能靠大家意见相同得到结论，必须证明。况且正弦定理的证明很简单。用“高”作为媒介，将三角比变换一下，立可推得。花费大量时间量、计算，乃是败笔。

例 4 “量”的经典范例：巨人的手。

昨夜巨人在黑板上留下了手印，今晚还来访问。请你为巨人设计巨人使用的书籍、桌子和椅子的尺寸。

活动设计：1. 用自己的手和巨人的手相比。2. 确定“比值”。3. 量自己的书、桌子、椅子尺寸。4. 用比例放大。

这样的度量，突出“相似比”的数学本质，量得有价值、有意义。

例 5 坐标活动（上海长宁区活动教学的案例）。

教学设计：将教室的课桌并拢，用两根有箭头的绳子做成坐标轴，选择一个同学处为原点，于是一对坐标对应学生的位置。请学生自己认清坐标。活动内容：两坐标都是非负的站起来（第一象限）；两坐标相等的站起来（直线）；换一个同学做坐标原点（坐标平移）……

这样的活动抓住了“坐标”的数学实质。虽然只实践了整数坐标，但是保持了坐标的意义。

例 6 方程定义（概念教学与数学本质）。

数学教材中的方程定义历来是采取外在的逻辑形式：含有未知数的等式叫方程。这样的定义用黑体字标出，上课朗诵，课后背诵记住，第二天要提问。但是这样的定义没有触及数学的本质，没有用处。那么，方程的数学本质何在呢？请看内在的数学本质：方程是为了寻求未知数，在已知数和未知数之间建立的一种等式关系。

实际上“方程”思想的本质在于建立关系。为了认识“未知数先生”，必须请“已知数先生”为媒介，找到一种关系，根据关系就能认识“未知数先生”了。

例 7 方程思想（三根导线的长度）。

上海位育中学的陈振宣提供：他的一个学生毕业后在和平饭店做电工，工作中发现连接地下室和10楼以上房间空调的三根导线不一样长。如何测知它们的电阻？（如图1所示）

事实上，不可能用物理方法测量，只能通过解方程求得电阻，也就是解联立方程组：

$$\begin{cases} x + y = a, \\ y + z = b, \\ z + x = c。\end{cases}$$

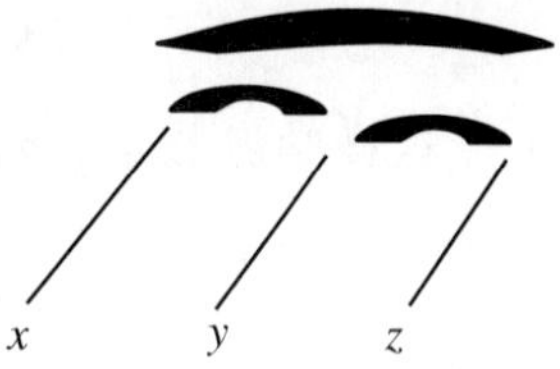

图 1 导线电阻测量示意图

学生懂得了方程的本质，所以才能解决实际问题。

清代的袁枚在《随园诗话》中说：“学如弓弩，才如箭镞，识以领之，方能中鹄。”

例 8 最近以来，许多学者研究勾股定理的教学，大家都把工夫花在该定理的“发现”上。在班上发工作单（边长为3、4、5的三角形是直角三角形等），一共有6张之多。通过大家的猜想，最后让学生发现直角三角形三边的平方和关系：

$$a^2+b^2=c^2。$$

我认为，这一定理的发现并不重要，重要的是它的证明和使用价值。其实，可以换个方向思考：把勾股定理直接写出来，配以历史图片，还有巴比伦的勾股数、费马定理和外星人通信等故事，以体现其文化价值。把重点放在反思教学上—— 如何证明？它为什么重要？如何运用？把探究过程放在后面。此时，可以在比较中采用面积的出入相补方法、赵爽的代数证法、《几何原本》的几何证法等。同时看到，一个三角形作高后就可以分为两个直角三角形。这是今后学习的关键。以为“发现”一定好，其实，学生能够发现的往往只是现象，并不是本质。

例 9 用糖水浓度做“不等式”的思想实验（罗增儒）。

不等式 $b/a<(b+m)/(a+m)$ 是很常见的。但是可以通过糖水浓度的思考，抓住它的数学本质。

假如令 a 溶液（糖水），b 溶质（糖），那么 b/a 是糖水的浓度（甜度）。现在向糖水中再放糖 m（$m>0$），糖水变甜。这就是不等式：

$$b/a<(b+m)/(a+m)。$$

的现实意义，也体现了该不等式的价值。现在，如果将两杯浓度不一样的糖水（$b/a<d/c$）混在一起，甜度会有何变化？显然，甜度在原来两种甜度之间：

$$b/a<(b+d)/(a+c)<d/c。$$

这样学习数学，对数学本质会有更深的认识。

（四）揭示数学的文化价值

数学的价值主要在培养学生的理性思维精神。揭示数学背后隐藏的文化价值是一个重要的方面。我们在教学中，应当突出数学的文化本质。

例 10 “对顶角相等”是否要证明。

《几何原本》中的命题 15：对顶角相等（如图 2）。

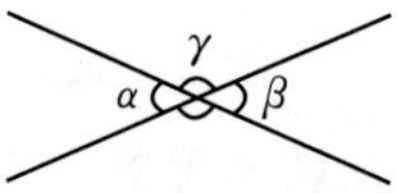

图 2 对顶角示意图

证明：$\angle\alpha+\angle\gamma=\angle\beta+\angle\gamma=$ 平角。由公理 3：等量减等量，其差相等。因此，$\angle\alpha=\angle\beta$。

试问，中国古代数学里为什么没有对顶角相等这样的定理呢？我们需要研究数学和民主的关系。中国在春秋战国时期，学术自由，百家争鸣。但是学术是通过谋士向君王建议治国之道而形成的。于是，数学以符合帝王统治的需要而产生。例如《九章算术》的内容涉及丈量田亩、计算税收、分摊徭役、计算土方、运输计费等“官方管理”数学。显然，君王不需要“对顶角相等”这样的数学。

另一方面，古希腊城邦实行奴隶主的民主政治（尽管是少数人之间的民主）。民主要求说服，说服需要证明，证明的源头是公理，公理化方法得到应用。了解数学的这些文化背景，可以使学生更加深刻地理解数学本质。

例 11 数学和文学。

（1）对称与几何变换。

几何学研究的是变换之后的不变量。经轴对称、中心对称后，图形的位置变了，但是图形的大小、形状没有变，长度、角度都不变，因此是“变化中的不变性质”。

中国的对联、文学中的对仗，同样是要求“变化中的不变性质”。例如：王维的著名诗句“明月松间照，清泉石上流”。其中“明月”对“清泉”，“松”对“石”，“照”对“流”。字词是变了，但变中有不变。形容词对形容词，名词对名词，自然景物仍然对自然景物。

从文化上看，二者异曲同工。只是数学更加准确、比较抽象而已。研究变化中的不变性质，实际上是普遍的科学规律。物理学的能量守恒、动量守恒，化学中的平衡方程式，数学中方程的同解、恒等式 $\sin^2 x+\cos^2 x=1$、拓扑不变量、多面体欧拉定理、七桥问题等都是如此。

（2）时间和空间。

初唐诗人陈子昂诗云：“前不见古人，后不见来者。念天地之悠悠，独怆然而涕下。”这是古人乃至今天人们对时间与空间的认识。诗人处在原点，两头茫茫皆不见，于是时间的模型是一条两端无限的直线；天地各为两个平面，悠悠地、无限地伸展着。我们的几何就是在这样的空间里展开的。为什么怆然涕下？因为空间广袤，个人显得渺小。

（3）数学和意境。

“孤帆远影碧空尽，唯见长江天际流。”徐利治认为这是“极限意境”。

学习数学，可以将它看作解题意境。每当我们添加一条辅助线，出现一个想法，使得山穷水尽之时一下子柳暗花明，正是王国维的《人间词话》中所说的境界——“众里寻他千百度，蓦然回首，那人却在，灯火阑珊处”。

2002 年 8 月 20 日在北京举行国际数学家大会。当天早上中央电视台《东方时空》的《东方之子》栏目，由方静采访丘成桐，丘成桐谈《史记》时说：“我读《史记》像欣赏歌剧，一幕幕地展开。历史是宏观的，学习历史会使人用宏观的观点考察事物。我提出的数学想法往往和别人的不一样，就是得力于《史记》。”我们需要这样宏观的数学认识。

（五）以本原问题驱动展现数学本质

数学中充满问题。大家都引用哈尔莫斯的话：“问题是数学的心脏。”但是数学问题多种多样。有些问题是波利亚式的——纯粹数学课题，有明确的条件和结论，找准解题策略之后，依靠技巧获得解决。还有一种问题是数学本原问题，着重数学思想，建立数学概念，构造思想体系，形成数学思想。我们可以从数学解题规律提升为数学本质的揭示。学习波利亚，超越波利亚。

数学本原问题是处理数学教学的灵魂。最近看到一篇高等职业技术学院的微积分大纲，也是讲极限、连续、导数、微分……特别是讲左右极限，是否必要？数学的本原问题不必包括这些枝节问题，让职业学校的学生会用微积分观点看问题才是最主要的。郑绍远认为：“没有思想的数学等于废了武功。”李大潜认为：“剑招可以生疏，剑法不能忘记。”

下面以微积分的教学为例，谈谈问题驱动。

问题 1　函数的实质是变化，还是对应？

对企业老总问：“您每天走进办公室，看见函数吗？看见对应吗？”回答是“没有”。但是，问：“您看到变化吗？”回答是“多得很”！函数的本质就是研究变化。

问题 2　为什么微积分要研究增量？

价格提高、销量降低是常识。但是微积分的本质是问：在现有的价格的基础上增加一元，销量会减少多少？这就是增量分析。微积分教学忽视增量，就丧失了对数学本质的探求。

问题 3　如何研究瞬时速度？

瞬时速度是出发点，还是微积分的力学解释？先有导数，还是先有瞬时速度？返璞归真地看，瞬时速度是原始概念。快车赶上慢车那一刹那的速度，人人都懂。我们的任务是用平均速度逼近，用极限方法求瞬时速度。这正如小学里没有定义面积的概念，却可以求面积，道理是一样的。

问题 4　为什么要求切线的斜率？

全局的问题。抛物线 $y=x^2$，中学里可以用许多方法研究。但是是否可以用切线斜率研究它？观察 $y=x^2$ 的切线变化可以发现许多函数的性质。

问题 5　牛顿二项式定理为什么重要？

当牛顿二项式定理放在面前，幂函数的导数公式就立即浮现。用高阶无穷小思想考察仅一步之遥。

$(x+x_0)^n=x^n+nx^{n-1}x_0+n(n-1)/2\cdot x^{n-2}x_0^2+\cdots+x_0{}^n$

$(x+\Delta x)^n-x^n=nx^{n-1}\cdot\Delta x+n(n-1)/2\cdot x^{n-2}\Delta x^2+\cdots+\Delta x^n$

$[(x+\Delta x)^n-x^n]/\Delta x=nx^{n-1}+n(n-1)/2\cdot x^{n-2}\Delta x+\cdots+\Delta x^{n-1}$

当 $\Delta x\to 0$，则 $(x^n)'=nx^{n-1}$

问题 6　为什么可导必然连续？

在定义连续时，不讲为什么要研究函数连续性。过度形式化，只讲推理，不讲道理，学生完全被动。正面叙述：当 $\Delta x\to 0$，必须 $\Delta y\to 0$。

问题 7　为什么连续不一定可导？

这只要作图，直观起决定作用。$y=|x|$。

问题 8　什么是函数的局部性质？

许多人学完微积分仍不知道函数的局部性质和整体性质。一篇对中学教师指导性的文章说："局部性质是指函数在一点的性质。"

问题 9 为什么要学习闭区间上连续函数的三大性质？

关键是用它来处理整体性质。

问题 10 微分中值定理如何处理整体性质？

在一点处有极限、连续、可导等是局部性质。区间上单调、有界、最大（小）值等是整体性质。中值定理的条件是局部的，结论是整体的。因此可以将中值定理用作局部通向整体的桥梁。

这些话都是火热的思考。如果教材里不写，教师不讲，让学生自己琢磨，岂不事倍功半？

（六）学一点数学史加深对数学本质的理解

许多数学本质，只有从历史的发展中才能深刻体会。

例 12 符号决定成败。

数学之难学，往往在于数学符号的使用。许多人看见符号就头疼。一个数学模型无非是用符号把数量关系写出来。李善兰是我国清末数学名家，是同文馆理科教习中唯一的中国人，也是最早懂得微积分的东亚人。但是，他使用的符号非常奇怪，结果无法走远。

图 3

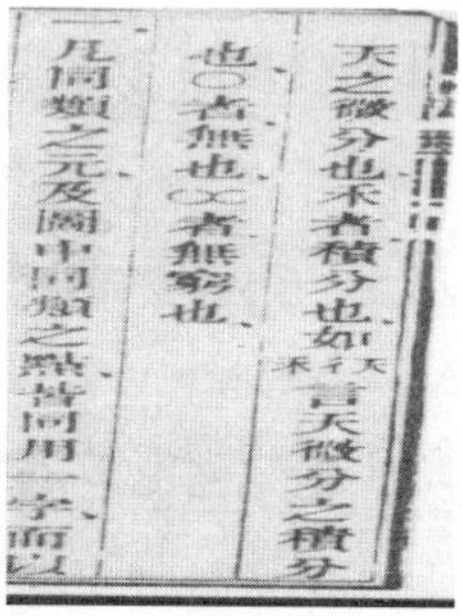

天之微分也禾者積分也如禾彳天言天微分之積分
也〇者無也∞者無窮也
一凡同類之元及函中同類之數皆同用一字而以

图 4

例 13 线性组合与通解（项武义）。

《孙子算经》有西方人所说的中国剩余定理。内容是解同余式组：

$$x = b_1 \pmod{m_1},$$

$$x = b_2 \pmod{m_2},$$

$$x = b_3 \pmod{m_3}。$$

解法：先求 b_1，b_2，b_3 为（1，0，0），（0，1，0），（0，0，1）时的特解，然后可以用系数 b_1，b_2，b_3 乘以特解，即线性组合，可以得

到通解。我们为何不用这样的历史来进行线性代数、微分方程、线性空间等的教学呢？

例 14　战后：1948 年的数学日历。

1948 年：美国香农发表《信息的数学理论》。（研究信息）

1948 年：维纳发表《控制论》。（研究控制）

1948 年：von Neuman 计算机方案形成。（研究计算）

数学与信息、控制、计算如何联系起来？中国缺乏这样的数学研究，由此可知中国的应用数学落后的原因了。

例 15　1970 年走出布尔巴基的光环。

布尔巴基的结构主义冲破了法国在 19 世纪 20 年代维持的“函数论”王国，用“代数结构、序结构、拓扑结构”统一数学。将集合论、测度论、李群论、抽象代数、代数拓扑、泛函分析融为一体。但是，这一构想最后没有成功，原因在于结构主义不能概括微分几何、数论、概率统计、计算数学、离散数学。1950 年，吴文俊在《科学通报》介绍布尔巴基，无人喝彩。1970 年，法国和其他国家的年轻数学家走出布尔巴基的影响。1980 年，当我们中国大规模介绍布尔巴基学派的时候，布尔巴基学派已经走下坡路，大半活动已经停止了。由此可见，我们的数学观念是相当滞后的。

教育数学是一门新型的学科，它有广阔的发展前途，值得期待。

【后记】本文刊于《数学教育学报》2005 年第 3 期。张景中院士提倡的“教育数学”，具有鲜明的中国特色。在我看来，教育数学就是教育形态的数学。正因为教育数学的基点仍然是数学，所以必须反对“去数学化”的倾向。另外，教育数学又必须具有教育形态，以便学生易于理解和把握。这就是说，数学教育的未来发展必须从数学本质的揭示着手，平易近人、返璞归真。

发表此文之后，张景中院士不断地提出许多高瞻远瞩的建议，例如改革微积分、把三角比定义为单位菱形的面积等，我都进行了积极的回应。无论如何，数学教育改革不能只从抽象的教育学概念出发，而应多在数学的教育形态上下功夫。

十二、数学文化课程需要系统化的总体设计

新世纪的数学课程改革将数学文化作为数学课程的重要组成部分。这是一次深刻的思想改革。随着高考数学考试将不再实行文理分科，数学课程也将不分文理。这势必进一步促进数学课程与人文学科的整合。与此同时，数学欣赏也作为数学教育的目标之一开始进入课堂。如何加强数学文化课程的教学，还需要系统化的总体设计。本文拟做探讨。

（一）数学文化课程要着重阐述数学在人类文明发展中的作用

数学文化的教学，在我国已有多年历史。1949 年以来，数学教学强调贯彻辩证唯物主义思想，培育爱国主义观念，因而教材中涉及许多数学史的材料，以体现数学内容的文化内涵。这些材料一般包括三大部分：一是中国古代数学领先于世界的内容，如中国最早使用负数，祖冲之在圆周率计算上的成就等；二是国外最先使用的数学符号历史，如加减乘除符号以及大小括号的创始人等；三是介绍一些知识，如完全数、哥德巴赫猜想等。这些内容的阐述，大多局限于数学历史知识的介绍，尤以突出中国古代数学成就、增强民族自豪感为依归。

进入 21 世纪之后，我国正式提出了数学文化的教学要求。在《义务教育数学课程标准（2011 年版）》中明确指出：

数学文化作为教材的组成部分，应渗透在整套教材中。为此，教材可以适时地介绍有关背景知识，包括数学在自然与社会中的应用以及数学发展史的有关材料，帮助学生了解在人类文明发展中数学的作用，激发学习数学的兴趣，感受数学家治学的严谨，欣赏数学的优美。例如，可以介绍《九章算术》、珠算、《几何原本》、机器证明、黄金分割、CT 技术、布丰投针等。[1]

这段论述的核心，在于“帮助学生了解在人类文明发展中数学的作用”。不妨认为，这是数学文化教学的一项总目标。

一般认为，文化是多元的，具有各种不同的内涵和民族色彩。因

此，其既有进步的成分，也会有一些落后的成分。而人类文明则是世界各国、各民族的文化精华的总和。数学文明是人类文明的组成部分，在某种程度上说，数学文明又往往是人类文明的“火车头”。因此，数学文化的教学要与人类文明的进步相联系，尤其要着重体现数学理性文明的先导特征。一旦从人类文明的高度来认识数学文化，就会有新的境界、新的视角、新的气派。

自古以来，人类文明总是和数学文明相伴而生，而数学则往往处于先导地位，率先影响着人类文明的发展。[2]

首先看古希腊文明。这是人类文明的一个高峰。毕达哥拉斯数学学派，阿基米德的数学贡献，亚里士多德的逻辑思想体系，都是人类文明的瑰宝。柏拉图学园“不懂几何者不得入内”的标识突显数学的地位。尤其欧几里得的《几何原本》，更是人类理性文明的代表作，它是仅次于《圣经》的西方文化作品，影响之深远，怎样估计都不会过分。

人类文明的第二个高峰是17世纪开始的近代工业文明。它以牛顿和莱布尼茨等创立微积分为先导，开创了力学、热力学、光学的科学黄金时代，并进一步触发了产业革命。在这一时期，数学继续起着“火车头”的作用。

再看19世纪至20世纪初的现代文明。这一时期的数学文明依然起着先导作用。流体力学方程、弹性力学方程、热力学方程以及电磁学方程，为机械、航空、海洋、通信等领域的现代技术文明提供了基础。与此同时，非欧几何的发现、复数的使用、抽象代数的诞生以及分析学的严密化开创了纯粹数学的新时代。爱因斯坦建立相对论使用的数学工具是微分几何。量子力学的基础则是泛函分析。数学在这一进程中继续领先一步。

最后，让我们观察20世纪下半叶诞生的信息时代文明。信息时代的计算机技术改变了人类的生活方式。这一技术建立在数学家冯·诺依曼于1946年提出的存储程序通用计算机原理基础之上，其框架一直持续到今天。1948年，数学家诺伯特·维纳创立的数学控制论和克劳德·香农创立的数学信息论成为开启这一时代的标志。

以上的四个重大的人类文明阶段，除古希腊文明之外，都会涉及高等数学。因此，在基础教育阶段，我们不可能让学生十分真切地了解整个数学文明的巨大价值。但是，我们必须用尽可能通俗易懂的方法，将数学文明对人类文明的影响告诉年轻的学子。正如在中小学要介绍相对论、原子能、星际航行、3D打印、纳米技术、转基因、克隆等现代科学技术那样，数学课程也应该在通俗水平上向青少年介绍数学文明。这就是说，数学教学不能只是埋头做题，还要放眼世界，了解数学，理解数学在人类文明发展中的作用。数学教学讲好数学文明故事，是分内之事，是刚性约束。这需要整体设计，列入课程标准，写入教材，并力求进入考核内容。以下举几个教学案例加以说明。

例1 对顶角相等，要不要证明？

对顶角相等，这一命题最先由古希腊几何学的先驱泰勒斯证明。这个命题非常简单，没有学生学不会。但是，在实际教学中，我们必须问学生："两条直线相交形成的两对对顶角，一眼看去就是相等的，你觉得是否需要证明？"

一般来说，学生基于直观就能判定命题的正确性，觉得无须证明。我们的教学目标是要通过数学教学，使学生产生证明的需要，从"显然正确因而不必证明"到"崇尚理性需要证明"，这是认识古希腊数学文明的一次思想上的飞跃。教材应当适切地介绍古希腊的数学文明，展示《几何原本》中的命题15，将对顶角相等的正确性归结于等量减等量的公理，这样公理化思想也就蕴含其中。这样的教学，会给学生以心灵上的震撼，使学生对古希腊文明产生敬畏之心。这是数学文化教学的一种特有的境界。

例2 古希腊和古代中国的不同文化产生了不同的数学。

古希腊的雅典城邦实行奴隶主的民主政治。这只是极少数统治者之间的民主，但在制度上有选举、表决等程序。在竞选过程中，为了使人信服自己坚持的是真理，就需要证明。首先设立一些人人皆同意的"公理"，规定一些名词的意义，然后把自己的主张变成公理的逻辑推论，这样才有较强的说服力。这些思想，必然会运用于数学科学。如前所说，虽然对顶角相等的命题明显是对的，但是如果能够诉诸更加本原的公理，就可以将它建筑在等量减等量其差相等的基础上，具有逻辑的正确性。这是理性思维。

中国在春秋战国时期也有百家争鸣的学术风气，但是数学家只有为君王做谋士，提供管理国家的数学方法，才能得到君王的认可。中国古代数学多半以官方文书的形式出现，展现出“管理国家”的特点。《九章算术》的各章内容涉及丈量田亩、分配劳力、计算税收、运输粮食等国家管理的实用目标。因此，中国古代数学可以说是“管理数学”和“木匠数学”。

这样的分析，就能从人类文明发展角度体会数学文化的内涵，感受数学文化的历史意义。

例 3　徐光启评论《几何原本》。

明代徐光启和传教士利玛窦翻译了《几何原本》的前六卷。徐光启在《几何原本杂议》中指出：“此书有四不必：不必疑，不必揣，不必试，不必改。有四不可得：欲脱之不可得，欲驳之不可得，欲减之不可得，欲前后更置之不可得。”这样的认识不正是几何教学要达成的目标吗？如果我们把它写入教材，让学生体会几何学的精髓，将会十分有益。

以上 3 个案例表明，数学教学不能只讲推理，更要讲道理。通过数学文化课程的教学，学生进一步理解数学文明的价值。

如前所述，数学文明不止古希腊文明一端。人类的近代数学文明和现代数学文明要用到许多高等数学知识，在中小学应该如何处理？让我们看几个案例。

例 4　信息量定义与对数。

对数是中学数学的基本内容之一，它和信息时代文明有紧密的联系。1948 年，克劳德·香农创立了数学信息论。在他的研究中，开宗明义所要定义的信息量概念，就是用 $\log_2$ 来表示的。比如，如何定义一个古代烽火台传递的信息量呢？事实上，它传递两种信息：燃起烽火意味着敌人来（用 1 表示），不燃烽火则表示敌人没来（用 0 表示）。在敌人来与不来的可能性一样的前提下，一个烽火台传送一个信息量。从可传递两种信息到确定一个信息量，数学上的表示就是 $\log_2 2 = 1$。

如果东面、南面分别设置了两个烽火台。这时的信息状态有四种情况：(0，0)，(0，1)，(1，0)，(1，1)。其中第一个、第二个坐标分别表示东面、南面敌人来否的状态。于是4种状态传送的信息量为2，用数学符号表示就是 $\log_2 4 = 2$。

这样，让人看不见摸不着的“信息”就变得可以度量了。

更进一步，香农还分析出信息量的大小和该信息发生的概率有关，例如为博美人一笑，有事无事天天燃烽火，那个烽火台传送的信息量就小得多了（这里不展开）。总之，香农当年从滴滴答答发电报的活动中创立信息量的定义，其智慧令人折服，其美妙使人流连忘返。

例5 立体几何与四维时空。

直线是以时间为模型的一维空间，平面几何讨论二维空间的几何图形，立体几何则是研究三维空间的几何。爱因斯坦提出的相对论，认为一维的时间和三维的时间密不可分，称“四维时空”。中国唐代诗人陈子昂的《登幽州台歌》中写道：

前不见古人，后不见来者。

念天地之悠悠，独怆然而涕下。

一般的语文教材解释说：前两句俯仰古今，写出时间绵长；第三句登楼眺望，写出空间辽阔；在广阔无垠的背景中，第四句描绘了诗人孤单寂寞、悲哀苦闷的情绪，两相映照，分外动人。然而，从数学上看，这是一首阐发时间和空间感知的佳句。前两句表示时间可以看成是一条直线（一维空间）。诗人以自己为原点，“前不见古人”指时间可以延伸到负无穷大，“后不见来者”则意味着未来的时间是正无穷大。后两句则描写三维的现实空间：“天”是平面，“地”是平面，“悠悠”地张成三维的立体几何环境。诗人将时间和空间放在一起思考，感到自然之伟大，产生了敬畏之心，以至怆然涕下。这样的意境是数学家和文学家可以彼此相通的。爱因斯坦的四维时空学说，正和此诗的意境相通。

例6 方程是好的数学。

数学大师陈省身先生一再提倡做“好的数学”，并且指出“方程是好的数学”。这就是说，方程是人类数学文明中的精华。方程的教学不应停留在背诵“含有未知数的等式”这样的肤浅认识上，而是要着重于“如何从已知出发，通过某一种关系去寻求未知”，即从方法论的高度去理解。这就好比侦探破案，要抓住未知的犯罪嫌疑人，必须从现有的已知案情出发，通过某种线索（一种和未知的嫌疑人有关的关系）找到嫌疑人。因此，关于什么是方程的回答，应该描述为“为了寻求未知数，在已知数和未知数之间建立的一种等式关系”。

方程思想，是人类数学文明的奇葩。在人类四大文明（古埃及文明、古巴比伦文明、古印度文明以及中华文明）里，就有解方程的记载——从一次方程、高次方程、线性方程组、高次方程组直至微分方程组。可以说，大自然的规律是用方程写成的。今日之世界文明，如发动机与热力学方程、飞机与空气动力学方程、手机与电磁学方程、物理世界与爱因斯坦方程，都以“方程”为基础。讲好这些方程的故事，是数学文化教学不可缺少的内容。

这几个案例表明，中小学数学教学的内容虽然只涉及数学文明总体的很小一部分，但是如能具有广阔视野，精心设计，见缝插针，还是有许多工作可做的。

（二）全面认识中国数学文化的长处与不足

每个民族都有自己的文化，也就一定有属于这个文化的数学。源远流长的中华文化产生了中国古代数学。

在世界四大文明中，中国数学文明的形成相对比较晚。不过，由于各个数学文明都是独立创建的，时间的早晚并不要紧。从理论上说，古希腊数学以演绎推理的方式建立了数学理性文明，中国古代数学则以长于计算和算法体系享誉世界。以祖冲之为代表的数学家，在计算圆周率等问题上成就卓著。

中国古代数学产生于春秋战国时期，以谋士服务于君主国家管理的方式呈现出来。因此，其长于计算，实用性比较强。在十进制、小数的使用以及负数的引入等有关计算的问题上，中国古代数学具有特别的贡献，领先于世界，代表性著作《九章算术》就是以计算程序解决一系列实际问题而展开的。后来，加上算盘的使用，中国数学在丝绸之路和海上贸易方面发挥了重要作用。

但是，中国古代数学文明缺乏演绎几何学的研究，特别是没有形成角的概念，没有角度的大小度量制度。至于三角比、三角学等就更谈不上了。

令人遗憾的是，数学科学在中华传统文化中的地位不高。中国的数学文明没有充当中华文明的“火车头”。在“罢黜百家，独尊儒术”“重农抑商”的政策下，在科举取士的体制里，数学家群体并未成为一种在社会上得到尊重的职业。早期的科举考试设有明算科，唐朝设立过算学博士，但很快就取消了，算学始终未能进入中华文化的主流。长期以来，中国古代数学的传承只能是一种民间活动。与之不同的是，古希腊柏拉图学园的入口处曾有“不懂几何学者不得入内”的标识，牛顿、欧拉、拉格朗日等数学家受到欧洲皇室的尊崇。

例 7 在四大古代数学文明中，中国数学形成较晚。

古埃及、古巴比伦、古印度的数学都早于中国古代数学。以实物为证，传世的文献有埃及纸草（约公元前 3000 年）、巴比伦泥板（约公元前 2400 年）、印度的树叶经卷（约公元前 800 年）和中国的战国竹简（公元前 403—公元前 221）。以著名的数学家而论，有古希腊的亚里士多德（公元前 384—公元前 322）、欧几里得（约公元前 330—公元前 275）、阿基米德（公元前 287—公元前 212），中国的赵爽（生平不详，汉末初之国）、刘徽（生平不详，魏晋期间）、祖冲之（429—500）。中国古代数学在整体上比较晚，由此可见一斑。

例 8 中国古代数学的高峰。

中国的记数采用十进制计数法，并在算盘上将其体现出来，一直沿用至今。其他数学文化则并非如此。例如，罗马数字的记法，9 记为Ⅸ，10 记为Ⅹ，11 记为Ⅺ，12 记为Ⅻ。这就不是进位制计数法。中国古代数学总体上虽然晚于其他古代数学文明，但是由于采用十进制计数法，便于计算，形成了自己的计算优势。

公元 5 世纪，祖冲之关于圆周率的计算是人类古代数学文明的高峰。直到 15 世纪，阿拉伯数学家卡西求得圆周率的 17 位精确小数值，才打破祖冲之保持了近千年的纪录。教师在教授刘徽割圆法时可以指出，这一思想通向近代数学文明，与 17 世纪牛顿和莱布尼茨创立的微积分学相衔接。

例 9 康熙与西学中源说。

欧几里得曾说过："学习几何学没有王者之路。"康熙皇帝学习代数学，也没有"王者之路"。符号代数，当然是清初传教士传入中国的西方数学知识，当时称为"阿尔朱巴尔"，无疑是英文"algebra"的音译。1711 年，康熙皇帝与直隶巡抚赵宏燮讨论数学时曾说过："算法之理，皆出于《易经》。即西洋算法亦善，原系中国算法，彼称为'阿尔朱巴拉'。'阿尔朱巴尔'者，传自东方之谓也。"

这种西学中源的认识，反映了当时中国在接受西方数学文明时夜郎自大的心态。康熙当政之时，微积分已经在欧洲诞生，中国数学家对此却一无所知。无知而自大，自不免于落后。直到 1859 年李善兰和伟烈亚力翻译《代微积拾级》，微积分才传入中国，与西方数学文明相差 200 多年。

例 10 中日数学的逆转。

在 19 世纪 70 年代以前，日本一直向中国学习数学。例如，把英文的 equation 一词译为"方程"是 1850 年李善兰和伟烈亚力在翻译德·摩根（Augustus De Morgan）著的《代数学》时首先采用的。值得注意的是，equation 在英文里的含义只不过是等式的意思。然而，方程作为《九章算术》中第八章的标题，其含义还有将方程组的系数排成方阵，按程序求解这样的内涵[3]。因此，熟悉中国古代数学的李善兰将 equation 翻译为"方程"，是一个创造。日本等东亚国家一直沿用"方程"一词。

1859 年，李善兰与英国人伟烈亚力合译的美国数学家罗密士（E. Loomis，1811—1899）的《代微积拾级》于上海发行。《代微积拾级》随即东渡日本，形成了中日数学交流史上的重要事件。1872 年，日本出版了《代微积拾级译解》，用日文详加解释。日本著名数学史家三上义夫说："第一次将欧洲数学引入日本的，肯定是李善兰和伟烈亚力翻译的罗密士的微积分。该书出版不久就传到了日本。"[4]

中日两国的数学名词中，使用汉字的部分大多相同。初等数学部分则源自徐光启和利玛窦翻译的《几何原本》，高等数学部分则始源于《代微积拾级》。微分、积分是至今两国共同使用的汉字。再如，英文

function 一词译为“函数”始于1859年，意为“凡此变数中函彼变数，则此为彼之函数”。“函”的日本发音与“关”类似，因此日本现在使用“关数”一词。

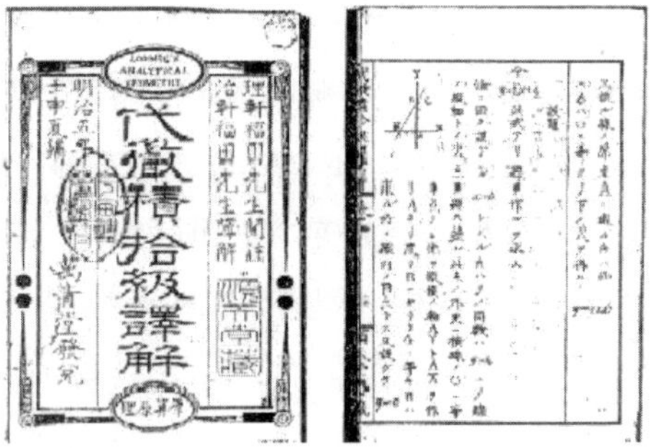

图1 《代微积拾级译解》封面和插页（日本松宫哲夫教授提供）

明治维新以后，日本数学突飞猛进。进入20世纪，中国反过来向日本学习，如“解析”“拓扑”等名词，就源自日本的译名。甲午战争之后，中国开始派留学生到日本学习数学。这就说明，数学的盛衰与国力的强弱有关，数学文明是和国家的文明进步相一致的。

综上所述，中国古代数学是四大人类文明的组成部分，虽然总体上发展得比较晚，但是有其自身的优势，有其独立的体系和独创的辉煌。当然，也有不足的一面。知己知彼，才能百战百胜。更好地了解自己，是为了更好地前进。

（三）从真、善、美的高度揭示数学文明的价值

数学教育领域谈论数学欣赏，在我国已有几十年的历史。早先，所谓欣赏数学之美，无非是黄金分割，蜂房结构、五角星之类的外观美。后来进一步，从国际数学名家那里学习了要领会数学的内在美，包括统一美、和谐美、简洁美、冷峻美、奇异美等。这些美感的来历都源于高等数学，与中学数学的关联实在不多。

中小学数学文化和数学欣赏的教学设计，应从真、善、美这三个层面加以展开。

真，是本真之美。返璞归真，理解数学概念的本质，是欣赏数学美的基础。例如，三角函数（指正弦函数和余弦函数）的本真在于将做

等速圆周运动的质点在两个坐标轴上投影的运动规律表示出来。

善，是美好的表现。数学文明的伟大在于能够推动人类文明的进步。在教学中，要揭示抽象数学概念抽象的重要意义、数学定理的应用价值以及数学思想体系的深远意义。例如，三角函数之善在于它是波动的数学模型；大自然中有声波、电磁波、光波、引力波等支配着我们的生活。

美，则是体现数学对象的美丽形象，包括外在和内涵之美。数学的美有 3 个层次：首先是外观之美，如几何图形之美；其次是美好，如勾股定理表示的和谐与对称；最后则是美妙，例如三角形的三条高交于一点，出乎意外，但却在情理之中，令人叫绝，这就是美妙的意境。

例 11 三角函数欣赏。

三角函数是一座美丽的数学山峰。我们可以从真、善、美 3 个层面进行欣赏。

第一，三角函数之真。圆是美丽的图形。在单位圆上运动的质点，它在坐标轴上的投影可以表示为正弦函数和余弦函数。正弦函数是一个波浪的模型。波浪，同样是美的化身。由勾股定理就知道 $\sin^2 x+\cos^2 x=1$。这个美丽和谐的等式是以后三角函数研究的一个根本出发点。

张景中院士说，正弦 $\sin x$ 是单位菱形的面积。也就是说，将单位正方形压扁为菱形之后，其面积变小了。变小的程度，所打折扣的折扣率就是正弦。

要理解正弦函数，“投影”是关键词。如果有一把靠墙的梯子（长度为 1），当梯子与地面所成角度为 x 的时候，$\sin x$ 的意义就是梯子在墙上投影所缩短的折扣率。不同的角度，折扣率是不一样的。相同的角度，无论梯子多长，投影所打的折扣率却是一样的。圆上不同的点 A 与原点 O 所成向量 $\overrightarrow{OA}$ 虽然一样长，但它们的投影长度却不一样。联想平行四边形和三角形的“高”，也是某边之长打了折扣的结果，这些折扣率都是正弦函数的本源。

我们从以上的大局考察就看到，正弦不能只记得“对边比斜边”的定义，更要理解它背后的规律性。数学的真理性需要认识，正弦的意义不能被淹没在形式定义的海洋里。

第二，三角函数之善。三角函数是波浪的数学模型。波动，是最基本的物理现象。声波、电磁波、光波，都是波动。要研究波动，就必须使用三角函数。可以说，如果没有三角函数，就不会有今天的电视、手机、互联网。

三角函数是数学的一块基石，在数学上的地位越来越重要。三角级数、调和分析、小波分析、傅立叶变换、傅立叶积分等，都是从三角函数发源的。

第三，三角函数之美。不同函数之外观美各有千秋。折线之美，在于有棱有角，简单明快；二次函数之美，在于大起大落，雍容大方；指数函数之美，在于一飞冲天，一骑绝尘；三角函数之美，则在于柔美、光滑、错落有致、婀娜多姿，如同微风拂柳，脉脉涟漪。具体说来有：

（1）三角函数之周期美。循环往复，以至无穷。

（2）三角函数之对称美。奇偶函数定义，无限多的对称轴。

（3）三角函数之起伏美。波浪的特点是起伏。数学上要找到单调区间。

（4）三角函数图象的峰顶与低谷。峰点和谷点上的切线是水平的，斜率为0。

如能用计算机教育软件做些三角函数的图象演示，更能增加美感。

此外，欣赏数学之美，还应有人文的介入。美是一种主观的感受，离不开社会环境与人文传统。数学史上的许多故事是数学美的重要来源。三角函数的人文化，可将人生寓意于“波浪”。如：

（1）“君看一叶舟，出没风浪里”（出自范仲淹《江上渔者》），以动态的描写产生联想。

（2）《红楼梦》描写林黛玉出场“行动处似弱柳扶风”，轻轻摆动形成波浪。

人生的起伏如同波浪，总会有起伏，会登上峰顶，也会掉入谷底，我们要有这样的人生感悟。从人文的角度欣赏三角函数，会有生活的情趣，容易亲近。加上人生哲理的联想，令人回味无穷。

例 12　“均值不等式”的真、善、美[5]。

均值不等式是一个代数不等式。它断言：对于任何两个正数 a，b，

都有 $\sqrt{ab} \leqslant \frac{a+b}{2}$（*），当且仅当 $a = b$ 时取等号。

人教版教材在引出此不等式时，要求学生从几何图形出发，用中国古代数学的出入相补原理进行探究。这别开生面的设计充分展示均值不等式的真、善、美。

图 2 是在北京召开的第 24 届国际数学家大会的会标，会标是根据中国古代数学家赵爽的弦图设计的，颜色的明暗使它看上去像一个风车，代表中国人民热情好客。你能在其中找出一些相等关系或不等关系吗？

图 2

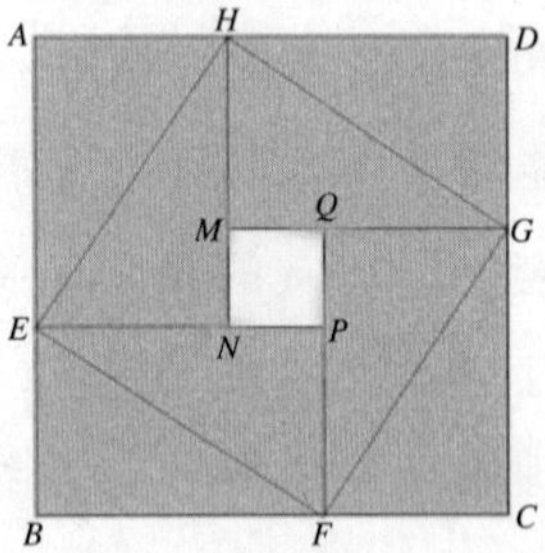

图 3

首先，教材借鉴了汉末三国初的数学家赵爽在证明勾股定理时所用的出入相补原理，可将均值不等式的“真”一览无余。

在图 3 中，正方形 $ABCD$ 是由 8 个全等的直角三角形再加中间的小正方形构成。设 $PF = a$，$PE = b$，则可以得出 $S_{\text{正方形}ABCD} > 8S_{\text{三角形}EPF}$，也就是 $(a+b)^2 > 8 \times \frac{1}{2}ab = 4ab$，所以 $ab < \left(\frac{a+b}{2}\right)^2$，即 $\sqrt{ab} < \frac{a+b}{2}$。当 $a = b$ 时，正方形 $MNPQ$ 缩为一个点，于是就得出（*）式。这一过程体现出了均值不等式的至真之美。

其次，赵爽弦图是数形结合的一个绝佳范例。纯粹用代数方法证明均值不等式固然重要，但是用出入相补原理加以解释，使得理性思考与直观感受完美统一。这是数学的一种至善的境界。

最后，弦图模型更是体现出了视觉之美——对称美与和谐美。特别是该模型又像中国传统的风车，是古老的中华传统的一个缩影，旋转的风车代表具有悠久历史的东方古国好客热情，欢迎来自全世界的朋友。鉴于此，它成了第24届国际数学家大会的会标，彰显了中国古代数学家的聪明才智和独具匠心。

数学之美，在于它的普遍性和多样性。百川归大海，殊途同归。多角度地审视均值不等式，从而进入了“横看成岭侧成峰，远近高低各不同”的境界。

数学欣赏是体现“情感态度价值观”教学目标的有机组成部分，在教学方法上应该遵循“润物细无声”的原则。在日常教学中，数学要先着重理性把握，打好基本功，再在理解的基础上谈数学欣赏。没有理解，何谈欣赏？凡是你真正欣赏的人和事，必定是深入理解的。欣赏，是在基本理解的基础上做进一步的再深入。因此，日常教学中的数学欣赏，只能结合内容的阐述，点到为止。然而，等到一个单元结束，我们是不是应该用欣赏的角度，对已经基本理解了的内容做一番欣赏呢？教材里有“本章小结”栏目，如果说画一张“本章知识逻辑框图”是一次“以理服人”的回顾与总结，那么，一场充满高尚情感的数学欣赏活动，则是“以情感人”的激励与享受。

（四）促进西方数学与中华文化的交流与整合

我国当前基础教育阶段学习的数学课程并非中国古代数学的延伸，而是从西方引入的。如何将西方数学与中华文明进行适度整合是一项必须完成的课题。

中华文化与西方数学“联姻”并不是一件新鲜事。我国具有浓厚的爱国主义情结的数学前辈，曾经在20世纪50年代掀起过一个将西方数学本土化的高潮。就以现今通称的勾股定理来说，在民国时期的数学教科书里，都将其称为“毕达哥拉斯定理”。这一定理更名的过程并不简单。如果翻开20世纪50年代中国的数学杂志，就可以看到许多文章在探讨此事。有人建议称之为“商高定理”，也有人认为叫“陈子定理”较为合适。最后大家倾向于不以人名命名，而直接点明其内容，称之为“勾股弦定理”。为简便起见，最终确定为“勾股定理”。这一名称得到数学教材编写者和广大教师的高度认同，得以写入教材、进入课堂，一直沿用至今。此后，中国古代数学成就继续进入中小学数学课程：“杨辉三角”代替了“巴斯卡三角形”；刘徽的割圆术、祖冲之的圆周率研究成为数学课程进行爱国主义的重要内容……此外，那时的高中数学教材有无限等比数列的内容。由于数列 $\{1/2^n\}$ 是极限为 0 的无限过程，于是，有人引用“一尺之棰，日取其半，万世不竭”（出自《庄子·天下篇》）加以比喻。这是中华文化和西方数学的巧妙融合，至今成为经典。可惜的是，这一进程没有很好地继续下去。

我国在改革开放的 20 世纪 80 年代，也曾有过一些创见。例如，宏观上有吴文俊先生提出中国古代数学传统的“算法”体系，其价值可以和《几何原本》相提并论；微观上则有徐利治先生认为“孤帆远影碧空尽”一句可以表示连续量趋向于零的过程（这一形象的描绘，乃“一尺之棰，日取其半，万世不竭”比喻的发展）。但是，这些见解没有真正形成一种强烈的教学理念，因而也就没有真正地进入数学课堂。

21 世纪初我国进行的大规模数学课程改革，曾经大量地引进和借鉴西方的做法，诸如数感、符号感、估算等相继进入了人们的视线。然而，这场改革并没有提出数学教学与中华文化互相融合的目标。一个突出的例子是把体现中国古代数学传统的“珠算”逐出了《全日制义务教育数学课程标准（实验稿）》。所幸，《义务教育数学课程标准（2011 年版）》让算盘重回课堂，要求学生“认识算盘”，能用算盘表示多位数。这是一个恢复性的改进。但是从总体上看，《义务教育数学课程标准（2011 年版）》在数学和中华文化的融合上，并没有跨出新的步伐。翻开今天的教材，提到中华文化的地方依然是杨辉三角、刘徽割圆、负数引入、祖冲之的约率和密率那几个熟悉的题材。

西学东渐以来，我国学者从中华文化的角度来诠释西方数学，有许多已经成为文化经典。我们需要加以继承发扬，代代相传，形成传统。以下是两个案例[6]。

例 13 《道德经》与自然数（数学归纳法）。

《道德经》里最出名的一段是："道生一，一生二，二生三，三生万物。"

这 13 个字，简直是一组中国化的自然数公理。它透露了以下信息：自然数是一个接一个地"生"出来的；1"加 1"，就能生出 2，2 再"加 1"就能生出 3，不断地"加 1"就能生"万"；自然数里有 1，2，3……多得不得了，没完没了；1 前面还有一个"道"，在数学上用 0 表示。

更进一步，细细品味《道德经》中的这段话，还可以发现它和高中数学的数学归纳法教学有十分密切的联系。众所周知，数学归纳法原理是与自然数公理等价的。"一生二，二生三"，相当于数学归纳法中 $n=1$，2 时，命题成立的要求，最后的目标是要获得"三生万物"的结果。然而，要"生"出万物（自然数全体）来，必须要每个与 n 有关的命题都能"生"出与 $n+1$ 相关的命题。这不正是数学归纳法原理的精髓吗？总之，强调一个"生"的动词，保证每个与 n 有关的命题都能"生"，做到"生生不息"。

《道德经》里蕴藏着的智慧，值得我们细细品味。

例 14 寻求变化中的不变性质：轴对称图形与对联。

西方数学中的"对称"与纯粹中国化的"对联"之间存在着共性：寻找变化中的不变性质。

我国中小学数学教材已经出现了平移、旋转、轴对称这三种图形变换，初中还介绍了相似变换。在这些几何变换下的不变量和不变性质成为运动几何的主题内容。

全等形经过刚体运动，其属性是不变的。在刚体运动下，线段的长度不变，角度不变，形状不变，因而面积不变。这样，计算面积时使用出入相补原理及其他割补的原理也就顺理成章了。要知道，我们割下来，搬过来搬过去，再补上去，都是基于运动不变的原理。假如，割下来的三角形是冰做的，在搬动时融化了，割补方法还能有效吗？

同理，相似形在相似变换下，对应边的比值不变，角度不变，面积的比值也不变。

这种“变中不变”的思想，在文学中的对仗里也反映出来了。试看毛泽东《长征》诗中的两句：

金沙水拍云崖暖，

大渡桥横铁索寒。

从上联变到下联，整体是变了，但是许多内容没有变：名词对名词，动词对动词，“暖”恰好对“寒”。正因为有这样的不变性质，对仗才显得美。

毛泽东曾引用过一副对子：

墙上芦苇，头重脚轻根底浅；

山间竹笋，嘴尖皮厚腹中空。

这里上联（出句）的字和下联（对句）的用字不相重复，却要保持许多的不变性，而它们的平仄则是相对立的。这种对立依然是一种不变性。文学有如此之美，数学何尝不是如此[7]？

数学文化和数学欣赏的教学，还是一片尚未充分开发的沃土，值得我们不断开发，使之形成百舸争流、广厦万间的新局面。

参考文献

［1］中华人民共和国教育部．义务教育数学课程标准（2011 年版）［M］．北京：北京师范大学出版社，2012.

［2］张奠宙，王善平．数学文化教程［M］．北京：高等教育出版社，2013.

［3］邹佳晨，张奠宙，汪晓勤，等．访谈录：究竟什么是方程？——析“含有字母的等式叫方程”之误［J］．数学教学，2015（1）：1-4.

［4］MIKAMI Y. The development of mathematics in China and Japan［M］. New York：Chelsea Publishing Company，1913.

［5］沈金兴．“形神兼备”之均值不等式欣赏［J］．中学数学教学参考，2015（25）：7-10.

［6］张奠宙，丁传松，柴俊，等．情真意切话数学［M］．北京：科学出版社，2011.

[7] 张奠宙. 万变不离其宗——数学欣赏：欣赏数学中的不变量与不变性 [J]. 高中数学教与学，2012 (1)：1-3.

【后记】新世纪以来，数学文化成为数学界的热门课题。南开大学的顾沛教授有专门的著作问世。李大潜院士主持数学文化研讨会，主编数学文化丛书，影响巨大。中小学的数学教育也在提倡数学文化的教育，关注数学的美学价值。这些都已经列入《义务教育数学课程标准(2011 年版)》。

我一直觉得现代人学习数学，有 3 种不同的目标。第一种是将来"做数学"的数学家。他们的数学学习属于英才教育范畴，这是中国数学教育的短板，我们做得还不够。第二种是用数学的各行各业的专家，包括科学家、工程师、经济学家、社会科学家，甚至某些管理人员、工匠和实际工作者。其中，也包括用数学作为育人载体的数学教师。第三种则是"看数学"的现代公民，包括人文学者、翻译家、文艺家以及各行各业中很少使用数学的人员。这种"看数学"的人士在毕生的工作中，恐怕不会去做一道几何题、解一个方程，或求一次导数和积分，但是却需要懂得别人所谈论的数学文明，理解数学是怎么一回事，体验数学的美妙，欣赏数学文明的价值。但是，我们以前的数学教学很少涉及这样的文化视角。学习数学除了做题还是做题，教学目标过于单一。其实，无论是做数学的还是用数学的，都要能看数学、欣赏数学。为此，我和王善平合作编写了《数学文化教程》，希望数学文化能成为一门课程进入大学通识教育。

关于中小学的数学文化教学，我觉得缺乏一个总体设计。于是写成了本文。2015 年，广西教育出版社准备推出教育学术杂志《中小学课堂教学研究》，黄力平主编向我约稿，即以本文投寄，发表于杂志创刊号（2016 年 5 月）。

十三、数学和古典诗词的意境

近来几期的《中国数学会通讯》，刊登了多篇谈数学和诗词关系的文章，读后受益良多。这里，想就数学和古典诗词在意境上的沟通，谈谈一些自己的体会。

数字嵌入诗词，早已有之，如郑板桥的《咏雪》：

一片二片三四片，五片六片七八片。
千片万片无数片，飞入梅花总不见。

诗句抒发了诗人对漫天雪舞的感受。不过，以上两句诗中尽管嵌入了数字，却实在和数学没有什么关系。数学和古典人文的联系，贵在意境。这要从徐利治先生的一段往事说起。大约在1993年，在无锡鼋头渚开过一次数学方法论的研讨会。有一天下午，徐先生做报告。他说了一个故事。

徐利治在数学分析课堂上，先在黑板上写了李白的名诗：

故人西辞黄鹤楼，烟花三月下扬州。
孤帆远影碧空尽，唯见长江天际流。

然后问学生哪一句可以和极限概念相通？学生的共同回答是“孤帆远影碧空尽”。这正说明了 数学和诗词是可以沟通的。

徐先生的演讲触动了我的心弦。我似乎看到了数学和人文意境互相沟通的隧道。徐先生的例子事关无限。无限乃是数学家和人文学者都要面对的问题。彼此解决的途径可以不同，但是思考时的意境必然会有相似之处。

于是，我接着思考3个有关无限的诗句。首先想到的是陈子昂的《登幽州台歌》：

前不见古人，后不见来者。
念天地之悠悠，独怆然而涕下。

一般的语文解释说：前两句俯仰古今，写出时间绵长；第三句登楼眺望，写出空间辽阔；在广阔无垠的背景中，第四句描绘了诗人孤单寂寞、悲哀苦闷的情绪，两相映照，分外动人。然而，从数学上看来，这是一首阐发时间和空间感知的佳句。前两句表示时间可以看成是一条直线（一维空间）。陈老先生以自己为原点，“前不见古人”指时间可以延伸到负无穷大，“后不见来者”则意味着未来的时间是正无穷大。后两句则描写三维的现实空间：天是平面，地是平面，悠悠地张成三维的立体几何环境。全诗将时间和空间放在一起思考，感到自然之伟大，产生了敬畏之心，以至怆然涕下。这样的意境，数学家和文学家可以彼此相通的。尤其是把时间和空间放在一起思考，可以说也在意境上与爱因斯坦的四维时空学说相衔接。我把这一想法和语文学者交谈，他们也觉得很有意思。但是，在应试教育盛行的标准化考试面前，这无论如何不能算标准答案，无法进入语文研究的视野。

另一个涉及“无限”的案例是对“无界变量”的诗意解读。2001年，贵州六盘水师专的杨光强老师来华东师范大学访学。我和他谈起徐利治先生用“孤帆远影碧空尽”比喻无限过程的故事时他立刻做了补充。

杨老师说，在微积分数学中讲到无界变量时，他总要引用宋朝叶绍翁《游园不值》的诗句：

春色满园关不住，
一枝红杏出墙来。

学生每每会意而笑。实际上，无界变量是说无论你设置怎样大的正数 M，变量总要超出你的范围，即有一个变量的绝对值会超过 M。于是，M 可以比喻成无论怎样大的园子，变量相当于红杏。无界变量相当于至少有一枝红杏会越出园子的范围。诗和数学的意境如此切合，把枯燥的数学语言加以形象化，颇有点出乎意料。

“无限”有两种：其一为没完没了的“潜无限”，其二是“将无限一览无余”的“实无限”。有一次，一个朋友来家中闲坐。问起 $0.9999\cdots\cdots=1$，对不对？他随口说数列的无限就像长江流水滚滚来。这促使我想起杜甫的名诗《登高》：

风急天高猿啸哀，渚清沙白鸟飞回。
无边落木萧萧下，不尽长江滚滚来。
万里悲秋常作客，百年多病独登台。

艰难苦恨繁霜鬓，潦倒新停浊酒杯。

我们关注的是其中的第三、第四句“无边落木萧萧下，不尽长江滚滚来”。前句指的是“实无限”，即实实在在全部完成了的无限过程、已经被我们掌握了的无限。“无边落木”就是指“所有的落木”，这个实无限集合已被我们一览无余。后句则是“潜无限”，它没完没了，不断地“滚滚”而来。尽管到现在为止，还是有限的，却永远不会停止。数学的无限显示出“冰冷的美丽”，杜甫诗句中的无限则体现出悲壮的人文情怀，但是彼此在意境上是相通的。

老是在“无限”上做文章，那就太狭隘了。我的第二波思考是将数学思想方法和古诗意境连接起来。

首先碰到的是存在性定理。有些亲友要我帮他们上小学的孩子“把脉”，看看其数学思维是否敏锐。我常常先问，你们学校有多少学生？回答或是500，或是1000。于是我的问题来了：“你们学校的学生是否有人同一天过生日？”孩子们的回答不大一样，有说“不会的，没那么巧”，也有说“不知道”的，或者说“大概会有的”，等等。如果有孩子非常坚决地说“肯定有”，我就断定他能够把数学学好。

这是个典型的存在性定理。一旦学校的学生数目超过366个人，则可以绝对肯定必然存在两人的生日相同，即同一天过生日。不过，究竟是哪两个人，在哪一天共同过生日，我却无法知道。这种只知其“有”，却并不知道具体是“谁”的数学存在性定理很多，如代数基本定理，连续函数的介值性定理等。但是，学文科的朋友往往不理解其中的含义。为了解释得更清楚，我回忆了一个故事。

有一年，我在越南河内参加一个会议。新加坡南洋大学的李秉彝教授和我同住一个旅店。他喜欢到古玩街闲逛，收来一把茶壶，上面有诗句：

松下问童子，言师采药去。

只在此山中，云深不知处。

品玩之余，我们突然感觉到这首小诗在人文意境上和数学存在性定理彼此相通。文学家欣赏“云深不知处”的苍茫意境，而数学家则会关注其中难以名状的一种不确定性。隐者在哪里？“云深不知处”，但是他确实就在此山中。这与数学的意境何等契合！

数学上常用反证法。你要驳倒一个论点，只要将此论点“假定”为正确，然后据此推出明显错误的结论，就可以推翻原论点。苏轼的一首《琴诗》就是这样做的：

若言琴上有琴声，放在匣中何不鸣？
若言声在指头上，何不于君指上听？

意思是，如果“琴上有琴声”是正确的，那么放在匣中应该会“鸣”。现在既然不鸣，那么原来的假设“琴上有琴声”就是错的。由此可见，人文的论辩和数学的证明都需要遵循逻辑规则。

最近，我开始第三波的数学意境研究，将数学问题求解的过程用古诗意境加以比喻。这里也有一些例子。

首先是关于黎曼积分和勒贝格积分。苏轼《题西林壁》诗云：

横看成岭侧成峰，远近高低各不同。
不识庐山真面目，只缘身在此山中。

将前两句比喻成黎曼积分和勒贝格积分的关系，相当有趣。前两句诗的诗意是：同是一座庐山，横看和侧看各不相同。勒贝格则说，比如数一堆叠好了的硬币，你可以一叠叠地竖着数，也可以一层层横着数，同是这些硬币，计算的思想方法却差异很大。从数学上看，同是函数 $y=f(x)$ 形成的曲边梯形面积 M，也是横看和侧看不相同。实际上，如果分割函数 $y=f(x)$ 的定义域 $[a, b]$，然后作和 $\sum_{i=1}^{n}f(\xi_i)\Delta x_i$，用以近似表示 M，那是黎曼积分的思想，而分割值域 $[c, d]$，作和 $\sum_{i=1}^{n}y_i mE$ $(y_{i-1}\leqslant f(x)\leqslant y_i)$ 近似表示 M，则是勒贝格积分的思想（这里的 m 是勒贝格测度）。横看和侧看，数学意境和人文意境竟可以相隔时空得到共鸣，发人深思。

近来，一位中学老师说到，初中上“因式分解”的课没有什么实际背景可言，一开始也体会不到“分解”以后会有什么用，学生学起来很枯燥。不过我们都注意到，因式分解是因式相乘之“逆运算”，而且是相乘容易，分解困难。于是我忽然联想到李商隐的诗句“相见时难别亦难”，还有李煜的词“无限江山，别时容易见时难”。如果我们把两个因式的相乘和分解用两个人的“相见”和“分别”做比喻，那么可以说“相乘容易分解难”。联想到大素数，也是建立在相乘容易分解难的基础上的。用古诗词的意境来说明数学道理，倒也很贴切。一个抽象的数学问题，通过拟人化的手段进入了一种数学的人文意境。因式分解课上说说唐诗宋词，别有一番风味。

最后一个实例是局部和整体。仔细琢磨一下微积分的核心思想之一，在于考察一点的局部。研究曲线上一点的切线，只考虑该点本身不行，必须考察该点周围的另一点，这就是局部的思想。一点的局部，只是考察该点的“附近”，却没有远近的确切要求。这种小大由之的概念颇有一些哲学意味，它需要从意境上加以把握。为什么考察一个人要问他的身世、家庭、社会关系？也是因为人是以局部而存在的。孤立地考察一个人是不行的。微积分学就是突破了初等数学就事论事、孤立地考察一点、不及周围的静态思考，转而用动态地考察“局部”的思考方法，终于创造了科学的黄金时代。可是，现在的微积分教材对此只字不提，颇觉遗憾。

考察局部，何止于微积分？最近读到韩愈的诗句：

天街小雨润如酥，
草色遥看近却无。

突然想到，诗的第二句当是阐述拓扑学上局部和整体的一种文学意境描写。就曲面来说，远看可以有整体的区分，例如球面和环面。但是，近看却都差不多，都是一个“圆片”：二维的欧氏平面的局部。这正如整体的草色只能“遥看”，一旦近了，到局部状态，那种“草色”就“近看无”了。

数学和人文意境的沟通还会有许多其他的例子。比如《道德经》说的“道生一，一生二，二生三，三生万物”，就和皮亚诺的自然数公理庶几相近。王国维用宋词来描述做学问的三重意境：

昨夜西风凋碧树，独上高楼，望尽天涯路。（晏殊《蝶恋花》）

衣带渐宽终不悔，为伊消得人憔悴。（柳永《蝶恋花》）

众里寻他千百度，蓦然回首，那人却在，灯火阑珊处。（辛弃疾《青玉案》）

我想，一个学生如果没有经历过这样的数学解题意境，学习数学可能会有点困难。

【后记】本文刊于《中国数学会通讯》2013年第10期。关于中国古代诗词和数学的联系，我在20世纪末已开始关注，逐步积累素材之后，于2008年在《科学文化评论》第5卷第1期上发表《中国古典文学中的数学意境》一文。一些文化网站、数学教育杂志等纷纷转载。从网上看，就连《世界科学》《北方音乐》这样的刊物也转发了。此后，我继续收集古诗词中有关现代数学的材料。随后，写就《情真意切话数学》（科学出版社，2011年）一书，并在《数学文化》、《文汇报》（副刊《笔会》）上陆续发表。本文在此前的基础上，又有一些新的材料，如用“横看成岭侧成峰”一句比喻黎曼积分和勒贝格积分，苏轼的《琴诗》使用了反证法，“草色遥看近却无”可以描写局部性质与整体性质，等等。当本文用电子邮件投往《中国数学会通讯》时，负责审稿的严加安院士第二天即回复我可以录用，这乃是我平生投稿被录用最快的稿件，深觉荣幸。

十四、学科教育：教育发展的战略重点

在学校教育过程中，凝聚着无数教师心血、占据学生身心主要精力的是学科课堂教学。学科教育，就是研究课堂教学主渠道的一门学问。当前，我国的教育改革正向纵深发展。学科教育势必成为未来教育的一个战略重点。

（一）教育改革的方针确定之后，凸显学科教育的战略重要性

忽视学科教育，以为抓教育只要宏观理念，不必深入学科领域，是我国教育研究和制定教育规划的一个通病。我们不妨借鉴一下美国的经验。21 世纪到来之际，美国教育改革是从数学学科开始的，并引发了全社会尖锐对立的不同数学教育见解的争论，号称“数学战争”[1]。2006 年，美国总统小布什直接任命一个“数学教育咨询委员会”，研究解决美国学生数学成绩落后的问题。最近，美国总统奥巴马发表谈话[2]，以中国上海中学生在 PISA 测试中取得优异成绩为由，要求改善美国的数学教育。美国斯坦福大学的教育家舒尔曼倡导学科教育，提出 PCK 理论（下文具体阐述）。他所指导的马立平博士著有《小学数学的掌握和教学》[3] 一书，在美国教育界很有影响力，该书成为畅销书。由此可见，美国教育行政部门和一般教育学研究者可以如此直接地关注数学教育（还有关注科学教育的例子），这对我国教育的未来发展不乏启示。

事实上，随着教育改革的步伐加快，学科教育迟早要成为加以发展

[1] 黄荣金. 美国“数学战争”始末及其启示［J］. 数学通报，2007（1）.

[2] 新华网华盛顿 2010 年 10 月 18 日电（记者任海军）美国总统奥巴马 18 日在白宫会见美国部分科技竞赛的获奖学生后表示，从很多方面而言，美国的未来取决于科学和数学教育的水平。

[3] MA Liping. Knowing and teaching elementary mathematics: teacher's understanding of fundamental mathematics in China and the United States[M]. Singapore: Lawrence Erlbaum Association, Inc. 1999.（中译本：马立平. 小学数学的掌握和教学［M］. 上海：华东师范大学出版社，2011.）

的一个战略重点，这是不以人们意志为转移的。

近30年来，我国历史性地普及了九年义务教育，各类教育事业在数量上有了空前的发展。与此同时，教育理念也经历了巨大的变革。近年来，我国中小学各科课程标准和《国家中长期教育改革和发展规划纲要（2010—2020年）》相继公布。经过学术讨论和教学实践，教育改革的方向更加明确。总体方针确定之后，贵在落实。当前的教育改革要进一步深入，实现教育的“可持续”发展，关键之一在于把教育改革的目标落实到各个学科的教学上，落实到课堂上。在这一过程中，学科教育起着重要的纽带作用。一方面，学科教育要体现先进的教育思想，在各个教学环节中将一般的教育理念具体化，使之成为可以操作的课堂教学实践。另一方面，各个学科教育又有自己的特定教学规律，成为一般教学理论继续发展的源泉。因此，在教学方针和课程标准相继确定和颁布实行的时刻，不失时机地加强学科教育，乃是一项重要的战略任务。

（二）历史的进步：从“教材教法”到学科教育

自1902年在京师大学堂设立师范馆起，关于各科教授法的课程相继问世。据记载：当时的师范馆学制四年，物理速成科于1902年12月17日开学上课。每年物理课周学时均为3，第四年主要内容为物理教授法。[1] 20世纪20年代，任职于南京高等师范学校的陶行知先生提出改“教授法”为“教学法”的主张，当时被校方拒绝。但这一建议却不胫而走，终于得到社会的公认。

1949年以后，师范院校开设的教育类课程中，一直沿用各科“教材教法”的名义。进入20世纪80年代以后，学科教育的提法逐渐流行。关于科学教育、人文教育、语文教育、数学教育等课程和著作相继问世。按照中小学课程中各个学科的特性来分，学科教育应该有以下7个大的门类：语文教育学、外语教育学、人文教育学、数学教育学、科学教育学、艺术教育学、体育教育学。其中，科学教育学和人文教育学

[1] 沈克琦，赵凯华. 北京大学物理系90年［J］. 物理，2003（10）.

具有综合性的特点，它们是一些相关学科的整合。当然，从整体上研究学科教育并不妨碍各个具体学科教材教法的研究。但是，综合地研究学科教育将有利于各科教学水平的提高，从而提升我国未来公民的科学素质。人文教育也是如此。

（三）学科教育是一门独立的“工程性”学科

学科教育是整个教育理论的一部分。如果说，一般教育学相当于自然科学中的“基础理论”，那么学科教育就是一种致力于学科教学实践的“工程性”研究学科。

众所周知，自然科学技术有两个部分：基础理论研究（如物理学）——科学院的研究任务，以及工程实践研究（如航天工程）——工程院的研究任务。“嫦娥奔月”工程固然要运用物理学的原理，但物理学研究不能代替航天工程。航天工程有自己的技术设计理论和施工规范。一般地说，基础科学的原理是明文知识，而技术科学则既有明文知识部分，也有意会知识部分。许多工艺设计、施工操作、故障排除、临时调度、即时处理的知识，往往是讲不清、道不明的意会知识，需要师徒相授，经验传递。

与此相似，一般教育学的规律固然能够指导学科教育，却不能代替学科教育。学科教育的主要内容是根据一般教育原理，寻求本学科教学的规律，进行教学设计，进而提出可以操作的、直接可用于课堂教学实践的工作方案，这就相当于完成一项具体任务的工程研究和施工方案。现在写入课程标准的许多理念都是一种“明文知识”。然而，如上所说，学科教育是一种技术性很强的工程性学科，因而必然具有很多的意会性知识，那是一般教育学规律所无法包含的。

一个不争的事实是，学科的发展总是在细分—整合—细分这样的过程中发展的。当年物理、化学、生物学等科学从哲学中独立出来，在继续接受哲学的指导的同时独立进行科学研究，于是又反过来推动哲学的发展，出现了科学哲学这样的新学科。同样，当一般的经济学充分发展之后，又细分出金融学、企业管理、数理经济等许多学科，并且在不断地互相影响。因此，学科教育学一定要遵循一般教育学的规律，又必然会从一般教育学中分离出来。这是一个自然的发展趋势。我们希望看到，一般教育理论研究能够和学科教育研究密切结合，在用一般理论指导学科教学的同时，也能从各个学科教育的创造性实践中丰富自身。

（四）学科教育的任务：运用一般教育学原理，研究各个学科教学的特定规律

学科教育的研究工作当然要运用一般教育学的原理。但是，不同学科内容的要素不同，学生的思维和教师的教学均有其特殊性。因此，学科教育研究不能简单地“自上而下”，满足于“一般教育学 + 学科例子”的做法，而是必须植根于学科本身，“自下而上”地深入研究学科本质对学生思维发展的影响，揭示各门学科教与学的“个性”，发现和提炼各个学科教育的特定规律。

现在有一种看法，以为学科教育可以从一般教育学由上而下地“演绎”出来。即把教育学理论当作“大前提”，然后加上学科知识的“小前提”，就可以推出学科教育了。这种观点，不仅扼杀了学科教育，同时也否定了课堂教学的丰富实践，抹杀了广大学科教师的创造性。

一般的教育学原理，是从认识论的角度，按照认知心理学的观点，阐述学生的学习过程，并据以提出一般的学习论和教学论。学科教育学当然要运用这些科学成果，但是不能简单地套用。比如语文教育就不能完全按照认知心理学的规律来进行教学。语文是一门“心灵”的学科，它不仅是知识。不能把语文当作“语知”让学生来认识，而要“以心会文”“以情感悟”。叶圣陶先生认为，感比知深一层。“知”是我与事物对立，从我“知”彼，“感”是我与事物相融合，彼我不分。[1]再如，数学教育的原则不能仅停留在一般教育原则上，还要服从以下原则：学习数学化的原则、适度形式化的原则、问题驱动的原则、渗透数

---

[1] 陈日亮. 我即语文［M］. 福州：福建教育出版社，2007：4.

学思想方法原则[1]。我们不妨再看语文教学和数学教学的共同点与不同点（见表1）。

表1 语文教学和数学教学的比较

语文教学	数学教学
心灵的语言	科学的语言
思想交流的工具	量化计算的工具
情意驱动	问题驱动
形象思维	理性思维
主观感受的表达	客观真理知识的认知
背诵、朗读经典范文	背诵“九九表”
写作训练	解题训练
个性化表达	形式化的统一规范

学科教学如此丰富多彩，确实值得我们花大力气去面对。以为只要把学科例子用教育学的“上位知识”加以解释就算完事，那是远远不够的。

（五）学科教育，往往是重大教育改革的前奏

欧洲出现“学科教育”，不过百年。1900年，英国因为普及教育的需要，发生了“培利改革运动”，主张在普通学校里不再以古希腊的经典著作（如《几何原本》）作为教材，而主张教授工业革命以后的社会所需要的科学知识。

第二次世界大战之后，随着苏联卫星率先上天，美国实行《国防教育法》，掀起学科教育改革的运动，数学课程改革率先发轫，世称“新数学运动”；接着科学教育也发生巨变，与之相适应的教育理论，如布鲁纳的名著《教育过程》等相继问世。从此以后，与学科紧密联系的课程改革逐渐成为世界教育改革的中心。

20世纪末，国际组织进行了多次大规模、多学科的持久性学科教育调查，例如TIMSS、PISA、IAEP等，对中小学生的数学和科学成绩

[1] 张艳霞，龙开奋，张奠宙．数学教学原则研究［J］．数学教育学报，2007（2）．

进行国际比较，产生了广泛的国际影响。一个国家的教育水平，可以通过学科教育的研究成果加以显示，进一步突显了学科教育的重要性。

由于美国在国际数学教育调查中成绩低下，1998 年，爆发了所谓的“数学战争”。2006 年美国总统授权设立的“数学教育咨询委员会”，在 2008 年 3 月 13 日提出报告，标题是 *Foundations for Success*（成功需要基础）。这是学科教育影响全局的又一国际事例。

我国在 2001 年颁布的《全日制义务教育数学课程标准（实验稿）》（以下简称《新课标》），也引起巨大争论。2005 年的“两会”上，许多数学家的提案批评《新课标》存在严重问题，中国数学会举行公开的听证会，这对于实行数学教育改革的民主决策起了有益的推动作用。

总之，学科教育改革往往是整体教育改革的前奏。

（六）学科教育的国际发展：PCK 理论

20 世纪 80 年代，美国斯坦福大学教授、卡内基教育基金会主席 L. S. 舒尔曼提出“教学内容知识”（Pedagogical Content Knowledge，简称 PCK）概念，引起巨大反响。简单地说，PCK 是描述如何使用教学手段使得学科的学术内容能够为学生所接受的教学知识[1]。舒尔曼根据 9 位有经验的化学教师的教学实践，总结出如何克服学生在学习“酸基”化学中发生的困难的研究工作，在国际上引起了广泛的关注。可以肯定地说，PCK 理论正在丰富和充实着一般教育学理论。

现在，PCK 理论已经成为一种被广泛运用的概念。许多科学教育学者以及专业组织（如美国国家科学教育联合会）等，都一再强调 PCK 理论对教师职前和职后教育的重要性[2]。

内容决定形式。教育进步不能停留在一般口号上，教学过程的设计必须和学科内容相结合乃是国际上一个自然的发展趋势。

---

［1］ DENG Zongyi. Transforming the subject matter: examing the intellectual roots of pedagogical content knowledge［J］. Curriculum Inquiry, 2007, 37 (3): 279-295.

［2］ 参见 http://en.wikipedia.org/wik/lee-Shulman。

（七）“中国学习者悖论”彰显中国学科教育的特色

1989年，中国参加了IAEP国际调查（该调查至今中国仅参加过这一次），13岁年龄组的数学成绩在21个国家和地区中，正确率名列第一。中国中学生在数学、物理、化学、信息学等国际奥林匹克竞赛中屡获佳绩，其他许多小范围的国际测试中，中国学生的成绩都普遍优于欧美国家。这一结果引起国外人士的关注。于是形成这样的“中国学习者悖论”：“为什么华人学习者能够取得优良的学习成绩，但是他们的教学过程却看起来非常陈旧?”[1] 这一“中国学习者悖论”的研究总不能让外国人来研究，而我们自己却袖手旁观。中国教育家和学科教育家共同合作，一定能够回答这一悖论。华人数学教育工作者已经开始行动。2000年，在东京举行的国际数学教育大会单独设了“华人数学教育论坛”，经过共同探讨，专著《华人如何学习数学》于2004年在新加坡科学出版社出版（中译本由江苏教育出版社于2005年出版）[2]。2006年，我国数学教育工作者也出版了研究中国优良传统的著作——《中国数学双基教学》[3]，该书提出了“记忆通向理解，速度保证效率，逻辑保持精确，重复依赖变式”等论断，受到一线数学教师的理解与赞同。

总之，中国的学科教育是有成绩的，问题在于缺乏科学的总结。这并不意味着中国学科教育没有缺点和弊病。我们需要改革，但不能忽视自己的优良传统。老是批判，没有积累，中国的教育家怎么会出现？建设有中国特色的各个学科教育，是摆在我们面前的一项历史任务。

（八）警惕“去学科化”的倾向

教学方法需要由内容来确定。“教什么”永远比“怎么教”更重

---

[1] WATKINS D A, BIGGS J B. The Chinese learner: cultural, psychological and contextual influences [M]. Hong Kong: CERC & ACER, 1996.

[2] FAN Lianghuo, WONG Ngai-Ying, CAI Jinfa, et al. How Chinese learn mathematics [M]. Singapore: World Scientific Publishing Company, 2004.（中译本：范良火，黄毅英，蔡金法，等. 华人如何学习数学 [M]. 南京：江苏教育出版社，2005.）

[3] 张奠宙. 中国数学双基教学 [M]. 上海：上海教育出版社，2006.

要。事实上，目前中小学学科教育中存在的最关键的现实问题，并不是不知道什么是先进的教育理念、什么是有效的教法，而是不知道如何深刻理解和把握学科知识内容，以及如何具体地将这些理念落实到课堂上。以为教学方法可以由某种“理念”产生，从某一文件的规定“空降”到课堂，那是神话。教师教育不落实到学科教育上，培养的教师如果连某一门课都教不好，教师教育就失去了重心。

教师教育要使教师具备专业学科知识、一般教育知识和学科教育知识。各个专业课程只管专业学科知识，教育课程只管一般教育知识，学科教育知识被忽略了。但是，研究学科教育需要具备“学科”和“教育”两类知识，并且能将它们加以融合。这种边缘学科，研究起来难度更大。

许多教师教育项目往往把上公开课作为主要的手段。这本来是一个有效的手段，但是由于过分强调一般教育规律的重要性，公开课离开了学科本质，就成了一种公式化、程式化的表演。评价一堂课，只问学生举手是否踊跃，有否合作讨论，能否联系日常生活，是否用了多媒体技术。至于教学目标的达成、教师的科学示范和准确表达、教学处理中学科本质的揭示、学科教学的效率等，则往往被忽视。这种用一般教育理念取代学科教育研究的现象，可以用“去学科化”加以概括。“去学科化”能够成为一种流行时尚，我们应对此加以警惕。

（九）学科教育的德育功能

学校里，课堂教学是实施教育的主渠道，德育自然也要借助各门学科的教学进行实施。社会科学的德育内涵比较明显，知识和品德的融合相对较为容易。至于自然科学的各门学科，由于反映的是大自然的客观规律，而规律本身没有阶级性，也不因民族的不同、国家的差异、人品的高下而有任何的区别。因此，自然科学学科进行德育的途径比较少。但自然科学也是由人的认识积累而成的，必然会打上社会的烙印。同时，教师和学生都是社会的一分子，如何理解科学、运用科学、欣赏科学，依然具有人文色彩，自然科学同样可以作为思想品德教育的有效载体。实际上，当学生品味出自然科学中人文精神的底蕴，触摸到科学人物的情感、操行、思想和精神，并与之在思想上和精神上进行交流与汇合的时候，学生的心灵行动就会受到感召。此时，学生的人文情怀也就油然而生。

数学是学校中的主课，通过数学教学渗透德育、开发数学学科德育功能十分重要。《数学学科德育——新视角·新案例》以最为抽象、似乎离德育最远的数学学科为例，尝试构建数学学科德育框架。这一框架包括下面这些内容。（1）一个基点：热爱数学。（2）三个维度：人文精神、科学素养、道德品质。（3）六个层次：第一层次——数学本身的文化内涵，以优秀的数学文化感染学生；第二层次——数学内容的美学价值，以特有的数学美陶冶学生；第三层次——数学课题的历史背景，以丰富的数学发展史激励学生；第四层次——数学体系的辩证因素，以科学的数学观指导学生；第五层次——数学周围的现实背景，以智慧的数学模型鼓舞学生；第六层次——数学教学的课堂环境，以优良的课堂文化塑造学生。[1]

（十）大力发展我国学科教育的建议

学科教育要有一个大的发展，首先需要从事学科教育的人员努力敬业、树立信心、服务基层、勇于创新，为创建具有中国特色的学科教育体系而奋斗。打铁先要自身硬。只有取得高质量的研究成果，获得一线教师的认可，才能成为一门成熟的学科。此外，笔者提出以下建议。

（1）制订发展规划，加强学科教育的原创性研究。学科教育处于学科和教育两个门类的交界处，是一个边缘学科。边缘学科往往不成熟，缺乏展示平台和评价机制，以致发展起来困难重重。目前急需列出一些学科教育研究的重点项目，下功夫取得一些原创性的研究成果。

（2）加强教育理论领域和学科研究领域之间的交流。进一步发挥先进教育理论对学科教育的指导作用，同时，学科教育的创新也将促进一般教育理论的发展。此外，各个不同学科的教育研究也应取长补短，

---

[1] 张奠宙，马岷兴，陈双双，等. 数学学科德育——新视角·新案例［M］. 北京：高等教育出版社，2007.

开展跨学科的交流和探讨。

（3）恰当地确定学科教育的学术地位。在学位专业目录中，单列“学科教育”。学科教育的队伍庞大，学科门类众多，让数量十分巨大的研究队伍都挤在“教学论”这样一个狭小的门类里，申请项目和经费的渠道不通畅，处于不公平的状态。建议“学科教育”与“教育技术学”“教育史”等一样，能够单独列出。

（4）建设国家级的“学科教育研究中心”。学科教育的研究队伍散布于全国的许多单位，一些教育研究所的主要精力放在一般教育的研究上，对学科教育难以顾及，学科教育获得的研究经费非常少。设立国家学科教育中心，有利于统筹兼顾，进行长期规划。

（5）建设学科教育的学术队伍。由于“学科教育”长期被“边缘化”，目前高师院校的学科教育师资队伍处于青黄不接的状态。呼吁教育部和有关高校领导采取有力措施，积极探讨“学科教学论”教师的培养规范，保证这支队伍的可持续发展。

（6）加强国际合作。中国学科教育具有自己的特色，应该有计划地总结我国学科教育的成就，走出去、请进来，加强国际合作，使我国学科教育能够在国际学科教育领域内获得更高的声誉。

参考文献

[1] 黄荣金．美国“数学战争”始末及其启示［J］．数学通报，2007（1）．

[2] 沈克琦，赵凯华．北京大学物理系90年［J］．物理，2003（10）．

[3] 陈日亮．我即语文［M］．福州：福建教育出版社，2007．

[4] 张艳霞，龙开奋，张奠宙．数学教学原则研究［J］．数学教育学报，2007（2）．

[5] 张奠宙．中国数学双基教学［M］．上海：上海教育出版社，2006．

[6] 张奠宙，马岷兴，陈双双，等．数学学科德育——新视角·新案例［M］．北京：高等教育出版社，2007．

【后记】学科教育的成败，关乎课堂教学的质量，为大量的教学一线教师所关切。然而，在我国仍未被提到应有的地位。从事数学学科教育的教师似乎要比数学系的专业课教师矮一头，又比教育系的教师低一截。这是一种不正常的现象。2008 年，教育部在华东师范大学召开全国学科教师教育论坛，当时由陈小娅副部长出席主持。在会议筹备过程中，我应邀做大会发言。此文后来刊于《教育科学研究》2011 年第 8 期。

十五、用西方话语体系诠释中国数学教育

英文版《华人如何学习数学》（*How Chinese Learn Mathematics*）已于2004年出版。现在，该书的中文版也问世了。这是几代华人数学教育学者努力的结果。它的出版，可以给我们一些有益的启示。

《华人如何学习数学》（中文版）出现在21世纪初并非偶然。大约从20世纪初开始，东亚地区的华人社会取消私塾，普遍实行学校制度，按照班级授课，数学课程按照西方的标准重新设计。西欧、北美的中小学数学教材直接译成中文使用。中国大陆20世纪50年代还在向苏联学习数学教育。经过整整一个世纪的学习消化，华人数学教育逐渐有了自己的特色。

20世纪90年代开始，华人的数学学习引起了世人的关注。国际数学教育测试（IAEP、TIMSS、PISA）一再证明了华人地区学生的数学成绩十分优秀。但是，华人的数学学习给人的印象是停留在记忆、模仿、练习、考试等缺乏主动性的学习层面。在数学教育研究领域内，我们也很少听到华人的声音。这就是本书中常常提到的“中国学习者悖论”。西方的学者率先对这一悖论进行探究，一系列的著作随之诞生。1996年，时任香港大学教授的澳大利亚心理学家维金斯和别格斯出版了 *The Chinese Learner: Cultural, Psychological and Contextual Influences*[1]，对“中国学习者”给予正面评价。人们自然要想，虽然外部的观察会比较客观和清醒，但是内部的审视一定会更真切、更深刻。于是，在21世纪之交，华人数学教育学者行动起来了，其中包括一批接受西方科学训练的年轻学者。他们为了寻求这一悖论的答案，以极大的热情进行了多方位的探索。以圈内人的视角，回答“华人怎样学习数学”的问题。

---

[1] WATKINS D A, BIGGS J B. The Chinese learner: cultural, psychological and contextual influences [M]. Hong Kong: CERC & ACER, 1996.

那么，该如何来回答这样的问题呢？记得画家罗工柳谈中国油画创作时说过[1]，我们先要“打出去”，老老实实地学习西方的油画，然后再“打出来”，创造民族风格的油画作品。数学教育的研究也大抵如此。范良火等四位编者坚持各位作者按照数学教育研究的国际规范进行撰写，让国际上的读者读懂，力求能进入国际数学教育的主流圈。《华人如何学数学》这本书可以说努力地做到了。

《华人如何学数学》的出版是华人学者重新审视自己的一次机会。应该说，中国的文化传统以及长期累积的数学教育经验，此前并没有非常仔细地研究过。近百年来，我们的数学教育的理论和实践，总是单向地从国外输入，在“数学教育”的国际超市里挑选各种产品拿来应用。至于中国和海外华人地区的数学教育，尽管经验不少，却很少认真去总结。连自己的长处在哪里都不知道，遑论向外输出？所以，在数学教育上，我们一直是“入超”。

前面提到，澳大利亚学者在研究“华人学习者”。事实上，这样的任务本应该由中国人自己来完成，然而中国的教育家和心理学家却沉默着。这不禁令人联想到，早先的敦煌学在欧洲，在日本。只是在中华人民共和国成立前后经过几十年的努力，我们才使敦煌学在中国。时至今日，难道“华人学习者”的研究，只能请外国教育家来研究吗？不得已，华人数学教育学者只能自己来研究。在这个意义上，用英文写成的这本 *How Chinese Learn Mathematics* 的确是一个里程碑，它标志着华人地区数学教育研究走向世界的一个新起点。

环顾华人集中居住的几个地区，其政治制度、经济发展、教育政策，乃至历史环境都各不相同，但是数学教育的理念、教学内容和教学方法却非常相似。个中原因，恐怕只能到文化传统的领域中去寻找。从《学记》到朱熹的学习理论，知识分子的功名追求，家庭对子女的严格管束，熟能生巧的教育古训等文化传统，都会对数学教育产生影响。《华人如何学数学》里有许多文章就属于这一方向的研究。

---

[1] 罗工柳．罗工柳艺术对话录［M］．太原：山西教育出版社，1999：40.

此外，我们还应该注意，今天华人学习的并不是中国的传统数学，而是地地道道的“西方数学”。中国古代数学崇尚应用，那么华人学生为什么能够学好抽象的、公理化的、演绎推理式的古希腊数学呢？事实上，中国的文化传统中，多有学习抽象事物的习惯，不必依赖具象的事物就能够进行抽象的思考。例如，“仁”“礼”“道”“阴阳五行”等都是很抽象的概念，华人学生都可以学习掌握。同样的道理，也会适用于数学抽象概念、法则和命题的学习。旅美学者蔡金法的研究表明，做分数加法，美国学生习惯借助切蛋糕的形象方法，而中国学生却善于用符号进行运算[1]。至于华人学者是否善于进行演绎推理，自从清代中期戴震等人形成考据学派之后，对此也并不陌生。考证训诂是十分严谨的推理。逻辑演绎已经渐渐融入知识分子的血液之中，并非是人们想象的那样格格不入[2]。

晚近以来，关于华人数学学习的效率问题成为大家关注的焦点之一。西方的大多数教育学和心理学理论，只是从一般的认识论角度出发，主张“探究”“发现”“实践”的直接经验。其实，人的知识大多数来自间接经验。学生的任务是在短短的几年时间里，把人类几千年来积累的知识精华初步加以掌握。这样的学习要求，没有高度的教学效率怎么成？

华人数学教育的一个显著的特点正是注重学习效率。《华人如何学数学》一书中的大量例证表明，华人的数学学习能在有限的时间内，掌握更多的数学知识和技能。几篇关于“数学变式”的研究，就相当深入地解剖了华人数学学习的特点。事实上，华人学生的数学成绩好，还与重视“基础知识和基本技能”的教学密切相关：华人学生有良好的记忆（“九九表”、公式法则的背诵）、熟练的运算速度（数与式的快速运算，包括心算）、逻辑的严谨表达（在相对严谨的标准下咬文嚼

---

[1] 蔡金法在2000年东京举行的全球华人数学教育论坛上发表的演讲。

[2] 张奠宙．清末考据学派与中国数学［J］．科学（上海），2002（2）：43-46．

字地学习数学命题），以及变式的重复练习（在习题的变化中求发展）[1]。

在回顾华人地区数学教育发展的时候，一个重要的经验是在引进国际数学教育理论的时候，我们需要进行仔细辨析，避免囫囵吞枣。关于建构主义理论的认识就是这样。

名著《教育中的建构主义》[2] 译成中文出版，书的封底写着："建构主义——过去的十年见证了人类有史以来学习理论发生的最本质的变化，人类已经进入创建学习科学的新纪元，一场彻底改变人类学习的历年与方式的革命已经兴起。"

评价之高，无以复加。说建构主义教育在学术上有很重要的价值，大概没有人否认。至于是不是"新纪元"和"革命"，还是看看再说。这里，我们且关注它在实际中的"指导"意义。2002年，我访问美国费城的阿卡迪亚大学，接触了当地一个有名的教育网站，其中对"建构主义教育"的解释是：

学生需要对每一个数学概念构造自己的理解，使得"教"的作用不再是演讲、解释，或者企图去"传送"知识，而是为促使学生进行心智建构创设学习环境和条件。这种教学方法的关键是将每一个数学概念按皮亚杰的知识理论分解成许多发展性的步骤，这些步骤的确定要基于对学生的观察和谈话。

当时，我就向负责网站的教授表示不能接受这一观点，认为过于极端了。后来，我也从中国的网站上看到这样的论述[3]：

在建构主义课堂中，重点从教师转到了学生。课堂不再是教师（专家）向被动的学生灌输知识的地方，学生不再是空的容器等着被注满。在建构主义模式中，要促使学生主动参与到自己的学习过程之中。教师的作用更多的是促进者，他们指导、调停、鼓动和帮助学生发展与评估自己的理解和学习。教师最大的任务就是提好问题。

---

［1］ 张奠宙，戴再平，《中国数学教学中的"双基"和开放题问题解决》。第10届国际数学教育大会45分钟演讲（哥本哈根）。《数学教育学报》即出。

［2］ 斯特弗，盖尔．教育中的建构主义［M］．上海：华东师范大学出版社，2002．

［3］ 唐晓生，《建构主义的教育理论与实践》。

不管建构主义的教育理论如何“革命”，上述两个对课堂教学的论断恐怕无法令人赞同，因为它们违背了教育的基本规律。试想，教学不能进行演讲、解释，不要试图“传送”知识，只要“提出‘好’的问题”就行，这行得通吗？难道教师的责任就是“为学生创设环境和条件”，让学生自己在黑暗中摸索吗？教学还需要效率吗？没有教学效率，一万年以后怎么办？忽视效率是建构主义教育理论的缺陷。

事实上，“传送”知识是人类繁衍的本能行为。至于如何传送，我们必须符合“受传送者”的知识结构，即要启发式传送，不要填鸭式传送，让学生独立思考。俗话说：“师傅领进门，修行在个人。”教师不能直接把知识灌进学生的脑袋。这些常识，本来大家都是知道的。现在用建构主义的学说，如能把它更加科学化、理论化，当然是一种进步。然而，如果将它庸俗化，教师不过是“合作者、组织者、引导者”。谁主张教师在课堂教学中应该发挥主导作用，就是保守、落后，恐怕是违背客观教育规律的。

当然，华人的数学教育绝不是十全十美的。华人的数学教育既有长处，也有缺陷，有些问题非常严重。我们在培养学生的创新、发现、探究精神方面，还远远落后。社会环境对数学教育的束缚相当严重。严酷的考试文化和僵化的评价机制不断地在侵蚀着年轻学生的创造热情和理想。中国数学教育改革仍然是硬道理。向国外学习先进的数学教育理论和实践，仍然是一项紧迫的任务。任何故步自封的想法都是十分有害的。《华人如何学习数学》在揭示自己的弱点方面，并未深入。我想，这恐怕是另一本著作的任务了。

最后，我们欣慰地看到，华人数学教育界的学者是高度团结的。这在《华人如何学习数学》英文版的写作以及中文版的翻译中都显示出来了。为了华人数学教育研究走向世界，大家不计名利，倾注了无比的热情和忘我的努力。这是我们的希望所在。有了这样良好的开端，华人数学教育研究一定会有灿烂的明天，也必将进一步走向世界。

【后记】本文是我为2005年江苏教育出版社出版的《华人如何学习数学》（中文版）写的前言，标题另起。

十六、一个期盼：建设中国数学教育学派

2004 年，英文版《华人如何学习数学》（*How Chinese Learn Mathematics*）在新加坡出版。这是华人数学教育学者第一次成规模地用英文在国际上发出声音。可以说，这也是中国各个地区的数学教育理念从“单向输入”转向“开始输出”的一个历史拐点。我在为该书的中文版所写前言的最后几句话是：“为了华人数学教育研究走向世界，大家不计名利，倾注了无比的热情和忘我的努力。这是我们的希望所在。有了这样良好的开端，华人数学教育研究一定会有灿烂的明天，也必将进一步走向世界。”

事实正是如此。时隔 11 年，姐妹篇《华人如何教数学》英文版于 2016 年也在新加坡问世。全书的主编，依然是范良火、黄毅英、蔡金法和李士锜四位。至于作者队伍则更为壮大。中国大陆有许多比较年轻的作者参与，中国香港、台湾地区学者的贡献很大，还有一些作者来自新加坡、美国、英国、挪威和荷兰。从内容看，论述的题材、探讨的深度、使用的方法，都尽量向世界水平看齐。总之，从《华人如何学习数学》到《华人如何教数学》的出版，在经历了历史拐点之后，其发展态势是继续向上提升的，非常令人欣慰。

华人的文化如何走向世界？前人有过一些经验。记得是 1991 年，我去纽约的洛克菲勒大学见王浩教授。他对我说起中国哲学如何走向国外的一些往事。他的大意是说，中国哲学当然要靠本国自己的学者去研究，这是根本。但是也需要用西方的哲学加以考察。因此，许多留学生到了国外，学习了西方哲学之后，写的博士论文都是中国哲学的题材。不过，要再进一步，中国学者的博士论文要做西方哲学的题目，即要能够和西方学者一样具备研究西方哲学的能力，然后再回过头来研究中国哲学，这样做才会更好地走向世界。事实上，王浩先生的博士论文有关集合论和实数公理话体系，是一个纯西方的课题。

用王浩先生的话来看《华人如何教数学》的作者队伍，就会觉得

这11年来中国学者进步确实很大，许多作者已经具备了和西方数学教育学者一样的研究能力，并得到了国际同行的认可和赞扬。最突出的是香港大学梁贯成教授，他刚刚在德国汉堡举行的国际数学教育大会上荣获弗赖登塔尔奖，这是当今数学教育家可以企及的最高奖项之一。美国特拉华大学的蔡金法教授当选为权威的《数学教育研究期刊》（JRME）的主编（任期为2015—2020年）。他还应邀在国际数学教育大会上主持大会的圆桌讨论。原来在新加坡工作的范良火博士应邀担任英国南安普敦大学教育学院数学与科学教育研究中心主任、终身教授。他策划和组织了首届数学教材研究的国际会议，提出了数学教材研究的学术架构。除这三位之外，本书的作者中，还有许多享有国际声誉的学者。这一切都表明，华人数学教育研究正在更加坚定而踏实地走向世界。

我注意到《华人如何学习数学》与《华人如何教数学》的书名中，都有一个副标题“局内者之研究”。把一个研究课题的视角，分为“局内”与“局外”，意蕴深长。

华人数学教育是一个具有地域性的概念，由华人自己总结自己，由于是亲身经历，自然对问题看得比较真切。《华人如何教数学》的一部分作者是海峡两岸暨香港的本土学者。他们当然是“局内者”，所提交的论文报告了当前数学教育改革的成果和问题，体现了中西数学教育理念交汇融合的情势。这当然很重要。另一部分“局内者”则在欧美国家工作。他们善于用欧美的理论框架和话语体系对中国数学教育进行解构和包装。尤其是能把初看上去很普通的教学策略提升为一种规律性认识，令人耳目一新。不过，正如俗话说“当局者迷，旁观者清”，华人数学教育究竟如何，还得听听局外学者的评论。可以预料，如果有“局外者”来参与审视，华人数学教育的价值和缺陷将会被看得更清楚。

我作为一个“局内者”，对于“华人数学教育”的发展有一个奢望：努力形成一个数学教育学派。当然，学派是不能自封的，非得由“局外者”来认定不可。我们能做的是不断提高我们的学术水准，尽量在实践经验的基础上，总结出比较系统的规律性认识。如能提出具有中华文化特征却又具有世界普适性的规律，将是对人类文明进步的一点贡献。

为此我常常在想，华人数学教育的核心理念是什么？能不能用比较简单的几句话说清楚？例如，一般认为，华人地区的学生考试成绩好，就是因为“基础扎实”，那么究竟什么是基础？基础教育的数学基础是哪些？基础扎实的标准是什么？如何测量？基础会不会过剩？“熟能生巧”是否正确？运算速度要不要规定？基础数学知识如何巩固？基本数学技能如何养成？打基础与求创新如何协调？在补齐我们的短板时如何保持自己的长处？对这些问题，我们真的很需要一个整体的构思，一个正面的回答。这当然是很困难的事情，需要“局内者”和“局外者”共同努力，长期坚持，才能达成共识。任重而道远，我们期待着！

一些个人的感想，拉杂写来，权作为序。

【后记】本文是我为《华人如何教数学》（中文版）写的序，标题另起。

十七、中国数学教育发展的一个标志

一百多年前，中国处于清朝末年，积贫积弱，文盲充斥。拖着辫子的臣民，没有接受现代数学教育的机会。1911 年，辛亥革命爆发。1919 年，五四运动兴起。科学、民主的口号催生了中国的现代数学教育。

中国的数学教育，早年学日本，然后学英美，艰难行进。1949 年之后，中国人民站起来了。在全面学习苏联的基础上，羸弱的中国数学教育渐渐强大起来。注重数学“双基”，发展三大能力，反对注入式，提倡启发式，学习唯物辩证法，加强数学与实践的结合。在总结正反两方面经验的基础上，中国数学教育开始形成了自己的特色。

20 世纪 70 年代末起，中国实行改革开放政策。数学教育一方面大量吸收国外的优秀研究成果，一方面不断展现自己的数学教育特色，在理论和实践上都得到了重要发展。时至今日，中国数学教育已经走向世界，在国际上享有相当高的声誉。中国的优秀学生在国际数学奥林匹克竞赛中屡获佳绩，大范围国际数学测试中，中国学生成绩位居前列。中国以很低的教育投入获得了如此优良的成绩，令人惊叹。事实上，数学教育的成果，成为中国经济起飞的重要支撑。千百万农民工走进现代化的企业，成为“中国制造”的主力军，没有必需的数学计算和思维能力，是不可想象的。

于是，一个严肃的课题摆在我们面前：怎样评价中国的数学教育？在风起云涌的教育改革浪潮中，对中国的数学教育传统有以下三种态度。

第一种态度是基本否定。认为中国的数学教育观念落后，内容陈旧，教师死教，学生死学，没有创新，没有探究，单打独斗，不讲合作，应试当头，摧残学生。一句话，必须彻底转变观念，改变学生的学习方式。对于中国的教育传统的继承，止于《学记》经典、孔子教育思想及书院模式。对于中国当代的数学教育，则不作任何肯定。他们认为，如果说中国学生的基础好，只是输在后面缺乏创新，那么更应该说，没有创新的基础，就是输在了起跑线上。

第二种态度是认为中国的教育有积极的因素，应该挖掘。这种观点常常以“中国教育悖论”的形式出现。例如，“中国学生何以比西方学生在学习成绩上好许多，但是他们的教和学看上去是如此的死记硬背？”他们在实践上肯定中国学生的学习成绩，但是西方的许多教育理论无法解释，于是产生困惑，需要研究其原因。这是国外一部分客观公正的教育家的观点，具有积极的意义。

第三种态度就是“中国数学教育研究丛书”所采取的态度：基本肯定，需要改革。中国是一个有几千年文明历史的国家，具有灿烂的中华文化。教育是一种文化现象，其中积淀着许多文化的因子，如鼓励教学相长，重视扎实基础，提倡启发诱导，相信熟能生巧，主张精讲多练，采用变式演练，等等。对这些深藏于中华文化中的教育因子，我们应当采取基本肯定的态度，继承发扬它的积极因素，使之熠熠发光。与此同时，防止它的异化，避免造成负面影响。

文化是不能废除和选择的。费孝通先生说过，各个国家对文化的态度应当是“各美其美，美人之美，美美与共，天下大同”。教育上的观念，也应遵循这样的规律。

另一个不容忽视的事实是，1949 年以来的中国数学教育是许多前辈学者、几代教师苦心孤诣建设起来的。他们为国家的兴旺发达、经济起飞、教育普及做出了巨大的贡献，岂可一笔抹杀？数学教育中的“双基”教学、启发式讲解、三大能力的培养、师生讨论的模式、数学解题的教学等，都是闪闪发光的金子。当然，我们也清醒地看到，中国数学教育有着明显的弊病。对于前面提到的中国数学教育的种种缺陷，我们同样感到痛心疾首，主张坚决革除。任何时候，任何国家都在根据自己的国情进行改革。我们只不过根据历史经验教训，反对矫枉过正而已。

晚近以来，我们学习了许多国外的优秀经验，特别是初步把握了比较科学的研究方法，注重调查实证，开始运用心理学的最新成果进行分析。这就是说，我们已经有初步的条件把我国已有的教学经验上升为理论。

综上所述，我们觉得应该集中大家的力量，可以开始建立具有中国特色的数学教育体系了。于是，“中国数学教育研究丛书”的编写被提上了议事日程。丛书的出版，得到了数学教育同行的积极响应。我们欢迎一切数学教育研究成果参与丛书的出版。除研究质量的普遍要求之外，附加的条件只有一个：具有中国特色。

丛书出版在即，希望它能成为一个时代的记录，一个中国数学教育发展的标志。

【后记】“中国数学教育研究丛书”于2008～2012年陆续在广西教育出版社推出。本文是我在2008年1月为这套丛书写的总序，标题是另起的。

2004年底，我到南宁主持“教育部数学教育高级研讨班”，主题是“中国数学双基教学”。研讨班结束之后，我和广西教育出版社的黄力平副总编在去北海的途中长谈了几次。当时我说，很希望出版一套反映中国数学教育特色的研究丛书。事实上，中国数学教育已经有自己的许多特色，“数学双基教学”只是其中的一种而已。这一想法，心中酝酿已久，却一直未敢说出来。究其原因，一是担心全国相关专家是否愿意参与，能不能组到书稿；二是担心这种学术性的“小众”书籍，出版社是否愿意投资。不料，力平副总编也有此意，故而一拍即合，并力邀我出任总主编，立即动手组稿。

2006年初，经出版社申报，国家新闻出版总署评审，丛书被列为“十一五”国家重点图书出版规划项目，我立即向全国的相关专家通告并约稿，进展之顺利出乎预料。截至2012年，共出版了17卷。丛书的作者来自北京师范大学、华东师范大学、东北师大学、南京师范大学、陕西师范大学、首都师范大学、四川师范大学、杭州师范大学、南京大学、中央民族大学、成都大学、香港大学等高校，以及教研机构或中学。丛书的内容涵盖了课程改革、课堂研究、教学研究、教师教育、国际比较、“双基”教学、数学哲学、数学方法、数学解题、数学竞赛、开放题研究、学习心理、信息技术等方面。共同的特点是具有本土性、原创性、学术性。丛书的具体书目见本文附录。

现代中国数学教育从清末民初开始至今已有百余年的历史。期间的研究性出版物大多为译作或介绍性著作。至于成套地出版扎根于本土的数学教育研究作品，应该说这是第一次，因而也具有里程碑式的意义。值得思考的是，如何把这一套丛书长期地坚持下去？如能编成序列号，每年出版若干卷能够反映时代特点的中国数学教育新著，长期积累，也许是一件有价值的事情。

力平副总编告诉我，在数学学科之后，其他学科的教育研究丛书也在组织出版之中。这反映了我国学科教育工作者的民族自信和教育自信。

在中华文化教育崛起的过程中，学科教育不会缺席。

附：　　“中国数学教育研究丛书”书目

（按出版时间排序）

1.《数学“双基”教学的理论与实践》（张奠宙等/著）
2.《数学教育哲学的理论与实践》（郑毓信/著）
3.《数学学习心理的 CPFS 结构理论与实践》（喻平/著）
4.《中学数学解题的理论与实践》（罗增儒/著）
5.《小学生数学基本计算技能的测试及计算教学研究》（张晓霞、马岷兴/著）
6.《中英初中数学课程综合难度的比较研究》（鲍建生/著）
7.《数学课堂教学实证系列研究》（曹一鸣/著）
8.《数学教师教育“多元化”的研究》（柴俊/著，王建磐/序）
9.《程序性知识教与学的研究》（巩子坤/著，宋乃庆/序）
10.《上海数学课堂的编码研究》（黄兴丰/著，李士锜/序）
11.《数学方法论的理论与实践》（郑毓信/著）
12.《交流与合作——数学教育高级研讨班 15 年》（张奠宙、何文忠/编）
13.《基础教育数学课程改革的设计、实施与展望》

（史宁中、马云鹏/著）

14.《数学教育技术的应用与创新研究》（王鹏远/著，张景中/序）

15.《变异理论下的数学课堂研究》

（黄荣金/著，刘丹/译，顾泠沅/序一，梁贯成/序二）

16.《数学开放题研究》（戴再平等/著，张奠宙/序）

17.《中学数学竞赛的内容与方法》（罗增儒/著）

第二编 数学教育述评

这一部分选取了2003年以来发表的有关数学教育的文字。横向内容涉及数学的教育形态、数学活动经验、数学课程标准讨论等；纵向内容则有关中华人民共和国成立六十年的数学教育成就以及出现的论争，改革开放三十年的数学教育，新世纪十年的回顾，等等。

纵横交错，从个人的视角试图展现中国数学教育不断发展的图景。

一、期盼中国教育科学研究具有“大国”风范

中国是教育大国，众多的学习人口、庞大的教师队伍、宏伟的教育体系，在世界上没有哪个国家可与之相比。但是，中国还算不上教育强国。其中一个重要的指标是，中国的教育科学研究缺乏“大国”风范，教育科学研究成果还不能与国际同行进行平等独立的交流，引进多，输出少，大量“入超”。

中国的教育事业正在快速发展中。国家和地方投入很多人力和物力以加强研究，书店里教育著作琳琅满目，教育研究获奖的项目也屡见报端，其中自然会有许多精品为教育领导部门和广大教育工作者称道。

不过，就我的见闻，教育研究中缺乏创新、脱离现实、远离焦点的现象还比较严重。我从事数学工作多年，后来又转向数学教育研究，这些年来参加过许多重大的国际数学教育活动，一个最高的愿望是建设具有中国特色的数学教育理论。因此，我对于“具有中国特色的教育理论”的研究项目和成果，自然也非常注意，期望从中得到一些帮助，遗憾的是看到的实在不多。如何让一些热爱中国教育的人从教育研究中得到鼓舞？

（一）大力研究具有中国特色的教育理论

走进教育书店，林林总总的教育专著，少有研究中国自己的教育特色的成果。我们除蔡元培、竺可桢等大学校长之外，从事中国基础教育的就没有教育家了吗？总的来说，我认为中国教育的成就很不错。以我从事的数学教育来说，我国在奥林匹克数学竞赛连取佳绩，其他国家就很羡慕。更重要的数据还来自我国13岁的中学生在1989年举行的一次国际数学测试（IAEP）[1]（见下表）。

[1] Report No. 22-CAEP-01 [M] //The International Assessment of Educational Progress. Learning Mathematics. Princeton: Educational Testing Service, 1992.

国家（地区）	正确率	国家（地区）	正确率
中国大陆	80%	英格兰	61%
韩国	73%	苏格兰	61%
中国台湾	73%	爱尔兰	61%
瑞士	71%	斯洛文尼亚	57%
苏联	70%	西班牙	55%
匈牙利	68%	美国	55%
法国	64%	葡萄牙	48%
意大利	64%	约旦	40%
以色列	63%	巴西	37%
加拿大	62%	莫桑比克	28%

我国的教育投入在国家预算中所占的比例在世界上相对较低。那么，为什么我们的中学生能够取得比西方发达国家的同类学生好许多的数学成绩？同是发展中国家，中国学生的得分率为什么比巴西高出一倍多？我们不必以学生成绩好来掩盖教育上的缺陷，但是也不能熟视无睹，成绩好了，还是一味指责教师的教育观念落后。实际上，中国中学生数学考试成绩好，得益于中国数学教育重视基础知识和基本技能的教学（简称“数学双基教学”）。这是20世纪50年代学习苏联之后，于1963年我国自己总结出来的一种数学教学思想。

中国的优秀教育传统已经引起国外人士的关注。1996年，任香港大学教授的澳大利亚心理学家维金斯和别格斯出版了 *The Chinese Learner Cultural, Psychological and Contextual Influences*[1]。2001年，在该书第二版的封底上，这样写着：“一方面，中国学习者在许多国际测试中成绩优良。另一方面，中国的教育似乎又是以死记硬背和反复操练为导向的。这是一个悖论。本书认为西方人误解了中国学习者，认为中国人的学习是有意义的……”我想，研究“中国学习者”的任务当然应该由

[1] WATKINS D A, BIGGS J B. The Chinese learner: cultural, psychological and contextual influences [M]. Hong Kong: CERC&ACER, 1996.

中国人自己来完成。现在澳大利亚、瑞典等国的学者已经走在前面了，而中国的学者却沉默着。这不禁令人联想到，早先的敦煌学在欧洲、日本，在中华人民共和国成立前后经过几十年的努力，我们才使敦煌学在中国。时至今日，难道“中国学习者”的研究，只能在国外吗？

在这一方面，我国的数学教育工作者已经行动起来了。一本由中国人编写的 *How Chinese Learn Mathematics*（《华人如何学习数学》）的英文著作已经在新加坡出版，目的是向国际介绍中国的数学教育实践及其理论[1]。我们热切希望，我国教育家和心理学家也能够关注自己国家的教育特点，总结自己的经验教训，逐步形成具有中国特色的教育理论，让世界听到中国教育的声音。

（二）知难而进，敢于碰硬，提出、研究、解决中国教育中的关键问题

中国的教育问题很多，但当今中国教育的核心难题是如何改革高考和中考制度，以及相关的教育评价问题。尽管考试制度的改革并非教育家能够一手解决，但教育家总不能撒手不管，必须拿出办法才是。遗憾的是，教育研究项目指南里难觅“高考改革研究”的踪影，全国还没有听说召开过影响巨大的高考改革研究会议，书店里看不到研究高考改革的专著，包括国内外的比较研究。缺乏研究的后果是，社会上弥漫着“状元文化”和“科举情结”。平心而论，中国教育史的专家究竟花了多少力量在研究“科举”？“科举”的考试公平是否被宣扬得过了头？“科举”之危害在当今高考里有没有反映？崇尚“稳定”的高考命题模式如何避免重蹈“八股文”的覆辙？

我们也要请教教育家们，那个以布鲁姆目标分类学带来的高考命题理论是否正确？将一门学科分解为“知识点”[2]，考试则需覆盖其70%的做法，对不对？“从高分到低分”的录取模式是不得已而为之，

---

[1] FAN Lianghuo, WONG Ngai-Ying, CAI Jinfa, et al. How Chinese learn mathematics [M]. Singapore: Word Scientific Publishing Company, 2004.

[2] 上海语文特级教师于漪老师曾对笔者说：“好端端的语文整体，被碎尸万段。”

还是绝对科学？这些既有现实意义，又有理论研究价值的课题，为什么不能立项进行深入的科学探讨呢？

教育评价在中国教育研究上是一个薄弱环节。中国社会存在仅仅因为一分之差而失去年轻生命的案例。如何解决这已经成为中国的社会问题之一的现象？我们有理由期盼教育家们多多研究，用理性的研究成果宣示什么是真理，通过寻求决策、提供建议、造成舆论，逐步推进社会改革。

只有碰硬才会有重大的研究成果，也才能具有中国特色。

（三）对国外的教育理论，需要进行分析，避免片面性

晚近以来，中国的教育研究似乎有过分倚重国外教育理论的倾向，“现代主义教育理论”乃至“后现代主义教育理论”等，大举进入中国，我们却没有对其仔细分析。杨振宁在台湾评论中国教育现状时说：“90% 的小孩，用中国传统教育较扎实……我总觉得太把西方人的见解当成讨论的基础、焦点。”[1]

常常听到一些演讲，总是要广大中小学教师“转变观念”。好像过去做的一切都错了，方向上出了问题。如果说，要实行社会主义市场经济，原来的计划经济的观念必须转变，需要和国际通行的经济观念保持一致，那么，在社会主义教育观念上，我们需要与时俱进地提高认识，开阔视野，却并不需要彻底转变观念，也无须和国际接轨。这里，想特别就建构主义教育理论做些评论。

名著《教育中的建构主义》[2] 译成中文出版，书的封底写着：“建构主义——过去的十年见证了人类有史以来学习理论发生的最本质的变化，人类已经进入创建学习科学的新纪元，一场彻底改变人类学习的历年与方式的革命已经兴起。”

评价之高，无以复加。说建构主义教育在学术上有很重要的价值，大概没有人否认。至于是不是“新纪元”和“革命”，还是看看再说。

[1] 台湾《联合报》2002 年 11 月 3 日。

[2] 斯特弗，盖尔. 教育中的建构主义［M］. 上海：华东师范大学出版社，2002.

这里，我们且关注它在实际中的“指导”意义。2002年，我访问美国费城的阿卡迪亚大学，接触了当地一个有名的教育网站，其中对建构主义教育的解释是：

学生需要对每一个数学概念构造自己的理解，使得“教”的作用不再是演讲、解释，或者企图去“传送”知识，而是为促使学生进行心智建构创设学习环境和条件。这种教学方法的关键，是将每一个数学概念按皮亚杰的知识理论分解成许多发展性的步骤，这些步骤的确定要基于对学生的观察和谈话。

当时，我就向负责网站的教授表示不能接受这一观点，认为过于极端了。后来，我也在中国的网站上看到这样的论述：

在建构主义课堂中，重点从教师转到了学生。课堂不再是教师（专家）向被动的学生灌输知识的地方，学生不再是空的容器等着被注满。在建构主义模式中，要促使学生主动参与到自己的学习过程之中。教师的作用更多的是促进者，他们指导、调停、鼓动和帮助学生发展与评估自己的理解和学习。教师最大的任务就是提好问题。[1]

不管建构主义的教育理论如何“革命”，上述两个对课堂教学的论断恐怕无法令人赞同，因为它们违背了教育的基本规律。试想，教学不能进行演讲、解释，不要试图“传送”知识，只要“提出‘好’的问题”就行，这行得通吗？难道教师的责任就是“为学生创设环境和条件”，让学生自己在黑暗中摸索吗？教学还需要效率吗？事实上，“传送”知识是人类繁衍的本能行为。至于如何传送，我们必须符合“受传送者”的知识结构，也就是要启发式传送，不要填鸭式传送，让学生独立思考。俗话说：“师傅领进门，修行在个人。”教师不能直接把知识灌进学生的脑袋。这些常识，本来大家都是知道的。现在用建构主义的学说，如能把它更加科学化、理论化，当然是一种进步。然而，如果将它庸俗化，教师不过是“合作者、组织者、引导者”。谁主张教师在课堂教学中应该发挥主导作用，就是保守、落后，恐怕是违背客观教

---

[1] 唐晓生，《建构主义的教育理论与实践》。

育规律的。

我国台湾地区实行建构主义已经有十余年的历史。曾任台湾“中央研究院”数学研究所所长的李国伟，在1997年就担心地写道：

到底我们的数学教育界对“建构主义”有多少批判性的理解？是否又要以美国的数学教育思想马首是瞻，重蹈当年“新数学”惨痛经验的覆辙？我们现在需要的是能把握问题、深思熟虑的“建构”，最怕的是轻信权威、坐收现成的“贱购”。[1]

2002年，台湾教育改革失败，当地教育主管部门宣布停止推广使用建构主义教材。消息传来，大体可以归并成一句话：“都是建构主义惹的祸！”

从哲学上看，那种极端的建构主义否定人的认识和客观实在有同一的可能，断言客观事物是不可认识的结论，很容易走到“主观唯心主义”的道路上去。尽管建构主义的拥护者坚决否认这一点，可是在国外，对建构主义的批评一直不绝于耳。相反，中国教育界在介绍和运用建构主义教育观的时候，却很少进行批评。事实上，美国有“基础派”和“建构主义派”的争论，而且形成了激烈的“文化战争”[2]，建构主义其实只是一派的观点，并非绝对真理。

近代中国教育史上，我们一直认为我们不如西方，于是经历了一次次的“以西非中”。学日本，学英美，学苏联，不一而足。当然我们绝不是固步自封，而是要在谈发展的时候，适当地停下脚步，看看自己有多少东西。免得在发展时，没有把自己的东西好好整理，囫囵吞枣，甚至把自己的东西丢掉，失去民族的自我。

一个“教育大国”的教育研究，需要用自己的眼光审视世界，结合国情，客观、科学地分析一切教育思想和学术流派。

---

[1] 见1997年9月7日第548期《新新闻》，后收录在1999年8月由《新新闻》出版的《一条画不清的界线——李国伟的科文游牧集》。

[2] 见《数学教学》2003年第7期，“国际数学教育通讯”Zimmerman的文章摘要。原载美国《基督教科学箴言报》，2003年2月10日。

参考文献

[1] 斯特弗，盖尔. 教育中的建构主义 [M]. 上海：华东师范大学出版社，2002.

【后记】本文发表于《教育科学研究》2005 年第 2 期。其中正面提出建设中国特色数学教育的目标，并与风靡一时的建构主义学说保持一定的距离。这在当时和主流教育观念颇不一致。《教育科学研究》愿意接受并发表此文，显示了该刊坚持学术自由、鼓励发表不同意见的办刊宗旨。

二、代数教学中的模式直观

通常认为，几何学有几何直观作为基础。因而，发现和证明几何定理可以并需要依赖图形直观。至于代数运算，似乎只是一种人为的规定，既难以理解，也无须解释，更谈不上直观。其实，代数教学同样需要直观。教师在代数课程教学中的一项重要任务就是引导学生对抽象的代数结构与运算法则构建起直观的理解。本文，试图建立"模式直观"的概念，并以此作为代数教学的一种理念和教学方法。我们认为，模式直观是建立代数想象力的基础。

（一）图形直观与模式直观

直观的重要性本来是不言而喻的。但是，盛行一时的形式主义数学观使得许多人忽视直观的作用。20 世纪初，庞加莱（H. Poincare, 1854—1921）就指出："研究一下伟大数学家或一般数学家的著作，人们不能不注意到和区分出两种相反的趋势，或者毋宁说是两种完全不同的精神类型。一些人尤其专注于逻辑。读读他们的著作，会导致人们运用 17 世纪法国军事家沃邦的方法，只是一步一步地前进……另一些人则受直觉指引，他们像勇敢的前卫骑兵，迅猛出击，但有时也要冒几分风险。"[1]

在中学教学中，常常要依赖直觉。几何教学常以直观图形作为背景。此外，函数的图象、方程的求解等，也可以使用图象进行直观思考。但是，大量的代数运算规则、数系的运算规律、排列组合、不等式证明等，并没有直观的事物作为支撑。为了使学生能够理解这些代数知识，我们需要在教学中使用模式直观。也就是说，将某些抽象的代数问题归结为一些大家熟悉的、已经被普遍接受的某种思维模式，设置代数思考的背景，使之更加方便于分析与推理。让我们先看一个具体的例

---

［1］ H. Poincare：《数学中的直觉和逻辑》。原载于 The Foundations of Science，1988 年第 4 期。转引自邓东皋等编《数学与文化》，北京大学出版社 1990 年第 1 版第 123 页。

子：

例 1　组合公式 $C_n^m = C_{n-1}^m + C_{n-1}^{m-1}(n \geqslant 2)$ 的证明。

证法 1：

$$C_{n-1}^m + C_{n-1}^{m-1} = \frac{(n-1)\cdots(n-m)}{m!} + \frac{(n-1)\cdots(n-m+1)}{(m-1)!}$$

$$= \frac{n(n-1)\cdots(n-m+1)}{m!} = C_n^m$$

证法 2：在 n 个元素中固定一个元 a，那么从 n 个元中取 m 个元可分为两种情形。一定不取 a，共有 C_{n-1}^m 种取法；一定取 a，共有 C_{n-1}^{m-1} 种取法；加起来共 C_n^m 种取法。

两种证明方法都是对的。许多教材喜欢采用证法 1，认为它形式化方式强，符合数学中演绎推理的特征。然而，证法 1 只是一种纯粹形式化的验证而已。至于证法 2，则具有操作的形象，揭示了思想实验的过程，具有某种直观性。我们称这种思维方式为“模式直观”。

数学有 3 种不同的形态：数学家创建数学结构过程中的原始状态，整理研究成果之后发表在数学杂志上、陈述于教科书上的学术形态，便于学生理解学习、在课堂上出现的教育形态。证法 1 建立在纯粹的演绎推理基础上，是一种学术形态。证法 2 能够显示思维的实际过程，更适用于教和学，因此接近于教育形态。教育形态需要借助模式直观为学生提供一种容易接受的实际情景，以满足教育过程的需要。

实际上，数学家在创建数学的过程中往往离不开“直观”的支持。1963 年，数学家阿提亚（曾任英国皇家学会会长，菲尔兹奖获得者）和辛格两人共同证明了“指标定理”。此定理深刻地揭示了微分方程、代数几何、拓扑学之间一种内在联系，定理最后归结为一个代数恒等式。虽然定理的证明已经完成，但是阿提亚仍然认为，这个证明尚未达到“形象的理解”的地步。5 年之后，他再次用更为直观、更容易被理解的方法证明了这个定理。这里的直观，并非画图形之类的几何直观，而是便于人们理解的模式直观。

那么，怎样界定模式直观呢？

与图形直观借助视觉感官不同，模式直观是借助抽象思维的层次展开的。大自然具有秩序，人的思维过程则具有层次性，从比较具体的思维向更加抽象的思维逐步过渡。于是，在较高层次的思维过程中，我们可以利用较低层次的直观形象为背景构建推理模式。

一般地说，所谓模式直观，是指通过相对比较具体的、先前已经熟悉的、具有普遍协调感的、容易接近的模式作为背景，使得人们能够进一步把握和理解更加抽象、更为深刻的思维对象。

模式直观是人们对事物之间逻辑关系的一种比较直接的、形象的推断和理解。例 1 中证法 2 的合理性，就建立在比较具体、广为人们熟悉的、常识性的、普遍被人们接受的“程序分划”的模式直观之上。

（二）模式直观和形式主义数学观

早在古希腊就有了公理化的演绎体系，欧几里得的《几何原本》是其杰出的代表。只是在 19 世纪与 20 世纪之交，数学家希尔伯特建立了“形式主义数学”体系之后，公理化数学才真正严格地建立起来，这是人类理性精神的伟大胜利。公理化数学主张复杂艰深的数学推理应当放置在一个逻辑基础充分可靠的基础上，使得数学推理不受推理者的主观意志干预，从而把推理的前提与推理的过程严格地区分开来。传统的观点认为一旦公理系统已经形成，依靠直觉所产生的知识就不再随意进入推理过程。

如果把这种形式主义数学观绝对化，就会导致全盘排斥直觉在数学推理中的作用，认为直觉不可靠。但是，数学家创建新的数学，并不能脱离直觉的参与，我们不能仅仅依靠公理化的形式演绎来获得推理结果。数学哲学家拉卡托斯详细考察了欧拉多面体定理 $V+F=E+2$ 的形成过程与证明逻辑[1]。这一定理最简洁的证明途径是：设想把一个（单连通）多面体的某个面“绷大”，把多面体的其他的面压缩到这个被绷大的面上。这样，不难知道平面图满足欧拉等式 $V+F=E+1$，再还原为多面体的欧拉等式 $V+F=E+2$。拉卡托斯评论说，没有哪一位数学家不

---

[1] 拉卡托斯. 证明与反驳——数学发现的逻辑 [M]. 康宏逵，译. 上海：上海译文出版社，1987.

承认这是一个完美的数学证明。在这样漂亮的证明中，无论我们从哪一个角度来分析问题，最为重要的也是最本质的一步就是“绷大”一个面“压缩”其他面的想法。这样的“绷大—压缩”实际上仅仅是“头脑里的操作”，是一种典型的思想实验。这种想法虽然奇特，但是非常直观。我们没有任何理由怀疑这种直观方法在逻辑上有什么不可靠。而且，我们也无法找到这样的“头脑里的操作”有什么“公理依据”或者什么“逻辑法则”的依据，我们所依靠的仅仅是“直观”。这种“直观操作”并不依赖对几何图形的直接观察，而是一种广泛为人们所接受的思维模式。

真正的创造性的数学推理过程，即数学思维的原始形态，充满着模式直观。我们通常看到的作为结果的数学，只是“冰冷而美丽”的数学的学术形态。拉卡托斯认为，“演绎主义体例以人为的权威方式，硬把证明生成的定义跟它们的‘证明祖宗’扯开，把它们讲成从天上掉下来的”[1]。

让我们再看一个中学数学中的例子。罗增儒教授在处理一些不等式时，借助了生动的模式直观[2]。

例2 证明不等式 $b/a<(b+m)/(a+m)$（其中 a，b，c，d，m 都是正数）。

我们用 a 表示溶液（糖水），b 为溶质（糖），于是 b/a 表示浓度（甜度）。

现在向糖水中再放糖 m（$m>0$），显然，糖水变甜，这意味着 $b/a<(b+m)/(a+m)$。

这是一个绝妙的模式直观。这里没有任何图形，却十分生动明晰。

进一步，如果 $b/a<d/c$ 表示两杯不一样甜的糖水，若倒在一起，甜度如何变化?

很自然地就得到：$b/a<(b+d)/(a+c)<d/c$。

---

[1] 拉卡托斯. 证明与反驳——数学发现的逻辑［M］. 康宏逵，译. 上海：上海译文出版社，1987.

[2] 罗增儒. 数学解题学引论［M］. 西安：陕西师范大学出版社，2001.

“糖水的模式直观”为这一特定不等式的证明提供了可操作的“思想实验”。这种模式直观也许还不能算是证明，但是它至少为理解数学提供了极佳的直观支撑。

总之，尽管公理化的数学思想是一种重要的理性思维模式，但是，不能把它理解为绝对的数学思维模式，更不能在“公理化”“形式化”的数学体系中排斥“直觉”所发挥的作用。数学思维需要直观的支持，对于教育形态的数学来说，就更是如此。

（三）模式直观的初步分类

中学数学中使用模式直观的途径很多。我们试对它做一个初步的分类。

1. 常识性模式直观

代数学是人类推理思维的产物，因而必然带有人类一般思维的特征。“常识性模式直观”是指人们借助一般的生活实践做背景，随着生活经验的积累而被固定下来的、广为接受的推理过程。上述的“糖水浓度”的例子就是一种以日常生活为背景的直观推理。

模式直观广泛存在于理性思维的过程中，许多思维策略都起源于某种模式直观。例 1 中的证法 2 的直观模式可以看作源自人们对“集合分划”的一种思想操作。再如，加工某工件的过程，如果把一个工人连续加工的方式称为“串行模式”，而把两个工人同时加工的方式称为“并行模式”，那么大多数组合问题都可以归结为并行模式或串行模式的正确选取。但是这种选取的合理性并不是由某种形式推理而获得的，而是被人们普遍接受的常识所肯定的。

不妨再举一个小学数学的例子：加法的结合律。我们提供如下的直观方式来解释加法结合律的合理性。设想一个钱包，钱包内有一个夹层。先在夹层里放 1 元，再放 2 元，合起来共（1+2）元，然后再在夹层外放 3 元，这样钱包里一共有 6 元。我们的加法程序是（1+2）+3。现在采用另一个程序来放置同样的钱，先在夹层里放 1 元，再在夹层外放 2 元，然后再在夹层外放 3 元。这样钱包夹层外共放（2+3）元，钱包里的总钱数为 1+（2+3）。模式直观告诉我们（1+2）+3=1+

(2+3)。

对于大学生来说，整数加法的结合律仅仅是环论系统下的一条公理，不需要对它多加解释。但是对小学生而言，提供模式直观就是十分必要的了。不要过分小看这样的“直观理解”，数学发现的能力是由许许多多这样简单而直截了当的观察和想象积累而成的。

2. 迁移性模式直观

人类的抽象思维需要有较低层次、相对具体、形象化的实际背景作为支撑。同时人们不断地将已经比较熟悉的情景迁移到较高的思维层次，这样有助于产生新的、更为抽象的推理。

例 3 无理数的代数运算。

无理数的定义为“无限不循环小数”，那么两个无理数的和 $a+b$ 是什么意思呢？这涉及无限数列的极限问题，需要用“柯西列”的理论加以处理。进一步，无理数四则运算的结合律、交换律、分配律等，在中学数学中都无法给出严格的逻辑证明。

那么，我们应当怎样处理呢？只能借助已知的有理数模式作为直观的基础。教科书上只有一句话：“有理数的四则运算法则，可以推广到无理数情形，即对无理数仍旧适用。”

长期的教学经验表明，学生并不会因为没有证明无理数的运算法则，就对法则本身加以怀疑或者拒绝接受这些运算法则。原因在于，把已知的运算法则类推到更广的范围，这本身就是数系扩充的一个直观原则。中小学对于数系的扩充，大多采取这类“迁移性”的直观模式。同样的，我们实际上也没有严格地证明有理数系的各种运算法则，而仅仅只是把这些法则从整数的情形加以直观的类推而已。

以上这些数学结论，本来在数学理论中是可以从公理体系出发进行严格逻辑证明的，但是对于初学者而言，为了不使教学过度形式化，我们通常都是采用“迁移性”的模式直观，使学生找到已知知识的“固着点”，以已有的数学结构为背景，作为建立新结构的直观支撑。

代数中的“不定元”也是一个纯粹依赖模式直观的概念。“不定元”本身并不是所讨论的代数系统中的成员，但是它可以参与任何代数系统的演算，而且满足所在代数系统的所有运算法则。如果按照严格的“形式数学”观点，这样毫无理由地扩大运算法则的使用范围，在逻辑上是不合法的。但是，我们实际上都承认“不定元”的合法地位。正如项武义教授所说：“代数的本质并不是如大多数人所想象的在于‘字母表示数’，代数的本质在于‘不定元’可以参与代数系统（或数系）的各种运算。‘不定元’的合法地位完全建立在模式直观的逻辑基础之上。”

让我们再看欧拉的一种模式直观。发现自然数序列的倒数平方和公式 $\sum_{n=1}^{\infty}\frac{1}{n^2}=\frac{\pi^2}{6}$ 是一个伟大的创造。

他第一步“直观想象”是：如果多项式 $f(x)=0$ 恰有 n 个根 $x=a_1, a_2, \cdots, a_n$，那么多项式就存在因式分解 $f(x)=a(x-a_1)(x-a_2)\cdots(x-a_n)$。不难知道函数 $\frac{\sin x}{x}=0$ 有根 $x=\pm\pi, \pm 2\pi, \cdots$，那么是否可以想象 $\frac{\sin x}{x}$ 也有类似的分解呢？就是说是否有函数公式 $\frac{\sin x}{x}=a\prod_{n=1}^{\infty}(x^2-n^2\pi^2)$ 呢？事实证明这一公式是成立的。尽管严格地证明这一公式比较复杂，但是，毕竟发现这一公式是解决本问题的最关键的一步。欧拉凭着他特有的直观想象力发现了这关键的一步，成功地求出了序列和 $\sum_{n=1}^{\infty}\frac{1}{n^2}=\frac{\pi^2}{6}$。

以上例子说明，迁移性模式直观与联想、类推等创新思维模式有关，是建立数学猜想的有力手段。

3. 和谐性的模式直观

数学的许多规则，包括初中阶段数与式的大量符号运算法则，是人类几千年来计算经验的总结。例如“负负得正”“先乘除后加减”之类的规则，是人类追求“和谐体系”的结果。这些规则后来被数学家作为设立数系公理的依据，以便可以从数系的公理系统推出这些行之有效的规则。

在实际教学中，我们不必也不可能在学生的初学阶段做这样的形式化证明，但是我们能够通过模式直观，用美学的、和谐的、合理的思考方式，帮助学生理解这些规则。

例4 负数运算的符号法则“负负得正”。

我们从整数环的公理系可以严格地证明这个法则，但是这在中小学是做不到的。现在通用的办法是举例，如用向东、向西，某时刻之前、之后作为正负取向的标志，然后采用直观方法验证“负负得正”的运算规律。这是上述操作性的模式直观。但是，由于借喻“向东、向西”“时刻前、时刻后”这种实际情景，我们实际上已经在算术演算中引入了“向量”这个更为复杂的概念，这对初次学习数四则运算的学生来说，新概念过分集中，为学生的接受能力所不容许。实际上，物质世界并不存在一个抽象的“负负得正”的算术实例。因此，我们试图从“运算和谐”的角度寻求能够支撑“负负得正”的模式直观。

第一种方法，我们可以“直观”地认为，乘法对加法的分配律在负数范围依旧成立（迁移性直观）。在此基础上，我们能够做如下的直观理解。因为 $(-1)\times(-1+1)=(-1)\times 0=0$，所以 $(-1)\times(-1)-1=0$，$(-1)\times(-1)=1$。这是说，为了保证“分配律”成立，那么必须有“负负得正”的运算法则才能使整数成为一个“和谐运算系统”。

第二种方法，观察下面规律：$(-2)\times 2=-4$，$(-2)\times 1=-2$，$(-2)\times 0=0$，$(-2)\times(-1)=2$，$(-1)\times(-1)=1$。“负负得正”是建立这样“和谐运算系统”的必然法则。

4. 符号性模式直观

代数学中要大量使用符号。符号化问题是一个具有广泛意义的认识论问题。人类的思维过程是外在世界错综复杂关系的分析过程。但是人的理性不但能够分析信息，还能够加工信息。未经加工的信息是原始的、被动的、主次不分的，不仅妨碍人的思维推理活动，也不便于交流。符号化是迄今人类对信息的最强有力的压缩加工方式，信息的符号化也是推理的必要条件。形式简单、视觉优美、方便人们读写的数学符号的运用，会使得数学思维更加顺利、活跃。

可以说，数学表示之美是符号运作的结果。不喜欢数学的人，觉得学习数学困难，讨厌符号运算也是其中一个原因。喜欢数学的人，大都能够深切感受数学符号之美。爱因斯坦质能方程 $E=mc^2$ 对于一个理解公式含义的人来说是如此的美妙绝伦。

看看现代数学中反复应用的变量符号 x、y、z，函数符号 $y=f(x)$，幂运算符号 a^b，开平方符号 $\sqrt{a}$ 等，都是任何学习数学的人所必须熟练使用的数学模式。它们如同数学图形一样，在数学思维中能够产生一定的直观性。有些数学符号，如极限符号 $\lim a_n$，虽然形式十分简单，但是它们的数学含义复杂丰富，在帮助人们从抽象思维向直观思维过渡的过程中发挥重要作用。这类约定俗成的数学符号也是数学中的一类"模式直观"的工具。

数学中还有一些与运算符号相类似的"算式"（算法程式），它们不但形式优美，而且其内容中也包含了设计巧妙的算法过程，如各种竖式运算、配方、因式分解等，我国古代数学中的"杨辉三角"、整数的"辗转相除"、"大衍求一术"等。

我们认为这些被固定下来的符号与算式已经发展成为数学中的"直观模式"，它们在数学思维中所发挥的作用与它们外在形式的简洁优美是分不开的。这一来我们将代数中的模式直观归为和谐性模式直观。教师应该在教学中引导和帮助学生充分认识这类模式直观，使学生的直觉思维得到发展。

最后，让我们引用波利亚[1]引用过的哲学家斯宾诺莎关于数学认识的4个不同水平：（1）一个学生背会了一条法则，他凭着相信而接受这条法则，他自己不曾证明过这条法则，但他能应用这条法则，于是我们说他对这条法则的认识是机械的。（2）这位学生把这条法则试用在一些简单的题目之中，他确信自己所试验的情况中这条法则都是对的。于是我们说他对这条法则有了归纳的认识。（3）这个学生已经理解了这条法则的证明过程。于是我们说他有了理性的认识。（4）这个学生对这条法则领会得清清楚楚、头头是道，并且他自己对这条法则的正确性坚信不疑。于是我们便说他有了直觉的认识。

---

[1] 波利亚. 数学的发现——对解题的理解、研究和讲授（第2卷）[M]. 刘远图，等译. 北京：科学出版社，1987.

按波利亚的看法，教学应该使得学生达到直觉水平。采用模式直观则是达到这一目标的重要途径。

参考文献

[1] 拉卡托斯. 证明与反驳——数学发现的逻辑 [M]. 康宏逵，译. 上海：上海译文出版社，1987.

[2] 罗增儒. 数学解题学引论 [M]. 西安：陕西师范大学出版社，2001.

【后记】张广祥教授是代数学家，数学功底深厚。我几次到访西南大学，与张广祥教授相谈甚欢。交谈中我每每动员他参与数学教育研究，后来他果真大力投入了。张广祥教授常有许多与众不同的思考，模式直观就是其中之一。本文的主体思想属于张广祥教授，我只是用教育形态的说法和几个例子做了一些补充而已。此文载于《数学教育学报》2005 年第 4 期。

三、对《全日制义务教育数学课程标准（实验稿）》理念部分的意见

《全日制义务教育数学课程标准（实验稿）》（以下简称《新课标》）进行实验已经4年多了，现正在进行修订。趁此机会，向修订者提供一些意见和建议，谨供参考。

《新课标》的制定和实验是在国家大的改革背景下进行的。素质教育的方针对数学课程提出了新的要求。鉴于“创新是民族的灵魂”，数学学习上强调“自主、合作、探索、创新”，无疑符合“与时俱进”的大方向。在具体内容中，加入概率统计的内容，重视算法的多样化，注意创设数学学习的情境，提出数学的文化价值等，都值得肯定和进一步发扬。

说到这里，我想起了一则寓言[1]。一个非洲民族，一向居住在一种草木屋内，晚上燃火照明。后来，“文明人”来了，让所有的草屋都装了电灯。可是一年之后，所有的草木屋都轰然倒塌。原因何在？原来每天燃火时会冒烟，烟把各种昆虫赶出屋外。现在使用电灯，没有烟熏，昆虫大量繁殖。屋顶被昆虫蛀坏，木屋终于倒塌。

寓言告诉我们，那个非洲民族原来的生活方式，尽管原始，却是十分和谐的。电灯当然更为先进、文明。但是先进的技术引进来，必须和原来的环境相适应。要用好电灯，则必须采取防虫、除虫措施。不然，好事会变成坏事。

正如电灯之于木屋，西方的教育理念也许很先进，但是未必都适合现代的中国，何况有的理念本身就未见得科学。比如建构主义，囫囵吞枣地搬来用，强调唯我中心、否定间接经验，就成了“贱购”主义。另一方面，对自己否定过多，动不动就要用《新课标》来转变别人的观念，把“传统”一股脑作为批判的对象，忽视“双基”教学，后果

[1] 新加坡李秉彝先生提供。

也是不好的。

那么怎样进行修改呢?以下是一些具体的想法和建议。

(一)关于数学的诠释

《新课标》一开始就定义式地给出断语:"数学是人们对客观世界定性把握和定量刻画、逐渐抽象概括、形成方法和理论,并进行广泛应用的过程。"

把数学说成是一种过程,未免牵强。数学是一种认识,一种科学,一种思想体系。在上述断语中,除"定量刻画"一词和数学有关之外,其他都和数学无关。这句断语开头的两个字"数学",换成"物理""化学"也说得通。因此,这样描述数学是不准确的。"数量关系和空间形式"至今依然是界定数学的关键词,不可随便绕开。

接着这一断语之后的那段论述,描写了信息时代的数学。但是,语言表达的意义模糊不清,如"对现代社会中大量纷繁复杂的信息做出恰当的选择与判断"一句,就不知所云。实际上,关于数学文明的价值、数学对自然科学和社会科学的推动、数学计算的科学作用、数学对一个国家繁荣的贡献等,都可以正面论述,何必如此语焉不详呢?

(二)关于"数学课程"应该强调什么

《新课标》提到,要"强调从学生已有的生活经验出发,让学生亲身经历将实际问题抽象成数学模型并进行解释与应用的过程,进而使学生获得对数学理解的同时,在思维能力、情感态度与价值观等多方面得到进步和发展"。

数学课程要促进学生的发展,当然是对的。至于是否要强调"从学生已有的生活经验出发",则可以商榷。事实上,能够结合学生自己的生活经验学习数学固然好,可是十来岁的学生的生活经验实在有限,支撑不了中学数学的整体。有人说[1],小学数学课程基本上是"实用"的,而中学数学课程的目标则是"智力"的。这就是说,中学数

[1] Jeremy Kilpatrick 在第三届东亚数学教育会议上的演讲。

学更要强调“理性思维”“智力发展”的层面。进一步说，中学数学内容有些是思辨性的，而更多的是程序性的。例如，无理数是超经验的，也没有一个世所公认的日常生活实例能够解释“负负得正”。幂的运算，代数式的因式分解，同类项合并，配方，分式、无理式的运算法则等，都是程序性的规则，离日常生活经验很远。

众所周知，人不能事事都直接用经验。用接受性学习方法获得大量的间接知识，乃是普遍的认识规律。因此，创设情境，模拟实际，甚至利用抽象的模式，都可以进行数学学习，包括数学建模。总之，片面强调“学生的已有生活经验”，并不妥当，应该注意和杜威的实用主义教育思想保持距离。

（三）关于“面向全体学生”

《新课标》的基本理念，一开始陈述了三句话：“人人学有价值的数学；人人都能获得必需的数学；不同的人在数学上得到不同的发展。”

我非常欣赏第三句话，可惜《新课标》没有实行。至于前两句，则不能完全同意。首先，数学内容的价值可以有大有小，但是都有其存在的价值。难道只有《新课标》列举的数学才算有价值，其他的数学都没有价值？能够举出没有价值的数学吗？第二句话，说的是人人获得必需的数学，但是“必需”是因人、因时、因地而异的，怎能说人人都能获得？义务教育数学课程的特征在于“基础性”，即让未来公民获得所需要的基本数学素养。

（四）关于“数学学习内容”的界定

《新课标》认为：“学生的数学学习内容应当是现实的、有意义的、富有挑战性的，这些内容要有利于学生主动地进行观察、实验、猜测、验证、推理与交流等数学活动。”

作为国家文件的《新课标》，用词应当尽量明确和准确。这里，要求学生的数学学习内容全部是“现实”的，就做不到。如果说“尽量提供其现实原型”，似乎较为准确。至于“有意义的”的要求，等于是空话。什么人会要求学生学习无意义的内容？是否有意义，是比较而言。例如符合信息时代要求、加强基本数学素养、能够广泛应用等具体措辞，就比较明确。所谓“富有挑战性”，则明显是外来词，而且是蹩脚的翻译。请问，向谁挑战呢？说得通吗？查查词典，challenging 一词的第一个解释是“挑战性的，困难而有趣的，考验能力的”，第二个解释是“挑起争论的，不赞同的”。应该怎样措辞，也就不言而喻了。

尤其不妥的提法是，数学内容要有利于“学生主动地进行观察、实验、猜测、验证、推理与交流等数学活动”。教学内容要服从于学习活动？好像颠倒了。内容应该是第一位的，学生活动的目的是掌握学习的内容。这句话，应该是数学内容的“展开”要有利于学习活动才对。

（五）关于记忆与探究

《新课标》指出：“有效的数学学习活动不能单纯地依赖模仿与记忆，动手实践、自主探索与合作交流是学生学习数学的重要方式。”

这句话，表面看来似乎没有问题。但是，谁说过有效的数学学习要单纯地依赖模仿与记忆呢？难道我们此前的数学教育没有一点“动手实践、自主探索”？近来，似乎必须把中国的数学教育说得“一无是处”才算支持改革，简直把“传统”看作“落后”的代名词。诸如“学生大脑不是一张白纸”“学生头脑不是空桶”之类的指责性断语频频出现，似乎中国教师都是这样主张的。其实，马克思主义历来主张“能动的反映论”，反对“机械的唯物论”，大家是一清二楚的，反倒是某些建构主义“信奉者”应当心掉入“唯我论”和“不可知论”的泥淖。

正确的提法应该是：记忆模仿应该通向理解，在记忆模仿的基础上，提倡让学生主动地进行观察、实验、猜测、验证、推理与交流等数学活动。

《新课标》的用语应尽量正面阐述，一般不要使用否定的、批判的语气，避免片面性。记忆与模仿仍然是人类继承、保持、传播先人积累的经验的有效方式，《新课标》提倡“自主、探究”也是对的，把二者结合起来才是正确的方向。

（六）关于“数学双基教学”

“数学双基教学”是中国数学教育的优良传统，标准应当正面肯定，认真总结，与时俱进。《新课标》只字不提，未免有“虚无主义”之嫌。

近年来，关于数学“双基”有过比较深入的研究[1]。数学“双基”的定义是数学基础知识和基本技能，这不必也不能更改。但是，“数学双基教学”作为一个特定的名词，其内涵不只限于“双基”本身，还包括在数学“双基”之上的发展。启发式、精讲多练、变式练习、提炼数学思想方法等，都属于“发展”的层面，却又和数学“双基”密切相关。

运算速度保持思维效率，记忆模仿通向理解创新，逻辑严谨保证思维精确，重复演练有赖“变式”发展。这些经验具有合理成分，值得关注。

中国双基数学教学，是关于如何在“双基”基础上谋求学生发展的教学理论。这种发展是有效的，但也是有局限的。继承双基数学教学的传统优势，并克服双基数学教学本身存在的局限，甚至防止“双基”的异化，是当前数学教育研究的一个重要课题。

（七）关于教师的作用

《新课标》认为：“学生是数学学习的主人，教师是数学学习的组织者、引导者与合作者。”其潜台词是要否定“教师的主导作用”。《新课标》显然是受了建构主义教育理论的影响。先看一个美国教育网站的解释：“学生需要对每一个数学概念构造自己的理解，使得‘教’的作用不再是演讲、解释，或者企图去‘传送’知识，而是为促使学生进行心智建构创设学习环境和条件。这种教学方法的关键，是将每一个数学概念按皮亚杰的知识理论分解成许多发展性的步骤，这些步骤的确

[1] 2002年和2004年，分别在苏州和南宁举办以“双基”为主题的高级研讨班。研讨成果将以《数学“双基”教学的理论与实践》为书名进行出版。

定要基于对学生的观察和谈话。”

不要演讲、解释、“传送”知识？未免过于极端了。与此同时，中国的网站上也可以看到这样的论述：

“在建构主义课堂中，重点从教师转到了学生。课堂不再是教师（专家）向被动的学生灌输知识的地方，学生不再是空的容器等着被注满。在建构主义模式中，要促使学生主动参与到自己的学习过程之中。教师的作用更多的是促进者，他们指导、调停、鼓动和帮助学生发展与评估自己的理解和学习。教师最大的任务就是提好问题。”[1]

不管建构主义的教育理论如何“革命”，上述两个对课堂教学的论断恐怕无法令人赞同，因为它们违背了教育的基本规律。

“学生是学习的主体，教师在教学中起主导作用”，这是一个经验的总结、辩证的论断、科学的结论。学生的学习是别人不能包办代替的，但是，学生的进步必须遵循前人的经验，在“巨人”的肩膀上攀登。所谓教师的“主导”，不过是确定方向，指明道路，亲自示范，帮扶前进。为什么要加以否定？

教育是要在很短的时间内，将人类几千年来积累的知识精华传递给后人，效率至关重要。让学生在黑暗中摸索，体验发现创造的历程，只能是少量的。绝大多数是有意义地接受性学习，教师必然会起主导作用。

（八）关于“合作学习”

中国传统的教学过程中，缺少合作学习的因子。《新课标》强调要进行“合作学习”，相对于以前的教学大纲，这是一个全新的提法，因而具有重要的积极意义。

合作，至少有三种：力量不够时大家“通力合作”，人手不够时需要“分工合作”，以及不同思考之后的“交流合作”。数学学习大量需要的是交流合作。因此，作为数学学科的标准，《新课标》应该指出数学教学中合作学习的特点。数学合作主要是独立思考基础上的“交

[1] 唐晓生，《建构主义的教育理论与实践》。

流”。“独立思考”需要时间，交流合作需要平台。师生之间也可以合作，课堂讨论也是合作，彼此纠错、想法互补、经验共享，都是合作。现在盛行“前后桌编成小组，小组探究，汇报结果”的做法，成功者不少，流于形式的也很多。

总之，希望《新课标》总结数学教学中合作学习的特点。

（九）关于“数感”和“符号感”

这又是翻译惹的祸。“数感”和“符号感”分别是 number sense 和 symbol sense 的中文译名。翻开《英汉大词典》，解释 sense 的前三条是感官、感觉、官能，第四条就是观念、意识，其他还有知觉、理性、心智等含义。我们为什么偏偏用“感觉”的意义呢？其实，该词的真实含义是“数量意识”和“符号意识”，即能够用数量的意识考察事物发展的数量规律，并且善于用符号加以表示和运算。这本来是明白的事情，被一个不当的翻译搞得神秘莫测，应该有所更改。

（十）关于过程性目标

与以前的数学教学大纲相比，《新课标》提出了数学教学中，组织学生参与的过程性目标，这是一个进步，应该予以肯定。但是，分为经历（感受）、体验（体会）、探索这样三个层次，似乎不尽科学。学生的学习过程，包括接受记忆的过程，理解教科书的诠释和教师的示范；模仿演练巩固的过程，借以获得知识发生的体验；质疑提问探索的过程，经历创新发展的感受；演绎证明的过程，获取理性思维的训练。《新课标》的用语，宜尽量数学化一些，便于教师理解、领会和操作。

以上是十条具体的意见，其他的问题和缺失还有不少。例如数学文化、数学的德育功能、数学美学的展示、算法思想的孕育、数学能力的界定、数学评价的要求，可以补充和说明的地方还很多。这只能另文表述了。

【后记】本文刊于2005年《数学通报》第12期。在《全日制义务教育数学课程标准（实验稿）》的起草阶段，我是积极的参与者，不过并未进入定稿决策圈。后来，我致力于《高中数学课程标准》的研制。如果比较这两个标准中有关教育理念的诠释，就会发现有许多不同。本文所提的意见，被后来的《义务教育数学课程标准（2011年版）》吸收了多少并不重要，其意义也许在于记录了21世纪初数学课程标准制订者之间有关教育理念的一些不同理解。

四、让我们来重新认识“三角”

——兼谈数学教育要在数学上下功夫

读了张景中院士关于三角学的建议，十分振奋。数学家关心数学课程改革，不仅提出批评，而且有具体的建议。不仅是局部的指正，更是积几十年经验之后，提出深思熟虑的大局建议。对此，数学教育界一定会热烈地欢迎，经过消化吸收和认真实践，逐渐形成共识。多年来，这样的探讨不是多了，而是少了。事实上，数学课程改革要在数学上下功夫，仅仅依靠一些教育理念是远远不够的。

我们过去对三角的认识比较肤浅，以为不过是线段比，算算而已。张景中先生深刻指出：“三角是联系几何与代数的一座桥梁，是沟通初等数学和高等数学的一条通道。”这就是说，三角方法和笛卡儿的坐标方法一样，都是“数形结合”重大思想的体现。如果说欧氏几何研究方法主要是定性的，三角学则能对几何图形进行定量的研究。如“大边对大角”，多大？必须依靠三角。在计算机技术发展的今天，定量处理是数学发展的大趋势。三角学之所以重要，正在于此。

通过学科的整合精简课程，提高教学效率，最终减轻学生负担。精中求简，乃是对付知识爆炸、“减负”的必由之路。这使我想到一个问题：一百年以后数学会怎么教？那时的数学知识必然是今天的许许多多倍，但是学生依旧要从学习自然数、认识三角形开始。因此那时的数学教育必须跨越时空，保留人类各个历史阶段的数学精华，高效率地通往当时的研究前沿。一个深刻的比喻是：正如人的胚胎，起初像鱼，后来像爬虫，然后像鸟、像哺乳动物，最后像人。在短短的10个月的人类妊娠过程中，要跨越生物亿万年的进化历程。在课程内容中如何通过整合保留精华，只要从19世纪学习《几何原本》到今天学习的“平面几何”就可以想象了。

受到张景中先生的启发，我也有一些补充和建议。

1. sin A 是单位正方形面积变为单位菱形面积时所打的“折扣”

张景中先生建议在小学用单位菱形的面积引进 sin A 是一项重大的创新。以前，人们必须先学习平面几何的三角形相似，才能学习三角。这时，几何已近尾声，三角与几何的整合无从谈起。现在，如果能从小学就学习 sin A，当然是一次解放。

按照张景中的建议，从面积入手，这是很有见地的。面积，在学校的数学学习中从来没有严格定义过，但是大家都明白。因为这是一种人类的直观。用面积作为出发点，符合人的认知过程，具有直觉的成分。

首先，矩形用单位正方形去度量，结果得出“长乘宽”的面积公式。那么平行四边形的面积怎样求？自然是用单位菱形，同样可以得出平行四边形的面积是“两边长的乘积，再乘上单位菱形面积的因子”，原理完全相同。这里使用的是面积公理中的“有限可加性”（有限个两两不相交几何图形之并，其面积等于各个图形面积之和）。

一个明显的事实是，单位正方形压扁了，成为单位菱形，两者的区别在于$\angle A$。$\angle A$ 是直角，面积为 1，$\angle A$ 不是直角，面积就要“打折扣”。这个“折扣”是一个小数，和$\angle A$ 有关，记作 sin A。这样，sin A 有一个意思：“折扣”。张景中先生以前只说给单位菱形面积一个名称叫 sin A，好像只是一个名字而已，含义不清楚。如果作为一种“折扣”，具有某种实质意义，便于把握和理解。这是我的一个补充。

2. 学习三角形面积的两种计算方法

通常将计算平行四边形的面积化归为矩形面积的计算，办法是“移动”三角形，进行割补，可以得出“底乘高”的公式。注意这里用了面积公理中的“运动不变性”。

现在用单位菱形求三角形面积，则有公式：

$$S_{\triangle ABC}=\frac{bc\sin A}{2}=\frac{ac\sin B}{2}=\frac{ab\sin C}{2}。$$

意思是，求平行四边形的面积仍然和求矩形的面积一样，可以两边相乘，再打一个“折扣” sin A；求三角形面积也可以两边相乘，但是需要打一个“折扣” sin A（$\angle A$ 是两边夹角），然后再乘$\frac{1}{2}$。

通过简单计算看到，原来 $\sin A$ 就是三角形边长改为“高”之后所打的“折扣”，即在直角三角形中，$\sin A$ 就是斜边长缩短为 $\angle A$ 的对边所打的“折扣”。于是“对边比斜边”的传统定义也随之出现。记得以前学正弦，不知道为什么要这样比来比去，现在则很清楚，无非是斜边和对边长度之间的一个“折扣”而已。

以上知识可以在小学学习。知道 $\sin A$ 是一个“折扣”，和 $\angle A$ 有关，和面积有关就行了。不必学习余弦、正切，那要留到初中再学。一个担心是：$\sin A$ 涉及文字代表数，有函数的味道，小学生学习时是否有困难，需要经过教学实验加以评判。

3. 充分发挥正弦“面积意义”的优势

在初中三角学习的第一阶段（初一），重点是用面积方法研究正弦的性质，包括正弦定理、正弦的和角公式（不用余弦表示）、勾股定理等，非常简单明了。这是张景中先生的第二个重要创新，显示了中国学者在初等数学中的独特贡献。

面积方法何以有效？关键在于：两两不相交图形的面积是可以相加的，而两个边的比则无法随便相加，只能到平面几何中寻求帮助。这在证明和角公式时特别明显（见张景中先生文章的命题4）。

可能有人以为，这个和角公式只处理了 α、β 都是锐角的情形，没有普遍性。其实这是数学教学中常见的处理方法。例如许多运算律，只对有理数情形加以证明，至于无理数情形，只做简单说明，大家都相信了。实际上，α、β 为任意角情形的和角公式，也是这样处理的。

有了正弦定理、和角公式以及勾股定理，许多几何命题都可以方便地证明，代数和几何因此沟通起来。这是非常有意义的事，张景中先生的文章已经做了相当的论述。

4. 用直角三角形定义的三角比

初中三年级可以全面引入三角比。引入余弦是为了方便。有了余弦定理，解三角形就可以顺利完成了。

我以为，用直角三角形定义的三角比是约定俗成的，不要随意改动。如果让广大教师说 $\sin A$ 是交角为 $\angle A$ 的单位菱形面积，$\cos A$ 是以 $\angle A$ 的余角为夹角的单位菱形面积，恐怕会很别扭。因此，在初中，依然是用传统的直角三角形边角关系引进正弦、余弦、正切。

$\sin A$ 是单位正方形面积到单位菱形面积的“折扣”，也是斜边和 $\angle A$ 的对边长度的“折扣”。余弦则是水平方向的“折扣”。正切表明斜率。这样讲，把三角和坐标系、向量的分量、线段的投影等联系起来，就将原来割裂的知识都整合起来了。

中国现代数学教育，先学日本，再学英美，续学苏联。博采众长之后，也应该有一点中国人自己的创造了。初等数学虽然浅显，但是经过千锤百炼，已经非常成熟，很难再有一个好的想法。张景中先生关于三角学的处理建议，是一个难得的创意，希望有关方面能够给予珍视。有计划地进行论证和实验之后，让一些顺应时代潮流的新观念，特别是具有中国特色的研究成果，能在神州大地生根开花，并进一步走向世界。

【后记】张景中院士倡导教育数学，并不只是提出一种笼统的理念，而是有许多创新的思想和改革措施加以支持。改造三角就是其中重要的一种。承蒙他将有关三角学教学改革的书稿发给我，读后深为震动。我开始认识到，现行的中小学数学课程，并非已经是经过千锤百炼、无懈可击的体系。张景中先生提出改革三角学，沟通几何与代数，乃是体现数形结合数学方法的又一重大举措，也是中国数学教育的一项重要创新。我于是撰文呼应，和张景中先生的文章一起刊登在《数学教学》上。当然，这一改革成果，还需要进行大量的教学实验，逐步成为数学教育界的共识，才能最终进入课程标准。可喜的是张景中先生已经在广东、四川等地开展了几轮教学实验，效益显著。但愿这一改革能够得到上上下下更多的重视，经过完善与提升之后，成为中国数学教育的又一民族特色。

五、《数学教育学报》的筹办、发展与展望

春来柳绿江南雨，秋去黄漫北国风。《数学教育学报》（以下简称《学报》）从提出筹办方案（1987）、试刊、创刊直到现在进入全国中文核心期刊的行列，已经历了20个春秋。试刊初期只有23个董事单位，到现在已经发展为63个董事单位（包括2个主办单位和10个协办单位），当时的编委仅限于中国内地，今天的编委扩至美国、日本、新加坡等国家和中国香港、澳门、台湾等地区。取得现在的成绩，是《学报》全体同仁团结一致，集体协商，相互支持，共同努力，披荆斩棘的结晶。

回顾20年曲折、艰辛的道路，我们觉得有责任把所知道的《学报》历史写下来，供后人研究思考。

（一）《学报》的筹办阶段

1.《学报》筹办的发端——中国数学教育研讨会

1985年，天津师范大学数学系7位教研室主任经过充分商议，决定横向联合，集体攻关，成立数学教育研究室，这一不同寻常的举措得到校系领导的大力支持。1986年开始招收数学教育研究生。为了推动数学教育研究，大家深感筹办《学报》的必要性和紧迫性。于是决定召开一个高层次学术会议，希望得到名校、名家的支持，共同筹办《学报》。

中国联合国教科文组织全国委员会秘书长曹元聚（天津师范大学数学系原党总支书记）十分重视数学教育，对我们的想法很支持，表示要为大会资助3000美元。时任国家教育委员会师范司司长的金长泽先生认为师范院校应大力加强学科教育，也热情支持会议的召开。此外，天津师范大学也出资3000元，用以出版大会论文集，这在20世纪80年代是一个很可观的支持。

1987年8月10～15日，在天津师范大学召开了中国数学教育研讨会。这是一个高层次、具有权威性的学术会议。原秘书长曹元聚、原司

长金长泽，以及数学教育界的专家学者王梓坤、马忠林、梅向明、王鸿钧等近百人到会。

著名教育家顾明远教授、著名心理学家沈德立教授、南开大学原副校长胡国定教授向会议的召开表示衷心的祝贺。

会议十分成功。与会代表出于中国数学教育事业发展的需要，经过充分讨论、协商，决定筹办《学报》。筹办方案如下（全文刊登在会后出版的《中国数学教育研讨会论文集》）：

（1）《数学教育学报》是全国性的数学教育研究的学术刊物。

（2）刊物由北京师范大学、华东师范大学、东北师范大学、天津师范大学等若干所高师院校联合举办，天津师范大学为主办单位。

（3）办刊经费由以上院校联合筹集。

（4）《学报》设立编辑委员会。

主编单位：北京师范大学（联系人　曹才翰）。

副主编单位：华东师范大学（联系人　张奠宙）；东北师范大学（联系人　刘凤璞）；天津师范大学（联系人　庹克平）。

编辑委员会由以上 4 位同志根据各方面意见筹组，在天津师范大学设立编辑部负责日常编辑事务工作。

（5）1988 年争取出版两期试刊。

（6）全国高师数学教育研究会表示愿意参加协办。

中国数学教育研讨会全体代表

1987 年 8 月 15 日

马忠林、王鸿钧两位前辈对《学报》筹办工作的热情关怀、积极支持起了关键性的作用。曹才翰先生对《学报》的办刊宗旨、编辑方针、栏目设置等重大问题都提出了非常重要的意见和建议，为提高《学报》的品位和质量付出了许多心血和艰苦劳动，在《学报》的创刊和发展的初期做出了重大贡献。刘凤璞、张永春、吕传汉、关成志等同志也做了基础性的贡献。

2. 试刊

按照研讨会的决议，作为编辑部所在的天津师范大学担负起了试刊和申请刊号的实质性工作。具体地说，真正的担子压在数学教育研究室的7位同志（鲁又文、华民、陆克毅、张文贵、雪家雄、孙高明、庹克平）身上。他们先后拜访名家，得到了苏步青、王湘浩、王梓坤3位院士的关怀和支持——欣然答应担任《学报》的主编和名誉主编。

接着召开了第一届《学报》董事会，确定了编委会的主要人选。第一期试刊——《数学教育科学论文集》(1988—1989年）和第二期试刊——《中国数学教育科学论文集》（1990年）先后出版。编委会名单及正、副主编名单见于创刊号。编辑部主任为鲁又文、陆克毅和张文贵。

在这两期刊登的文章的主要作者有：徐利治、张奠宙、曹才翰、王鸿钧和郑毓信等二十余人。

3. 申请《学报》刊号

《学报》筹办工作中，最困难的是申请刊号。由于当时报纸期刊正处于大力压缩的时期，社会科学杂志只有压缩，新的都不批准。于是，我们只能向国家科学技术委员会期刊处申请“自然科学类”期刊的刊号。但是，刊号的审批也非常严格。我们求助于苏步青先生，苏老欣然答应向国家科学技术委员会原主任宋健反映，并要我们把申请材料直接寄给他。后来苏老因病住院，却仍然及时地将材料转给全国政协秘书处，秘书处又以公函寄送给国家科学技术委员会。国家原教育委员会师范司司长金长泽也大力支持。即使这样，期刊处仍然不批。理由是：数学教育属于社会科学，不是自然科学。

此后，我们不得不进行马拉松式的争辩。我们先后寄过7封申辩信，还多次直接去北京面谈。期间，期刊处负责人也郑重地回过6封信。我们申述的理由是：数学教育是新型交叉学科，著名数学家如华罗庚、苏步青都是数学教育家；大量从事数学教育的人员主要是大学数学系毕业以后从事数学教学与科研的人员，因此《学报》的基础是数学，属于自然科学范畴。这样来来回回，最后于1991年下半年得到批准。

《学报》是因为属于自然科学才得到批准的，这一特征是否能够保持下去？鉴于当前数学教育出现的某种“去数学化”的倾向，这一问题更值得我们深思。

4. 创刊

我们知道期刊获批已是1991年年底了。经过半年的准备，于1992年《学报》出版了创刊号，由苏步青院士题写刊名。中华人民共和国联合国教科文组织全国委员会寄了贺词。王湘浩院士、金长泽司长、武善谋（天津市高教局原局长）、高静（天津师范大学原党委书记兼校长）均题词。王梓坤院士写了发刊词。当时《学报》编委会和董事会的主要成员有以下人员。

名誉主编：苏步青、王湘浩

主编：王梓坤

常务副主编：庹克平、曹才翰

副主编：梅向明、张奠宙、刘凤璞

编委：丁子宾等32人

编辑部主任：张国杰

董事长：高静（天津师范大学校长、教授）

副董事长：王鸿钧（辽宁师范大学顾问、教授）

张永春（齐齐哈尔师范学院院长、副教授）

吕传汉（贵州师范大学数学系主任、副教授）

关成志（辽宁教育学院副院长、副教授）

秘书长：陆克毅（天津师范大学副教授）

董事：丁子宾等28人

（二）《学报》体制的特殊性

《学报》是改革开放时期的产物。她由一群数学教育研究者发起，许多高等师范院校数学系联合集资组成董事会，依靠天津师范大学申请主办，实行董事会领导下的主编负责制。这种体制的建立是一次创新，它有利于集中全国数学教育的优秀学术资源，集思广益，发扬学术民主，体现了数学教育研究的群众性。

20年来，《学报》就是依靠各个董事单位每年的投资进行运转。当然，天津师范大学担当了最重的责任。

也正是由于多元化董事会全权负责的特点，使得《学报》的经费来源很不稳定。一旦经费短缺，作为非营利性的学术刊物，自然是艰难万分了。

（三）《学报》的困难时期

《学报》编辑部的成员都在天津师范大学数学系的数学教育教研室工作，一度还是数学教育教研室的下属单位。

《学报》创刊的几年间，没有正式编制，编辑部成员都是兼职人员，全凭热情参与工作。当时大学的办公用房都很差，《学报》的办公地点只能挤在堆放杂物的小房内。如果说这些困难可以苦撑，那么经费短缺则是绕不过的。23 个董事单位的集资（每个学校 3000 元），至 1994 年上半年《学报》出刊后（包括试刊在内），已基本用完。这样，真的到了"三无"（无经费、无办公地点、无专职人员）境地。可以说《学报》到了山穷水尽的生死边缘。

经过协商，也是我们主动邀请，并经董事会同意，增添侯镇数学教育研究所为第二主办单位，薛茂芳为《学报》副主编，薛茂林为《学报》董事会第一副董事长。

从 1994 年下半年开始（总第 5 期），《学报》改在山东寿光中华印刷厂印刷，到 1998 年年底共 4 年半时间，印刷共 17 期（1995 年开始《学报》改成季刊），全部费用由薛茂芳提供。在 4 年半的时间内，薛茂芳教授坚持为《学报》免费制版、印刷，付出大量人力、财力，他辛勤工作，任劳任怨，默默地支撑着《学报》的印刷。实际上，薛茂林在侯镇的村办企业当时并不景气，在那样的条件下，印刷质量实在不可能要求太高。有些董事、编委为此常有抱怨，但像我们这样了解内情的人，则很为薛茂芳的精神所感动。

为了《学报》的生存与发展，除薛茂芳之外，张国杰也做出了重大贡献，应该载入《学报》发展的史册。

从 1992 年创刊起直到 2000 年 5 月为止，总共 27 期，都由张国杰教授担任编辑部主任。在相当一段时间内，没有专职编辑，主要工作基本上靠他独立完成。他勤勤恳恳，认真负责，特别为提高《学报》的学术品位付出了极大的努力。过度的工作压力终于使他积劳成疾，

2000 年的大年初三他还伏案修改稿件，寄信给作者……最后发生脑溢血。张国杰教授大病之后仍然关心学报的编辑工作，直到 2000 年下半年才辞去编辑部主任职务。

为了《学报》的发展，让位于年轻人，在 2004 年第九届董事会上，张国杰和薛茂芳两位教授又双双主动辞去《学报》副主编的职务。

（四）《学报》的发展时期

1998 年下半年，薛茂芳兄弟所办的企业已经难以为继。与此同时，《学报》也度过了最困难的时期，董事会的财务状况有了一定的好转，于是《学报》又继续回到天津印刷。进入 21 世纪之后，我国高等教育出现跨越式的发展，高等师范院校的经费大为充裕，董事会和天津师范大学对《学报》的投入和支持也显著增加，《学报》终于进入顺利发展时期。

2000 年 8 月，由王光明教授担任编辑部主任，负责日常编辑事务。他工作认真负责，精力充沛，在学术研究和编辑业务上都有上佳表现。1999 年，他以 3 年讲师资格破格被提为副教授（这在天津师范大学是首例），接着又于 2004 年升为教授。在他任期内，正赶上天津师范大学非常重视、关怀、支持《学报》的时期。两位校长（也是《学报》的董事长）——高怫教授、靳润成教授（博士生导师），对《学报》给予许多实质性的支持。我们提出的要求都给以尽可能地满足，特别是正式安排三位优秀年轻人任专职编辑：周学智（编辑部副主任，全国优秀青年编辑）、陈汉君和刘伟娜。他们团结一致，齐心协力，《学报》的编辑工作逐步走入正轨。

《学报》终于从原来的“三无”变成了“三有”。由于有 10 个协办单位，加上一般董事单位的会费基本上解决了经费问题，办公地点和相应设备都比较齐全了，编辑工作按出版规范执行，三审定稿，不厚专家，不薄新人，内稿从严，质量第一。短短几年，文稿质量和编印水平全面提升，学术界反映良好。编辑们为《学报》增添光辉，《学报》的光环也照亮了他们多彩的人生。

（五）新的起点

中国科技部信息研究所出版的《中国科技期刊引证报告》显示，《学报》影响因子2003年、2004年（2005年尚未公布）连续两年在数学类期刊中排首位。2004年，《学报》入选北京大学图书馆研制的全国中文核心期刊（数学类）目录，被国家科技部评为中国科技核心期刊，并被评为天津市一级期刊。所有这些对于繁荣数学教育学术研究，提升《学报》的学术地位，培养数学教育研究人才，都将会产生重大的影响。对我们编辑部来说，既是鼓舞，又是鞭策，更是新的起点。

上述成绩的取得是许多编委、董事与编辑部同志共同努力的结果。回顾《学报》被评为数学类核心期刊也经过一些曲折。编辑部呼吁国内有关专家给予支持和帮助，向有关方面正常反映意见，特别是西南师范大学（现名为西南大学）、东北师范大学、南京师范大学和西北师范大学等几位校长的大力支持发挥了重要作用。

《学报》是一项事业，也是一个系统工程。取得现在的成绩，只能算是阶段性成果，今后的道路，仍然是任重道远。

（六）几点体会

如前所说，《学报》的诞生和体制是很有特色的。科技部张玉华同志说，联合办刊是值得提倡和发展的方向。就各个大学的学报而言，每个大学都办自然科学版、社会科学版等几种刊物，资源浪费等弊病明显，今后恐怕也会走合并办刊的道路。作为参与《学报》全过程的老人，我们觉得以下几点值得总结。

1. 专家鼎力支持，主编众望所归

《学报》从一开始就得到国内有关专家的鼎力支持。《学报》的领导成员都是高层次的学者，现在还有吴文俊、王梓坤、张景中3位院士（苏步青、王湘浩两位院士已仙逝）参与领导。前已提及，苏步青先生曾为《学报》创刊起了关键作用，他题写的《数学教育学报》刊名，更是我们的宝贵财富。本刊的顾问们经常提出许多中肯的建议，许多专家学者、大学校长、党委书记以及海外专家学者等，也都以各种方式给

予本刊厚爱。

按董事会章程规定，《学报》实行董事会领导下的主编负责制，所以主编就必须是众望所归的领军人物。王梓坤院士就是最佳人选。

从创刊开始，王梓坤院士就一直告诫我们：质量是《学报》的生命，要把质量放在首位，一定要把好质量关，这正是我们编辑部工作的指南。遇到重大问题时，我们都向他汇报请示，他一锤定音，大众口服心服。他也是使我们这个集体团结、奋进的一种无形的保证。

2. 齐心协力，克服困难

《学报》困难时期，薛茂芳的贡献已如上述。吕传汉和涂荣豹两位教授的长期支持与帮助，也是难以忘怀的。记得是在1998年第六届董事会上，他们建议将董事单位分成协办单位和一般董事单位，协办单位多交费用，一般董事单位只需交会费500元。这样规定，基本解决了经费问题，帮助《学报》走出了困境。

近几年来，每遇到较为重大的问题，我们两人加上涂荣豹、王延文、宋乃庆、高夯和吕传汉（即6位副主编加上第一副董事长），共7人，常常共同商议解决。由于大家团结一致，集思广益，避免了工作上发生重大的失误。

涂荣豹教授（博士生导师）曾说："《学报》对我个人的成长帮助极大，对中国数学教育研究人才的培养更是贡献巨大。"实际上这是互为依托，互相支持。高水平的论文提高了《学报》地位和层次，《学报》的发展又成就了一批数学教育研究的人才。据我们回忆，1987年研讨会时，真正从事数学教育的只有马忠林等极少数人，近20年来大批副教授、教授与《学报》一同成长，他们和《学报》有深厚的感情。每次董事会都给我们以激励，增强我们的信心。董事会、编委会像一个和睦的大家庭，互相关怀、支持，团结、热情、友好的气氛感染每一个成员。"家和万事兴"，《学报》真是一个团结奋进的集体。

3.《学报》编辑发扬了苦干、实干的精神

万事开头难，任何事业成功，都要走过艰难的道路，都要付出代价。许多从事数学专业研究的同志兼职或转行从事数学教育研究，并参与《学报》的编辑工作，使《学报》克服了初创时期的困难。如前所述，张国杰、薛茂芳两位教授的艰苦努力为《学报》取得现在的成果奠定了坚实的基础。

任何一项工程的攻关都应该依靠青年人。2000年以后，《学报》编辑部4个成员都很年轻，他们连续发扬了苦干、实干的精神，敬业团结，工作出色。这也是取得今天成果的重要因素之一。

（七）体制上还需要继续完善

《学报》的最高权力机构是董事会，并实行董事会领导下的主编负责制。副主编及以上人选，均需董事会通过。主编任免编辑部主任。正由于董事会具有全国性，才能够汇集全国优秀的人才，关注和支持《学报》。事实上，《学报》的成员都是高层次的学者。广大的董事单位为《学报》奠定了广泛的群众基础，这是《学报》体制成功的一方面。

另一方面，《学报》编辑部设在天津师范大学。所有编辑部的工作人员都是天津师范大学的员工。天津师范大学很自然地对《学报》投入了大量的人力和物力。因此，如何将全国性董事会和主办单位的关系进一步理顺，是我们应该认真思考并加以解决的课题。

事实上，《学报》的经费有限，不可能给编辑部人员发放岗位津贴，因此，他们每年从数学科学学院领取工资之外的津贴和奖金。但是，理论上《学报》和数学科学学院没有领导关系，徒然增加数学科学学院的负担。我们在感谢数学科学学院各位老师之余，也该想想怎样正确处理才比较合适。

总之，董事会的全国性和编辑部的单位归属性存在着一定的矛盾，需要在实践中进一步加以解决。

（八）展望

今后的发展方向和具体的步骤将是今年第十届董事会讨论的课题。

首先，要考虑的是如何巩固现有成果，进一步提高论文的质量。以现在的情况，对国家数学教育发展的推动还很不够，与国际先进水平的距离仍然很大。为了扩大影响，应该尽早研究改成双月刊的问题。

其次，《学报》应逐步走向国际。《学报》创刊时，中华人民共和国联合国教科文组织全国委员会秘书长曹元聚先生就曾多次提出，希望《学报》尽快出英文版，可以通过教科文组织进行国际交流，由于条件不具备，一直耽误下来。现在是考虑逐步实施的时候了，起先可以一年出一期英文版，然后出两期，逐步为入选 SCI 创造条件。

最后，还是要谈到体制问题。从《学报》筹办至现在，主办单位天津师范大学的校领导已换了 5 届。对每届领导，我们都有不少问题要请示报告，领导都是支持的。只是出于体制上的困难和各种其他的原因，《学报》的生存环境还需要进一步改善。

以上文字，希望能成为一份可靠的历史记录，如有不当之处，敬请编委、董事和同志们指出，以便加以更正。

【后记】《数学教育学报》筹办之初，困难重重。全国高师院校数学教育研究会早就有意创办一份全国性的学术刊物，但因办杂志必须设立在一个肯出经费、出编制、能承担一切法律责任的实体单位，因而迟迟没有启动。在 20 世纪 80 年代，高校办学经费之困难非今日当事者所能想象。1987 年，天津师范大学表示愿意成为《数学教育学报》的法人单位，乃是破冰之举，筹办工作终于启动。从试刊到正式出版，其中的艰难在本文中做了详细记叙。

到了 2005 年，早期参与其事的王宪钧、曹才翰、刘凤璞诸先生相继去世。我觉得应该把《学报》的筹办过程记录下来，作为一份历史资料留给后人。于是我先请庹克平教授撰写此文。他表示赞同，但希望此文不要只从天津师范大学的角度来写，要还原全国数学教育界积极筹办的高度热情。因为我也是一个积极参与者，所以我也一起撰写此文。那时我们常常用长途电话交换意见，不像今天这样可以用微信聊天。老庹是土家族人，为人直爽，坚持原则，大胆直言，在同事中很有威信。他是《学报》早期筹办工作的领军者。本文的内容基本上都是老庹提供的，我则在文字上多做些努力。

为《数学教育学报》出过力的人很多，他们值得后人感谢。我在回读此文时，觉得特别不能忘记的有两个人：一位是时任中华人民共和国联合国教科文组织全国委员会秘书长的曹元聚先生（天津师范大学数学系原党总支书记)。他高瞻远瞩地支持中国数学教育的发展，曾向数学教育学术研讨会资助3000美元。另一位则是山东潍坊侯镇数学教育研究所的薛茂芳教授，他在最困难的时候赞助《学报》的出版。

本文由庹克平与张奠宙共同撰写。

六、“基本数学经验”的界定与分类

在数学课程标准的修订过程中，时任东北师范大学的校长史宁中提出，在注重“基础知识”和“基本技能”的同时，要积累“基本数学经验”和发展“基本数学思想方法”。这是数学教育研究上的一个重要进展。应该说，基本数学思想方法，已经研究多年，提法不算太新。但是，基本数学经验的提出，则在理论和实践上，都具有很大的学术价值和创新意义。本文拟对“基本数学活动经验”进行界定，探讨其内涵，给出一些具体的教学建议。

（一）什么是基本数学活动经验

数学教学要创设源于学生生活的情境，尽量贴近学生的日常生活经验。这已经成为大家的共识。但是，数学其实不完全是从现实生活情景中直接产生的。人们基于日常生活经验，还必须通过一些感性或理性的特有数学活动，才能把握数学的本质，理解数学的意义。所谓基本数学经验，应当是指在数学目标的指引下，通过对具体事物进行实际操作、考察和思考，从感性向理性飞跃时所形成的认识。数学活动经验的积累过程是学生主动探索的过程。

数学活动经验有以下的特征：

（1）数学活动经验，是具有数学目标的主动学习的结果。数学活动经验来源于日常生活经验，却高于日常生活经验。比如，同样是折纸，可以是美学欣赏，可以是技能训练，但也可以是数学操作。作为数学活动的折纸，其目的是学习数学，包括学习轴对称概念、图形的运动、图形的不变特征等。没有数学目标的活动，不是数学活动。

（2）数学活动经验，专指对具体、形象的事物进行具体操作和探究所获得的经验，以区别于由广义的抽象数学思维所获得的经验。如果把抽象思维、数学证明、探究解题都算作数学活动，那就过于泛化。整个数学教学都是数学活动，那就没有特定价值了。

（3）数学活动经验，是人们的数学现实最贴近现实的部分。人们学习数学，逐步形成了个人的数学现实。数学现实像一座金字塔，从与生活现实密切相关的底层开始，一步步抽象，直到上层的数学现实。高度抽象的数学概念，无法在具体的生活现实中找到原型，从质数、合数直到哥德巴赫猜想，已经没有直接的生活原型了。学生学习数学，要把握一大批从生活现实上升为数学现实的完整认识过程，成为学生整个数学现实的基础。

（4）学生积累的丰富的数学活动经验，需要和探究性学习联系在一起，使其善于发现日常生活中的数学问题，并提出问题、解决问题。学生在发现问题、提出问题和解决问题的过程中，又获得一定的数学活动经验。

（二）基本数学活动经验的类型

数学经验，依赖所从事的数学活动具有不同的形式。大体上可以有以下不同的类型。

1. 直接数学活动经验：直接联系日常生活经验的数学活动所获得的经验

这种经验是日常生活经验的扩充，但是具有一定的数学目标。小学生往往不能回答什么是"0.1"，却能够说出"0.1 元就是 1 角"。可见，学生掌握的数学知识中有相当一部分直接来源于日常生活现实。我们应该主动地设计源于实际生活的数学活动，体察其中的数学底蕴，获得相应的数学经验。例如：

●三角形分类和日常生活中具体对象的分类。

●从平面上位置的确定发展为平面坐标系。

●根据银行信息计算各种利息。

●组织旅游活动时制订预算。

●从摸球活动体会随机事件的概率。

●收集本班同学身高的信息，进行初步的数据处理。

●梯子的数学。考察梯子斜靠在墙上形成的直角三角形，从中可以研究投影、斜率、三角比等一系列的数学问题。

这些活动，已经出现在数学课程标准以及大量的课案当中，渐渐地成为大家的共识。需要注意的是，这类直接源于生活经验的数学活动，必须有明确的数学目标，体现数学本质，不能停留在原来的生活经验上，下面还会论及。

2. 间接数学活动经验：创设实际情景构建数学模型所获得的数学经验

这些情景，依时间地点的不同、教师的关注程度，组织起适当的数学活动，最后以数学建模的方式获得应用数学解决问题的实际经验。由于实际情景非常复杂，课堂上使用的情景，经过提炼、简化、筛选，离实际状况有一定的距离，但是仍然是密切结合实际的数学体验。例如：

●结合鸡兔同笼的模型，学习算术解法或者方程解法。

●在矩形场地上，以一半面积设计花坛，要求美观。

●结合嫦娥登月工程，学习椭圆知识。

●结合海军访问美国，学习球面上的最短线——大圆。

●用多媒体手段观察掷硬币时国徽向上的统计规律，体验大数定律的意义。

●三角函数周期性图象的获得。

这类活动的特征是模拟。我们不会面对一个真实的“鸡兔同笼”，只知其总头数和总脚数而不知道各自的头数。这是一个想象的模型。嫦娥登月工程不是我们设计、操作的，是在假想的模型中进行观察和探索。

3. 专门设计的数学活动经验：由纯粹的数学活动所获得的经验

这类活动，是具体的数学操作，专门为数学学习而设计、服务的。它们是具体的、形象的、肢体的活动，却充满着数学意味。例如：

●扳手指头数数。

●用算盘学习位置制。

●测量三角形内角和。

●研究任意三根棒能否构成三角形。

●尺规作图。

●通过测量给出圆周率的近似值。

●制作立体几何模型。

●用计算器做数学运算。

这些活动，在生活现实中是没有的，只有学习数学和运用数学时才遇到。我们把它看作日常生活现实在数学上的扩充。例如尺规作图，是纯粹的数学操作，但是有肢体活动，有形象显示，能够促进数学思考。这些活动，在历来的教学大纲中多有提及，只是缺乏明确的规定和实施的指导。我们应当有意识地加以积累，成为数学学习的有机组成部分。

4. 意境联结性数学活动经验：通过实际情景意境的沟通，借助想象体验数学概念和数学思想的本质

这类数学活动经验，不是直接产生于某种实际活动，而是借助举例、比喻、联想等方法为抽象的数学概念和命题，寻求某种具体的形象化的支撑，获得具体的意象固着点，获得某种相对现实的数学经验。

例如，分数通过扩分与约分可以有许多的表示，这些表示构成一个等价类。于是我们不妨把分数比喻为一个大家庭，每个成员都能代表家庭去做事。也可以把分数的多种表示比喻为一个人可以穿许多不同的衣服，在不同的场合穿不同的衣服（两个分数加减需要通分，好像不同场合需要穿不同衣服）。这样的比喻，并非直接从事具体形象的数学活动，而是将以前具有的生活现实，通过比喻、联想、借鉴等方法，使得抽象的数学内容和生动的具体意境建立起一种联结，找到一个可以具体把握理解的、基于现实的立脚点。也就是说，通过把抽象的数学概念与具象的、经验的、生动的意境联结，把数学学术形态转化为教育形态。这样的例子很多。

●正负数的加减运算规则很多，实际上的生活原型是"抵消"。3-4正负抵消之后，剩下的是-1。

●向量的内积：购货时的付款金额就是"数量向量"和"价格向量"的内积。

●$\sqrt{2}$是实际存在的量：边长为1的正方形的对角线长度。

●多米诺骨牌与数学归纳法。

●轴对称运动与诗词上下联的对仗，都是在变化中保持某种不变性。

●极限的文学意境："一尺之棰，日取其半，万世不竭"，以及"孤帆远影碧空尽"的动态过程。

●方程函数与“关系”（下文做进一步解释）。

尽管以上的分类不是完全的，但是已经可以看到基本数学活动的形式多种多样、内容十分丰富。我们的任务，是在适当的数学课堂教学中设计和运用这些基本活动经验，使得学生能够为抽象的数学找到具体形象的原型，增进对数学的理解。

（三）积累数学经验的教学案例分析

如何积累基本的数学经验，使之成为学生形成数学现实、构建数学认知的现实基础，是数学教学贯彻素质教育的重要课题。晚近以来，经过积极的提倡和实践，努力创设数学情境，初步形成了一批有价值的课案，与此同时，也有一些不大成功的事例值得我们总结。以下是我们的一些认识。

1. 数学活动应该成为数学学习的有机组成部分，不能可有可无。尤其是总结精选课题，形成一批具有保留价值的经典课案，作为大家的共识，成为课堂上经常使用的课例

例 1 巨人的手（Freudenthal 经典情景）。

昨晚，外星人访问我们学校，在黑板上留下了巨人的手印，今晚他还会来，请你为巨人设计给他使用的书籍、桌子和椅子的尺寸。

显然，这是一个儿童喜闻乐见的故事。要求学生从事有关“相似”以及“比和比例”的数学活动。活动内容包括度量“巨人”和“我”的手（例如中指），找出二者的比值，然后按这个比值，放大我们的书籍以及桌椅的尺寸。

在数学教学中，让学生用刻度尺度量是常有的活动。这个经典活动的特点是：学生们通过度量活动不是只得出一些尺寸数据，而是紧紧围绕“比值”不变的思想进行，将度量和几何上的“相似”的概念密切结合起来。这样量，量得有价值，有意义。可以相信，这种自己动手、探究体察出来的数学经验，将会长远地保存在记忆里，成为“比例”“相似”等数学概念的现实基础。

例 2 用二次曲线画个老鼠。

华东师范大学第二附属中学郑耀星老师曾经在二次曲线学习的单元

要求学生用二次曲线画米老鼠或其他图形，并写出各段曲线的坐标方程。这是将艺术和数学相结合的数学活动。他在立体几何教学中，还要求用球体、锥体、柱体构作班级运动会的奖杯，也是有意义的数学活动。

这样的活动，既是具体的、形象化的，又充满着主动探索创新精神，应该成为数学教学的重要组成部分。

2. 数学活动要源于日常生活，但是高于日常生活

我们常常看到一些教案，把大量的时间花在重复日常生活经验之上，不能高于生活，失去了数学活动的意义，于是也得不到正确有效的数学经验。

例3 坐标系的作用只是确定位置吗？

常常看到一些发表的获奖数学教案，以平面坐标系的引入为主题，但是使学生“活跃”起来的部分，却是“电影院找座位”，学校在“鼓楼东大街和××南大路的交界处”，猜“我的好朋友在第几排第几座”，甚至让一个学生蒙着眼睛听指挥找到某朋友，等等。这些活动没有数学价值，仍然停留在生活经验的水平。数学课需要了解的是，坐标原点如何选取，坐标轴如何架设。在教室里设置坐标系之后，可以看到两个坐标相同的同学构成一条直线，而两个坐标都是负数的同学构成第三象限，等等。总之，在初中阶段，坐标系的价值不再集中于描述位置，而是用来表示数学对象，这样的数学活动才能获得有价值的数学经验。

例4 关于必然事件和随机事件的活动。

概率和统计作为学习领域正式进入课程标准，这是一个十分重大的进步。于是我们看到小学数学公开课教案里，常常设计了许多学生参加的活动。有的教案，让学生在全是红球的袋子里摸红球，在全是白球的袋子里也摸红球，前者是必然事件，后者是不可能事件。这样的活动，对学生没有多少帮助。实际上，必然事件、随机事件，从幼儿时期已经有过许多经验（比如，猜一块糖在左手或右手，就是处理随机事件）。概率统计的数学活动，应当把数学活动的焦点放在可能性的大小上。低年级只要能分辨大小，学习分数之后，就要用分数来表示。

总之，我们设计数学活动，不能停留在生活经验，而要有数学味，提升为数学活动。

3. 拓展生活现实领域，扩大数学经验的范围

我们应该深入开掘数学活动的现实源泉，通过联结与想象，使得抽象的数学找到现实的固着点，包括在意境上彼此沟通，从而获得有益的数学经验。前已提及，学生会认为“0.1元是一角”。这一事例再清楚不过地表明了抽象数学需要一个生活上的固着点。更进一步，还可以有以下的例子。

例5 方程与“关系”。

方程的定义往往以其外在的逻辑形式呈现出来，含有未知数的等式叫方程。这样的定义冷冰冰的，没有生活背景。我们可以进一步揭示它的内在的数学本质：方程是为了寻求未知数，在已知数和未知数之间建立的一种等式关系。

于是，方程就和日常生活中的关系连接起来。比如，我们为了认识“未知数先生”，必须请“已知数先生”为中介，找到一种关系，根据关系就能认识“未知数先生”了。

这样，我们就为方程找到了一个生活经验上的立足点，成为一种数学经验。

例6 极限与古诗。

数列趋向于0的极限，有其一定的生活背景，教科书上常常引用“一尺之棰，日取其半，万世不竭”加以揭示。数学名家徐利治先生则用“孤帆远影碧空尽，唯见长江天际流”的诗句表现趋向于0的极限意境，似乎更为传神。

最后，我们要指出的是，实际情景未见得都和学生的生活经验相吻合。

例如，我们曾经看到关于代数式的一个引例。内容是说：一隧道长1米，一列火车长180米，如果该列火车穿过隧道所花的时间为t分，则列车的速度怎么表示？导入新课，指出：像“$(1+180)/t$”这类表达式称为代数式。

这样创设的情景看起来联系生活实际，实际上离学生的实际很远。隧道不是学生熟悉的场景，更没有“火车通过隧道”要加上180米的

实际经验。由此得出代数式的概念，实在牵强，得不偿失。情景创设远离教学主题，只求包装靓丽，不管学生需要，是一种时髦的但不好的倾向。

我们认为，代数式的引例应该十分简单。例如矩形的长为 a，宽为 b，求矩形的周长 $2(a+b)$ 和面积 $a \cdot b$，就很好。这些是学生的基本活动经验，而上述的“火车过隧道”则不是。

总之，积累基本数学活动经验，形成比较完整的数学认识过程，构建比较全面的数学现实，对于提高我国的数学教学质量，帮助学生获得良好的数学教育，具有重要的意义，值得我们认真加以研究，贯彻实施。

我们希望，未来的数学教学，在积累学生的数学活动经验上有以下的措施：

●数学课程标准中列出的最基本的数学活动，作为“规定动作”，人人都要经历学习。

●出版《数学活动案例集》，供数学教师选择使用。这些“自选动作”，要根据学生和教师的具体情况，在课堂上使用。

●积累数学活动教学的教学经验，摆脱过度形式化的数学思维模式，把各种数学活动（大型的或小型的，甚至是微型的）组织进课堂教学，使得学生的“数学现实”具有深厚的生活经验、社会人文意识和从感性到理性的完整认识。

参考文献

[1] 史宁中.《数学课程标准》的若干思考 [J]. 数学通报，2007 (5).

[2] 张奠宙. 关于数学知识的教育形态 [J]. 数学通报，2001 (4).

[3] FREUDENTHAL H. Mathematics starting and saying in reality [M] // WIRSZUP I, STREIT R. Developments in school mathematics education around the world. Reston: National Council of Teachers of Mathematics, 1987.

【后记】本文由张奠宙、竺仕芬和林永伟共同撰写，发表于《数学通报》2008年第5期。记得2006年在宁波教育学院组织的一次活动里，史宁中教授问我，若将“数学双基教学”发展为“数学四基教学”（增加基本活动经验和基本思想方法）如何？我思考了一下，当即表示赞成，认为这是一个重要的创新。为此，我进行了一番思考。竺仕芬是宁波教育学院的老师，我们常常见面。林永伟老师来华东师范大学做访问学者。所以，我们有了合作。本文是为了呼应史宁中教授的“四基”创意，也是这一方向上最早的文献之一。

七、关于“现实数学”和“数学现实”

晚近以来，数学教学中出现了“现实数学”和“数学现实”两个不同的名词。本文希冀对这二者间的区别和联系做一剖析，并着重探究“数学现实”对数学教学的重要意义。

（一）“现实数学”和“数学现实”的提出

在数学教学中强调联系学生的现实，是我国当前数学教学改革的一个重点。《全日制义务教育数学课程标准（实验稿）》指出：“学生的数学学习内容应当是现实的、有意义的、富有挑战性的，这些内容要有利于学生主动地进行观察、试验、猜测、验证、推理与交流等数学活动。”这意味着要求所有的数学内容必须是现实的。“现实”一词，常常意味着“客观现实”“生活现实”。因此，许多阐述性的文字，就明确提出让学生学习“现实数学”：

新一轮课程改革中，数学教学由关注学科知识传授转变为关注促进人的全面发展。因此在数学课堂教学的过程中，要组织和选择现实的、有趣的、具有探索价值的数学问题，呈现学习材料，积极引导学生学习“现实的数学”，促进学生数学学习方式的转变。[1]

当前对小学数学课程的要求也转向工具性、实用性和生活化，要求充分展示数学问题的实际背景，突出数学与实践的关系。也就是说，新的数学课改已经改变过去的数学精英教育，转而注重学生掌握现实数学，注重形成学生各自的数学现实。[2]

这里的“现实数学”，实际上专指“工具性、实用性、生活化”，即数学教学要联系的是“生活现实”。创设日常生活情景进行教学，已经形成一种风气。这对提高学生学习数学的兴趣，掌握数学的来源，理解数学抽象的原型，很有好处。但是，过度强调数学的生活化，以为一切数学都是源于日常生活，则是一种片面的认识。数学源于真实的现实之后，就会相对独立地由内部问题的驱动进行一段抽象的发展。与此相似，学生学习数学，通过不断地联系日常生活现实，进行数学抽象，用现实生活的需要理解数学、探究数学。然而，学生的头脑不会停留在日常生活现实的范围内，而会相对独立地按照数学内部的规律构建自己的数学认知体系。

一个简单的例子是“质数”的概念。它不能源于任何日常生活，并非来自客观现实的数学，而是数学内部问题驱动的结果。由此可以发展为庞大精致的数论学科，产生像哥德巴赫猜想那样深刻的数学问题。从教学上看，当学生构建起“质数”概念之后，我们才可以有质因数分解、最小公倍数等概念的探究。如果强求数学必须是“现实的”，而且是生活化的现实，那么即使小学数学教学也难以顺利进行。

于是，关于数学教学联系现实的理念，需要做一些修正。在课程标准的修订过程中，我们注意到“数学现实”的提法：“学生的现实主要包含以下3个方面：（1）生活现实，（2）数学现实，（3）其他学科现实。”

关于“数学现实”的诠释是：

随着数学学习的深入，学生积累的数学知识和方法就成为学生的‘数学现实’。这些现实应当成为学生进一步学习的素材。选用这些素材，不仅有利于学生理解所学知识的内涵，还能够更好地揭示相关数学知识之间的内在关联，有利于学生从整体上理解数学，构建数学认知结构。例如，因式分解知识的引入可以借助整数的分解，平行四边形概念的引入可以借助三角形，等等。

这一提法，在历来的数学教学大纲和数学课程标准中都没有出现过，因而是一个值得研究的新课题。

（二）“数学现实”的界定

对“数学现实”这一名词，我们并不陌生。20世纪的数学教育家弗赖登塔尔曾经提出过“数学现实”：

每个人都有自己生活、工作和思考着的特定客观世界以及反映这个客观世界的各种数学概念，它的运算方法、规律和有关的数学知识结构。[3]

这个定义，比较全面地反映了“数学现实”的含义，可以为我国课程标准的修订提供重要的参考。“数学现实”具有以下的特性。

首先，“数学现实”具有整体性。“数学现实”是一种认知结构，体现了数学知识之间的内部关联。应该指出，“数学现实”不只是产生数学知识前后的逻辑连接。如果以为“数学现实”只是为讲新课所必需的“预备知识”，那就太狭隘了。“数学现实”包括已知的知识，还包括数学思想方法、数学规律的把握、数学抽象能力等。

例如，在引入“函数”概念的时候，当然应该有“文字符号”“等式”“解析式”这样的数学知识准备，但更重要的是要有“对应”“关系”“唯一”等数学思想方法的支撑。至于像“变量”“相互依赖”这样的字眼，已经涉及先前数学知识所不能覆盖的哲学领域了。因此，函数教学，必须把重点放在学生的数学观念如何从静态发展到动态的“数学现实”上。

再从“因式分解”的“数学现实”来说，数的分解固然属于“数学现实”，但是更重要的是联系“分解”的意义和价值。这涉及“整体和部分”“简单和复杂”这样的宏观思考。

其次，“数学现实”具有实践性。“数学现实”是从数学角度观察客观世界，并进行思考所获得的知识内容，因而具有很强的实践性质。“数学现实”中有很大一部分是数学模型。例如“鸡兔同笼”这样的模型，在现实生活中是没有的，它只能属于“数学现实”。（即使换成3条腿的凳子和4条腿的椅子的问题，仍是一种数学模型，并非生活原型。）现在的数学教学过度形式化。把“数学现实”仅仅理解为“形式化的、逻辑化的数学现实”是不正确的。

例如，一节指数函数的课，仅仅联系细胞分裂模型是不够的。我们必须体现“指数爆炸”的意义，特别是将2^n和n^2做比较，联系已知的幂增长的“数学现实”，才能把指数函数的特征显示出来，并使得学生在“数学现实”中确立起指数函数的地位。

“数学现实”的实践性还表现在“数学现实”与“生活现实”的关系具有互通的特点。学生的“生活现实”可以促成“数学现实”的形成，反之，学生的“数学现实”能够帮助学生进一步观察生活现象，发现其中的数学问题以及解决问题的方法，即所谓学会“数学地”思考问题。比如通过“向东、向西运动”“零上、零下温度”（生活现实）来形成“相反意义的量”（数学现实），而通过“相反意义的量”来进一步理解“作用力与反作用力”等现实生活现象。

再者，“数学现实”具有个体性。学生的“数学现实”，按照他所生活的环境，是一个属于学生个体的、变化的、发展的动态系统。这当然和学生的个体有关。在个别指导时，当然要符合该学生的“数学现实”，在班级授课时，则要顾及学生的年龄特征、城乡生活环境、普遍认知水平等因素。

例如，同样是讲“鸡兔同笼”，小学生是用算术方法（让兔子站起来等），中学生则用代数方法（二元一次方程的整数解）。同样是进行高度测量，城市以电视塔为目标，农村则可能用佛塔或大树。少数民族地区使用的帐篷中的数学内容，更是特定的数学现实。

另外，学生的“数学现实”与数学理论（即数学教学目标）之间存在一个“中间地带”，相当于维果斯基所提出的“最近发展区”[4]。对于某些学生来说，其“数学现实”已经进入“最近发展区”，甚至进入“教学目标”区域，而对另一些学生来说其“数学现实”还没能触及“最近发展区”（如图1）。因此结合“数学理论”和“最近发展区”来考察、分析学生的“数学现实”是有益的。

图1　最近发展区示意图

（三）“数学现实”内涵的层次

学生的“数学现实”，从具体到抽象，可以分成若干层次。我们认为，大致可以分为4种类型。

1．模拟型数学现实

考虑到直接生活经验与数学形式理论之间的差距，人们经常通过想象或适度抽象，人为地“创造”出一些问题模型或情境模型，这类模型既不是生活现实原型，当然也不是完全形式化的数学原理，而是介于两者之间的那种数学形态。我们称之为“模拟型数学现实”。

例如，模拟“孙子问题”：“今有物不知其数，三三数之剩二，五五数之剩三，七七数之剩二，问物几何？”这并不是生活现实原型，人们不可能这样数数，也不是一次同余式解的一般原理，它类似于一种数学游戏。几何中的尺规作图，也是生活中少有、具有操作价值的模型。

再如相似形教学中“巨人的手”的教学设计，“黑板上留下巨人的手印……请你为巨人设计给他使用的书籍、桌子和椅子的尺寸”。这是一个并非来自生活实际、仅凭想象的情境模型，但也还没上升到“相似形对应边成比例”的一般原理，它也是一种模型。对于这类模型，学生可以长期将其存留在记忆之中，随时可以调用，成为推动数学问题思考的一种数学现实。

2. 程序型数学现实

数学中有相当一部分知识属于程序性的知识，它往往表现为一些运算法则、规定以及口诀。这些需要熟记的知识，可以忘掉原型，随手拿来就运用。可以说已经化作人们的一种数学直觉。例如，“九九表”的乘法口诀、先乘除后加减、从内到外脱括弧、除以分数即“颠倒相乘”、有理数乘法服从“负负得正”等，都已经变成人们认为“理所当然”的真理。

这样的例子很多。例如，正弦、余弦的“和角公式”，证明起来很烦琐，但是由于不断地使用，可以信手写来，却不一定记得证明过程。前面提到的“数的因数分解”，也是一种程序，学生往往会分解，记不得其证明。但是，它确实已经是学生确认了的“数学现实”。

这种程序性的“数学现实”，具有很强的真理性。一旦新的数学知识与这些程序、规则、算法相联系，学生就会觉得是联系到自己已经非常熟悉而完全可以接受的现实。

3. 论证型数学现实

数学中由概念、定理、性质、原理构成的理论框架，如果被学生所掌握，因其表达精确、逻辑严密、结构完整，可称为“论证型数学现实”。

理论型数学现实长期以来一直被作为数学教学的重点，对其进行承接式推进、阶梯式提高、螺旋式上升等处理方式在教学上已被广泛运用。采用化归、迁移、类比、同化等手段对“数学现实”进行连续不断的“建构”已是数学教师运用娴熟、学生也予以普遍接受的教学方式。

在联系论证型数学现实时，要特别注意学生的理解水平。以掌握三角形中位线定理为例，一些学生只能将它运用于三角形，另一些学生能够将它运用于稍微复杂的图形中，如平行四边形、梯形，还有一些学生则可以将它运用于更为复杂的情况之中（如图2），应当运用变式教学分别对待。

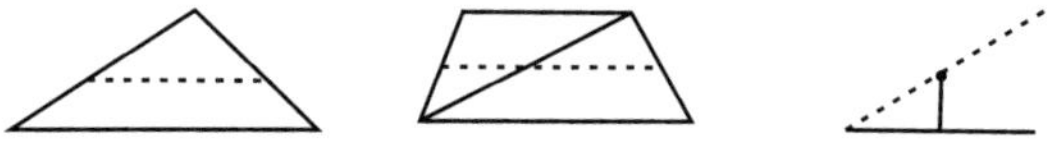

图2　三角形的中位线

4. 思想型数学现实

数学作为一种文化，有其深刻的思想内涵。这些思想内容经由教师的传导和启迪，加上学生自身的感悟，通过数学活动、逻辑思考、问题解决等一系列方式或多或少在学生思维中得以积累而形成的“数学现实”，被称为“思想型数学现实”。

学生的思想型数学现实有些是可以“言传”的，如化归思想、对应思想、分割思想等；有些却不能“言传”，只能“意会”，如数学直觉、数学灵感，但我们可以确信学生头脑中存在这类难以用言语表达的数学思维形态。

例如，学生经过几何变换的学习形成的“以运动的观点处理几何问题”这一数学观点就属于思想型数学现实，由直观的表象予以支撑。但是，函数的极限是一个无限过程，只能存在于想象之中，成为一种意境。

（四）运用“数学现实”进行教学的案例

运用“数学现实”进行数学教学，最容易想到的是复习旧课，用已知数学知识为新课做铺垫。但是，我们还应该有更深入的探索。以下是几个有关的案例。

例 1　因式分解。

有的教案，直接写出因式分解的定义，然后举例、练习。以训练因式分解的技能为主要诉求。这样设计，解题效率高。但是，教学毫无生气，形式化的处理，让学生不知道知识的发生过程。课讲得再清晰、准确，也是冰冷的美丽。

现在让我们来联系学生的现实。

首先是联系日常生活。分解，是为了使问题由复杂到简单，便于研究。玩积木、七巧板，每一个复杂的图形都是由简单的图形构成的；学校的学生，先分成年级，再分成班级，分解的目的，是为了管理方便。

然后是联系其他学科。物质可以分解为化学元素。水的分子式是 H_2O，水可以分解为氢气和氧气。

至于联系“数学现实”，还有 3 个层面。一是要联系小学里学过的数的质因数分解。例如 $210=2\times3\times5\times7$，其中，2，3，5，7 都是质数，即不能再分了。二是要联系学生头脑里的数学思想方法（类比），已有的“质因式分解”（平方和公式，平方差公式），以及 $x^3-1=(x-1)(x^2+x+1)$。这样，终于过渡到一般的因式分解。第三，还要关注“综合”与“分解”的对立统一关系，提升学生的“数学现实”。

通过多方面地联系各种现实，学生在知识发生过程中进行“火热的思考”，实现“再创造”。学生的数学学习才能够生动活泼，学生才能感受数学的魅力和价值。

例 2　二项式定理。

作为数学法则的二项式定理，没有“生活现实”可以联系，完全依靠联系学生的抽象“数学现实”。主要涉及以下几层“联系”。

从简单到复杂的联系：由最简单的平方项展开 $(a+b)^2=a^2+2ab+b^2$，到正整数次幂形式 $(a+b)^n$ 猜想。

其他学科，如数学历史人物（事件）的联系：从贾宪（杨辉）的贾宪三角（杨辉三角）到帕斯卡三角阵，再到牛顿的有理指数幂的二项式定理等。

数学理论现实：数学归纳法的证明。

例 3　方程概念。

方程概念的教学程序通常是导入、定义、举例辨认、练习、总结，给人的感觉是过于表面化处理，甚至让学生背诵“含有未知数的等式叫方程”，这样的定义缺乏数学现实的支撑，不知道为什么要研究它，好像是“天上掉下来”的。如果联系“学生现实”，则情况将大有改观。

我们把方程理解为：“为了求未知数，在未知数和已知数之间建立的等式关系。”于是，可以在以下层面进行联系。

生活现实层面：已知、未知、关系，都是普通名词。其中，关系是关键词。

概念性数学现实：用等式形容关系。“相等”是关键词。

思想方法型数学现实：通过等式把已知、未知联系起来，目的是为了找出未知数。这和请熟人介绍认识新朋友的道理一样。

程序型数学现实：式的运算规则，施行同解变换，求得未知数。

这样的联系，帮助学生把方程概念植入自己的认知结构。

例 4 勾股定理。

学习勾股定理时，学生大多听说过勾股定理，也知道“三个平方”的公式。如果简单重复，不能激起学生的学习兴趣。

我们可以进行如下的“联系数学现实”设计。

联系模拟型数学现实：折纸、拼图，了解定理的来源。

商高（西周时期）折矩，即把矩形（边长为 3 个单位长度和 4 个单位长度）沿对角线对折（如图 3）。

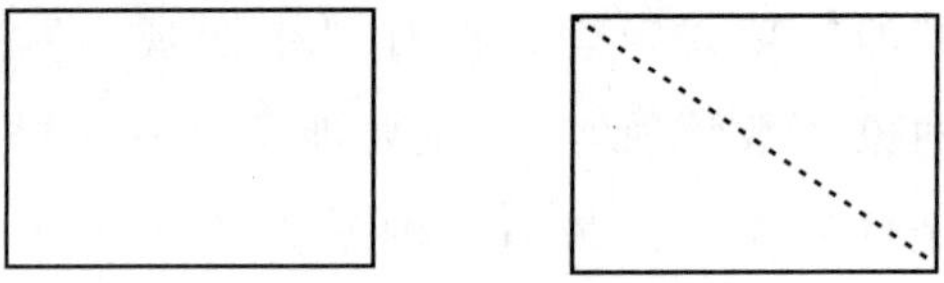

图 3 折纸示意图

接着用 8 个“半矩形”（直角三角形）进行拼图（如图 4）。

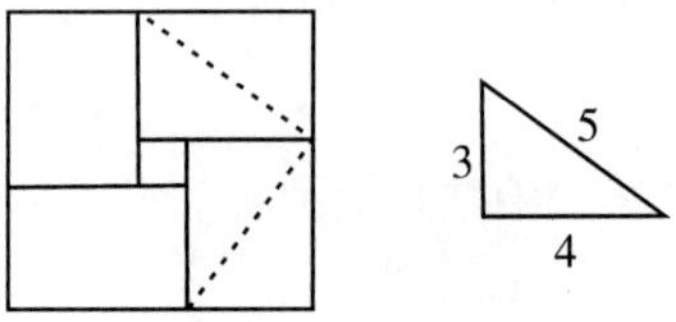

图 4 拼图示意图

联系理论型数学现实：矩形、正方形、直角三角形的概念及相互关系，体验定理发现过程——图4中虚线形成的是一个正方形。商高计算了虚线正方形的面积为 $(3\times4)\times2+(4-3)^2=25=5^2$，而 $3^2+4^2=25$，所以 $3^2+4^2=5^2$。由此猜想："在直角三角形中，两个直角边平方之和等于斜边的平方。"

丰富"数学现实"：中外其他相关历史故事、外星人联系使用的信息以及费马大定理 $a^n+b^n=c^n$（$n\geqslant3$）等，让学生全面地感受定理的意义，欣赏勾股定理的美学价值，使学生的"数学现实"丰满起来。

参考文献

[1] 潘海燕．呈现数学现实 促进数学学习［J］．教学月刊（小学版），2006（8）：12.

[2] 弗赖登塔尔．数学教育再探——在中国的讲学［M］．上海：上海教育出版社，1999.

[3] 王汉澜．教育学［M］．北京：河南大学出版社，1989.

[4] 汪晓勤，韩祥临．中学数学中的数学史［M］．北京：科学出版社，2002.

[5] 林永伟，叶立军．数学史与数学教育［M］．杭州：浙江大学出版社，2004.

【后记】本文由张奠宙与林永伟共同撰写。原载于《数学教育学报》2008年第2期。

八、数学教育改革开放30年

改革开放30年，弹指一挥间。数学教育，作为一种文化现象，不可能“彻底革命”，只能不断地改革，逐渐地演进。但是，经过30年的积累，回头一看，我国数学教育的面貌还是发生了巨大变化。

30年来，全国普及九年制义务教育，实施大众数学教学。素质教育、创新教育成为数学教育的指导思想。“数学教材教法”成长为独立的“数学教育学”。21世纪初制定的数学课程标准，影响深远，已成燎原之势，至今尚在争论中调整前进。中国数学教育在吸取国外有益经验的同时，继承着我国优良传统，已经大步迈入信息时代。不过，学生的负担很重，应试教育的黑影，挥之不去。数学教育改革的任务，依旧是任重而道远。现在，让我们来回顾30年来的一些珍贵的历史片段。

（一）忽如一夜春风来

忽如一夜春风来，千树万树梨花开。“文革”结束，一切都在拨乱反正。1977年恢复高考，就像一道无声的命令，要求基础教育也恢复到20世纪60年代的情形。事实上，我国在1963年公布的《全日制数学教学大纲（草案）》是一个高峰。重视数学“双基”，提倡三大能力，实行启发式教学，精讲多练，都是那时形成的数学教育优良传统。

“文革”时期的学制，十年甚至九年就高中毕业了。数学教学大纲和教材的水平低。由于应试的需要，一些有关的中学数学的资料书大行其道。上海地区有一套“自学辅导数学丛书”，一时洛阳纸贵，销量直上100万册。

1980年12月，中共中央、国务院颁发《关于普及中小学教育若干问题的决定》指出：中小学学制，准备逐步改为12年制。人民教育出版社根据上述文件精神起草了《全日制六年制重点中学数学大纲（征求意见稿）》，作为编写供全国六年制重点中学使用的数学教材的依据。数学教育此后逐渐步入正轨。

（二）数学问题解决：得益于改革开放

1949年以来，中国数学教育受苏联影响。数学教育学者和国外的交流几乎断绝。1980年，国家刚刚实施改革开放政策不久，就派出了一个数学教育代表团，参加在美国伯克利加州大学举行的第四届国际数学教育大会。华罗庚先生在大会上做一小时报告。一起出席大会的还有曹锡华、丁尔升等先生，他们把刚刚在美国提出的“问题解决”（problem solving）口号立即带回国内[1]，引起广泛关注。国外的“问题解决”，与国内的数学解题研究相结合，形成了一波数学教育研究的高潮。一个突出的现象是波利亚的数学解题理论在我国随之广为传播。《怎样解题》、《数学的发现》和《数学与猜想》（第一、第二卷）等著作风行一时，甚至出现好几种版本。“合情推理”（又译“似真推理”）成为和数学演绎推理相对立又相融合的思想，对中国数学教育的影响十分深远。

（三）邓小平“三个面向”指示

1983年，当我们国家的改革处在起步阶段时，邓小平以历史的眼光，从战略的高度，为北京景山学校题词：“教育要面向现代化，面向世界，面向未来。”20多年来，这“三个面向”的题词所蕴含的深刻的教育理念，已经成为中国教育改革与发展的指南针。

数学教育“面向现代化”的结果是支撑了中国经济的起飞。亿万农民工进城，他们因为熟练的整数心算能力、分数理解与运算能力等，迅速适应了现代工业的数学需要。

1989年，中央教育科学研究所参加国际数学测试（IAEP）。结果表明，中国大陆13岁学生在21个国家和地区的数学测试中，以80%的正确率位居第一，领先于并列第二位的韩国和中国台湾（正确率为73%）。这再次证明，中国的数学教育有成功的一面，也表明20世纪80年代的拨乱反正取得了明显的成效。

在“三个面向”指示下，人民教育出版社曾经根据“面向现代化”

[1] 曹锡华．第四届国际数学教育大会简介［J］．数学教学，1980（3）．

的要求，将微积分、概率统计、开关代数等列入中学课程。教育部领导通过调查研究，认为条件不具备而停止使用。但是，只要坚持“面向未来”，现代化的进程是不可避免的。到了20世纪90年代，继以数学课程标准的颁行，上述数学课程现代化的设想终于逐步得到实现。

（四）弗赖登塔尔访问中国以及对外交流

1987年冬，20世纪享有较高声誉的数学教育家H. 弗赖登塔尔应邀来华东师范大学讲学三周，之后又到北京访问，为国人带来了全新的数学教育思想。在演讲中他将自己毕生的成就总结在讲稿里，后来用*Revisiting Mathematics Education：China Lectures*的书名结集出版。中文译本《数学教育再探：在中国的讲学》于1999年问世。他的许多教育理念，如“数学化”“数学现实”“再创造”等在中国广为传播。

中国在1986年正式加入国际数学联盟，成为国际数学教育委员会（ICMI）的成员国。1988年的第六届国际数学教育大会上，中国只有8名学者与会。到了2000年，参加第九届大会的中国学者已经达到数百名。迄今为止，除华罗庚做过一小时大会报告之外，还有9名中国学者做过45分钟报告。2008年在墨西哥举行第十一届大会，中国进行了“国家数学教育”的展示活动。张奠宙和王建磐先后于1994～1997年、1998～2001年担任国际数学教育委员会的执行委员，张英伯则将在2010～2014年担任此职。

1991年北京举行“ICMI-中国地区数学教育会议”，这是中国首次举办有一定规模的数学教育国际会议。第二届同样的会议于1994年在上海举行，到会境外人士在200人以上，国际著名学者几乎悉数出席。这是迄今为止，在中国举行的规模最大的国际数学教育会议。

（五）数学素质教育和创新教育的提出

在打开国门的同时，国内的数学教育研究也开始创建符合时代要求的新经验，打开了新局面。以顾泠沅为代表的上海青浦实验，在大面积提高学生数学成绩的同时，关注学生的发展。其他如徐利治提倡数学思想方法的教学，陈重穆进行高效益（GX）数学教学实验，都取得了明显的效果。

经过20世纪80年代的恢复性发展，在教育质量稳步提高的同时，应试教育也逐渐抬头，在一些地方甚至公开地宣称要“全面追求升学率”。为了遏止应试教育，针锋相对地提出了素质教育的口号。早在1988年2月，《人民教育》杂志上发表了题为《提高劳动者素质是基础教育的根本任务》的文章。1996年，在《中华人民共和国国民经济和社会发展“九五”计划和2010年远景目标纲要》明确提出：“改革人才培养模式，由‘应试教育’向全面素质教育转变。”

数学素质教育，是整个素质教育的组成部分。由教育部人事司连续支持14年的数学教育高级研讨班，发表了《数学素质教育设计草案》。其中提到“可贵的高分下隐伏着危机”“从英才数学到大众数学”“当心数学应用意识的失落”“突破口：提倡问题解决”“观念转变：允许非形式化”“把主动权交给学生”“让计算器进入课堂”“适度性原则：不要走极端”。这预言式的论述，后来都成为大家的共识，乃至成为现实。

世纪之交，以北京师范大学为核心的数学教育讨论班，吸取国内外的数学教育新理念，为21世纪初的数学课程改革做了学术上的准备。

与此同时，“创新是民族的灵魂”的口号为数学教育改革指明了方向。数学教育中强调“提出数学问题”“关注数学猜想和合情推理”“鼓励开放性思维和提倡开放性数学问题教学”，都是沿着这一方向的努力。

（六）20世纪数学最大的发展是应用

20世纪以来，数学教学深受希尔伯特形式主义数学哲学的影响，认为数学是由一组自明的公理，依照严密的逻辑规则推演出来的命题体系。曾经盛行一时的布尔巴基学派，主张数学是由一些结构的叠加和组合所构成。数学无关乎内容，只关注它的形式。于是，形式化演绎成为数学教学的主流诉求。这种观念，也渗入了中国的数学教学。例如，把逻辑思维能力的培养当作整个数学教学的核心，甚至认为“数学应用乃是实用主义和短视行为”。1990年前后的高考数学试题中，竟然没有一个应用性问题。这种情况在20世纪90年代中期以后，渐渐得到改变。

1996年，姜伯驹院士在数学与力学教学指导委员会上说，20世纪下半叶数学的一个最大进展是它的广泛应用，“谁用得好，谁就赢了”。事实上，今日之数学已经从幕后走到台前，成为能够直接创造经济效益的数学技术。这些观念的传播，以及“数学建模”的推广，渐渐走出了数学绝对主义的误区。

但是，数学毕竟具有形式化的特点，“数学是理性的音乐”“数学是思维的体操”“数学是科学的语言”依然是至理名言。这是数学真理的另一个侧面。

（七）中国的数学教育技术从无到有

以前数学老师往往只带一支粉笔上课，顶多加上直尺圆规。30年来，情况发生了根本性的变化。20世纪80年代，能够进行指数、对数、三角计算的科学型计算器开始流行。1992年人民教育出版社的文件提出“交替介绍中学数学用表和科学计算器，供学生视条件选择”。上海走得更快一些，科学计算器成为中学生的必备学具。2000年的上海高考允许考生带计算器进考场。

进入21世纪，国家教育经费有了大幅度增加，学校里使用多媒体技术辅助教学已经蔚然成风。数学教师使用“几何画板”制作课件成为教学的基本功之一。更值得重视的是张景中院士自主开发的“超级画板”，以其高度的智能性、强大的计算功能、贴近课堂教学实际而享誉世界。

（八）21世纪初“数学课程改革”率先启动

历来的课程改革往往从数学课程开始。1958年欧美各国的课程改革首先从数学开始，世称“新数学运动”。21世纪初，根据中共中央、国务院《关于深化教育改革，全面推进素质教育的决定》和教育部《国家基础教育改革指导纲要》的精神，一轮新的课程改革自上而下，超常规跳跃式地在全国整体推进。数学课程改革率先启动。2001年公布《全日制义务教育数学课程标准（实验稿）》之后，短短3年时间，按照新课程标准编写的教科书已经推向全国。这次改革，基本理念是贯彻素质教育和创新教育的方针，以学生的发展为本，与时俱进，体现信息时代精神，高举“自主、探究、合作”的改革旗帜，总的方向完全正确。课程内容进行了许多调整，特别是将概率统计列为基本数学领域，从小学开始就接触数据处理方法和随机观念，更是一个重大的突破。现在，新课程标准的“实验”还没有完全结束。但是，它的重大而深远的影响已经显示出来。尊重学生，关注探究，重视讨论，合作学习，也已成为广大数学教师的共识。

（九）数学论战：教育民主决策的范例

进入新世纪以后，国家进一步加强民主建设。数学教育领域出现多元化的趋势。一纲一本的“教材垄断”局面被打破，数学教育上的不同意见得到尊重。例如用综合法和向量法处理立体几何教学的不同意见，曾在一段时间内允许共存，通过实践加以解决，不强行统一。

2001年《全日制义务教育数学课程标准（实验稿）》公布以后，中国数学会教育工作委员会召开多次座谈会，邀请参与标准的制定者以及数学家和数学教育工作者畅谈不同意见。2005年3月，以北京大学教授、科学院院士姜伯驹为代表的一些全国人大代表、全国政协委员，对这份标准提出批评，并在报刊公开发表[1]。不可否认的是，新课程标准中有一些提法未免矫枉过正。例如，教师主导作用、启发式教学、注意数学“双基”等中国数学教育的优良传统，被忽略了。一些西方的“以学生为中心”的教育理论，在吸收借鉴时有些简单化，脱离中国实际。对“平面几何”的过度削减，更引起数学家的强烈反对。于是，从2006年开始，教育部组织专家组对这份数学课程标准的“实验稿”进行修订。可以预料，修订后的标准，在坚持改革方向的前提下，将能更加全面准确地体现数学教育规律，成为推动我国数学教育前进的新起点。这场论战，也成为教育民主决策的一个范例。

---

[1] 姜伯驹. 新课标让数学课失去了什么？[N]. 光明日报，2005-03-16.

（十）理性回归：真理在两个极端的中间

30年来，西方和东方的数学教育理念进行了激烈的碰撞。我国在中华文化的影响下，形成了自己的数学教育传统。进入21世纪以后的课程改革，更多地借鉴了欧美的数学教育观念，主张以学生的发展为本，关注“自主、探究、合作”的学习方式，目的在于发挥学生的学习主动性，提高学生的创新意识，这显然是数学教育改革的正确诉求。但是，在数学教育改革的具体实施过程中，正反两个方面的经验使我们认识到，东西方的数学教育观念往往处于两个极端，而真理恰恰在两个极端的中间。这里仅举三例。

●教师主导作用与学生作为学习的主体之间的关系。以学生发展为本，不能取消教师的主导作用。因此，“在尊重教师主导作用的同时，更加注重培育学生的主动精神，鼓励学生的创造性思维”[1]，是一个比较完整的提法。

●直接经验和间接经验的关系。一种极端建构主义观点认为，知识是学生主动建构的，因而是不能灌输的，于是强调探究性学习，否认接受性学习。但是教育过程毕竟不能等于认识过程。教育是有计划地将人类几千年积累的知识精华，在9年或12年的基础教育阶段让学生得以基本掌握。因此，学习效率是不可避免的要求。事实上，直接经验十分重要，但人不可能事事都有直接经验，大量的是间接经验。究竟把握一个怎样的“度”，将是一个需要长期探索的课题。

●独立思考和合作学习的关系。交流至少有三种：通力合作、分工合作、交流合作。学生在数学学习过程中，主要是交流合作。因此首先要独立思考才能交流。怎样合适分配思考和交流的学习阶段，是一个需要平衡处理的问题。

我们还可以举出很多关系。一个深刻的教训是：不要走极端。

---

[1] 胡锦涛．在中国科学院第十三次院士大会和中国工程院第八次院士大会上的讲话［EB/OL］．（2006－06－05）．http://politics.people.com.cn/GB/shizheng/252/2152/2906/4527536.html.

（十一）基础与发展的统一：美国数学教育的启示

重视数学基础知识和基本技能（简称“双基”）的教学是中国数学教育的优良传统。重视基础是为了发展。没有发展的基础，恰如花岗岩的基础上盖了茅草房，几近浪费孩子的青春。同样，在松散基础上谋求发展好像沙滩上盖大楼，乃是空想。基础教育的首要目标是打好基础，但是又不能为基础而基础。我们追求的目标是：“在打好数学‘双基’的基础上谋求学生的发展。”

我国的数学教育工作者，在打好数学基础上有许多好的经验，例如“九九表”的背诵、分数知识的把握、平面几何入门的教学，都是很成功的。徐利治提倡数学思想方法的教学，陈重穆倡导“高效数学教学”，顾泠沅等研究数学问题的变式教学，罗增儒、戴再平研究中国的解题教学，都是成功的案例。2004年，笔者集中全国数学教育工作者的力量，编写了《中国数学双基教学》一书。其中提到：规则记忆可以通向理解，运算速度能够提高思维效率，逻辑严谨保证思维精确，变式使得重复练习增加效益。这些成果，是我国“熟能生巧”“愤悱启发”“业精于勤”等传统教育观念在新时代的发展。最近，我国在修订数学课程标准时，又提出“双基”应当发展为“四基”[1]，即增加基本数学活动经验和基本数学思想方法，这是一个重要的进展。

我们也注意到美国的变化。在号称“数学战争”的一场激烈争论之后，一份由美国总统授命的数学教育咨询委员会的报告[2]，标准是“*Foundations for Success*”（成功需要基础），其中指出：“学生需要在早期发展有关算术事实的快速回忆，并在中学断续掌握分数的运算。”在这些坚固的基础之上，进一步要求学生为高中或稍早些的严格的代数课程做好准备。

总之，今日美国的数学教育，着重强调数学基础，而中国则强调创新发展，双方都是在不同的极端中寻求合理的中间地带。

---

[1] 史宁中.《数学课程标准》的若干思考［J］. 数学通报，2007（5）.
[2] 2008年3月13日美国数学教育咨询委员会发表报告，见 http://www.ed.gov.

（十二）华人数学教育学者回应“中国学习者悖论”

20世纪末，西方国家提出了“中国学习者悖论”——“为什么华人学习者能够取得优良的学习成绩，但是他们的教学过程却看起来非常陈旧？”

“中国学习者悖论”理应由华人自己来研究解决。于是全球华人数学教育工作者聚集起来给予回应。2004年英文著作 *How Chinese Learn Mathematics* 在新加坡出版了，其中译本也随后出版。国际数学教育界多有评论。

当然，我们绝不可以沾沾自喜，必须清醒地认识到，中国学生虽然获得了良好的数学成绩，却付出了太多的时间和精力，效率并不高。有些学生为应试而进行无谓的练习，形成“空转”；有些优秀学生仅仅停留在重复别人做过的题目，缺乏勇往直前攀登数学高峰的动力。我们引以为傲的“数学双基教学”，也可能异化。我们需要正视这些隐忧，并继续努力，把数学教育改革进行到底。

（十三）数学教育成为一门独立的学科

中国的数学教育，是在辛亥革命以后，特别是五四运动之后普及学校教育以后开始的。长期以来，这门学科一直叫作“数学教材教法”。进入20世纪80年代以后，学科教育的提法逐渐流行。1984年，苏联斯托利亚尔的《数学教育学》中译本出版，第一次正式使用“数学教育”的名称。此后，国外文献中广泛使用的“Mathematics Education”一词自然而然地译为“数学教育”。《数学教育学报》终于获准出版。国内外的数学教育交流也取得了重大进展。

“文革”之前的20世纪60年代，以数学教育研究获得教授职称的数学教育研究者可以说廖廖无几。时至今日，数学教育研究得到了相当的发展，构建了一支比较合理的学术队伍，并且形成了合力，为中国数学教育的进步做出了贡献。现在，年轻的数学教育博士群正在以新的面貌充实这支队伍。

教育改革的方针确定之后，学科教育的战略重要性突显。学科教育，是整个教育理论的一部分。如果说，一般教育学相当于自然科学中的“基础理论”，那么学科教育就是一种致力于学科教学实践的“工程性”研究学科。学科教育的研究工作，当然要运用一般教育学的原理。但是，不同学科的内容要素不同，学生的思维和教师的教学均有其特殊性。因此，学科教育研究不能简单地“自上而下”，满足于“一般教育学+学科例子”的做法，而是必须植根于学科本身，“自下而上”地深入研究学科本质对学生思维发展的影响，揭示各门学科教与学的“个性”，发现和提炼各个学科教育的特定规律。

数学教育，作为学科教育的组成部分，应该研究数学教育的特殊规律，做出自己应有的贡献。

（十四）数学教育改革：任重而道远

中国是一个超过13亿人口的发展中国家。教育经费的投入还低于发达国家和地区。但是，学生的数学成绩却在国际测试中屡屡领先。这表明，中国数学教育确实有自己的特色。过去我们认识得不够，以为改革就一定要批判过去，指出的缺点越多，就越能显示改革的必要性。其实，中国的教育，包括数学教育，不是如同“阶级斗争为纲”“计划经济制度”那样需要彻底抛弃，而是要扬长避短，在继承优良传统中改革发展。没有积累，怎么显示中国特色。但是，我们更应该看到，应试教育的黑影，一直在中国数学教育领域游荡着。我们一时找不出或者说做不到与之对抗并能制胜的措施。考试不能废除，但是考试不能八股化，形成套路，让学生思想僵化。目前，我们还在摸索着。

如前所说，东亚国家和欧美国家的数学教育理念处于相互矛盾的两个极端，而真理在两个极端的中间。形成具有中国特色的数学教育理论需要付出极为艰苦的努力。对于西方重实证、揭示客观规律的数学教育研究方法，我们必须认真学习，加以消化。只有“打进去”，才能“化出来”，为中国的发展服务。

任重而道远。再有30年，我们能够在国际数学教育领域中，推出中国特色的数学教育理论，这应该不是不切实际的，只要我们足够努力。为此，我们不仅要着力于中国国内数学教育的发展，也应努力为世界数学教育发展做出自己的一份贡献，让我们共同努力。

【后记】1978年12月的中国共产党十一届三中全会，是改革开放时代的起点，到2008年12月正好30周年，各报刊都刊登纪念文章。《人民教育》的余慧娟编辑前来约稿，遂成此文，刊于2008年第22期。我同时将此文发给《数学教学》和《数学通报》，以“中国数学教育在改革与反思中前进”为题分别在2008年第11期和第12期刊出。收入本书时，做了一些小修改。

九、在坚实的基础上谋求创新发展

——数学教育60年回顾

打好基础和谋求发展，就如熊掌和鱼，我们都要。然而多少年来，我们老是在打基础和求发展之间徘徊，甚至像翻烧饼似地来回"折腾"。

东西方的数学教育文化在碰撞，最近的例子是中国和美国的数学教育，反映了教育理念上的两个极端。21世纪初，中国推行新一轮的数学课程改革。口号是"一切以学生的发展为本"。这次改革提倡自主、探究、创新的教学模式。中国教育家认为中国学生"基础过剩"，在一定程度上扬弃和否定"双基教学"。大洋彼岸的美国则认为学生的数学基础薄弱，需要加强基础。

回顾半个世纪以来的历史不难发现，这样的争论已经不止一次了。美国从20世纪60年代的"新数学"，70年代的"回到基础"，80年代的"问题解决"，到2008年的"成功需要基础"（由美国总统任命的一个数学教育咨询委员会经过两年的调查研究后正式公布的一项文件）。这是美国式的"折腾"。

中国的情况也差不多。20世纪20年代，我国倡导"教育即生活，生活即教育"的杜威学说；20世纪50年代则全面学习苏联，实行凯洛夫的"知识中心""课堂中心""教师中心"教学系统；1958年"大跃进"，提出"教育与生产劳动相结合"的教育革命，把课堂搬到车间田头；随后的"文革"年代，将几何学改为"画线制图"，最后由于缺乏系统的知识，削弱了"基础"，经过拨乱反正，全盘否定，又回到"基础"；21世纪初，进行新一轮的数学教育改革，提倡"自主、探究、合作"的模式，"基础"则不大有人提起了。

仔细看这些变迁，都是围绕基础与发展的关系开展争论的。每次争论，主张“发展”的口号，总是伴随“自主”“探究”“创新”“联系实际”“贴近生活”“积极主动”“愉快教育”等美丽的字眼，显示出人类最美好的追求。

反观提倡“基础”的理论，则极其苍白。说起打基础，往往会联想起“被动、灌输、痛苦、无趣、守旧”之类的字眼。在辩论中，“基础”总是可怜兮兮地处于下风。但是实践却默默地做出裁决：逼使一些矫枉过正、华而不实的做法下马，回到基础，回到系统知识，回到基本技能。那么，有没有现代或后现代的数学教育理论是支持打基础的，是阐述打基础的规律的？好像还没有。我们反对“在花岗岩基础上盖茅草房”，也反对“在沙滩上盖高楼大厦”。事实上，优质教育=坚实基础+发展创新。

（一）神舟七号航天员的启示——熟能生巧式创新

现在一谈创新，就拿诺贝尔奖说事。把中国本土的科学工作没有获得诺奖，怪罪于基础教育不讲创新，说“中国基础教育已经输在起跑线了”。按这种说法，每个学生的创新，都必须按照诺贝尔奖获得者的模式进行，那么教育目标似乎应当是“人人都成爱因斯坦”。

神舟七号航行圆满成功，举国欢腾。航天员能否创新？怎样创新？他们创新的特点是什么？和获得诺贝尔奖的创新一样吗？

航天员手中不断翻阅的那份“指令手册”引起了人们的注意。在航行过程中，航天员的任务是一丝不苟地遵守手册里的约定，不允许自由发挥。因此，遵守约定是一种严谨的态度，科学的精神，解决问题的能力。

一个合理的约定，是无数成功的经验与失败的教训的结晶，是无数航天专家、航天工程师，包括航天员在内自主创新的结果。那么航天员的创新在哪里？事实上，正是由于不断地、反复地、一丝不苟地操作，他们掌握了熟练的技能，终于能够体会出航天设计中的成功与不足之处，对航天工程提出独到精辟的见解。基于熟练技能，产生创新体验，即熟能生巧。航天员执行在先，创新在后，可以说是熟能生巧式的创新样本。

约定无处不在，比如国家法律、社会礼仪、交通规则、厂规乡约，甚至连吃饭穿衣都得遵循约定。作为普通公民，一般不必了解其形成过程，只要学会遵循罢了。如果是社会的领导人员、知识分子，就应适当地了解其大体形成过程。只有那些相关领域的专家，才需要知道其全过程。即使是专家，一旦越出他（她）的研究领域，他（她）依然是一个遵守约定的、不大知道形成过程的普通人士。诺贝尔奖获得者开车时未必知道交通规则的形成过程。

数学中有大量的约定性知识。概念形成、名词选择、表述方式、猜想形成、定理证明、构作规则、公式写成等，都是前人的自主创新的成果。经过不断地总结、归纳，去粗取精，形成了数学运算法则、求解公式、解题规范等。数学教学要求学生按照规定操作，一步步地解题，好像遵循一些指令行动一样，这是一种基本能力。现在强调数学教学不能死记硬背，学生知道一些数学知识的发生过程是必要的。但是，似乎这也不能过头。至于要求每堂课都要有过程性目标，每项知识学生都要知道其发生过程，是否必要，又是否做得到？我们需要辩证地思考。

事实上，遵守约定占据人生的大部分。创新精神人人都要，但是创新只能是个人生涯中的小部分。学习的目标是执行规范、约定。

从中国制造到中国创造的转变，除了全新的设计，还需要成熟的工艺。许多操作工人的经验是只能意会却难以言传的。大量积累这种创新，乃是国家之本。

（二）推陈出新，打好基础才能创新

一个教育寓言说，某人吃三个馒头饱了，他觉得第一个馒头不重要，第三个馒头才是吃饱的关键。

流光溢彩的成功会掩盖朴实无华的基础。所以，伟大的智者常常提醒我们要重视基础。牛顿说："如果说我看得比别人更远些，那是因为我站在巨人的肩膀上。"巨人的肩膀，就是牛顿创新的基础。

2004年11月14日，数学大家吴文俊先生接受《文汇报》记者采访时，发表了"推陈出新，始能创新"的见解。他说："有了'陈'，才有'新'，不能都讲'新'，没有'陈'哪来的'新'！创新是要有基础的。只有了解得透，有较宽的知识面，才会有洞见，才有底气，才会有创新。”

基础和创新是一个问题的两个方面，二者辩证统一。

2004 年，物理学家杨振宁在清华大学讲授物理学的基础课。9 月 17 日《文汇报》对此进行报道，其中有句话是“对于基本概念的理解要变为直觉”。当日笔者发邮件给杨先生询问此话是否表达了他的原意，并在邮件中说：“我以为这句话非常重要，是‘熟能生巧’教育古训的注解。西方的教育强调理解，很对。东方的教育强调基础。那么基础和理解的关系如何？这句话是一个解答。理解与直觉的关系在基本概念的部分有联系。”当天，杨振宁先生就回复说：“关于变为直觉的那段摘引是正确的（The quotation about converting into intuition was correct）。”

学习钢琴要练习曲子，学习外语要背生词，学习写作要夜以继日。夏练三伏，冬练三九。台上一分钟台下十年功。学习基础知识是枯燥的，谈不上愉快。苦练基本功需要理想的支持、前人的督促，没有捷径可走。我们的任务是减少打基础的枯燥，降低练技能的无奈。切合学生的生活情境，提高学生的学习兴趣，特别是感受苦中之乐、苦后之乐、发现之乐。体验“为伊消得人憔悴”之时，“蓦然回首，那人却在灯火阑珊处”的快乐。

一味提倡“愉快教育”，并不可取。古代的各个民族，都强调苦读。农耕文化的中国，自然强调精耕细作、勤劳致富。所谓“头悬梁，锥刺股”就是苦读的生动写照。日本和中国类似，把“做学问”叫作“勉强”。“勉强”这个词反映了不论是在学校，还是在私塾，日本孩子每天的学习生活都是“痛苦的”。和日本人的“勉强”相对，犹太人把学习称作“重复”。从字面上看，它的意思是亲自读、说、听，多遍地练习，最终将文章全部内容记住。这种韧性在犹太人当中是普遍存在的（《中华读书报》2007 年 2 月 8 日）。这样的苦读，反映了部分真理，即学习成果并非唾手可得，需要下功夫。但是，苦读如果没有创新的指导，只是简单的重复，人类就不会进步。

我们的理念是：“记忆能够通向理解；速度可以提高效率；熟练终于收获巧思；变式增加重复价值。”其实，这是大白话，人人都明白。

只是没有理论包装，好像不那么科学而已。

（三）一个中国创造：双基模块

中国数学教育在实践中有许多创造，对此我们往往不重视。粗粗罗列一下，就有以下这些："现实问题引入"教学；课堂提问研究；启发式讲解模式；"精讲多练"教学模式；变式练习的构建与实施；小步子、小转弯、小坡度的"慢班"教学策略；大容量、高速度、快节奏的"快班"教学策略；"咬文嚼字"式的概念教学等。近年来，又有情境创设教学、活动式教学、数学思想方法教学、研究性学习、开放题教学、数学建模教学、数学文化教学等。我们应该在这些基础上提炼自己的精华。

这里，我认为，"双基模块"教学可以概括地体现中国数学教学的一个显著特色。中国的"双基"并非孤立地存在着。一是注意知识点的联结（connection），形成一维知识链，以其为基桩；二是通过变式进行技能训练和应用，形成二维的结构；三是用数学思想方法提炼成三维的模块。

数学知识以模块的状态储存。小的单元模块累积成大模块（墙面），不同的墙面作为基础，用创新的思维形成美轮美奂的数学知识大厦（如图）。

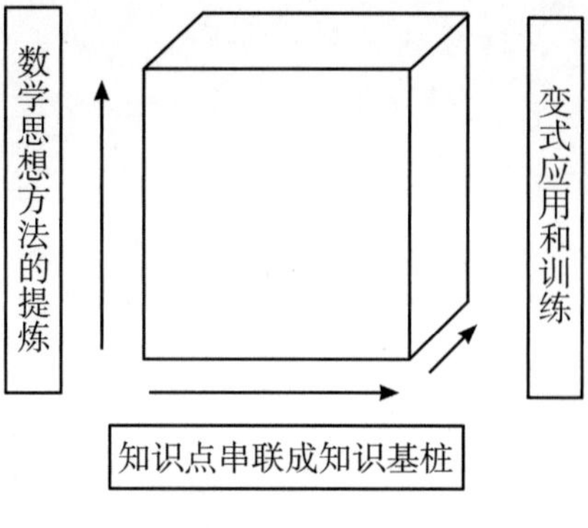

知识联结，变式练习，注重数学思想方法，都是中国数学教育最成功的经验。用它们的复合体现中国数学教育特色，应该是符合实践的。

参考文献

[1] 张奠宙. 可以说东亚数学教育学派吗？[G] //日中数学教育共同研究文集. 日本教育研究所印行，1992.

[2] 中华人民共和国教育部. 全日制义务教育数学课程标准（实验稿）[M]. 北京：北京师范大学出版社，2001.

[3] National Mathematics Advisory Panel. Foundations for success: the final report of the national mathematics advisory panel [R]. Washington, D. C.: U. S. Department of Education, 2008.

[4] Liping Ma. Knowing and teaching elementary mathematics: teachers' understanding of fundamental mathematics in China and the United States (Studies in mathematical thinking and learning) [M]. Mahwah, N. J.: Lawrence Erlbaum Associates, 1999.

[5] 张奠宙. 中国数学双基教学 [M]. 上海：上海教育出版社，2006.

【后记】前文提到2008年要纪念改革开放30年。接着的2009年，则是新中国成立60周年。同样需要纪念文章，于是我写了本文，《数学教学》和《数学通报》同在2009年第10期刊出。《数学通报》刊出时有删节。

十、21世纪前10年数学教育：预测和回顾

2011年来到了。

1999年底，数学教育高级研讨班在上海华东师范大学举行。那次高研班的学术总结，是由张奠宙、孔企平两人起草的一份对新世纪未来十年数学教育的预测。在预测中我们充满了期望。全文发表于2000年《数学教学》第1期。现在，十年过去了。回顾过去十年，成绩不少，问题也不少。现在，将那份预测重新刊出，加上我们的一些反思和感想，供大家思考。原纪要共十条，我们用楷体字标出。每条的后面有我们的一些回顾性文字，用宋体字排印，希望引起我国数学教育界同行和广大数学教师的关注和评说。

1999年高研班纪要：2010年的中国数学教育（上海）

新世纪的曙光即将到来，我们一群数学教育工作者在东海之滨畅谈中国未来十年的数学教育。中国数学教育具有优良的文化传统。中华人民共和国成立五十年来积累的丰富经验，使中国的数学教育成就为世界所瞩目。但是，未来十年内仍然有许多事情要做。改革与发展总是硬道理。以下是我们对未来的畅想，期望能够变成现实。以后二十年的事实将会证明这些设想的准确性。也许太保守了？明天的发展速度远远超过我们的想象！也许过于乐观了？预测严重脱离实际！当然，这里的设想也必然包含着错误，终被历史所纠正。不管怎样，我们真诚地在这世纪之交进行展望，立此存照，经受时间的考验，以供参考和评说。十年之后，如果还有人记得这份文件，并进行评论，那将是我们的幸运。

（一）中国数学教育有一个较大的发展

随着现代科学技术的发展，数学的价值与作用受到公众的广泛关注。数字化的社会呼唤优质的数学教育。在普及九年义务教育的基础上，多数中国人都能接受十二年的基础教育。在适龄人群中，大约五分之一的人将进入大学，而大学里几乎所有学科都开设数学课。中国公民有良好的数学素质，数学教育成为中国在世界上可以自豪的一项成就。

危险：随着学生人数的增加，大量的数学困难学生将会出现，学生的平均数学水平将会下降。现在的一些数学习题和考题，那时会被认为是超难题。如果对学生的“数学差异”处理不当，那么发达国家和地区出现过的数学“均贫”效应有可能在我国发生。

【回顾】过去的十年，是中国教育大发展的十年。义务教育得到了进一步普及。在基本普及九年义务教育的基础上，一些地方开始新的征程：向下延伸致力于幼儿教育，向上延伸则致力于普及高中教育。过去的十年，也是我国高等教育迅猛发展的十年。高校扩招，努力满足人民群众想上大学的愿望。2008年秋季学年，入学新生人数之多前所未有，达到599万人，毛入学率达最高点23%。据国际公认的高等教育阶段认定，毛入学率低于15%为精英教育阶段，15%～50%为大众化教育阶段，超过50%为普及教育阶段。因此，我国高等教育已经进入国际公认的大众化阶段。绝大部分的大学生都会接受高等数学教育，由此可见我国公民的数学素质正在不断提高。

高中和高校在数量上的发展，是随着中国经济实力的增长而实现的。因此，数学教育并没有因为扩招导致学校的校舍和设备短缺，反而加快了学校设备的现代化步伐。多媒体教室、计算器和计算机的使用，都已经成为常规。与十年前相比，现在有更多的年轻人在各类学校接受数学教育。这在十年前是难以想象的。

中小学生的数学水平也并没有因为教育普及而发生大幅度下降。例如，我国上海学生参加2010年的PISA国际测试，数学成绩名列第一。国际上曾经有过的“均贫”效应，在中国基本上没有发生。这是一项非常值得我们珍视的成果。但是，随着高校教育的扩展，部分高校的数学教学质量在一定程度上有所下降。

（二）1999年启动的新一轮数学课程改革跨出了成功的一步

进入21世纪后，一场关于数学课程改革的讨论吸引了国内外公众的注意，传媒广泛报道。国家领导的重视，民主讨论基础上的集中，避免了以前曾有过的少数人专断的现象，保证了改革能稳妥而顺利地进行。但任何改革总要付出代价，曲折是难免的，旧的“坛坛罐罐”必然要打破。经过十年努力，我们终于在2010年看到数学课程改革迈出了成功的一步。这一步的价值不仅体现在课程内容的变化，更重要的是形成了一种课程改革可持续发展的机制。会下蛋的母鸡比鸡蛋更重要。那时，我国数学课程仍然具有基础扎实、学风严谨的特点，同时学生的创新精神和实践能力的培养得到充分的重视。数学优质教育="双基+创新"。数学课本上忽视数学"来龙去脉""掐头去尾专烧中段"面貌得到一定改变。"以学生的发展为本"，关注学生在数学上的"情感、态度、思维、意识"的进步，成为数学教育界的共识。

危险：与课程改革相配套的改革措施可能滞后，例如考试制度。"长官意志"的专断和广大教师的漠视往往是改革夭折的致命伤。只谈基础不讲创新的"观点"将会出来阻挡改革的进行。

【回顾】21世纪以来的十年，贯彻执行《全日制义务教育数学课程标准（实验稿）》成为开展数学教育的主旋律。经过十年努力，我们终于在2010年看到数学课程改革迈出了成功的一步。当时的预言已经变成现实。概率统计、坐标数学、代数观念进入基础教育，一系列教学改革的建议付诸实施。"自主、探究、合作"的学习方式得到推广和落实，学生的学习主动性有了明显的提高。与此同时，向量、微积分内容经过努力终于融入高中数学课程。一系列选修课程为学生提供了选择的机会。十年前的希望"数学优质教育='双基+创新'。数学课本上忽视数学'来龙去脉''掐头去尾专烧中段'面貌得到一定改变。'以学生的发展为本'，关注学生在数学上的'情感、态度、思维、意识'的进步，成为数学教育界的共识"，可以说基本上得到了实现。

正如预测的那样，与课程改革相配套的改革措施可能滞后，例如对考试制度的改革。应试教育并没有得到有效遏制。这次课程改革也受到一些批评，有的批评还很激烈。但是，都以民主理性的讨论方式进行沟通和讨论。平面几何的削弱是争论的一个焦点。此外，在课程标准中，教师主导作用、启发式教学、"双基"数学教学的传统提法被废弃了，这也引起一些争论。经过十年的风雨洗礼，《义务教育数学课程标准（2011年版）》即将公布。今后十年的数学教育改革应该会更加稳妥地推进。一项大的改革，往往是矫枉难免过正，而后冷静加以调整。这次改革也不例外。在改革开放的前提下寻求中间地带将是未来的任务。

（三）新的教学模式不断产生——学生为学习主体的局面开始形成，教师角色得到新的定位

2010年的数学课堂上，现有的“五环节”教学模式不再流行。所谓“大容量、高密度、强训练”的解题教学模式适度淡化，向“小步走、多提问、勤讲解”的新授课教学模式转变。在公开课上，教师表演式的成分受到批评，人们会更多地看到学生的“自主探索、合作交流、动手操作、创新思考”。学生对数学的兴趣明显增加，感受到“数学美”的学生越来越多。数学学差生的“诊断”和“矫治”取得新的成果。数学学优生创造出“前人没有”的数学成果（尽管很微小）。我国在国际数学测评中的笔试优势扩大到数学建模、数学技术。电脑技术将会形成新的“个体的数学学习方式”。

教师的“主导作用”的提法可能发生变化。“领导作用”“指导者”“辅导者”等都是可能的选择。但是可以肯定的是，教师在数学教学中作为军事指挥员或乐队指挥的地位将不可动摇。单兵作战的士兵、独奏的乐手都必须在统一指挥下进行。值得注意的是，课堂教学将会从“教师—学生”的二元交往，过渡到“教师—学生—电脑”相互作用的三元交往。电脑的智能性比黑板、教材等教学媒介的效果要强得多。

【回顾】这段文字描写了我国在数学教学模式上的迷惘和彷徨，“五环节”要抛弃吗？一些传统教学方式都要淡化吗？看来未必。十年前提出：“人们会更多地看到学生的‘自主探索、合作交流、动手操作、创新思考’。”这一点确实做到了。这是一个重大的进步。数学教师的教学研究热情不断增强。但是在公开教学中，由于功利主义的影响，教师表演的成分依然很重。学生对数学的兴趣未见显著增加，对数学美的欣赏几乎谈不上，学差生的“诊治”，依然缺乏支撑。学校的重点还是在升学率。学生数学学习的负担依然沉重。

教师主导作用确实受到了挑战。新课标（实验稿）把教师的作用限于“引导者、合作者、组织者”，但是传统的“传道、授业、解惑”的作用依然为社会舆论所认可，“教师主导作用”依然出现在许多文件

上。十年前认为教师依然应该起到军事指挥员和乐队指挥的作用，这实际上和强调“主导作用”没有什么区别。因此，教师如何在课堂上发挥作用，不论是理论上还是实践上目前仍然处于不甚明确的状态，有待新的十年予以解决。

数学建模的提倡、数学教育技术的运用，只是有所进步，并未有实质性的改变。

（四）逐步走出“科举文化”的阴影

当同龄人中有20%接受高等教育的时候，高考升学的竞争将得到一定的缓和。除了有全国统一的基础性数学考试（用计算机改卷），各个大学要加试数学，甚至要面试。多元化的入学途径要求学生具有更高的灵活性和临时应变能力。以反复操练得高分的现象将得到一定的遏制。高考试题检测学生能力的要求逐步得到实现。情景题、开放题、建模题、应用题等题型会得到更多的使用。现在的命题原则和考卷形式将会有重大变化。

高考指挥棒可以驱使学生单纯地应试，也可以启示学生向更加具有创意的方向前进，这要看数学教育工作者的努力了。当然，“科举文化”在社会上的影响逐渐淡化，只涉及一个外部的环境。反对科举，决不反对考试和评价，包括高考。学校对学生平时学习的评价体系将对升学发生作用。平时的观察、检测与作业评定，往往比一次笔试更有价值。

危险：社会上“科举意识”仍然十分强大。一些教育行政部门直接参与“升学率”竞争，使得高考竞争缓解的难度增加。恶性的应试手段肯定还会存在，学生“以考分取胜的好胜心”仍可能压倒“对数学科学的好奇心”。

【回顾】十年前预测高考制度会有重大变化，看来是过于乐观了。大学扩招没有减轻升学压力。高考制度也没有发生根本变化。各省市自主命题，考卷设计彼此雷同，没有特色。高校自主招生确实有了面试，使得学优生有新的渠道进入大学，但是还没有对日常教学的导向有深刻影响。另外，恶性的应试手段层出不穷，学生深受其害，但是我们束手无策。学校对学生平时学习的评价体系初步形成，但并没有成为升学中的重要因素，在许多学校里，数学测验依然繁多，评价方式仍然较单一。

十年前的预测的危险：社会上“科举意识”仍然十分强大，这一点是毋庸置疑的。十年来，虽然教育部门也采取了一些措施，但应试教育的倾向今天依然存在，并没有发生太大的本质的变化。在学生的数学学习中，“以考分取胜的好胜心”仍然压倒了“对数学科学的好奇心”。由于“科举文化”深入人心，文凭在社会中的地位不容忽视，考试公平压倒一切。未来十年，希望国家机关、行政部门不再为应试教育助威，考卷设计有新的面貌，包括考试时间延长、考题数量减少等具体措施能够出台。值得警惕的是，任何改革都可能被功利主义异化，我们不得不打持久战。

（五）现代化的教育技术得到了广泛的使用

十年之后，电脑将会像黑板、粉笔一样得到教师的钟爱，尽管还不是人人都能拥有。数学教育研讨会上最热门的课题之一是“数学教育软件”。大部分地区的中小学都有一间计算机教室。经济发达地区的高级中学里，教师使用手提电脑上课，每间教室都可以上网，配备计算机显示的大屏幕。计算器准许在中学里使用。图像计算器、掌上电脑开始流行。高考准许函数型计算器进考场。国家数学课程标准将会要求教师到电脑教室去上一些课，软件平台由国家统一提供。数学教育软件将在教师中得到较广泛的运用。部分教师有开发课件的能力，数学教育开始进入信息化时代。国家数学课程标准会规定：除三大能力之外，还要加上“与计算机进行数学交往的能力”。

危险：如果高考中不准使用电脑，那么在教学中使用电脑的迫切性就会打折扣。经济发展的不平衡会使不同学校之间在电脑使用上产生巨大差异。落后是要挨打的，清末的“拳脚功夫”不敌“洋枪洋炮”的历史教训能否汲取？

【回顾】随着国家经济实力的不断增强，国家教育投入逐年增长，各级学校的教育技术设备大幅改善。多媒体用于课堂教学已属常规手段。教育软件大规模使用。国外引进的《几何画板》迅速普及，我国张景中院士自主创建的“超级画板”软件，好学、易用、有效，在同类教育软件中已处于国际领先水平，并已开始融入数学教材和数学教学。贵州的LOGO实验是我国西部欠发达地区运用数学教育技术提高质量取得明显成功的典范。计算器的使用相当普及，但是计算器还不能进考场（上海除外）。

教育是个特殊的领域，不像工业、商业、管理等领域那样在应用信息技术之后能马上极大限度地提高工作效率，取得令人满意的实效。企图借助技术的力量给教育注入强劲的活力的美好愿望，在今天还没有成为现实。当今全球都面临来自各方对“高投入、低产出”的教育信息化的质疑与不满。鉴于数学学科的特点，技术融入数学教育引发的争论就更多了。看来，当前信息技术进步的速度非常快，但在教育领域中的应用则相当慢，理论跟不上，应用也跟不上。

（六）数学“双基”训练得到科学的研究

学生有良好的数学“双基”训练，是中国数学教育的优势所在。但是，直到1999年，人们仍旧不知道数学“双基”严格的内涵究竟是什么？也没有一篇科学的论文对此加以阐述。经过十年努力，在20世纪积累经验的基础上，一批数学教育家开始用现代心理学的理论框架加以总结，初步形成了科学的数学“双基”理论。“熟能生巧”的教育古训获得科学的解释。数学“双基”量表等一批科学成果得到广泛承认，并得以付诸实践。在保持中国数学“双基”教学的传统优势的前提下，创新意识和“双基”训练得到科学平衡，这令同行对此产生兴趣。

【回顾】过去的十年，是数学“双基”理论备受关注的十年。第一种意见是持否定态度，认为中国教育“基础过剩”，“强调基础妨碍创新”；九年义务教育的数学课程标准（实验稿）回避了“双基”教学。第二种意见则是持肯定态度，认为这是中国数学教育的优良传统，应该总结发扬。于是，“数学双基教学”成为2002年和2004年的高级研讨班的主题，2006年张奠宙出版专著《中国数学双基教学》。张奠宙在2004年哥本哈根举行的国际数学教育大会上以“双基”为主题进行演讲，初步提出了“记忆通向理解”“速度赢得效率”“逻辑保证严谨”“变式提升演练”的理论框架。“熟能生巧”的理念得到现代心理学的解释。第三种意见是发展，就是将“双基”发展为“四基”：加上基本数学思想方法和基本数学活动经验。2008年美国总统任命的数学教育咨询委员会的报告，标题是“成功需要基础”。“数学双基教学”的研究成为中外研究的热点，十年来的研究，我国初步形成了数学“双基”理论，其科学性也得到了不断发展，这是中国数学教育研究的重要进展。虽然数学“双基”量表等一批科学成果得到广泛承认，但付诸实践的预测还是过于乐观，有待后十年的继续努力。

（七）数学教育哲学观念获得更新和发展

教师的数学观发生深刻变化。“数学=逻辑”的狭隘观念得到一定程度的纠正。“数学的绝对主义”理念将进一步消退。20世纪下半叶数学最大的变化是应用。发展纯粹数学方法、证明数学定理仍然重要，但是用数学手段解决实际问题也同样具有价值和意义。

“哲学的贫困”困扰着中国数学教育。中国的数学哲学是什么？指导当今中国数学教育的哲学在哪里？也许在21世纪得到较深入的研究，将获得比较满意的一种说法。也许有一天，一位数学教师学术报告的题目将会是“数学教育哲学在课堂教学中的表现”。

【回顾】十年来，随着数学教学研究的发展，广大教师数学观和数学教育观得到一定提升，数学应用得到了更多重视。十年前的预测：“教师的数学观发生深刻变化。‘数学=逻辑’的狭隘观念得到一定程度的纠正。”其中部分正在变成现实。但数学教育哲学依然曲高和寡，很难说有多大进展。但是，数学教学的实际操作上确实发生了一些变化。“讲推理，更要讲道理”“数学应从社会进步的幕后走向台前”等观点，推动数学价值观的变化。数学的美学价值，写入了数学课程标准。从总体上说，改变数学教育中的“哲学的贫困”，有待于后十年的进一步努力。

（八）数学课堂文化建设提到议事日程上来

课堂是一个“小社会”。中国传统文化必然会折射到课堂中来，21世纪的中国社会终于认识到“苦读+考试”的教育传统是一把双刃剑。于是“为考试学习数学”“‘只讲竞争，忽视合作’带来的负面影响得到了一定程度的遏制”。学生成绩属于学生隐私的看法得到广泛认可。数学课程中的人文主义精神得到褒扬。数学美学教育落实在课堂上。数学史内容贯穿于课堂教学之中，国际意识和爱国主义精神得到和谐的统一。数学教学中的德育功能得到较全面的开发。

【回顾】十年前“21世纪的中国社会终于认识到‘苦读+考试’的教育传统是一把双刃剑”的预测是准确的。十年来，社会意识正在日益觉醒，社会对学校数学教育提出更高的要求。但是，“为考试学习数学”“‘只讲竞争，忽视合作’带来的负面影响得到了一定程度的遏制”，还是略显乐观。“学生成绩属于学生隐私的看法得到广泛认可”，也没有完全实现。

“以人为本，德育优先”是我们的宗旨。但是，功利主义影响下的数学教育，缺少了文化氛围。尽管新的课程标准强调数学文化，要求突出数学之美，但是口头号召多，实际行动少。数学学科德育的论述不受重视，数学史介入数学教学的深度不够。没有听说教育部召开学科教育的会议提出学科德育的研究课题及设置学科德育的研究项目。过去十年来，喊是喊了，实效却很少见到。

（九）初步建立起“职前-职后”一体化的数学教师培训体系

“传道、授业、解惑”的教师形象获得新的理解：创新思想溶入教师的血液之中。一批中小学数学教师成为研究型“教育家”。数学教师的知识构成发生变化，以创新思想为指导的师范教育数学课程开始建立。以普及信息技术为内容的课程，例如数学实验、数学建模、数学教学技术等课程陆续开设。师范大学数学系的培养计划发生实质性的变化。数学教师攻读硕士学位成为时尚，在一些学校里硕士甚至占了多数。学校教师待遇的改善，使得博士成批进入中小学，“案例+反思”的继续教育得到广大数学教师的欢迎。对数学教学录像的评论，将对广大数学教师提高课堂教学质量起到积极作用。

危险：用人市场无情地检验着师范院校毕业生的实际教学能力。师范院校毕业生找不到教学岗位的现象比较严重。

【回顾】国家在教师教育上投入大量的人力物力，尤其在西部地区。免费师范生的招收体现了国家对培养师资的突出重视。通过各级各类的培训，教师队伍的整体素质正在稳步提高。尤其是教育技术的运用，年青一代教师更为熟悉。十年来，高等学校面向在职数学教师招收了大量的教育硕士和少数的教育博士。具有硕士学历的数学教师队伍正不断壮大，研究型数学教师的数量在增长。

但是，师范院校数学系的评价标准依然以数学科研论文的发表为导向，学科教育又在很大程度上对一般教育缺乏独立的支撑。数学教育研究生缺乏数学学科修养的情形相当普遍，这引起了中国数学会领导层的重视，希望这一情形在未来有所改善。

十年前预测的危险确实存在，师范院校毕业生的就业形势比较严峻。

（十）中国数学教育学派开始形成

中国数学教育的成功引起国内外的关注，并进行有成效的合作研究。中国数学教育的特征得到清晰的科学界定。数学教师的科研方向从单纯的解题，走向全方位的数学教育规律的研究。数学教育研究人员具有选择研究方法的科学意识。定性的案例研究、定量的调查分析、微观的观察与实验、宏观的思考与剖析等方法得到普遍的使用，百花齐放的数学教学研究局面初步形成。

中国的数学教育工作者扩大和国外的交流。青年数学教师外语能力显著提高。一批数学教育学者在国际数学教育界崭露头角，获得国际声誉。

【回顾】过去十年来，中国数学教育开始受到国际关注。“为什么看起来非常陈旧的教学方式，教出来的学生的数学成绩却高于西方的同龄人？”这就是著名的“中国数学学习者悖论”。2005年，英文版《华人如何学习数学》出版，并引起广泛关注。我国学者多次应邀到美国和欧洲演讲中国数学教育的现状。研究中国数学教育特色的论文相继出现。中小学数学教师大批出国考察，旅居海外的华人数学教育工作者回国研讨，进行中外数学教育的比较。

我国数学教育研究者关注研究方法的意识不断地增强。《数学教育学报》的论文逐步吸收国外的研究方法，注重定性和定量的实证分析，论文质量有所提高。与此同时，吸收国外优秀成果的数学教育专著陆续出版，其中包括对国外数学教育心理学理论的消化与分辨。但是，对中国数学教育的特征进行清晰界定，形成百花齐放的数学教育研究局面，还有待于后十年的进一步努力。

中国学者积极参与国际数学教育委员会的工作，自1994年开始，都有中国人担任执行委员会委员（张奠宙、王建磐、梁贯成、张英伯）。大批华人学者担任各届大会的程序委员，以及各个分组的召集人。参与大会的中国学者人数成倍增长。遗憾的是，中国数学会两次申请在上海举行国际数学教育大会都没有成功。2012年在韩国举行第12届大会。这样，再回到亚洲举行大会的时间，大概要到21世纪20年代了。

新世纪的十年，弹指一挥间。回顾十年，我们确实取得一定的成绩，但还有许多问题没有解决。现在，国家中长期教育规划已经公布，新的征程已经开始。我们寄希望于后十年，也寄希望于中国数学教育的明天。

【后记】本文由张奠宙与孔企平共同撰写。前几篇文章记叙了中华人民共和国成立60年，以及改革开放30年的数学教育历程，这一篇文章则是回顾21世纪前十年的数学教育，这些都是历史的记录。回顾历史是为了指导将来。时至今日，离改革开放40周年、中华人民共和国成立70周年只有两三年的时间了，出版一部《新中国数学教育史》是值得做的大事。如果以上做不到，先编“大事记”“数学教育文献汇编”之类的准备工作也是好的。现在数学教育方向的博士生很多，以数学教育史作为博士论文题目，也许是一个不错的选择。

十一、弹指二十年，《导引》谱新篇

——《数学教育研究导引（二）》导读

鲍建生和徐斌艳两位教授主编的《数学教育研究导引（二）》[1]［以下简称《导引（二）》］已经由江苏教育出版社出版了。它是1994年出版的《数学教育研究导引》[2]在新时期的继续。古语说，“譬如积薪，后来居上”“青出于蓝而胜于蓝”。《导引（二）》可以说是一次跨越性的发展。

《数学教育研究导引》的缘起，始于1988年。1988年8月，本文作者之一的张奠宙参加了在布达佩斯举行的第六届国际数学教育大会（ICME-6）之后飞回北京，立即赶往天津参加21世纪中国数学展望学术研讨会。在南开大学的谊园，张奠宙和江苏教育出版社的喻纬编审同住一间房，两人同感国内对国外的数学教育状况了解甚少，应当做比较系统的介绍，于是计划出版一本介绍国内外数学教育学术进展的著作。喻纬是内行，建议全书分为“进展综述”“专著导读”“论文评介”“课题推荐”4个部分，事情就这样定下来了。张奠宙回到上海，即请陈昌平、唐瑞芬、戴再平、李士锜几位先生一起策划编写。陈昌平先生建议书名为《数学教育研究导引》。张奠宙在1990年和1991年去美国访问，陈昌平先生则因另有任务退出编写。唐瑞芬、戴再平、李士锜3位用力甚勤，除了自己撰写，也约请了许多作者。待张奠宙1991年底回国，作者开始全力整理补充，该书终于在1994年出版问世。20世纪90年代，互联网尚未普及，要找资料很不容易。作者尽力把当时收集到的国内外资料做了一些介绍，因而颇受数学教育界同行的欢迎，该书被多所大学选为研究生教材。研究指出，该书是《数学教育学报》刊载的论文中引用率最高的著作[3]。

进入21世纪以来，中国已然崛起于东方。与此同时，中国的数学教育也从默默无闻发展成为国际同行关注的目标。在数学教育界，中国在看西方，西方也在看中国。现在，中外数学教育交流日益频繁，这早已和改革开放刚刚起步的20世纪80年代大不相同了。

时序到了2010年，江苏教育出版社有意将《数学教育研究导引》修订出版。2011年元旦前一天，《数学教育研究导引》的作者唐瑞芬、戴再平、李士锜，和鲍建生、徐斌艳、朱雁3位博士一起到张奠宙家聚会，讨论修订事宜。讨论中，年纪大的几位都觉得退休多年已经力不从心，建议由鲍建生、徐斌艳博士主持编写，大家考虑将书名定为《数学教育研究导引（二）》，并追认《数学教育研究导引》为《导引（一）》[下文简称《导引（一）》]。在形式上，《导引（二）》仍然按照《导引（一）》的思路来撰写，但是内容大多不相重复，条目需要重新组织。这样一来，等于是一本全新的图书了。不过，大家深入仔细地一想，假如今后每隔10年或者更长的时间，陆续地推出《数学教育研究导引（三）》《数学教育研究导引（四）》等，那就会是一种学术传统，就像接力赛跑一样，反映出一代又一代中国数学教育研究工作者的思考与见解，这倒是一件很有意义的传承工作。

现在，《导引（二）》已经摆在我们面前。该书分为4个部分共78节：第一部分是“进展综述”（15节），主要对国际最新数学教育研究动态进行扫描和分析，对国内数学教育发展概况进行盘点和综述；第二部分是“专著导读”（29节），主要是对数学教育研究方面的经典图书进行推荐和解读；第三部分是“论文评介”（20节），主要是对数学教育研究方面的经典论文进行品鉴和介绍；第四部分是“课题推荐”（14节），主要对目前数学教育研究现状进行反思，对未来数学教育研究的发展提出展望，并对相关研究课题进行推荐。

我们认为，《导引（二）》是我国数学教育研究领域一部具有时代标志性的著作。它在国际性、学术性、本土化三个方面都有跨越式的进展。

《导引（二）》把数学教育研究置于当前全球化的背景来进行考察，并且记录了中国数学教育走向世界的历程。

从纵向来看，如果说20年前中国数学教育学者还只是国际数学教育界的一员“新手”，那么现在的中国数学教育同行已经是国际数学教育委员会（ICMI）的一支中坚力量了。在ICMI的执委会里，在国际数学教育大会（ICME）的国际程序委员会（IPC）里，在IAEP、PISA等著名国际数学教育测试与比较活动中，都有中国学者活跃的身影。现在，我们不仅是从“外部”看国际数学教育，而且是直接参与其中。因此，《导引（二）》的作者就能够利用历届国际数学教育大会（ICME）、国际数学教育心理学大会（PME）、东亚地区数学教育会议（EARCOME）、数学教育高级研讨班以及数学教育中外交流学术活动等，提供丰富的原始资料和信息，特别是做出自己独到的评论和导引。由于该书梳理了国际多项数学教育学术信息，读者可以对当今数学教育发展有一个比较全面的了解。

从横向来看，该书特别关注了美国、东亚地区以及我国台湾、香港等地的课程与教学改革动态，在多处内容中涉及国际数学教育比较方面的内容，比如介绍了国际教育成就评价协会（IEA）及其开展的3项大规模数学测试、PISA研究，以及中国、美国、日本和德国的相关数学教育跨国比较研究等。

这就是说，《导引（二）》以国际活动参与者的姿态，为读者提供了宽阔的国际视野。

《导引（二）》展现了二十年来中国数学教育研究的学术深度与广度。

书中将30部中外专著（第二部分第1节列举了ICMI研究系列的20本书目，余下的28节介绍了30本专著）和20篇（组）重要论文。面对这些外文原著的硬骨头，没有一定的学术基础，是决计啃不下来的。现在，作者付出巨大的劳动，将一大批数学教育的新旧原著作和论文化为读者容易把握的形态，给我国数学教育研究带来诸多方便，可谓功德无量。

进一步看，如果说《导引（一）》反映出当时的数学教育研究热点还是大众数学、问题解决、数学思维、技能等宏观层面的论著。那么，《导引（二）》更多地介绍了当下数学课程改革、数学教育心理学、数学教师专业发展、数学资优教育、数学史与数学教育（HPM）、信息技术与数学教育整合、数学教育国际化和本土化等具体的热点问题。同样，在“专著导读”部分，《导引（一）》只是推荐了皮亚杰、布鲁纳和布卢姆等的一般教育专著，但是到了《导引（二）》，所导读的就都是清一色的数学教育领域的专著了。

当然，从《导引（一）》到《导引（二）》，仍然保持着对较有影响力的研究课题的持续关注，显示出与时俱进的态势。比如，“四基”教学是“双基”教学的发展，《青浦实验的“新世纪行动”》是《青浦数学教改经验》的后续，舍费尔德的《数学问题解决》可以看作是对波利亚《怎样解题》的超越，《数学学科核心能力研究》是对《数学能力研究》的深化，《数学教育研究的目的与方法》是对《改进数学教育研究的文风》的推进，等等。其中，一个特别有趣的例子是有关陶哲轩的：《导引（一）》介绍了克莱门茨的研究论文《数学超常儿童特伦斯·陶》，这位超常儿童就是2006年获得菲尔兹奖的华裔青年数学家陶哲轩。在《导引（二）》中，则介绍有关数学资优教育的内容和个案研究方法，这可以看作是对超常儿童数学教育的继续关注。

《导引（二）》的条目，兼顾来自小学、初中、高中和大学等不同层面的内容；至于学科领域，则包括了几何、代数和统计的教与学，数学史，数学建模，教师专业发展，问题解决，数学思维，数学教与学心理，变式教学，高等数学，教育评价，信息技术等方面。主编是费了许多心力的。

因此，可以认为《导引（二）》在学术上超越了《导引（一）》，体现了20年来中国数学教育研究在学术上有了跨越式的发展。

《导引（二）》着眼本土化的思考，采取洋为中用、兼容并包的方针，致力于建设中国特色数学教育的努力。从我国教育理论研究的历史来看，以往多半是从国外“教育超市”中批发产品到国内来推销，出现大量的入超。不过，进入21世纪以来，数学教育的状况有所不同。中国数学教育在走向世界的同时，更多地在树立民族自信上下功夫。《导引（二）》反映了着眼于本土化的努力。

我们注意到，对于条目中所涉及的国外研究的领域和视角，作者总是力求实事求是地去陈述，小心翼翼地去解释，并且直面当下数学教育研究现实，不回避问题和矛盾。例如，在对Stigler等的名著《学习的差距》和《教学的差距》进行评析的时候，就明确指出，“在一种文化里面起作用的东西，不一定对另一种有效”。在教育的一个方面有效的东西，也不一定在另外的方面有效。

《导引（二）》为本土化服务的宗旨还体现在大量贯彻“洋为中用”的原则。在介绍国外理论的时候努力寻找地气，切入课堂。例如，Anthony 和 Walshaw 在著作《有效的数学教学》中提出了 10 条标准。在该书的导读中，就进行了较为详细的分析，阐述在我国课堂教学中应该如何为学习者创造更加适宜的学习环境，对提高我国课堂教学的有效性很有借鉴意义。

《导引（二）》在介绍和借鉴国际数学教育前沿理论的同时，有目的地梳理了我国现有的数学教育创新成果。一方面，注意学习西方的一些研究方法，强调实证，适当地量化分析，运用教育心理学的规律加以总结；另一方面，正面地总结我国自己的实践经验，将行之有效的经验条理化，使之成为可以操作的教学策略。这类例子很多：“双基”（“四基”）教学、熟能生巧的心理学解释、尝试教学、中国式解题理论、CPFS 结构理论与实践等，都已经获得了一定的理论建树。《导引（二）》还详细阐述了中国数学教育的“注重数学课堂导入环节”等 5 个特征，以及“数学四基模块教学”等 8 个创新案例，这些都具有鲜明的中国特色。

综上所述，《导引（二）》确实是我国数学教育研究发展的一部标志性出版物。那么，为什么《导引（二）》能够做出这样的超越呢？一个重要的原因是作者队伍发生了改变。20 年来，中国数学教育界出现了一个相当庞大的博士群体，《导引（二）》的许多作者就是来自于这样一个朝气蓬勃的博士圈。有意思的是，《导引（二）》还将 1997 年以来数学教育方向的 177 篇博士学位论文进行了列表整理。在这个表中，可以了解到学位获得者的姓名、获得时间、授予单位、导师姓名和论文题目。相信这些信息的整理，对于读者追踪和了解前沿研究动态不无裨益。当然，如果能够收集到在国外以及我国香港、澳门、台湾地区获得数学教育博士学位人员的相关信息，那就更好了。

纵览全书，也有一些担忧。“去数学化”的阴影遮蔽了一些应当关注的课题。比如，现代数学发展，现代数学文化，高观点指导下的数学教学，中国特色的“数学教学内容知识”，等等，在书中没有得到应有的体现。这或许是篇幅有限所致，恐怕也和近二十年来整个数学教育（研究）领域（包括数学教育方向博士学位论文）受“去数学化”影响有关。“去数学化”是未来中国数学教育的隐忧之一，如不加以遏制，后患无穷。

当然，《导引（二）》不是从事数学教育研究的百科全书或者万能手册，而仅仅是一个导引和指南。它不可能涵盖数学教育研究中的一切问题，也不可能拿来就能解决数学教育中千头万绪的现实问题。但是，《导引（二）》反映着时代的特征，折射出学界的思考。从中我们既可以欣赏到数学教育研究在全球化背景下的中外对话与互动，也能感受到国内几代学者寻求数学教育中国特色定位及发展的集体努力与担当。从这种意义上来说，《导引（一）》及《导引（二）》也是一部流淌着的数学教育研究史。

无论如何，《导引（二）》是一本难得的好书。我们热切地希望数学教育工作者，从大学教授、博士、硕士、教研领导、一线中小学教师到在读师范生，都来读一读《导引（二）》。通过阅读，感受时代的脉搏，体验课改的律动，拓展研究的视野，引领教学的潮流，在切磋和争议中“评头论足”，指点“江山”，继续把具有中国特色的数学教育事业推向前进。可以预料，中国数学教育的新一代，定会在实现中国数学教育稳步发展的同时走向世界，在未来的国际数学教育论坛上发出中国的声音。

参考文献

[1] 鲍建生，徐斌艳．数学教育研究导引（二）[M]．南京：江苏教育出版社，2013.

[2] 张奠宙，戴再平，唐瑞芬，等．数学教育研究导引[M]．南京：江苏教育出版社，1994.

[3] 陈瑶，李善良．《数学教育学报》载文分析[J]．数学教育

学报，2002，11（1）：32-35.

【后记】本文由张奠宙与胡晋宾共同撰写，载于《中学数学教学参考》2013年第8期。

十二、上海中小学数学教材应该有一个新的进展

上海具有制订课程标准和高考体制的自主权，即一个教育特区。这是国家对上海的信任，也是一种期待。由于上海在 PISA 国际教育测试中成绩突出，上海的教育状况，包括教材建设，又具有国际意义。一套高水平的数学教材，可以看成是中国的一种软实力，值得上海的数学教育工作者倾心打造，努力建设。

上海一期课改，曾经在全国产生领先一步的成效，起到了教育特区的作用。就数学教材而言，从实验几何到论证几何的安排，代数数学方法向小学渗透，向量方法处理立体几何，概率统计进入中学教材等，都被后来的实践证明是正确的，陆续被全国的数学教学大纲和课程标准所吸收。但是，第二期课改的建设，就没有起到明显的先导作用。反而给人一种慢一拍的印象。尤其是“排除”微积分，拖了全国的后腿，贻笑大方。

现在，二期课改的教材建设进入第二轮修改，我们应该有更大的抱负，提出更新的理念，呈现更多的亮点。贯彻三维目标，是这次修改的核心诉求。就数学教材而言，笔者有以下的一些建议。

（一）在知识与技能层面，攻克难关，形成亮点

（1）高中有行列式与矩阵内容。这是目前全国标准所没有，而未来会列入的重要内容。上海先行一步，要专题研究，明确该内容的教学目标、呈现方式，以及评价试题等，进行完整的思考与实践。美国 NCTM 课程标准有矩阵内容，可加以比较。

（2）平面向量进入初中课程也是上海数学课程的特点。目前的做法是简单的知识下放，没有体现螺旋上升。初中一轮的平面向量用于物理中力学的平行四边形法则，以及平面几何的某些证明。初中以直观认识和应用为目的，不求理论完整。切忌将线性空间的那些形式化的表示方式搬到初中课本里来定义零向量、负向量、线性组合等。

（3）把算法数学方法贯彻中小学数学的始终。全国课标只在高中

有“算法”，实际教学缩减为“画逻辑框图”，很不理想。上海应该先行一步。画框图从小学就要开始。“先乘除后加减”就是算法，解方程就是算法过程，教材里要体现。算法思想体系是中国古代数学的特征。这是数学民族化的一项关键，又是计算机信息时代的知识高地。一定要把它做好，领先一步！

（4）建设新的几何学体系。在一期课改的基础上，实验几何与论证几何的过渡，需要精益求精的探究，力求符合学生的认知规律。我们需要系统地实践总结，为全国提供理论支撑。另外，坐标几何、运动几何、演绎几何陆续下放，需要整合，形成现代公民必要的几何意识和能力。

（5）近年来，课程改革集中于教学方法的改革，以及增加新的内容。但是对传统的内容如何跟上时代的发展，体现数学本质等方面，做得不够。特别是小学部分，如分数的定义，面积体积的内容，找规律等，都有许多问题。小学数学的数学内涵以及呈现方式，多年未动。陈陈相因，成了碰不得的难题。全国都是如此，上海不妨率先改革，有所突破。国际上有数学教学内容知识（MPCK）的研究，我们可以根据中国的特点加以发展。

（二）在过程方法的目标上，努力体现上海特色

应该说，数学课程向来是讲究过程的。因为数学要证明，证明过程就是命题形成的过程。问题在于，这一证明过程或者推理过程是怎么想出来的？解决问题的数学方法是什么？这是我们编写教材所要关注的。

（1）过去的数学教材，注重讲推理，较少讲道理。重“是什么”，轻“为什么”。尤其是“本章小结”，老是重复已经讲过的内容，最后画一张知识框图，就算完事。我以为要全部重写。小结的核心是归纳总结数学方法、感悟数学本质、领略数学价值。这方面上海教材能不能开一个头，做一个样子？我愿意尽力参与。

（2）把研究性学习的理念贯穿始终。上海二期课改期间，推出的“研究性学习”教学理念是一个重要发展，需要在教材中体现。研究性学习在每一章、每一单元里都要出现。近几年来，已经有不少积累，应

该整理改造，拟出规划，直接进入教材。

（3）充分利用PISA试题中的呈现方法，使我们的情景题、应用题等研究性学习的问题更加具有现实性。在这方面，我们下的功夫不够。按规定PISA题不能照抄传播，但我们可以学习其精神，用我们自己的数据加以创新。这样做，会是一个既有上海特色又能体现国际进展的亮点。

（4）坚持大力使用科学计算器，尤其是在高考等重要考试中使用计算器。这是数学贴近生活，大量运用数据的必要硬件设备。这已经并且进一步为全国做出榜样。

（三）在情感、态度、价值观的层面，做好数学文化这篇文章

数学学科的价值观，主要体现在数学文化的构建上。数学文化喊了很多年了。但是落实到教材里的很少，大多是“数学史知识，介绍数学家及其成就，画个头像”就算完成任务。我以为还有很多事情要做。

（1）建设数学文化，需要将数学与中华文化相融合。事实上，现代的数学学习，是辛亥革命以后从西方国家全盘引进的。其中体现的西方文化有一些非常重要，例如要认真学习古希腊的理性精神。但是西方数学传入我国，毕竟要有一个本土化的过程。国际上有所谓“民族数学”（ethnomathematics），其内容就是研究数学如何融入各个民族的文化。

（2）我国在新中国成立初期，有一个本土化的高潮。民国时期的数学教科书里写的都是毕达哥拉斯定理，1950年以后我们才称之为勾股定理，沿用至今。其余如杨辉三角代替巴斯卡三角形，刘徽割圆、祖冲之的圆周率，“一尺之棰”的比喻联系到极限过程等都是在新中国成立初期提出并完成的。此后，这一进程就中断了。

项武义学生曾对我说，“线性组合”的概念，应该采用中国起源的说法，韩信点兵的同余式组求解，有一组特解，其余的通解就是特解的线性组合。可是中国的《线性代数》里从来不提，很遗憾。

（3）今天，我们可以再做一点努力，体现中华文化与数学的融合。例如，前已提及，将中国古代数学的算法体系融入数学课程。

"道生一，一生二，二生三，三生万物"与自然数的融合。尤其是数学归纳法的教学，应该直接引用《道德经》的这段话。如果把"生"这个动词和皮亚诺自然数公理做比较，可以看出彼此的内在联系。数学归纳法的关键在于每个 n 都能生出"$n+1$"。这是非常生动的数学意境。

几何学可以用"前不见古人，后不见来者。念天地之悠悠，独怆然而涕下"，描写时间和空间——四维时空。反证法，不妨用苏轼的《琴诗》"若言琴上有琴声，放在匣中何不鸣？若言声在指头上，何不于君指上听？"，其意义都是从反面论证。对于纯粹的存在性定理，可以用贾岛的诗句："松下问童子，言师采药去。只在此山中，云深不知处。"数学文化的建设，重在意境。例如对联与对称，就是西方数学和中国文化彼此相通的例证。对此，谷超豪先生曾多次提出过。

这样的例子还有很多。

（4）数学文化的建设，可以结合上海的特点。兹举两例：

●外滩海关大钟上的数字是罗马记数。"10、11、12"写成"Ⅹ、Ⅺ、Ⅻ"，这虽然有艺术特点，但不是位置计数法，数学里不能用。小学数学要讲中国实行位置计数法的优越性，与它做对比，岂不是更好？

●平面几何的演绎证明，可以全文引用徐光启对《几何原本》的评价："此书有四不必：不必疑，不必揣，不必试，不必改。有四不可得：欲脱之不可得，欲驳之不可得，欲减之不可得，欲前后更置之不可得。"他还说："（此书）有三至、三能：似至晦，实至明，故能以其明明他物之至晦；似至繁，实至简，故能以其简简他物之至繁；似至难，实至易，故能以其易易他物之至难。"

徐光启对《几何原本》的欣赏，也就是平面几何教学的目的。我们的学生会做几何证明题，是不是有这样的感悟呢？能不能欣赏平面几何的价值呢？徐光启是上海人，上海理应发扬他的这种认识，使其成为数学文化的一部分。

以上建议，实行起来要花大力气。思想要解放，步子要稳妥，有些改变先做为阅读材料写在边框上，或者写在教参里。但是必须要敢于创新，敢于突破，为上海的数学教育开创一个新的局面。

【后记】从20世纪80年代以来，我参与了上海的一期课改、二期课改。上海的数学教学改革在一定程度上已经成为全国的先行试点区。2014年3月，上海进一步修订数学课程标准，征求各方意见。我因身体原因，未能出席研讨会，递交了一份书面发言，即本文。

十三、架起沟通语文和数学两科教学的桥梁

语文和数学是中小学基础教育中最重要的基础课。但是，两门课之间很少联系，几乎到了老死不相往来的程度。一位语文教师说，看见数学符号就头痛，语文课里不言数学。一位数学特级教师则说，数学证明里最好一个汉字都没有，全部都用符号和图形写出来，那才叫漂亮。晚近提倡“文理不分”，一位行家认为，文是文，理是理，二者公共部分很少。至于数学和语文的联系，更是少之又少。

然而，语文和数学两个学科之间尽管有巨大的差异，但都是人类的精神产物，因而必然会有许多共同点。如果能在语文课和数学课之间架起教学的桥梁，互相联络沟通，当会使二者相得益彰，共同受益。那么，我们从哪些地方架桥比较合适呢？本文从以下三个方面入手。

（一）作为语言教学规律的共性与差异

语文和数学都是一种语言。语文课的教学目的是掌握母语，用于表达人们对事物的认识和情感，而数学则是一种科学语言，用于表达自然科学和社会科学的客观规律。仔细说来，这两门课程都在学习如何用一组符号（方块字、图像符号），按照一定顺序和规则（汉语语法、逻辑、运算规则）来表达和交流各自的信息。这样一来，具有语言教学属性的语文教学和数学教学就必然会有许多共同的教学规律值得联合起来共同探讨。例如：

●语文要背诵一些经典，数学要背“九九表”和公式定理，有何异同？

●从牙牙学语开始，模仿是学习语言的基本手段。数学语言的学习也应该有模仿。解方程的程序、几何证明的书写格式，就类似于语言学习。数学教学如何向语文教学学习借鉴？

●语文要遵守语法规则，数学则要遵守逻辑规则。这里强调的都是遵守，不是创新。二者之间有何联系？

●数学建模和命题作文有哪些共同点？创新性表现在哪里？

●语感和数感之间的关联与差别体现在哪里？

●数学课程强调数学思想方法的教学，与此相应的语文教学课题是什么？

●数学内容是由问题驱动的，语文教学能不能用问题驱动？

●语文教学关注“文以载道”，数学教学强调关注数学文化，二者的共性在哪里？

仅就以上一些初步的列举，就值得我们坐下来共同思考，联合探究，开会切磋，共同发表。

语文和数学的教学还有一些相互冲突的地方。

让我们从一个“圆”的教学案例说起。江苏省太仓市沙溪中学的龚辉老师上“圆”的第一课时，上来就问：“小学已经学过‘圆’，那么什么是‘圆’啊？”教师本来期望学生回答“圆是与定点等距离的点所成的图形”，结果学生的回答却是：“地球是圆的”“篮球是圆的”“月亮是圆的”“碟片是圆的”。

数学的圆，仅指圆周。学生的这些说法在数学上是错误的，但在语文课上则肯定是正确的。篮球不是圆的，难道会是方的吗？生活中或者语文课上的“圆”，乃是“圆状”和“圆盘”的意思。因此，二者相互干扰，造成了一些认知冲突。

语文和数学，对同一词语往往会有不同的解释，如相等、相似、几何、角度等。此外，日常语言与数学语言彼此重叠而又有区别，如算计、计算。因此一位数学教师，除了讲解熟悉的严格定义，涉及一点相关的语文知识，想必是会受学生欢迎的。

（二）作为课程教学内容的交叉与渗透

现在的语文教材里几乎没有数学内容，数学教材里除了一些数学史资料，很少使用与语文相关的资源。其实，语文和数学两科的教材不妨有一些交叉。

让我们举几个语文课可以直接联系数学的例子。

●一年级小学生要背诵大量的古诗。我们建议包括《道德经》里的一段：“道生一，一生二，二生三，三生万物。”

这十三个字，是中国版的自然数公理，其中有熟悉的一、二、三、万等数字，又有“生”这个极为生动传神的动词，小学生是能领会，愿意背，喜欢听的。实际上，一年级小学生对需要背诵的古文、唐诗，并不见得全懂其含义。例如，《静夜思》里“低头思故乡”一句，何谓“故乡”？如何思念？小学生可能不甚了了。这非得长大成为离乡的游子，才能有深切的感受。这就是说，从模模糊糊到渐渐清晰，是要好多年不断地进行“反刍”才能领悟的。然而，这不妨碍他们背诵。《道德经》中的这一句也是如此。

●陈子昂《登幽州台歌》：“前不见古人，后不见来者。念天地之悠悠，独怆然而涕下。”这是语文教材非常爱选用的一首古诗。揣摩其意境，正是一维的时间和三维的现实空间的完美组合。语文教学时，何不将它与一维的数直线，三维的坐标几何联系起来，最后与爱因斯坦的四维时空相沟通？这样做不是更有现实意义吗？

●最好选择几段与数学有关的古文进入语文教材。例如徐光启的《刻〈几何原本〉序》，就是一篇开启“西学东渐”大门的名篇。此外，在《徐光启集·几何原本杂议》中还有这样一段：“此书为益，能令学理者祛其浮气，练其精心，学事者资其定法，发其巧思，故举世无一人不当学……能精此书者，无一事不可精，好学此书者，无一事不可学。”这样的评论，对当今的青年学子而言，依然是至理名言。语文教学如能进行介绍，既有益于语文教学，当然也有利于数学教学。

反过来，当今的数学教材里几乎没有中国古诗词的踪迹。其实可以写入的不少。兹举三例。

●数学归纳法原理与《道德经》。

在高中数学的数学归纳法教学中，再次审视《道德经》里的那十三个字，就和一年级小学生的背诵大为不同了。众所周知，数学归纳法和自然数公理是等价的。“一生二，二生三”，相当于数学归纳法中 $n=1$，2 时，命题成立的要求。最后的目标是要获得“三生万物”。然而，要“生”出万物（自然数全体）来，必须要每个与 n 有关的命题都能“生”出与 $n+1$ 有关的命题来。这不正是数学归纳法原理的精髓吗？“三生万物”的关键在于用生生不息去跨越无限的门槛。正如同思公所

说那样："子又生孙，孙又生子；子又有子，子又有孙；子子孙孙无穷匮也。"（《列子·汤问》）

●对称与对联、对仗。几何学中的图形运动，包括平面图形的轴对称，其本质在于把握"运动之后的不变性"。对联是中国文化特有的文学形式，其特点是从上联到下联，变中有不变。对仗也是。例如，"明月松间照，清泉石上流"两句彼此对仗，从上句到下句，虽然位置变了，但字数、意义、词性不能变。于是，对称和对联、对仗，在不变性和不变量的意义上沟通起来了。数学教材里纳入这样一段阅读材料，除了能增强学生的数学理解，还能激发学生对中华文化的热爱。

●实无限、潜无限与杜甫的《登高》。高中数学教学时要遇到两种不同的无限：$[a, b]$ 中点的实无限与数列的潜无限。如果用"无边落木萧萧下，不尽长江滚滚来"的诗句进行比喻，非常传神。"无边"是已经达到了无限的实实在在的无限，而"滚滚"正是不断地增加着的那种潜在的无限性。

（三）作为人类思维意境的借鉴与沟通

中华文化中许多古诗的意境恰能够和西方数学的意蕴互相沟通。

数学上有很多纯粹存在性的定理，都十分重要。例如：

●抽屉原理。N 个苹果放在 M 个抽屉里（$N>M$），那么至少有一个抽屉里多于一个苹果。这一原理肯定了这样的抽屉（多于一个苹果）的存在性，却不能判断究竟是哪一个抽屉里有多于一个苹果。

●代数基本定理。任何 n 阶代数方程，在复数域内必定有 n 个根。这一著名的定理只说一定有 n 个根，却没有说怎样才能找到这 n 个根。

●二分法求根。我们先要判断方程的"根"肯定存在，但是并不知道在哪里。于是可以用二分法近似地求出它的根。

这样的纯粹存在性命题，看上去很抽象，很枯燥。现在，让我们来读贾岛的诗句："松下问童子，言师采药去。只在此山中，云深不知处。"

贾岛并非数学家，但是细细品味，让人觉得其诗的意境，简直是为数学而作。"只在此山中"意味着肯定存在，但是到底在哪里？"云深不知处。”

我们还可以用苏轼的《琴诗》来为数学中的反证法提供人文意境。

苏轼诗云：若言琴上有琴声，放在匣中何不鸣？若言声在指头上，何不于君指上听？

这是一段反证法。

命题：琴上没有琴声。

证明。用反证法。假定命题的否命题成立，即琴上有琴声，那么放在匣中应该鸣。但是现实状况表明，琴在匣中不鸣。矛盾。因而原命题正确。

以上两例表明，数学教材里引用古诗，数学课堂上朗诵古诗，并非天方夜谭，而是有助于学生理解的生动呈现，是充满人文意味的数学文化教学。

语文课程和数学课程的沟通，还是一块没有充分开发的土地，如能在人文精神和理性文明之间架起桥梁，将会构成一幅美丽动人的教学图画。我们期待着。

【后记】语文和数学是两门最重要的基础教育学科，但是彼此“老死不相往来”。如今提倡“文理结合”，当为两门主课的沟通提供新的契机。一方面要求领导部门和教育界专家真正重视学科教育，深入到学科领域里进行研究指导；另一方面，则要数学教育和语文教育的工作者们自觉行动，打破壁垒，力求创新。本文由人民教育出版社李冰编辑组稿，在该社的《中小学教材教学》2015 年第 2 期刊出。本文所用各例，与第三编“数学文化与欣赏”的文字多有重复。但因阐述的角度不同，未能舍去。敬请读者见谅。

十四、因式分解怎么教

谈话者：华东师范大学数学系教授张奠宙

"中国数学教育之友初中"聊天室网友

【编者按】2015年6月14日19：00开始，在腾讯网的"中国数学教育之友初中"聊天室里，有关于"因式分解"教学的讨论。我们将聊天记录加以整理，并做一点适当的补充，转录如下，以供参考。

张奠宙：今天和各位聊聊因式分解的课怎样上。平面几何证明，代数因式分解，是学优生的最爱。数学好玩。因式分解，学优生觉得好玩，学习成绩一般的学生觉得没有人味。如何使之有人味？哪位老师有高见？

江苏东台蒋桂：按照流行的教学模式，要寻找因式分解如何与日常生活相联系。但这是做不到的。小学里的因数分解要将一个数分解成"质因数"。世界上除了数学，没有与之相应的生活情境。因式分解就更不必谈了。

陕西兴平史鹏：我觉得无论从哪一种方式引入，我们老师的目的都是让学生初步感受到分解因式有用。我在讲这一块时，提前讲一些利用因式分解法可以解决的一元二次方程的例子，让学生初步感受到因式分解的作用。

安徽淮南化：学生最大的困惑在于不理解分解的意义何在，为什么要这样分解。而这又是解分式方程、二次方程的基础。那么，能不能用解方程引入因式分解？我用二次方程试过……但效果不好……

"由 $ab=0$，推出 $a=0$ 或 $b=0$"学生不好理解。学生没有这样的意识。

陕西兴平史鹏：我用过，可以的，举的例子可以简单些。

山东日照田献：对于“若 $ab=0$，则 $a=0$ 或 $b=0$”是否属于超经验的数学？超经验的数学没有生活情境可用。用二次方程求解来提出数学情境，学生又不容易懂。这是一个难题。

张奠宙：我不知道。如果设问 $x^2+3x+2=0$。如何求根？用十字相乘法分解，即得其根。这样做能不能让学生理解，我没有教学经验，不敢说。无论如何，因式分解没有现成的生活情境给予支持，肯定是超经验的。那么，用数学情境行不行呢？

江苏东台蒋桂：可以反过来，用两个一次方程相乘，然后问学生怎样拆开来。

山东济南张晓：逆运算是学生的一个难点。

陕西兴平史鹏：这其实也不难，只是学生不理解为什么要分解因式而已。

江苏东台蒋桂：先解两个一次方程，然后把两个一次式相乘，要学生猜根。

山东日照田献：对于十字相乘法，我觉得为了节约时间，提高效率，可以向学生说明适应范围——整系数，b^2-4ac 是完全平方数的时候，花一点时间凑出来也是值得的。

山东济南张晓：可以补，只是不必强求都掌握。

江苏南通徐小：关键是命题人会挖一些不合适的概念，从而误导一线教师，让大家无所适从。

山东日照田献：因式分解好玩，与智力游戏有相同的地方。

江苏东台蒋桂：没有人味儿，其实是不理解意义吧。

张奠宙：因式分解是基本功。和差化积是积化和差的逆运算。所以不妨从这里切入。李庚南老师从分配律（积化和差）和提取公因子（和差化积）观察和分辨运算的效果，就很实在。

安徽淮南化：凤凰数学网上有李庚南老师讲因式分解那节课。我听过，建议大家也听听。她是从代数运算的简便运算引入，学生有小学简便运算的认知基础，所以学生更容易接受，这样设计比较好。

陕西兴平史鹏：北师大版的教材分解因式就是从整除这一块引入的。

山东日照田献：因式分解的教学，就是要把因式分解的学术形态转化为学生容易理解的教育形态，使学习成绩一般的学生觉得有人味。

张奠宙：因式分解，如何让学生知道它的意义，是一个公开的超经验话题。从大家的议论来看，可以有以下几点共识：

（1）超经验数学是现实存在的，而且是大量存在的。因式分解只是其中一例。

（2）能不能让学生从一开始就领会因式分解的意义和作用，未见报道。请老师们告诉我你们的尝试，哪怕是失败的尝试也会有一定的价值。

（3）超经验数学的教学要用数学情境，李庾南老师的课是一个榜样。

（4）把乘法分配律和提取公因式相提并论，是一个很好的切入点。大家熟悉，又看到积化和差与和差化积的区别。

（5）两个式子相乘是积化和差，因式分解是和差化积，这是基本功。

（6）因式分解具有技巧性，所以学优生觉得好玩。

最后，我只想补充一句“相乘容易分解难”。两个多项式，彼此相乘比较容易，一项一项按部就班地乘就是了。但是把一个多项式分解为两个低次多项式相乘，就没有固定的程式可以照做，需要凭技巧。

这在数的相乘和分解上也是一样的。两个质数相乘，在计算器上一按就得。但是把一个大数分解成质数就会很困难。这一现象，被用来制订计算机使用的密码。

总之，相乘容易分解难。李商隐诗句有“相见时难别亦难”。我们可以借喻一下。

那么，是不是积化和差容易，和差化积难呢？这在多项式情形是对的，但在其他情形就未必。例如三角函数的积化和差并非易事，那是另外一个课题了。

【后记】2014 年底，温州大学的方均斌教授介绍我参加“中国数学教育之友初中”聊天室。这是信息时代才出现的新事物，我很有兴趣。每逢周日的晚上七点半，我会按时到场，大家天南地北随便聊。牢骚不少，创见也不少。这是我接触教学一线老师的难得机会，非常珍惜。我在聊天中极力建议大家研究超经验的数学教学。例如无理数、因式分解、配方等内容，它们都是理性思维的产物，超出实际经验的数学概念。对这样的内容我们应该怎样教？尚无定论，因而需要大家深入研究，并使之成为中国数学教育的一抹亮色。其中有一次聊天就是关于本文所记录的因式分解。2015 年 8 月我因病住院，咳血不止，不得不中断聊天活动，非常遗憾。我希望病愈之后，能够重回聊天室，更希望有志之士能专心致志地把这件事做好做大。我想我大概已经无力为之了。

《数学教学》2015 年连续刊登超经验数学教学研究的文章。本文是“超经验数学教学研究之三”，载于第 11 期。

十五、珠算进入2011年版数学课程标准的参与经过

《义务教育数学课程标准（2011年版）》将珠算重新纳入小学数学内容。这是一个曲折的过程。我曾经参与其事，做过一些沟通和劝说的工作。以下是我关于珠算的心路历程和参与经历。

我出生在江南县城奉化。父亲是“库房出身”，少年时期就进入征收农业税的部门学做生意。使用算盘是最重要的基本功。我幼时曾见他用左手打算盘，右手记账，那潇洒干练的风范至今难忘。我读小学时，有珠算课。大家都能用算盘进行整数和小数的加、减、乘的运算。除法的口诀太多，大家很难把握。小学数学课堂可玩的学具很少，玩算盘是孩子们喜欢的活动。记得小伙伴们常常用算盘从1加到100，看谁快。有时眼看落后了，小伙伴就立马打出5050作弊，大家嘻哈哄闹一阵。

后来，我上了大学，念数学系，当了研究生，做基础数学研究，几十年来和珠算完全没有关系。我的儿女在上海市区读书，没有见他们用算盘。时序进入21世纪。2001年公布的《全日制义务教育数学课程标准（实验稿）》中找不到“珠算”二字。2004年，上海正式出版的第二期课程改革的《数学课程标准》也没有“珠算”的踪影。中华文化中的瑰宝——珠算，难道就这样终结了吗？

到了20世纪90年代，我从基础数学研究转向数学史和数学教育研究。第一次接触珠算问题，是数学史家罗见今先生介绍我认识研究珠算的刘芹英博士。我和罗先生早就认识，我很钦佩他的博学。记得是2005年初春，罗先生又来上海。上海教科院的周卫来约我，说是罗见今和上海珠算协会的几位同志要约我见面谈谈。在上海中山公园一家饭店里，我们见面了。除了罗、周两位，新认识的就是上海珠算心算协会会长张德和先生和秘书长陆萍女士。作陪的还有《上海教育》杂志的熟人宋旭辉同志。我们的谈话很投机，原因是我们都珍视中国的传统文化。那时我正在写一本具有中国特色的书《中国数学双基教学》，目的是向教育界说明中国数学教育有自己的优良传统，不要老是到外国

“教育超市”里选购理论。走“以洋非中”的道路；要重视民族化、本土化的工作。这在思想上和珠算文化的继承和发扬非常契合。

2006年5月14日至15日，以“弘扬中华珠算文化”为主题的研讨会在上海召开，我有幸应邀参加。会上，中国珠算协会会长、财政部原副部长迟海滨同志，时任浙江省教委主任邵宗杰做了报告，上海市教委副主任张民选到会祝贺。会场上有各省市珠算协会的领导，还有来自日本、马来西亚、美国的珠算界人士，更有许多来自我国台湾地区的同行。

开幕式之后有珠心算表演。一名复旦大学的学生能够用珠心算进行多位数的加减乘除，题目读完，结果也随之报出。他说，他脑海中的算盘永远不会消失，伴随终生。接着是三位智障儿童表演，他们能够用珠心算做两位数的加减。孩子的妈妈含着泪花对我们说，谢谢珠心算，她的孩子现在可以拿钱到街上买东西了。我们又参观了一所特殊学校。智力残障儿童原本不认识阿拉伯数字，现在借助算盘转化为珠心算，就可以做加减运算了。我惊呼这是特殊教育的国际水平。在会上，我听了许多珠算专家的发言，很受教育。出于对弘扬珠算文化的关切，我还自告奋勇代为起草会议主题文件，把个人的感受融入其中。大会全体代表郑重地通过了《遵循民族的、科学的、大众的方向，大力弘扬中华珠算文化》的会议主题文件，把珠算的历史地位和功能作用定位在“中华传统数学文化的瑰宝，是一项影响深远的非物质文化遗产”。

当时的一个直觉是，我们数学教育工作者过分忽视珠算教育，介入得太少、太晚了。整数运算是一切计算的基础，而日常实用永远需要心算。珠算的计算过程完全透明。珠算使用半具体半抽象的算珠为中介，较之计数板、计算块及小棒等学具，有无可比拟的优越性。珠心算（由珠算内化而成的脑算）是最易学、效率最高、功能最强的心算。目前全国有上百万儿童在学习珠心算。这种用头脑里虚拟的算盘进行心算的活动，在数学教育和启智功能上取得了显著的成效，使现代珠算文化大放异彩。这些令人鼓舞的信息，使我得出一个结论：珠算是一个不该遗忘的角落。

作为一个中国的数学教育工作者，我觉得不能无动于衷，必须立即展开行动。我找到上海特级教师、小学数学教材的编写者、上海师资培训中心莘庄基地的黄建弘主任，了解国外使用算盘的情况。他告诉我，2004年日本、德国正在使用的教材，都有算盘的内容。于是我就邀请上海珠心算学校的校长陆萍老师和黄建弘老师一起写文章，题目就是“珠算：不该遗忘的角落”。当时对于珠算重新纳入小学教学内容的争论较大，该文章最终未能发表。

2006年6月，我有机会到东北师范大学，见到史宁中校长，他是《全日制义务教育数学课程标准（实验稿）》修订组的组长。我把珠算的想法向他做了汇报，他表示可以考虑，要我为标准写一个案例。修订组里北京师范大学的张英伯教授、中科院数学所的李文林教授、东北师范大学的马云鹏教授、首都师范大学的王尚志教授、重庆师范大学的黄翔教授等，也都表示值得考虑，只是困难很大。他们要我起草一个案例，内容如下：

珠算案例

珠算是学习位值计数法的最佳模型。珠算的加减，十分形象地反映了计算过程和进位方法，珠算的上珠为“5”（5个手指），“五升十进”，对于位值计数以及加减的辩证统一、算法的多样化，非常有益。

举例说明：用算盘上的算珠可以表示三位数。(见下图)

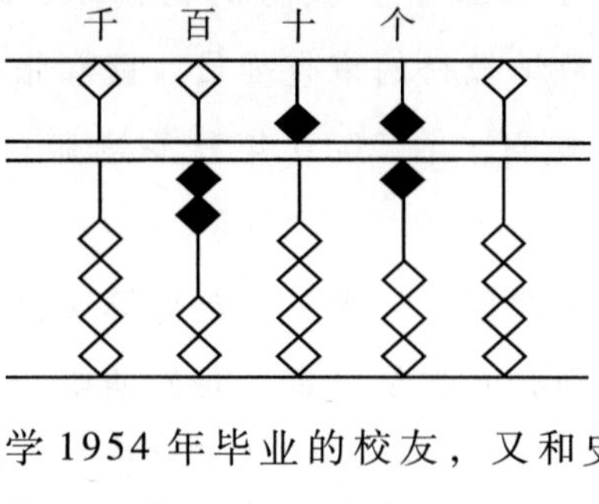

我是东北师范大学1954年毕业的校友，又和史宁中校长都是研究数学出身，转而进行数学教育研究，许多观念彼此相同。后来，史校长对我说，珠算进课程标准，难度很大。把去掉的内容再捡回来，与国家的减负要求相冲突。主张计算器取代珠算的声浪很高。此外，一些同志也担心，如果人人都要有一个算盘，这又是学生的一笔经济负担，牵扯到商业行为，很麻烦。这应了一句古诗“别时容易见时难”，连相关知名专家都打退堂鼓了，何况其他？

但是，史校长反复考虑了现实情况和珠算的文化教育价值，尤其是看到国外教材中出现算盘，深有触动。2007年春天，我和史校长在宁波相遇，住在同一个旅馆内。那天，我准备回上海，史校长在旅馆大堂中送我。他郑重地对我说："我打算把《认识算盘》写进课程标准，但是不要求学生会打算盘，你看如何？"我回应说："赞成，步子不宜迈得太大。"此后的《普通高中数学课程标准（修订稿）》中就出现了"认识算盘"的字样。至于数学课程标准修订组的专家们怎样讨论，最后如何定稿，我就不知道了。我牵线搭桥的工作也就到此为止。

另外一个重要的事件是珠算被列入了第二批中国国家级非物质文化遗产名录。这是珠算界全体同仁长期守望"珠算遗产"并努力申请的结果。当然，我们也要提到清华大学数学史专家冯立升教授等的支持与努力。由于珠算被列入"非遗"名录，认识算盘就是弘扬传统文化的举措，这进一步为珠算进入小学数学课程扫清了道路。

知悉《普通高中数学课程标准》将列入"认识珠算"之后，我把弘扬珠算的努力目标转向上海市。大家知道，上海市有单独的《数学课程标准》，其中同样没有珠算。鉴于上海的课程标准尚未进入修订阶段，所以我建议将珠算直接写入教材。黄建弘先生正是小学数学教材的主编，他在第二轮小学《数学》教材的初稿里，增写了"认识算盘"一节。我是上海小学数学教材的审查委员，就和张福生、陶爱珍等审查委员一起肯定了这一修订。在2010年秋季出版的上海《数学》课本里，已经出现了算盘。

珠算重返小学数学课程，迈出了弘扬珠算文化的第一步。这是不大的一步，但因其从无到有而弥足珍贵。我们期望，能有一些学校继续延伸，开设珠算选修课程，让学生能够动手打算盘，推广珠心算，进一步开发珠算的教育潜能。这需要珠算界和数学教育界的共同努力。希望珠算界同仁能够介入数学教学第一线，消除与数学教育界的隔膜，相互尊重，多多沟通，加强团结，为弘扬珠算文化做进一步的努力。

【后记】此文首先在《上海珠算珠心算》第230期刊出。2012年全国发行的《珠算与珠心算》于2012年第3期正式发表。同时，以“珠算进入《数学课程标准（2011）》的经过”为题在《小学数学》（数学版）2013年第1期加以转载。

第三编　数学文化与数学欣赏

这一部分收入有关数学文化的一般论述，探讨数学史与数学文化的关系，以及研究如何在课堂教学中进行数学欣赏，收集了若干案例。由于这些是在不同时间和不同场合所写的同一题材的文字，重复的案例很多，再次请读者见谅。

一、中国的皇权政治与数学文化

中国古代数学有过灿烂的成就，呈现出独特的数学文化。综观几千年来中国数学的发展，封建王朝的皇权政治起着十分重要的作用。数学为皇权服务的传统，一直延续到清王朝的灭亡。

中国古代的数学文化很自然地打上了封建社会的烙印。春秋战国时期的“说客”文化，使得数学以“国家管理文书”的面貌而存在。隋文帝建立科举制度，功利性的考试文化开始影响数学。清代封建专制统治下的“文字狱”，使得考据文化与数学“联姻”。这三种社会文化对数学的影响，至今依然存在。走到大街上，你问路人为什么要学习数学，答案有三：一是“学习数学会算账”；二是“学习数学为了考试”；三是“数学可以使人思维严谨”。这里，我们依稀看到中国古代数学中“实用性的说客文化”、“功利性的考试文化”，以及“思维严谨的考据文化”的影子。

科学和民主是不能分开的。五四运动同时提出“赛”先生（科学）和“德”先生（民主）的口号，绝非偶然。长期的封建专制统治给中国数学发展带来诸多的束缚。缺乏社会民主和学术自由，成为中国数学文化建设中一个不容忽视的问题。本文不打算全面探讨。以下只就一头一尾——中国春秋战国时期的“实用性说客文化”，以及清中叶以后的考据文化，谈谈它们对数学文化的影响。

（一）古希腊数学和中国数学的政治文明背景

每个民族有自己的文化，也就一定有属于这个文化的数学。古希腊的数学和中国传统数学都有辉煌的成就、优秀的传统。但是，它们之间有着明显的差异。古希腊和中国古代的不同政治文明孕育了不同的数学。

古希腊是奴隶制国家。当时希腊的雅典城邦实行奴隶主的民主政治（广大奴隶不能享受这种民主）。男性奴隶主的全体大会选举执政官，对一些战争、财政大事实行民主表决。这种早期的人类政治文明包含着某些合理的因素。无论如何，少数人的民主与皇帝、君王的专制政治相比，还是有本质的差异。

古希腊的奴隶主民主政治对科学的发展，包括对数学的发展，起了十分重要的作用。奴隶主们为了证明自己的观点正确，需要在平等的基础上用充分的理由说服对方。反映在学术上，就出现了证明。学者们先设置一些人人皆同意的公理，规定一些名词的意义，然后把要陈述的命题，成为公理的逻辑推论。欧几里得《几何原本》正是在这样的背景下产生的。这里试举一例[1]：

命题15：对顶角相等。

证明：$\angle A$与$\angle C$之和是平角，$\angle B$与$\angle C$之和也是平角。

根据公理3：等量减等量，其差相等。

所以$\angle A=\angle B$。

图 1

常人看来，对顶角相等这样的命题，极其直观，并无实用，何必当作一回事去证明一番呢？但是，古希腊的文化崇尚理性精神，以获得对大自然的理解为最高目标。因此，在《几何原本》里，“对顶角相等”这样的命题比比皆是。

试想，在中国的数学文化里，能够提出这样的命题吗？即使有人提出，也断不会为如此直观的命题进行“证明”。从深层次看，这和中国的政治文明和政治制度有关。

中国春秋战国时期的“百家争鸣”，是知识分子自由表达见解的黄金年代。知识分子（包括数学家）可以自由地来往于许多国家。作为说客，知识分子可以向不同的君王建议各种不同的学说，也包括贡献数学方法，即使君王不采纳，他们也不必担心受迫害。但是这种“百家争鸣”只是在君王统治下可以自由发表意见的权利。说客和君王之间毕竟是不平等的对话。“争鸣”的核心问题则是如何帮助君王统治臣民、管理国家。各种建议是否被接受，则以是否有利于君王的统治为依归。在这样的环境下，中国的古代数学，多半以“管理数学”的形式出现，内容包括丈量田亩、兴修水利、分配劳力、计算税收、运输粮食等国家管理的实用目标。一部《九章算术》正是这样的246个问题的总汇。从文化意义上看，中国古代数学可以说是“管理数学”和“木匠数学”。存在的形式则是官方的文书。至于“对顶角相等”之类的问题，君王们当然不感兴趣。因为同样的原因，中国尽管有墨子和公孙龙那样的抽象数学思维的亮点，最终还是成不了气候。

当然，中国数学强调的实用的管理数学也是优秀的人类文化遗产，尤其在算法上得到了长足的发展。负数的运用、解方程的开根法，以及杨辉（贾宪）三角、祖冲之的圆周率计算、天元术那样的精致计算课题，为古希腊文明所忽视，也只能在中国诞生。

（二）从清代的考据学派看中国近代的数学文化

中世纪以后，欧洲的文艺复兴带来了思想的解放，人文主义思潮汹涌。数学思维的闸门随之打开，迎来了以微积分为代表的数学黄金时代。解析几何的出现，对数表的使用、无穷小算法带来的神奇效果，使得西方弱于计算的缺点渐渐被克服。但是，中国的皇权统治并没有多少改变，数学文化也没有多少改变。古希腊的理性思维精神，除了徐光启等少数人能够欣赏，一般士大夫对此不甚了了。康熙皇帝喜欢数学，那也只是个人行为，不过是请梅氏家族编一本初等数学百科全书式的《数理精蕴》而已，离当时数学科学的前沿何止千里。

清代皇权统治的恶果之一是大兴“文字狱”，迫使知识分子钻到故纸堆里去。清代中期以来，以戴震（字东原，1724—1777）为首的考据学派在学术界占统治地位，其治学方法重实证，讲究逻辑推理，因而贴近数学。中国传统数学于是添上了考据文化的色彩。

考据文化对中国现代科学的影响，还没有认真加以总结。正面的影响固然有，负面的影响也不少。总的来说，恐怕还是“束缚”多于“自由”。

考据文化对科学的影响，以梁启超的名著《清代学术概论》最有代表性。在该著作中，他认为清代学术的历史，“一言以蔽之，曰‘以复古为解放’”[2]。“其动机及其内容，皆与欧洲之‘文艺复兴’绝相类。”[2]“自清代考据学派二百余年之训练，成为一种遗传，我国学子之头脑，渐趋于冷静缜密。此种性质，实为科学成立之根本要素。我国对于‘形’的科学（数理的），渊源本远……用其遗传上极优粹之科学的头脑……将来必可成为全世界第一等之‘科学国民’。”[2] 评价之高，令人惊诧。

事实上，清末以来的学术界崇尚“言必有据”“严谨治学”的文化氛围，恰与西方科学要求严密论证的层面相吻合。梁启超评论清代学术正统派的学风时，第一条就是“凡立一义，必凭证据；无证据而以臆度者，在所必摈”[2]。

至于考据学派对中国传统算学的影响，则更加直接。其中许多人（如戴震、阮元）本就是算学家。“经学家十九天算兼治。”[2] 李善兰（1811—1882）是清末著名数学家，他同样熟悉考据学，自称“辞章、训诂之学虽皆涉猎，然好之终不及算学”（《〈则古昔斋算学〉序》）。考据和数学联姻，并非偶然。数学史家钱宝琮评论说：“到乾隆中叶，经学家提出了‘汉学’这个名目和‘宋学’对抗，他们用分析、归纳的逻辑方法研究十三经中不容易解释的问题。后来又将他们的考证方法应用到史部与子部书籍研究中去。研治经书或史书都要掌握些数学知识，所以古典数学为乾嘉学派所重视。”[3]

钱宝琮在这里指出研究经史需要数学知识，因而考据学家大多要研究数学。这只是问题的一个方面。研究经史的学问家很多，应当都来研究数学才是，为何唯独考据学家都成了数学家？这乃是因为考据学家使用的是“分析、归纳的逻辑方法”，而逻辑方法正是数学研究所特别强调的。可见，考据学和算学相关联的内在原因是研究方法的相同——都依靠逻辑推理。

然而，考据文化是一柄双刃剑。乾嘉考据学派重考证，复周秦之古，崇尚客观的演绎论证，有利于数学中使用逻辑方法。数学要运用逻辑，但不等于逻辑。数学比逻辑要多得多。数学的发展不是靠逻辑推动的，而是依靠数学观念的革命，新数学概念的形成，以及新结构的浮现。把数学看成逻辑，等于把光彩照人的数学女王看作一副 X 光片中毫无生气的骨架。因此，戴震、阮元等考据学派的作为，最终并没有把中国数学带出困境。他们的“复古”，没有复兴“古希腊的理性精神”，而是复兴先秦的主张——“西学中源”，以为“西方数学都可以在中国古代算学中找到根源”。结果是把向西方学习数学的大门关死了。

至于考据学家自己的数学作品，一般只有版本考据价值。除了李善兰等的少量成果，在数学进步上并无价值。相反，流风所及使得数学研究囿于逻辑演绎，在数学发现、探索、创造等方面又给中国数学教育带来负面的影响。梁启超自己也说过：“清代学派之运动，乃‘研究’的运动，非‘主义’的运动也。此其收获不逮‘欧洲文艺复兴运动’之丰大也欤？”[2] 这是说得很对的。

（三）对当代中国数学文化建设的启示

文化具有传承性，数学文化也不例外。20世纪的中国，在科学上取得了长足的进步。其中数学的进步十分迅速。进入21世纪之后，建设“数学大国”的目标已经初步实现，现在正向建设“世界数学强国”的目标前进。在这一进程中，数学文化的重要性益发突出。没有先进的数学文化，就不会产生原创性的数学成果，更难以形成具有特色的数学学派。

我们先来分析考据学派对今天数学的影响。

中国传统数学到李善兰时已经画上句号，后来的中国现代数学，则是由到国外留学的博士重起炉灶，于五四运动前后发展起来的。它和考据学派没有学术血缘关系。但如前所述，清代以来考据学派的活动已形成一种文化现象，其精神也已渗入治学者的血液之中，成为文化“遗传”的一个基因。在此文化背景下，重考据、讲推理已不只是个人行为，而是中国学者做学问的一种基本态度，这当然也包括对数学的态度。特别是，考据学派的实证推演论证方法和数学的逻辑思维特征很自然地相合，给中国的数学发展打下了深刻的烙印。

20世纪初，考据学仍是一种学术时尚。1918年2月19日前后，《北京大学日刊》发表讲师刘鼎和的文章《书尔汝篇后》，接着又刊出署名为理科数学门毛准的文章《书“书尔汝篇后”后》，先后和胡适的考据学论文《尔汝篇》讨论，后来胡适也有回应。《北京大学日刊》是一份公告式的新闻类日报，尚刊登此类文章，可见当时考据学是何等普及。数学门的学生写考据学文章，那时大概也不鲜见。

五四运动提倡科学与民主，并没有批判考据学派的局限，相反却成了提倡科学的盟友。这一点，可从新文化运动的代表人物胡适和考据的关系来考察。

胡适出身儒学世家，自幼熟读经书。1910 年，他到北京参加第二批庚款留美考试，经他二哥好友杨志洵的指点，才发觉做学问要从《十三经注疏》开始，即从考据入手。留美期间，他在熟悉西方科学与哲学的同时，完成《诗三百篇言字解》《尔汝篇》《吾我篇》《诸子不出于王官论》等典型考据学作品。学习西方科学与传统考据学研究能并行不悖，令人惊奇。胡适回国之后，继续"整理国故"，从事《红楼梦考证》等考据学工作。他的哲学思想当然是秉承杜威的实用主义，但是他的名言"大胆地假设，小心地求证"，却明显的有考据学派的影子。

1922 年，胡适正式接触戴震的哲学，内心深受震动，并立即投入研究。1923 年底，他开始撰述《戴东原的哲学》[4]，至 1925 年 8 月，"改削无数次，凡历二十个月方才脱稿"。胡适这时认识到："中国旧有的学术，只有清代的'朴学'确有科学精神。"对此，他在《几个反理学的思想家》[5] 中做了进一步阐述：这个时代是一个考证学昌明的时代，是一个科学的时代。戴氏是一个科学家，他长于算学，精于考据，他的治学方法最精密，故能用这个时代的科学精神到哲学上去，教人处处用心知之明去剖析事物，寻求事物的条则。他的哲学是科学精神的哲学。

20 世纪上半叶，正是数学上形式主义、逻辑主义等风行的时代。考据学派的宗旨和形式主义哲学思潮相结合，"数学是思想的体操""数学的作用就是培养人的逻辑思维能力""数学研究就是在文献夹缝里找题目""数学上只要逻辑正确，就可以发表"等观念，风靡一时。这种影响，至今仍然相当普遍。中国数学研究的原创性成果不多，缺乏"大视野"的研究气魄，"好"的数学难以产生，这和数学文化的缺失，恐怕不无关系。

"治学严谨"本来不错。但是"严谨至上"，以挑人家的毛病，咬别人的"硬伤"显示自己"高明"就不好了。创新往往难以避免硬伤。

对于一项研究，如果大局正确，小有不足，应该给予鼓励和支持。好的文化氛围，只有严谨的考据是不够的。

数学和逻辑的关系本来是很清楚的。大数学家希尔伯特（David Hilbert）说：“数学具有独立于任何逻辑的可靠内容，因而它不可能建立在唯一的逻辑基础之上。”[6] 另一位大数学家H. 外尔（Hermann Weyl）则说得更明白：“逻辑不过是数学家用以保持健康的卫生规则。”[6] 确实，逻辑是贫乏的，而数学是多产的母亲。

最后，我们来观察一下中国传统数学文化的另一个源头：功利性的实用管理数学。关注数学的实用性，是一个好的传统，特别是发扬中国古代数学中注重算法的传统，更具有现实意义。吴文俊在机械化证明上的成就，为我们树立了榜样。

笔者在这里需要强调的是，古希腊倡导的那种理性思维精神，在中国还需要更好的培育。理性思维精神的基础在于“学术自由”。这里摘引H. 外尔在《德国的大学和科学》一文中引述的一段话：

> 在德国人的头脑中，大学的概念包含着一个目标和两个条件。一个目标是Wissenschaft，意指最崇高意义上的知识，即热情地、有条不紊地、独立地追求一切形式的真理，而完全不计功利。两个条件是Lehrfreiheit和Lernfreiheit。前者指教师的教学是自由的，可以教他选择的东西。后者指学生可以摆脱一切强制的必修的训练、背诵、提问和测验。[7]

在今天看来，这样的大学好像是理想国里的“桃花源”。但是，德国有着那样的传统。美国也有像普林斯顿高等研究院那样的“象牙塔”。我们没有那样的传统，就应当多多借鉴。遗憾的是，现今的科学管理模式，庶近于“粗暴干涉”。

最近读到严士健先生的文章[8]，提到华罗庚先生在20世纪60年代就已经注意到数论、二次型、自守形式等学科之间存在着内在联系。只是由于那时的环境，这一预见没有能够实行，也没有机会与大家谈论这些想法。众所周知，德国的哥廷根大学数学系有一个数学俱乐部，年长的大家和年轻的学生都可以参加。在那里人们可以听到各种各样的数学议论，包括成熟的或者不成熟的。为了做“好”的、有创意的数学，需要有一个地方能够随意探讨数学未来的发展方向。发表不成熟意见的“俱乐部”和“沙龙”，现在的中国似乎还没有。

审视当今的中国数学文化，建设符合时代潮流的先进数学文化，也许是走向“21 世纪数学强国”的必要一步。那么现今中国的数学文化究竟如何？由衷希望《科学文化评论》能够担当起这一历史的责任。

参考文献

[1] 欧几里得. 几何原本 [M]. 兰纪正，朱恩宽，译. 西安：陕西科学技术出版社，1990.

[2] 梁启超. 清代学术概论 [M]. 上海：上海古籍出版社，1998.

[3] 钱宝琮. 中国数学史 [M]. 北京：科学出版社，1992.

[4] 胡适. 胡适的日记 [M]. 台北：远流出版社，1987.

[5] 胡适. 胡适文存三集：卷二 [M]. 台北：远东图书公司，1953.

[6] 卡普尔. 数学家谈数学本质 [M]. 王庆人，译. 北京：北京大学出版社，1989.

[7] 赫尔曼·外尔. 德国的大学和科学 [J]. 科学文化评论，2004 (2)：83-100.

[8] 严士健. 数学教育概论 [M]. 北京：高等教育出版社，2004：序三.

【后记】本文原载于《科学文化评论》2004 年第 6 期（有删节）。刘钝教授是多年的数学史朋友。记得 1985 年，在呼和浩特参加数学史年会时，他还算年轻学者，作为会务人员为大家服务。1990 年我去纽约市立大学道本周（Joe Dauben）那里访问一年。随后刘钝也去那里访问，于是彼此更加熟悉。后来，刘钝担任中国科学院自然科学史研究所所长。有一年，他陪道本周来上海访问。刘钝的著作很多，后来还担任了《科学文化评论》的主编。他向我约稿。本文是第一篇，以后陆续送去一些稿件，都刊发了，很谢谢他。2014 年，我去信就刊物上的某文提出一些意见时，他回信说已经到退休年龄，不再任主编了。

二、数学证明·数学意识·数学文化

——为萧文强先生光荣退休而作

进入二十一世纪，我就退休了。现在，萧文强先生也即将退休。二十世纪五六十年代进入大学学习和工作的人，大半要盛装退出教坛。不过，暂时还不会画上句号罢了。以萧文强先生的数学功力和多才多艺，我想他一定还能为数学和数学教育界做许多事情。

最早知道萧文强的名字，是从《数学证明》[1] 一书开始的。他在书里对各种各样的证明进行介绍、分类，还告诉了我许多鲜为人知的故事。比如，概率论大家Doob曾经做过统计，结论是现在发表的数学论文平均每两页就会有一个非印刷性的错误，但是这些错误绝大部分都是可以改正的。这一事实使我想到：数学研究，贵在创意。细节当然不可忽视，但也不可苛求。联想到数学教育上，中国大陆欣赏的是“数学是思维的体操”的箴言，宣扬的是“数学就是逻辑”的信条。这好像把音符当作音乐，把线条和颜色看作美术，失去了数学的真正价值。记得项武义教授对笔者说过：“把数学看成逻辑，等于把光彩照人的数学女王拍成X光照片，剩下的只是一副骨架了。”

时至今日，数学证明仍然是一个沉重的话题。中国大陆近几年来的数学课程改革中，平面几何是讨论的焦点之一。先前，在初中阶段有大量的平面几何论证要求，新的《全日制义务教育数学课程标准（实验稿）》[2]（以下简称《标准》）做了大量的删减，多用“量一量”“做一做”的方法得到几何定理。到了初三，上述《标准》又要求学生体会“证明的必要性”。那么量出来的、拼出来的几何定理算不算证明？用拼图方法得到的勾股定理证明，是否算数？如果说“因为对称，所以圆外一点对圆所做的两条公切线相等”，能否算作证明？我的想法是要将中小学的数学证明分类，从直观感知，操作确认，到演绎证明分成三类，都承认其一定的合理性，因时而异，各处不同。总之，萧文强先生研究数学证明的课题，意义深远。

萧文强先生博学，他读的中国古书颇多。我经常从他的文章里知道一些中国古人的言论。以下所引清代学者袁枚的话，就是从萧文强先生那里学来的："学如弓弩，才如箭镞，识以领之，方能中鹄。"（《随园诗话》）[3]

这段话，将知识、才能、意识三个层次说得非常明白。用在数学上，更是贴切。我在引用袁枚这段话的时候，特别强调数学意识的重要，并用以下的故事加以说明。

例 （三根导线的电阻）上海第五十一中学陈振宣老师的一名学生到和平饭店做电工。他发现在地下室控制12层楼的空调器总是发生误差，原来是因为互相连接的三根导线长度有差异，引起电阻不同。那么如何测量这三根导线的长度呢？我们不可能用万用表测量地下室到12楼的电线。于是，这位电工想到了数学。他将三根导线 x、y、z 在12楼两两连接，然后在地下室测出数据，解此联立方程：

$$\begin{cases} x+y=a, \\ y+z=b, \\ z+x=c。\end{cases}$$

解之，就得到了结果。

事实上，一般学生并不缺乏解此方程的知识和能力。但是，能有多少学生会觉察到三根导线的长度和联立方程有联系呢？所以说，现在的数学教学，重视数学知识，强调数学能力，却忽视数学意识的培养。确实，"识以领之，方能中鹄"。假如没有目标，空有能力，只是匹夫之勇也。

萧文强先生和我都是"三栖动物"：数学、数学史、数学教育三个方面的研究都做一些。在数学史方面，我向萧文强先生学习了很多。近年来，我关注数学文化。特别注意清中叶以来考据学派对数学教学的影响。他曾在文献上给我许多帮助。

说到数学文化，前几年，丹麦的 Mogens Niss（前 ICMI 的秘书长）给我一篇文章，题目是 *Mathematics Education and Democracy*（中译为《数学教育与民主》）[4]，我读了之后，颇有感触。于是我又想到古希腊和古代中国的数学文化如此不同，也许和"民主"有关。下面我想从“对顶角相等”的命题出发，分析数学文化的不同。

两条直线相交，形成四个角，共两对。彼此相对着的一对角被称为对顶角。古希腊数学家欧几里得（约公元前330—公元前275）撰写的《几何原本》[5] 里证明了一个定理：对顶角相等。在图上，即指 $\angle A=\angle B$。

嗨！在常人的眼里，这算什么数学定理？一眼就看出来了，去证明这么简单明了的结论，岂不是庸人自扰，故弄玄虚？

且慢。先看看《几何原本》里是怎么证明的。

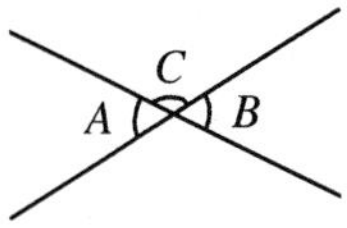

命题15：对顶角相等。

证明：因为 $\angle A+\angle C=\angle B+\angle C=$ 平角。

根据公理3：等量减等量，其差相等。

因此，$\angle A=\angle B$。

这是典型的用公理进行逻辑推演的过程，展现了古希腊文明在探求真理上的理性思维，几千年来，一直是人类精神财富中最宝贵的一部分。

同样，中国古代数学也具有光辉的成就。标志性的著作《九章算术》在春秋战国时期已经初步形成。书中有丈量田亩的“方田”等共九章，因而得名。然而，我们翻开《九章算术》根本看不到“对顶角相等”这样的命题，甚至没有明确地提到“角”的概念。

这究竟是为什么呢？这主要是因为古希腊数学和中国的数学是在两种不同文化的影响下产生的。

中国古代数学崇尚实用。《九章算术》中的问题，多半是谋士（包括数学家）向君王建议管理国家的理念和数学方法[6]。比如，为了核实财产，需要丈量田亩；为了抽税，需要有比例计算；为了水利工程，需要计算土方；为了测量天文和地理，有时需要解方程。计算的便捷和精确，成为中国数学的特征。这样一来，中国的传统数学成了管理国家的“文书”。如果说，中国数学是世界上最早的“管理数学”，大概是不会错的。也正因为如此，诸如“对顶角相等”这样的问题，和管理数学没有什么关系，君王不感兴趣，自然就不在数学研究的范围之中了。

然而，古希腊的城邦实行奴隶主民主政治。那里由男性奴隶主选举执政官，提出预算，决定是否宣战等重大问题。虽然这是少数人的民主，对大多数奴隶来说，并无民主可言。但是在这种“小民主”制度下毕竟要选举，于是有了在选举中说服对方，争取选票的需要。这反映在文化上，便有了说服对方，进行证明的动机。他们认为，证明的最好途径是从大家公认的真理（公理）出发，通过逻辑推演得到结论。在这样的文化背景下，用“等量减等量”的公理证明“对顶角相等”，就是很自然的事了。

不同的文化孕育了不同的数学。古希腊的数学闪耀着理性思维的光辉，不迷信权威，不感情用事，不人云亦云。古希腊人民客观地、冷静地、逻辑地进行思考，探求真理。这就是我们应该向古希腊文明学习的地方，也是我们学习几何证明的重要目的之一。

那么，中国传统数学就不重要吗？不。中国传统数学以计算见长，具有“算法数学”和“数学机械化”的特征。祖冲之（429—500）在这个基础上，计算出圆周率在3.1415926和3.1415927之间，两个近似值是约率（22/7）和密率（355/113）[7]。这是数学史上一个重大的贡献。到了2000年，吴文俊因“数学机械化方法”的重大数学成果获得第一届“国家最高科学技术奖”。他的贡献之一是用计算机能够证明所有已知的平面几何定理，而且发现一些新的定理。他是在信息时代既能继承中国古代“算法数学”传统，又能发展古希腊数学精神的典范。

学习数学，应该学习相应的数学文化。掌握古希腊的数学理性思维过程，也就能更深刻地理解民主精神。

参考文献

[1] 萧文强. 数学证明 [M]. 南京：江苏教育出版社，1990.

[2] 中华人民共和国教育部. 全日制义务教育数学课程标准（实验稿）[M]. 北京：北京师范大学出版社，2001.

[3] 陈凤洁，黄毅英，萧文强. 教（学）无止境：数学学养教师的成长 [J]. 数学教学，1994 (5).

[4] SKOVSMOSE O. Mathematical education and democracy [J]. Educational studies in mathematics, 1990 (2): 109-128.

[5] 欧几里得. 几何原本 [M]. 兰纪正, 朱恩宽, 译. 西安: 陕西科学技术出版社, 1990.

[6] 刘徽. 九章算术 [M]. 郭书春, 汇校. 沈阳: 辽宁教育出版社, 1990.

[7] 钱宝琮. 中国数学史 [M]. 北京: 科学出版社, 1992.

【后记】本文刊于黄毅英编辑的《迎接新世纪：重新检视香港数学教育——萧文强教授荣休文集》第 55 页。萧文强先生是数学、数学史、数学教育的三栖学者。他的博学给我印象很深，我向他学习了很多。2003 年，萧文强先生退休。黄毅英先生来函约稿，遂有此文。

三、关于数学史和数学文化

进入21世纪以来，运用数学史进行数学教育的理论和实践都获得了长足的进步。李文林认为数学史界，从“为数学而历史”“为历史而历史”，进一步“为教育而历史”。数学史研究不仅在学术上不断取得进展，而且在为社会服务、承担社会责任方面迈出了重要的一步。数学史知识，在国家数学课程标准和各种教材中系统地出现，数学课堂上常常见到运用数学史料进行爱国主义教育的情景。这些进步，是有目共睹，令人鼓舞的。

但是，不可否认的是，运用数学史进行数学教学还有许多不足之处。我们看到的大多是在教材的边框上出现一个数学家的头像，介绍一下其数学贡献，就过去了。有的只是直接介绍数学史料，例如列举函数的定义的发展历程，却没有展开。在进行爱国主义教育时也有某种简单化的倾向。有些界说，往往不大确切，容易造成误解。一般地说，数学教育中运用数学史知识，还停留在史料本身，只讲是什么，少讲为什么。因此，笔者认为，在数学教育中运用数学史知识，需要有更高的社会文化意识，努力挖掘数学史料的文化内涵，以提高数学教育的文化品位。

（一）揭示数学史知识的社会文化内涵

数学的进步是人类社会文明的火车头。在人类文明的几个高峰中，数学的进步是突出的标志。古希腊文明，《几何原本》是其标志性贡献。文艺复兴以后的科学黄金时代，以牛顿建立微积分方法和力学体系为最重要的代表。十九世纪和二十世纪之交的现代文明，是以数学方法推动相对论的建立而显现的。至于今天正在经历的信息时代的文明，冯·诺依曼创立的计算机方案是信息技术的基础和发展的源泉。这些史实，都表明数学文化是和人类文明密切相关的。在中等教育结束的时候，学生应该有这样的历史认识。

要做到这一点，在数学教材和数学课堂上，就需要揭示数学史上人和事的社会背景，从社会文化的高度加以阐述和展开。

例 1 关于《几何原本》。

在平面几何课上，我们不能简单地介绍欧几里得生平和《几何原本》写作年代，就算完事。我们应该联系当时的社会文化现象，解释为什么古希腊会产生公理化思想方法。另外，中国古代数学又是为什么会注重算法体系的建立，较少关注演绎推理的运用。答案要从社会文化、政治制度上找原因。

一方面，由于古希腊实行的是少数奴隶主的民主制度，执政官通过选举产生，预算决算、战争和平等大事需要投票解决。这就为奴隶主之间进行平等讨论提供了制度保证。进一步平等讨论必然要以证据说理，崇尚逻辑演绎，体现客观的理性精神。反映到数学上就是公理体系的建立，演绎证明的运用。另一方面，中国古代实行的是封建专制制度，数学创造以是否能为皇权服务为依归，因此李迪认为《九章算术》几乎等同于古代中国的"国家管理数学"，丈量田亩、合理征税、安排劳役等为君王统治效力的数学方法成为主题，实用性的算法思想受到关注。如果我们这样讲解古希腊和中国古代的数学，就会有强烈的人文主义的色彩，使大家受到人文精神的感染。我们的结论是，既要尊重理性精神，也要遵循实用目的，但是中国长期在封建统治之下历来缺乏的是民主理性精神。

类似地，我们在进行"数学期望"教学时，多半会提到费马和巴斯卡研究"赌金分配"的问题。但是为什么中国"打麻将"不会产生概率论？这也要从社会文化的角度进行阐述。

例 2 关于考据文化。

数学讲究逻辑推理的严谨性，这时我们不妨提到中国的考据文化。以清代中期戴震为代表的考据学派曾对中国科学的发展有过重要的作用。梁启超在《清代学术概念》中这样说："自清代考据学派二百余年之训练，成为一种遗传，我国学子之头脑，渐趋于冷静缜密。此种性质，实为科学成立之根本要素。我国对于'形'的科学（数理的），渊源本远……用其遗传上极优粹之科学的头脑……将来必可成为全世界第一等之'科学国民'。"

考据文化的本质是不能把想象当作事实，不可把观感当作结论，必须凭证据说话，进行符合逻辑的分析、训诂、考证时讲究“治学严谨”，其实这就是逻辑严谨。因此，中国数学教育能够很顺利地接受西方的公理化的逻辑演绎思想。今日中国数学教育能以逻辑推断见长，是和考据文化的支撑分不开的。

当然，数学的逻辑要求，较之考据的要求更高。例如做出考据的结论不能依靠一个证据，即孤证不足为凭，至少要有两个例证。但是，数学则有更进一步的要求，个别的例子再多也无用，必须进行完全覆盖，给出无遗漏的证明。我们在课堂上进行这样的对比，联系中国的考据文化进行逻辑证明教学，应该会更加有效。

例 3 关于爱国主义的问题。

中华文明是世界上最古老的文明之一。运用数学史进行爱国主义教育，是理所当然的事。不过，我们不能回避以下的历史事实：中国古代数学，整体上落后于古埃及、古巴比伦和古希腊数学。我曾经对一个骨干教师进修班做过调查，60% 以上的教师误以为中国是世界上出现数学成果最早的国家。这样的误解来源于我们的数学史研究成果，老是说“中国古代某某数学成果比西方早多少年”，却很少说我们整体上比西方数学晚，因而要向其他文明学习数学。

但是，晚一点又如何？这是一个心态问题。日本古代文化主要是向中国学习的，他们承认中国是日本的老师，他们把赶超作为爱国主义的核心。美国建国才200 年，在初等数学范围内，美国没有领先于世界的数学，难道美国中小学数学课就没有爱国主义教育了吗？他们进行爱国主义教育的宗旨是，学习一切优秀的文化，后来居上，成为世界最强大的国家。中国现在是世界大国，也应该有这样的气魄。我们今天的爱国主义，应该实行“拿来主义”，学习一切优秀的数学文化，最后落脚在“赶超”世界先进水平之上。总之，不能停留在比西方“早多少年”上。

向一切优秀的文化学习，日本的同行做得很好。日本小学6 年级教材在“测量”一节的引言中，赫然写着中国曹冲称象的故事。由此也就知道我们应该努力之所在了。

例 4 关于介绍更多的中国近现代数学家。

中国数学家不能仅限于介绍祖冲之、刘徽等少数古代数学家，也要介绍在落后情况下努力赶超的近现代数学家。举例来说，高中排列组合单元的教学，应该提到李善兰组合恒等式，那是在清末中国科学极端落后的年代里非常罕见的创新成果，值得我们珍视。

同样，陆家羲解决“寇克满女生问题”“斯坦纳系列”等组合学世界难题，并获得国家科学一等奖，这些知识也应该进入教材。尤其是一名普通的物理教师取得这样的成果，更为难能可贵。在教学中，不能只是简单地介绍他们的成果，更重要的是介绍他们所处的社会背景，弘扬他们坚忍不拔的创新精神。

总之，介绍数学史不能就事论事。我们应当努力揭示隐藏在历史进程中的社会文化价值，提高数学文化的品位。

（二）阐发数学历史的文化价值

陈省身先生在为李文林先生的《数学史概论》题词时写道：“了解历史的变化是了解这门科学的一个步骤。”数学史正是为数学学习者提供了领会数学思想的台阶。

例 5 关于“对顶角相等”的例题。

“对顶角相等”要不要证明？这种一眼就能判断的问题为什么要证明？《几何原本》是怎样证明的？中国古代数学为什么没有这样的定理？这是学习对顶角相等定理时的文化价值所在。实际上，揭示“对顶角相等”的文化底蕴，学习古希腊文明的理性精神，比单纯掌握这个十分显然的结论要重要得多。可惜，我们都往往轻易地放过了。我想，在课堂上，组织学生讨论，体会这一证明的重要性，是数学教学必不可少的一部分。

例 6 关于“勾股定理”的教学设计。

近来发表的一些勾股定理的教案都喜欢用发现法，即用一连串的实验单，从边长为 3、4、5 的直角三角形开始，逐步地发现勾股定理。这当然也未尝不可。但是，笔者认为，勾股定理最好的教学设计，是运用数学史实加以展开。首先，简单介绍建造金字塔的古埃及没有勾股定理的记载；古巴比伦在泥板上发现了勾股数；中国的陈子、商高的勾三股四弦五；古希腊的毕达哥拉斯的结论及证明的记载；中国赵爽的代数方法巧证。这些史实展现人类文明的特征。然后，联系到今天的寻找外星人是使用勾股定理的图案，2002 年北京数学家大会采用赵爽弦图作为会标，以及作为勾股定理不能推广到高次的费马大定理的解决。一幅幅绚丽的历史画卷，将会使得学习者赏心悦目的同时感受到深刻的文化感染，由此对数学文明产生一种敬畏和感恩之心，并从而了解数学，热爱数学。

例 7　关于笛卡儿。

这里，我们愿意用较多的篇幅研究怎样在课堂上介绍解析几何的历史。现在设计直角坐标系的教学或者解析几何的教学，总会提到笛卡儿的名字。最简单的处理就是展示笛卡儿的画像，说明他建立了坐标系，创立了解析几何，使得数与形结合起来。陈述完了，也就结束了。有的著作则将做三个梦的传说，确定天花板上蜘蛛位置的想象，渲染一番，却没有揭示笛卡儿创立坐标方法的文化底蕴。我们不妨再看一个最近发表的教学实录[1]。

师：你们可知道，画两条数轴来表示不在同一直线上的点的位置的方法，直到 1637 年才被法国数学家笛卡儿发现。这里有一个资料，我们一起来了解一下。请一位同学朗读阅读资料，了解历史。

生：早在 1637 年以前，法国数学家、解析几何的创始人笛卡儿受到了经纬度的启发，地理上的经纬度是以赤道和本初子午线为标准的，这两条线从局部上可以看成是平面内互相垂直的两条直线，所以笛卡儿的方法就是在平面内画两条原点重合、互相垂直且具有相同单位长度的数轴建立平面直角坐标系，从而解决了用一对实数表示平面内的点的位置的问题。

［评析］重走科学家探索之路可让学生体验数学是从生活中产生，从而培养学生的探索精神，激发学生的学习兴趣。

---

［1］见《中国数学教育》2007 年第 1、第 2 期合订本第 48 页。

这段阅读资料不知从何而来。所谓笛卡儿受经纬度启发创立直角坐标系，估计是用想象代替事实。评析者说“重走科学家探索之路可让学生体验数学是从生活中产生”未免牵强，恐怕是一种溢美之词。

我们需要探讨的是，怎样帮助学生从笛卡儿创立坐标方法的历史中获得文化教益。根据可靠的数学史实[1]，首先要介绍笛卡儿是一位哲学家。他有一个大胆的设想：科学问题→数学问题→代数问题→方程问题。

为了将度量化为方程问题，即建立算术运算和几何图形之间的对应，他建立了斜坐标系和直角坐标系。这是一个大胆的设想，一次伟大的哲学思考，一种气势磅礴的科学想象。坐标系是在将几何与代数相互连接起来的深刻的科学思考中产生的。正如上述陈省身先生的题字说的那样，“了解历史的变化是了解这门科学的一个步骤”。仅仅说坐标系起源于经纬线是不够的，是缺乏文化品位的。

在《数学史概论》中还有一段话非常精彩。“我们看到，笛卡儿《几何学》的整个思路与传统的方法大相径庭，在这里表现出笛卡儿向传统和权威挑战的巨大勇气。笛卡儿在《方法论》中尖锐地批判了经院哲学特别是被奉为教条的亚里士多德‘三段论’法则，认为三段论法则‘只是在交流已经知道的事情时才有用，却不能帮助我们发现未知的事情’。他认为‘古人的几何学’所思考的只限于形相，而近代的代数学则‘太受法则和公式的束缚’，因此他主张‘采取几何学和代数学中一切最好的东西，互相取长补短’。这种怀疑传统与权威、大胆思索创新的精神，反映了文艺复兴时期的时代特征。笛卡儿的哲学名言是：‘我思故我在。’他解释说：‘要想追求真理，我们必须在一生中尽可能地把所有的事物都来怀疑一次……’用怀疑的态度代替盲从和迷信……依靠理性才能获得真理。”

可以设想，我们如果用这样的观点来介绍笛卡儿（尽管对中学生还要更加通俗），那么一定能够增加数学史的文化感染力。

（三）营造“数学史”知识的文化意境

营造适当的文化意境，可以扩大在数学教育中运用数学史知识的范围。数学和文学都是人创立的，其间必然存在着人文的联系，特别是意境的契合。许多古代的文论作品，虽然并不是专门的数学创作，却具有数学意蕴，可以帮助我们理解数学。

例8　关于“一尺之棰”。

我们常常引用庄子《天下篇》的名句“一尺之棰，日取其半，万世不竭”作为中国古代有无穷小思考的例证。其实庄子的这句话，本意在于“万世不竭”，并非是说“这是趋向于0的极限过程”。那么为什么大家都认为它能帮助理解极限呢？主要在于意境。人们通过“日取其半”的动态过程，感受到“木棰虽越来越短，接近于零却不为零”的状态。庄子并非数学家，《庄子》也不算数学著作，但是能够用于数学教学，所以我们可以把它当作数学史料来处理。同样，徐利治先生用李白的诗句“孤帆远影碧空尽，唯见长江天际流”来描写极限过程，和“一尺之棰”一样，也是利用了文学和数学在极限意境上的契合。前面提到日本数学教材运用曹冲称象的故事说明测量的意义，虽然这一历史故事并非来自数学著作，我们也可以看作是数学史的作用。

例9　关于《登幽州台歌》的数学意境。

近日与友人谈几何，不禁联想到初唐诗人陈子昂的名句（《登幽州台歌》）：“前不见古人，后不见来者。念天地之悠悠，独怆然而涕下。”

一般的语文解释说：上两句俯仰古今，写出时间绵长；第三句登楼眺望，写出空间辽阔。在广阔无垠的背景中，第四句描绘了诗人孤单寂寞悲哀苦闷的情绪，两相映照，分外动人。然而，从数学上看来，这是一首阐发时间和空间感知的佳句。前两句表示时间可以看成是一条直线（一维空间）。诗人以自己为原点，“前不见古人”指时间可以延伸到负无穷大，“后不见来者”则意味着未来的时间是正无穷大。后两句则描写三维的现实空间：天是平面，地是平面，悠悠地张成三维的立体几何环境。全诗将时间和空间放在一起思考，感到自然之伟大，产生了敬畏之心，以至怆然涕下。这样的意境，是数学家和文学家可以彼此相通的。进一步说，爱因斯坦的四维时空学说也能和此诗的意境相衔接。

（四）提供数学史料，加深对数学知识的文化理解

在当前的数学教学中，往往局限于一个概念、一个定理、一种思想的局部历史的介绍，缺乏对宏观的历史进程的综合性描述。实际上，用宏观的数学史进程可以更深刻地揭示数学的含义。

例 10 关于无限。

无限是一个普通名词，也是一个数学名词。小学生学习数学，就要接触无限。例如，自然数是无限的。两条直线无限延长不相交称为平行，无限循环小数等，都是直接使用无限的用语，并没有特别的定义。这时，我们必须运用无限的自然语境——人们关于无限的直觉。进一步，“无边落木萧萧下”“夕阳无限好”等词句的内涵也支撑着学生对数学无限的理解。自然语言和数学语言的交互作用可以帮助学生理解数学概念。

但是只有数学真正对无限进行了实质性的探究。数学哲学研究中，潜无限与实无限的差别是关键的一步。单调函数概念的学习困难，其实源于要将“无限多对（x，y）的排序”。牛顿运用无限小量，形成了微积分；康托的集合论，对无限大进行了分析。这样的历史性的宏观考察，是数学史为数学教育服务的重要方面。

类似地，我们可以考察面积、体积、测度的概念的发展历史，考察方程、函数、变换、曲线的概念之间联系的历史进程，还可以叙述数学不变量的发展历程——从三角形内角和，四边形内角和，对称变换的不变量，几何问题的定值，拓扑不变量，乃至陈省身类等。这样的宏观思考，值得进一步去做。比如，介绍函数概念的发展历程，应该多做一些分析，并非一个比一个“高级”，初中函数的变量说定义未必就过时了。对大多数人来说，函数的变量说也许比对应说更重要。

最后，我们还应该运用数学史知识诠释一些好的数学教育工作，用历史鉴别现实。

例 11 三根导线的故事——在看不见的地方发现数学。

20 世纪 90 年代的一天，上海第五十一中学（今位育中学）的陈振宣老师给我讲了一个数学教育的故事。我以为，那是中国数学教育的一个亮点，堪称经典。

陈老师的一个学生毕业后在和平饭店做电工，工作中发现在地下室控制10层以上房间空调的温度不准。分析之后，原来是使用三相电时，连接地下室和空调器的三根导线的长度不同，因而电阻也不同。剩下的问题是：如何测量这三根导线的电阻呢？用电工万用表无法量这样长的电线的电阻。于是这位电工想到了数学。他想：一根一根测很难，但是把三根导线在高楼上两两相连接，然后在地下室测量两根电线的电阻是很容易的。设三根导线的电阻分别是 x、y、z。于是，他列出三个一次方程：$\begin{cases}x+y=a,\\y+z=b,\\z+x=c。\end{cases}$

解由此形成的三元一次方程组，即得三根导线的电阻。

这样的方程谁都会解。但是，能够想到在这里用方程，才是真正的创造啊！我为这位电工的数学意识所折服。清代学者袁枚曾说："学如弓弩，才如箭镞，识以领之，方能中鹄。"有知识，没有能力，就像只有箭，没有弓，射不出去。但是有了箭和弓，还要有见识，找到目标，才能打中。上面的例子说明，解这样的联立方程，知识和能力都不成问题，难的是要具有应用联立方程的意识和眼光。

这使我想起第二次世界大战以后，1948年在美国出现的数学成就。这一年，维纳发表《控制论》，香农发表《信息论》，冯·诺依曼则提出了使用至今的计算机方案。

这三项数学成就，不是通常我们所解决的那种数学问题。他们看见了我们没有看见的数学问题。试问打电报传送的信息，可以是数学研究的对象吗？用大脑控制手去拾掉在地上的铅笔，可以构成"数学控制论"吗？研究数字电子计算机会改变时代吗？他们看见了新的数学，在1948年不约而同地做出了创造性的杰出贡献，影响之大，使人类在20世纪下半叶进入信息时代。

在别人看不见数学的地方，发现数学问题，解决数学问题，这是最高的数学创新。这比做别人给出的问题，更胜一筹。运用数学史料，对正在进行的数学教学以历史经验的衬托，将会对学生起到历史的激励作用。

总之，努力揭示数学史知识的文化内涵，将会使得数学史进一步融入数学教育，增强数学文化的教育作用。青年学子将会建构数学常识，感知数学文化，享受智慧人生。

参考文献

[1] 李文林. 数学史概论 [M]. 北京：高等教育出版社，2000.

【后记】20 世纪初，李俨、钱宝琮等前辈学者开创了中国数学史的现代研究领域。他们在“为历史而数学史”的同时，也很关注中学数学教育。钱宝琮先生就曾为中学数学教师专门开课。新中国成立之后，后起的学者继续从事数学史的学术研究，仍然着重于“为数学史而数学史”。当然，这是十分必要的基础性工作。

进入 21 世纪之际，由于国际上“数学历史教学组织”（HPM）高水平活动的影响，以及国内的数学课程标准积极倡导数学文化的举措，使得“为教育而数学史”的热潮开始兴起。数学史界的领军人物李文林先生加入《全日制义务教育数学课程标准（实验稿）》修订组，更是数学史研究进入数学教育领域的一个标志性事件。于是，2005 年，第一届数学史与数学教育的学术研讨会首先在西北大学召开。我因故未能参加，只提供了书面发言。第二届研讨会于 2007 年在河北师范大学举行，我做了大会演讲。《高等数学研究》杂志的张肇炽教授是多年的老朋友，希望我能将发言稿刊出，即为本文。2013 年，又一届研讨会在华东师范大学举行，有国际著名学者到会演讲，盛况空前。可以预料，“为教育而数学史”的前景会越来越好。

四、构建学生容易理解的数学教育形态

——数学和人文意境融合的20个案例

自19世纪下半叶以来，数学的呈现方式日趋形式化，定义、定理、证明、推论，多以简洁而抽象的方式加以陈述。H.弗赖登塔尔这样描述："没有数学思想如当初刚被发现时那样发表出来。一旦问题解决了，思考的程序便颠倒过来，把火热的思考变成冰冷的美丽。"可以说，书本上陈述的某些数学过程，是一种严密的学术形态，呈现出冰冷的美丽。数学教师的任务，就是把它重新颠倒过来，使它们以学生容易接受的教育形态呈现出来，即将冰冷的美丽变成火热的思考。

中小学教育是基础教育。虽然有一些数学学习成绩优秀的学生可以轻松地跨过"抽象"的门槛，严密地按照形式化的叙述把握数学的含义。但还有相当多的学生不能接受这样的数学，他们总是把数学看成"天书"，无法将数学与自己的思维挂上钩。人是社会的动物，人的认知过程是一个整体，人文的、科学的、生活的、数学的种种认识，相互交织在一起。因此，学生要理解数学，需要从个人的社会经历以及精神生活中寻求思维的契合点，实现数学思维的建构。目前的教学理论要求创设实际情景，联系学生的日常生活，让学生动手操作，这样做的目的就是为了把各个学科的学术形态转变为教育形态。

目前的问题在于，并非所有的数学都能有实际的儿童生活情景给予支持。联系学生的日常生活，不是越具体、越生活化越好。值得注意的是，火热的数学思考，往往来源于许多人文的意境。学生一旦找到这种意境，就会有豁然开朗的感觉，好像把窗户纸捅破了，看到了数学的本质。人性化的数学，不该是很干巴、很冰冷的。本文试图用20个案例说明数学可以通过不同的方式呈现为学生容易理解的教育形态，着重介绍被大家忽略了的人文意境式的数学教育形态。学生以这样的教育形态为抓手，可以进入火热的数学思考。

以下的20个案例都不涉及学生的直接经验，而是在人文意境上和数学有密切的契合点。鉴于这些案例具有不同的特点，以下分成四组加以陈述。

（一）创设具有哲学意味的数学人文情景

学生的知识总体中，有些是具体的现实生活经验，有些则是抽象的思维体验，包括一些具有哲学意味的思考。以下案例，涉及“分解与组合”“虚无”“无限延长”“关系”这样的人文情景。

例 1 质数与合数。

著名特级教师顾汝佐先生曾对笔者说，他曾挖空心思为小学数学知识寻求实际生活背景，对许多小学数学知识都能或多或少地找到一些生活原型。而对“质数与合数”而言怎么找都没有找到。不过，我觉得学生对质数与合数的理解不应十分困难，因为“整体与部分”“分解与组合”的人文意境学生非常熟悉，教师可以将其移植过来。例如：

（1）一句话可以分解为一些词和字。“我是小学生”可以分成“我”“是”“小学生”。“小学生”是由“小”和“学生”组成的。“学生”不能再分了。

（2）一个玩具可以被拆成一些零件，有些零件可以被再拆，有些零件不能被拆了。

（3）用七巧板拼成的很多图形可以被拆成许多图形，不能被再拆的图形只有 7 个。

这就是说，对于质数与合数，虽然我们可能无法找到实际生活情景将其直接加以显示，但是通过“组合和分解”“拼装与分拆”的意境，学生能够接受质数的概念，从最原始数学思想层面进行火热的思考。

例 2 关于 0 是自然数。

自然数系一向从 1 开始。然而，从 20 世纪下半叶开始，许多专家逐渐认为 0 也是自然数，而且是第一个自然数。1993 年，中国文字改革委员会也正式宣布这一结论，人们据此改编数学课程。

许多人对自然数从 0 开始不习惯。其实，从人文意境上看是可以找到契合点的。这里我们举出三种不同的思考意境。

（1）一个盒子原来是空的，后来往盒子里放进一块糖，再放第二块糖，放第三块糖……所以从意境上考察，一开始总是先“没有”，再出现“有”。这就是说从0开始，原来是很自然的。

（2）老子《道德经》有“道生一，一生二，二生三，三生万物”的说法。“道”可以看作宇宙本来只有虚无的“道”，然后才产生具体的、实在的“一”，接着是二，是三，乃至无穷。道相当于0。

（3）冯·诺依曼用集合的语言，特别是“集合组成的集合”和存在空集这两个约定，简约、清晰、准确地构建了自然数体系。具体步骤如下：

第一个序数是空集∅　（表示0）

第二个序数是以空集为元素的集合｛∅｝，即｛0｝　（表示1）

第三个序数是以空集∅和｛∅｝为元素的集合

｛∅，｛∅｝｝，即｛0，1｝　（表示2）

第四个序数是以前三个序数集合为元素的集合

｛∅，｛∅｝，｛∅，｛∅｝｝｝，即｛0，1，2｝　（表示3）

这样不断继续，得到全体自然数。于是自然数是从空集Ø（相当于0）开始的。

以上三个例子，都是关于“0是第一个自然数”的情形。

例3　火柴可以是半射线的原型吗？

一条半射线是由原点出发，向一个线段的右面无限延长的几何图形，选取单位之后，正有理数就都可以在上面被标志出来。但是，我们实际能画出来的数射线，只是有限部分：一点0，一个指向右方的箭头，以及单位1。

有个教案认为，小学生认为火柴像射线是错的，因为它有限。于是教师拿出手电筒来，一束光线从手电筒射向远方，教师认为这就是数射线和日常生活相联系。

了解数射线是否要借助手电筒，是一个值得讨论的问题。人脑不仅仅起照相机的作用，而且还具有很强的能动性。直线本身是一个想象中的数学对象，它无宽、无厚，通过两点间确定的线段向两端无限延长而成线。人们能够感受的只是有限的直线段，包括手电筒发出的光线也是有限的。无限永远存在于想象之中。反倒是火柴很像一根半射线，有起点，有方向，符合可以无限延长的想象。

例 4 方程是一种等式"关系"。

教材里关于方程的定义都用黑体字写着："含有未知数的等式叫作方程。"这一定义看上去很简洁，其实没有什么用处。学了这个定义，并没有增加什么数学知识，也没有人因为记不住这个定义而不会解方程的。

其实，方程的本质是："为了寻求未知数，在未知数和已知数之间建立起来的一种等式关系。"其着眼点是等式关系。这相当于我们不认识 X 先生，于是请熟悉的 Y 先生做介绍，形成了一种关系，最后我们认识了 X 先生。两者的道理是一样的。

数学是研究数量关系的科学，简单地说，数学也是一门"关系学"。社会上，我们要讲究公共关系、人际关系等社会关系。数学其实也是这样，两个数有相等关系、大小关系、对应关系，以及各种运算关系。

方程的意境无非是"拉关系"。这样的提法可能比较"俗"，但是这样思考和社会实践挂起钩来，却显得比较自然，就不那么陌生了。

（二）寻求可以进行数学联想的人文状态

数学概念可以通过联想和人文情景进行沟通，并且融入知识总体。这种联结使得数学不再孤立，具有某种人文意味。我们可以将等价类、正负抵消、负负得正、投影折扣等数学意境和人们固有的人文思考结合起来，形成网状的知识结构。

例 5 一个分数是一个等价类。

分数对六年级学生而言是一个学习难点。教材中有一个关于分数的所谓基本性质："一个分数的分子和分母同乘以或除以一个相同的非零数，分数的大小不变。"于是，就有了令学生头疼的最简分数、约分、扩分和通分。

从数学上看，所谓"分数的基本性质"是一句回避本质的话。实际上，分数是一个等价类。等价类是不能回避的。我们可以从实际生活中找到类似的意境。

●我们可以把一个分数看作一个群体。例如，一所学校，学校里的老师、学生都是平等的一员，每个成员各有各的用处。校长相当于最简分数；但是只有最简分数是不能完全代表分数的。分数相加时需要通分，就要找一个最小公倍数为分母的分数才能进行，这好比学校要参加全市学生运动会，就要派本校的学生去参加；奥林匹克数学竞赛的教练，要由数学老师来担任。这样一比喻，学生也就明白了。

●我们也可以把一个分数比喻为一个大家庭，家庭成员各自扮演不同的角色。

●我们也可以把一个分数比喻为一个学生可以穿着很多种服装，如校服、运动服、舞蹈服等，学生在不同的场合穿不同的服装，但本质上都是同一个人。

比喻，说明许多思维方式存在着共同之处。用常识理解数学的意义，可以采用某些意境上的共性，通过适当的比喻，把复杂的问题简单化。

例6　负数教学中的“抵消”。

负数是中国古代数学的辉煌成就之一，它并不难懂。足球比赛的输赢，个人财务中的收入和支出，这些都是现成的例子。现在有些教师用温度计横摆引入负数，乃是败笔。负数之难学，在于运算。温度不便计算，不是好例子。

关于负数的加减，课本里有许多用黑体字书写的规则，综述如下：如果是同号两数相加，取相同的符号，并把绝对值相加。如果是异号两数相加，应先判别绝对值的大小关系，如果绝对值相等，则和为0；如果绝对值不相等，则和的符号取绝对值较大的加数的符号，和的绝对值就是较大的绝对值与较小的绝对值的差。一个数与0相加，仍得这个数。

总之，按照课本的规则，首先要了解绝对值，然后把用黑体字写出来的正负数加减运算的规则背诵记住，练习操作。其实，一个正数和一个负数的加减规则，教师用一个词“抵消”，学生就全明白了。一场足球赛，对方进球5个为-5，我方进球3个为$+3$，“抵消”之后，当然是输两个，结果是$-5+3=-2$。与其死记那些黑体字，用“抵消”这样的概念，更容易被理解。再看看教师自己头脑中的正负数加减规则，实际上也是"抵消"在支撑着，教师并不会想到"绝对值"之类的黑体字。

抵消，就是正负数加减的教育形态，就是教师进行火热的数学思考的意境。

例 7 负负得正的乘法规则。

负负得正，是很令人头疼的乘法规则。那么什么是负负得正的原因呢？新版教材以问题串的形式，引导学生观察、探索、分析、推理，归纳出负负得正的规律。据说在学习过程中，学生不仅掌握了知识，而且发展了合情推理的能力。许多教案的设计也是让学生去"发现"。

但这样做的效果如何呢？往往是事倍功半，吃力不讨好。宁波的黄伟健老师告诉我，学生理解负负得正都是用相反数的概念，否定之否定就是肯定，两次否定回到原地。一个生动的比喻是："不得不做就是要做。"一语点破，数学学习比较困难的学生也能理解了。

试问，每位数学教师做负负得正的乘法运算都非常熟练，可是有多少人还记得那些黑体字书写的规则呢？留在脑海里的，恰恰就是"相反两次回到原来"这样的思考，就是"不得不做就是要做"这样的意境。

例 8 三角比，无非是梯子投影所打的"折扣"。

三角比的引入，教材上往往是照定义抄写。$\angle A$ 的正弦 $\sin A$，就是直角三角形的对边比斜边，余弦 $\cos A$ 就是邻边比斜边。反复背诵。其实，正弦和余弦的含义就是梯子长度和它在地面和墙上的影子长度所打的折扣。梯子架在墙上，其两个投影分别比梯子短，短多少，和梯子与地面的角度 A 有关。假定梯子的长度是 1，那么地面上和墙上的影子长度分别为 $\cos A$、$\sin A$。这个折扣就是三角比的意义。

张景中院士建议，定义正弦 $\sin A$ 是边长为 1 的菱形面积。实际上，它是边长为 1 的正方形被压扁之后的面积，扁的程度由 $\angle A$ 确定。$\sin A$ 就是正方形被压扁之后，面积所打的折扣。

平面直角坐标系上，单位圆上点的坐标，就是圆的半径在两个坐标轴上的投影，其长度短于半径，所打的折扣就是正弦和余弦。单位圆上单位向量旋转时，它的两个投影变化的规律，就是三角函数 $\sin A$、$\cos A$

的图象。

向量的两个分量，复数的实部与虚部也要这样理解。

折扣是一种生活常识，以折扣来描述正弦、余弦，就找到了容易理解的教育形态。

例 9　点的坐标、向量、复数三位一体。

许多学生觉得数学研究的对象像魔术师帽子里的兔子，突然跑出来，没有规律可循。其实，从数学思考的层面讲，许多对象是相互连接的。比如平面上以下三者一一对应：

点	向量	复数
不能运算	加减运算	四则运算
原始人	古代人	现代人
石器	冷兵器	火药枪

（注：向量的数量积是一个数，不再是向量）

做这样的比喻，有助于学生从整体上把握数学发展的脉络。

（三）普通名词和数学名词的比较，凸显共性与特性

数学中的许多名词和普通名词是一样的，例如“比”“运动”“证明”“位置”等。将它们不同用法之间做比较，相互渗透，可以增加数学理解。

例 10　“比”，作为普通名词和数学名词。

比，是比较的简称。它既是数学名词，也是普通名词。语文教学中早就有“比”的用法，根深蒂固。现在数学中又出现“比”，教师却不加以对照，指出二者的区别，难怪学生要糊涂。一般的，“比”有以下几种用法。

●一般的质量之“比”。例如，我们说 A 比 B 美观，A 比 B 健康等。

●一般的数量之“比”。例如，我们说 A 比 B 高 2 厘米，A 比 B 大 3 岁。此外，我们也可以说足球赛的比分是 3∶0。

●特定的倍数之“比”。例如，A 是 B 的若干倍，写成 A∶B，这

时 B 不为 0。

●广义的除法之“比”。泛指一切除法中被除者和除者的关系。这包括“分式”的情形。例如我们说“$(x+1)/(3x-5)$”是$(x+1)$和$(3x-5)$之比。$\tan\theta$ 是 $\sin\theta$ 和 $\cos\theta$ 之比。

小学数学里，“比”是专有名词，意为倍数之比。“比”在数学和人文的思想意境中，既有联系又有不同，为什么教科书不指出，课堂上教师又不强调呢？人性化的数学教学不应该是这样的。

例 11 坐标的作用：表示位置，更在于表示几何图形。

坐标的作用，现在都说是表示位置。这确实把坐标这样的学术形态转变为“确定位置”这样的教育形态。许多获奖的教案，教师都在“位置”上下功夫。“第几排、第几座”“东西路和南北路的交叉路口”等。学生掌握起来确实很容易。

不过，把坐标系与位置相联系，还没有触及坐标方法的本质。仅仅到此为止，究其和地理课讲经纬度，没有什么区别了。

上海长宁区老师们的做法则更进一步。他们把两根标有红色箭头的塑料长绳带进教室，让一个学生做原点，垂直地做成坐标系。每一个学生有一对坐标，每对坐标对应一个学生。但是更重要的是他们请两个坐标都是正的同学站起来（第一象限），两个坐标都一样的同学站起来（一条直线）。这样的“玩法”，才把坐标的价值体现出来了。

笛卡儿当初引进坐标系，就是想使得几何量可以运算，不仅仅是为了确定位置。他指出：“数学研究一切事物的次序和度量性质，无论他们来自数、图形、星辰、声音或其他涉及度量的事物，都是如此。”（《几何学》）

数学知识的教育形态以能够揭示数学本质为上佳。思考既是火热的又是深入的。

例 12 什么是数学证明？——证明的多样性。

证明的作用是为了说服别人相信某个结论。证明的方式有很多，数学证明是其中的一种。例如，论证“张三会死”这个结论，有以下的方法。

●用名人的话作为证明。文天祥的诗句说“人生自古谁无死，留取丹心照汗青”，张三不能“无死”。

●举几个例子加以证明。例如，张三的父亲死了，他的祖父也死了，所以张三也是会死的。

●举不出反例。“难道有不死的人吗？”没有反例，所以张三会死。

●进行实验调查。任意圈定100人，然后观察他们的寿命，结果无一例外都死了，所以实验证明，张三将来也会死。

●历史证明。凡是过去的人都死了，所以未来的张三也一定会死。

●哲学论证。新陈代谢是普遍的规律。张三有生，必有死。

●逻辑证明。用三段论。

大前提：人是要死的。

小前提：张三是人。

所以，张三是要死的。

没有比较，就没有鉴别。我们应该比较一下各种不同证明的效能。这是火热的思考！数学证明在与其他人文论证和科学证实的比较中显现其特点：只要前提正确，那么逻辑推理一定正确。

例13　直线上升与指数爆炸。

有一堂公开课讲指数函数，教师从细胞分裂入手，得出2^n，然后定义一般的$y=a^x$，$a\neq 1$，中规中矩，滴水不漏，讲得很不错。但是我总觉得不满足。在通俗语言中，有直线上升、指数爆炸的说法。上升和爆炸是不同的语文意境。我们将它们做比较，可以看出指数爆炸的具体情形（以前教师喜欢用国王在棋盘格子上赏米的故事），联想到计算机的速度跟不上指数爆炸，更有现代意义。

这里不免会有一些离开数学的题外话，但却依然是火热的数学思考。

例14　平移、旋转的数学本质：不变性。

一位数学特级教师的数学课在讲平移、旋转时，从汽车前行说到平移，从游乐场的大转盘说到旋转，教师用多媒体展示，学生动手操作，热热闹闹一堂课，介绍了平移和旋转这两个词的意义。我疑心这是一堂语文课。

语文意境必须与数学本质相联系才是数学课程的目标。数学上的平移必须指出方向和距离，旋转必须指出旋转中心，特别是变换的核心思想是不变量。

还有一堂课讲“乘法交换律”，整堂课就是围绕“交换”一词做文章，忘记了交换之后的不变性。讲“两个学生交换位置”，却没有讲教室里的人数没有变。火热的思考不能局限于日常生活，语文意境必须联系数学的本质，这是数学人文化必须注意的。

（四）提供文学意境，运用美学观念加深数学理解

数学和文学并没有直接的联系，但是在意境上却有许多共同之处。

例 15 对称和对联：变化中的不变性质。

数学中有对称，诗词中讲对仗。乍看上去两者似乎风马牛不相及，其实它们在理念上具有鲜明的共性：在变化中保持着不变性质。

轴对称概念不难学，如一只蝴蝶左右对称。但是数学学习对称，核心思想在于“不变量”。数学中说两个图形是轴对称的，是指将一个图形沿着某一条直线（称为对称轴）折叠过去，能够和另一个图形重合。这就是说，一个图形“变换”到对称轴另外一边，但是图形的形状没有变。

图 1

这种“变中不变”的思想，在对仗中也反映出来了。例如，让我们看唐朝王维的两句诗：“明月松间照，清泉石上流。”

诗的上句“变换”到下句，内容从描写月亮到描写泉水，确实有变化。但是，这一变化中有许多是不变的：

“明”——“清”（都是形容词）；

“月”——“泉”（都是自然景物，名词）；

“松”——“石”（也是自然景物，名词）；

“间”——“上”（都是介词）；

“照”——“流”（都是动词）。

对仗之美在于它的不变性。假如上联的词语变到下联，含义、词性、格律全都变了，就成了白开水，还有什么味道？

世间万物都在变化之中，但只单说事物在变，不能说明什么问题。科学的任务是要找出变化中不变的规律。一个民族必须与时俱进，不断创新，但是民族的传统精华不能变。京剧需要改革，可是京剧的灵魂不能变。古典诗词的内容千变万化，但是基本的格律不变。自然科学中，物理学有能量守恒、动量守恒；化学反应中有方程式的平衡，分子量的总值不能变。总之，唯有找出变化中的不变性，才有科学的、美学的价值。

对称和对联在“不变量”和“不变性质”之间找到了契合点，数学的教育形态就显现出来了。

例 16　$\frac{1}{2}+\frac{1}{3}=\frac{2}{5}$有“和谐美”吗？

分数的加法计算起来比较麻烦。学生常常把分子和分母分别相加，造成$\frac{1}{2}+\frac{1}{3}=\frac{2}{5}$这样的错误。其实，平心而论，产生这种错误来自人的天性：和谐之美。我们如果讲究人性化的数学，就不该批评学生，反而要赞美他们具有某种“合情猜想”意识，可惜的是合情不合理，结果是错的，非常令人惋惜。试想，当初的数学家一定也希望分数的相加，恰好是分子、分母分别相加，后来他们发现在数量上这两者是不相等的，所以才想到要通分，实行同分母相加，并形成一条运算规则。

总之，发生$\frac{1}{2}+\frac{1}{3}=\frac{2}{5}$的错误，是意境上的问题，不是记忆问题，更不是笨的表现。

遗憾的是，我们在纠正$\frac{1}{2}+\frac{1}{3}=\frac{2}{5}$的时候，却往往出现$\frac{2}{7}\times\frac{3}{7}=\frac{6}{7}$这样的错误。学生以为分子、分母分别相乘这样的“和谐”都是错误的。我想，我们应该知道问题之所在了。

例17 无限和极限。

数学是直接研究无限的唯一学科。最接近数学中无限概念的文学意境也许是杜甫的《登高》，其中有“无边落木萧萧下，不尽长江滚滚来”两句。仔细琢磨，似乎“无边”和“不尽”说的是“实无限”，而“萧萧下”与“滚滚来”则描述了动态的“潜无限”。诗人当初未见得有这种数学思维，但就意境来说，相当接近，令今天的学生可以直觉地有所感受。

说到极限，大家熟知的“一尺之棰，日取其半，万世不竭”是一个著名的例子。出自《庄子》的这段话，文学味道还不足。数学名家徐利治在课堂上讲极限的时候，总要引用李白的《送孟浩然之广陵》：

故人西辞黄鹤楼，烟花三月下扬州。

孤帆远影碧空尽，唯见长江天际流。

用“孤帆远影碧空尽”一句让大家体会一个变量趋向于0的动态意境，煞是传神。更有意思的是用诗句描述“无穷大”和“无界变量”的意境。

例18 无界变量与红杏出墙。

贵州六盘水师范高等专科学校的杨光强告诉我，他在课堂上讲授无界变量时，总要引用宋朝叶绍翁的名句：“春色满园关不住，一枝红杏出墙来。”（《游园不值》）

学生进入诗的意境，再揣摩无界变量的意境，每每会意而笑。实际上，所谓无界变量，是说无论你设置怎样大的正数 M，变量总要超出你的范围，即有一个变量的绝对值会超过 M。于是，M 可以比喻成无论怎样大的园子，变量相当于红杏，结果是总有一枝红杏越出园子的范围。诗的比喻如此恰切，生动的意境描述枯燥的数学语言，竟无牵强之处。

例19 爱因斯坦四维时空的意境。

空间和时间都是无限的。近日与友人谈几何，不禁联想到初唐诗人陈子昂的名句：“前不见古人，后不见来者。念天地之悠悠，独怆然而涕下。”（《登幽州台歌》）

一般的语文教材解释说：上两句俯仰古今，写出时间绵长；第三句登楼眺望，写出空间辽阔。在广阔无垠的背景中，第四句描绘了诗人孤单寂寞悲哀苦闷的情绪，两相映照，分外动人。然而，从数学上看来，这是一首阐发时间和空间感知的佳句。前两句表示时间可以看成是一条直线（一维空间）。陈老先生以自己为原点，“前不见古人”指时间可以延伸到负无穷大，“后不见来者”则意味着未来的时间是正无穷大。后两句则描写三维的现实空间：天是平面，地是平面，悠悠地张成三维的立体几何环境。全诗将时间和空间放在一起思考，感到自然之伟大，产生了敬畏之心，以至怆然涕下。这样的意境，是数学家和文学家可以彼此相通的。进一步可以问：爱因斯坦的四维时空学说也能和此诗的意境相衔接吗？

例 20　平方差公式的美学警示。

这里我们用一个实例比较几种教学方法的设计。

方案一：平方差公式（人教版，2002）

对于某些有特殊形式的多项式乘法，我们可以把结果写成公式并加以熟记，这样在遇到相同形式的多项式相乘时，就可以直接运用公式写出结果。

我们来计算：$(a+b)(a-b)=a^2+ab-ab-b^2$。

于是有公式：$(a+b)(a-b)=a^2-b^2$。

这就是说，两个数的和与这两个数的差的积等于这两个数的平方差。这个公式叫作乘法的平方差公式。（教材中给出了公式的若干应用举例）

方案二：“平方差公式”［《〈全日制义务教育数学课程标准（实验稿）〉解读》第二篇第二章第 6 节］

“平方差公式”的教学可设置如下的问题串：

（1）计算并观察下列每组算式。

$8\times8=64$　　$5\times5=25$　　$12\times12=144$

$7\times9=63$　　$4\times6=24$　　$11\times13=143$

（2）已知 $25\times25=625$，那么 $24\times26=?$

（3）你能举出一个类似的例子吗？

（4）从上述过程，你发现了什么规律？你能用语言叙述这个规律吗？你能用代数式表示这个规律吗？

（5）你能证明自己所得到的规律吗？

评述：方案一是比较典型的传统的教学模式，对平方差公式的导引性解释以及公式的推导都比较直接，比较注重知识的传授和学生对公式的应用技能方面的训练。整个教学设计都比较简明扼要。缺点是纯形式操作，缺乏直观形象。

方案二代表另一种比较极端的教学方式。它注重通过学生的自主、观察、探究，猜想出平方差公式。但是，问题的来源非常不自然，完全是人为凑出来的。

这两种方法都是一种比较好的教学设计，各有各的特点，尤其对于基础较好的学生，这样做没有什么困难。但是，对于基础比较差的学生，就得使用具体的面积解释以及美学观点来分析。具体设计如下。

方案三用面积和美学观点设计。实际上，一些数学基础比较差的学生需要使用直观的面积方法进行处理。

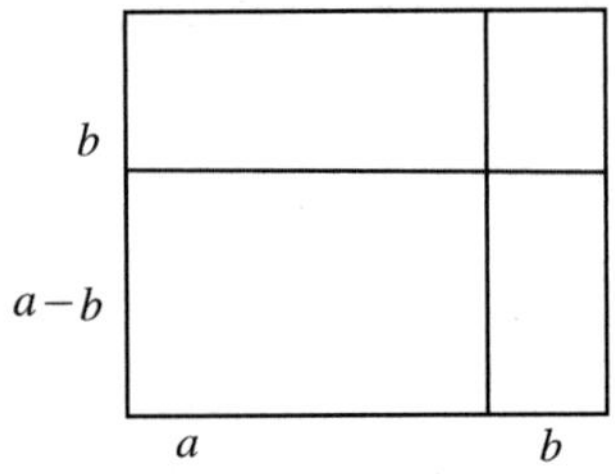

图 2

现在如果问：a^2 和 $(a+b)(a-b)$ 相差多少？答案是多了 b^2，完全由面积说明，直观而有说服力。

在“式”的教学中学生常见错误有：

$$(a+b)^2=a^2+b^2$$

$$(a-b)^2=a^2-b^2$$

$$(a-b)(a-b)=a^2-b^2$$

$$(a+b)(a-b)=a^2+b^2$$

说起来，学生产生这些错误是事出有因的：即都出自一种“数学和谐美”的惯性。人有一种天性是希望“平方运算可以随意地移进或移出括弧”。它虽然很美，很和谐，却是错误的。那么如何使学生能够自己发现错误？理解错误发生的原因？面积解释是一种较好的教育形态。教师在指出他们的错误是“出自一种美好的愿望”时，学生会自觉地接受教师的帮助，并铭记在心。用心了，错误少了，慢慢地就成为一种自动的运算技能，面积解释也不再需要了。

把数学转变为学生容易接受的教育形态，方法很多。这里，笔者只是谈到使用人文化的表述方式更容易使学生亲近和领会数学。数学教学如何“以人为本”，努力符合人的认识规律，还是有许多事情要做的。

【后记】《构建学生容易理解的数学教育形态——数学和人文意境相融合的10个案例》刊于北京《教育科学研究》2008年第7期。

数学文化以及数学欣赏，是数学教育形态的一个重要组成部分。多年来，希望数学文化能够实实在在地进入课堂，而不能只停留在一般号召上。《教育科学研究》的韩梅编辑前来约稿，希望将数学教育的进展推介到一般教育领域，即在本文以20个具体的案例来展示数学文化的多样性。

五、数学文化呈现的若干教学案例

晚近以来，数学文化成为数学教育界关注的热点之一。仅以数学文化的定义为主题，就发表了大量的文章。能够弄清定义固然好，可是许多事情往往一时弄不清楚其确切的含义，只能摸着石头过河，一边实践一边总结。本文想在对数学文化做一个大体的描述之外，着重提供一些教学案例，讨论如何在数学课堂教学中揭示和呈现数学文化。

（一）数学文化的大体描述

台湾地区一位作家关于文化是这样说的（人民网2005年10月19日）：

“什么是文化？

它是随便一个人迎面走来，他的举手投足，他的一颦一笑，他的整体气质。他走过一棵树，树枝低垂，他是随手把枝折断丢弃，还是弯身而过？一只满身是癣的流浪狗走近他，他是怜悯地避开，还是一脚踢过去？电梯门打开，他是谦恭地让人，还是霸道地把别人挤开？……”

文化其实体现在一个人如何对待他人、对待自己、如何对待自己所处的自然环境。于是，我们可以类似地用比较通俗的语言来谈数学文化。当你看到一个数学定理的时候，你会浮现出古人的身影，产生敬畏之心吗？在你思考问题的时候，你是否关注它的数量方面，是常量还是变量？在打开一本书，里面有一行行的符号，你立刻就丢掉不看了，还是不怕符号？在一连串的变换之后问题得解，你会由衷地感叹数学之美吗？在律师叙述理由的时候，你会觉察理由是否充分？是否必要？在碰到一桩随机事件，例如购买彩票，你会习惯性地看看中奖的概率有多少吗？你能够欣赏“指数爆炸”“直线上升”“事业坐标”“人生轨迹”这样的语言吗？

现在，我们可以明白，数学考试成绩固然重要，但是真正对一个人的终生发生作用，贯穿于日常行动的，往往是数学文化。如果数学课堂能够有广博的文化知识滋养，充满高雅的文化氛围，弥漫着优秀的文化传统，数学教学可以说达到最高境界了。

（二）正面阐述：不要让数学文化淹没在形式主义的海洋里

许多人以为数学文化就是数学本身，把数学学好，会做题，思维得到训练，文化也就在其中了。这种观点也有一定的道理，因为数学本身确实承载着数学文化。但是，文化现象既有潜移默化的一面，也有正面阐述的一面。如果缺乏正面的阐述，数学文化就会淹没在形式主义的海洋里，做了成千上万道数学题，却不知道自己在忙些什么。恰似猪八戒吞人参果，吃到肚子里却不知道什么滋味。

例 1 对顶角相等，要不要证明？

对顶角相等，是古希腊几何学的先驱泰勒斯（Thales of Miletus，约公元前 625—公元前 547）最先证明的命题。这个命题非常简单，一看就能判断它是对的。没有一个学生学不会。但是，在实际教学中，我们必须问学生："这样两条直线相交形成的两对'对顶角'，一眼看去就是相等的，你觉得是否需要证明？"

如果有了证明的需要，就接近数学文化了。古希腊和中国古代的不同文化产生了不同的数学。每个民族都有自己的文化，也就一定有属于这个文化的数学。

古希腊的雅典城邦实行奴隶主的民主政治。这是极少数统治者之间的民主，选举、表决时需要用理由说服对方。为了证明自己坚持的是真理，就需要证明为了证明自己的观点是真理，先设一些人人皆同意的公理，规定一些名词的意义，然后把自己的主张变成公理的逻辑推论，这就很有说服力。因而，对顶角相等虽然明显是对的，但是如果能够诉诸更加本原的公理，就可以建筑在"等量减等量其差相等"的基础上。这是理性思维。

中国在春秋战国时期也有百家争鸣的学术风气。但是数学家只有为君王做谋士，提供管理国家的数学方法，才能得到君王的采纳。因此，中国古代数学多半以官方文书的形式，展现出"管理国家"的特点。《九章算术》的各章内容涉及丈量田亩、分配劳力、计算税收、运输粮食等国家管理的实用目标。因此，中国古代数学可以说是"管理数学"

和“木匠数学”。

古希腊的数学和中国传统数学都有辉煌的成就，优秀的传统。中国古代数学非常实用，长于计算，密切结合实际。这是长处，但在“理性思维”“推理论证”方面，不如古希腊文明。学习“对顶角相等”，核心是学习它所承载的古希腊的理性精神。

例 2 认识算盘和珠算，强化中国数学算法体系的特征。

在小学学习位值计数制时要认识算盘，在介绍祖冲之数学成就的时候关注中国数学的算法特征，在使用现代计算器的时候不要忘记算盘的历史作用。这些，仍然需要正面阐述，不能只讲计算技术，落入民族虚无主义的陷阱。

珠算是中华文化的瑰宝，现已被列入国家级非物质文化遗产名录。现在的数学课程提倡数学文化，珠算文化理所当然地应该为炎黄子孙所知晓和运用。

世所公认，珠算是学习位值计数法的最佳模型。珠算的加减十分形象地反映了计算过程和进位方法，珠算的上珠为“5”（5 个手指），“五升十进”。电子计算机与珠算有许多相似之处。珠算集输入、储存、运算、输出为一体。珠算和电子计算机计算都有算法，存在着系统上的相似、算法语言上的相应、计算程序上的相当。运用计算机技术应该和发扬珠算文化并行不悖。

这就是说，数学文化的许多意蕴不能在解题过程中自然形成，适当的正面阐述、主动揭示、有意识地启发诱导是必要的。作为数学教育工作者，倡导中外优秀文化，是我们的责任。

（三）打破孤立：数学文化要积极通过社会人文情境而展现

不少人以为数学文化就是数学史。目前的数学教材里，出现了许多数学家的头像，并略说他们的生平和数学贡献。比起以往的干巴巴、冷冰冰的教材样式，这无疑是一个重要的进步。但是，我们不能满足于此。数学文化不能只谈数学，也不能只限于数学的历史，而应该以人为本，把数学发展放在人类文明发展的大局中，通过创设人文情境和社会万象加以展示。

例3 关于笛卡儿。

在直角坐标系的教学或者解析几何的教学中，总会提到笛卡儿的名字。最简单的处理，是展示笛卡儿的画像，说明他建立了坐标系，创立了解析几何，使得数与形结合起来。陈述完了，也就结束了。这里我们不妨摘录一个最近发表的教学实录[1]。

师：你们可知道，画两条数轴来表示不在同一直线上的点的位置的方法，直到1637年才被法国数学家笛卡儿发现。这里有一个资料，我们一起来了解一下。请一位同学朗读阅读资料，了解历史。

生：早在1637年以前，法国数学家、解析几何的创始人笛卡儿受到了经纬度的启发，地理上的经纬度是以赤道和本初子午线为标准的，这两条线从局部上可以看成是平面内互相垂直的两条直线，所以笛卡儿的方法就是在平面内画两条原点重合、互相垂直且具有相同单位长度的数轴建立平面直角坐标系，从而解决了用一对实数表示平面内的点的位置的问题。

【评析】重走科学家探索之路可让学生体验数学是从生活中产生的，从而培养学生的探索精神，激发学生的学习兴趣。

这段阅读资料不知从何而来。所谓笛卡儿受经纬度启发创立直角坐标系，估计是用想象代替事实。评析者说“重走科学家探索之路可让学生体验数学是从生活中产生的”未免牵强，恐怕是一种溢美之词。

我们需要探讨的是，怎样帮助学生从笛卡儿创立坐标方法的历史中获得文化教益。根据可靠的数学史实（李文林《数学史概论》第140页），首先要介绍笛卡儿是一位哲学家。他有一个大胆的设想：科学问题→数学问题→代数问题→方程问题。

为了将度量化为方程问题，即建立算术运算和几何图形之间的对应，他建立了斜坐标，这是一个大胆的设想，一次伟大的哲学思考，一种气势磅礴的科学想象。坐标系是在将几何与代数相互连接起来的深刻的科学思考中产生出来的。

---

[1] 《中国数学教育》2007年第1、第2期合订本第48页。

在《数学史概论》中还有一段话非常精彩：“笛卡儿在《方法论》中尖锐地批判了经院哲学特别是被奉为教条的亚里士多德‘三段论’法则，认为三段论法则‘只是在交流已经知道的事情时才有用，却不能帮助我们发现未知的事情’。他认为‘古人的几何学’所思考的只限于形相，而近代的代数学则‘太受法则和公式的束缚’，因此他主张‘采取几何学和代数学中一切最好的东西，互相取长补短’。这种怀疑传统与权威、大胆思索创新的精神，反映了文艺复兴时期的时代特征。”

可以设想，如果我们用这样的观点来介绍笛卡儿（尽管对中学生还要更加通俗），那么一定能够增加数学史的文化感染力。

此外，数学文化体现在社会万象之中。许多同志总担心数学文化的设置“离题太远”，无助于数学解题能力的提高。这是一种“数学孤立主义”的观念。事实上，数学不能离开社会的需求。只有不断地揭示数学在人类文明中的作用，数学文化才能体现出来。请看以下的 3 分钟的数学文化情境创设。

例 4 圆方程和桥的设计（奉港高级中学杨亢尔，奉化武岭中学康文龙）。

本课的内容取材于普通高中实验教科书《数学 2》第四章第 2. 3 节“直线与圆的方程的应用”。我们用 3 分钟时间，以桥梁建设与桥梁坍塌为主题，创设蕴涵人文精神的情境。下面是用 PPT 放映的照片和解说词。此外，也介绍本课的数学教学内容——坐标系的架设。

（1）中国的赵州桥（图 1）。

图 1

著名匠师李春于隋大业年间建造赵州桥，它是当今世界上跨径最大、建造最早的单孔敞肩型石拱桥。1991 年 9 月，赵州桥被美国土木工程师学会选定为第十二个“国际土木工程里程碑”，并在桥北端东侧建造了“国际土木工程历史古迹”铜牌纪念碑。现代桥梁建筑将拱桥形成的曲线，用数学方法研究取得更加科学的结果。

（2）现代桥梁坍塌的实例。

1940 年，美国塔柯码大桥崩塌。力学家冯·卡门用数学方法证明，大桥因为每秒 42 英里的风速，引起共振而坍塌（图 2）。

图 2

图 3

（3）2007 年 6 月，广东佛山市南海区九江大桥遭一艘运砂船撞击，造成大约 200 米桥面坍塌，约 100 米桥面坠入江中（图 3）。

这是吊桥，桥梁设计中的数学计算是否有问题，尚在研究之中。

（4）我们家乡奉化的百年方桥坍塌了（图 4）。

这座横跨奉化江的下承式弓挂钢梁结构大桥，建造于 1907 年，由德国工程师设计。恰好有百年历史。然而，令人惋惜的是，就在 2007 年 5 月 23 日，老方桥被一艘舟山籍货船撞塌了。震惊之余，我们不禁会问：何时再建方桥？

图 4

（5）新方桥的设计样稿。美丽的新桥，美丽的曲线（图 5）。

这是一座圆弧状拱桥。我们可以用解析几何知识，对它做一些计算。

3 分钟介绍之后，出示本节课的数学内容：

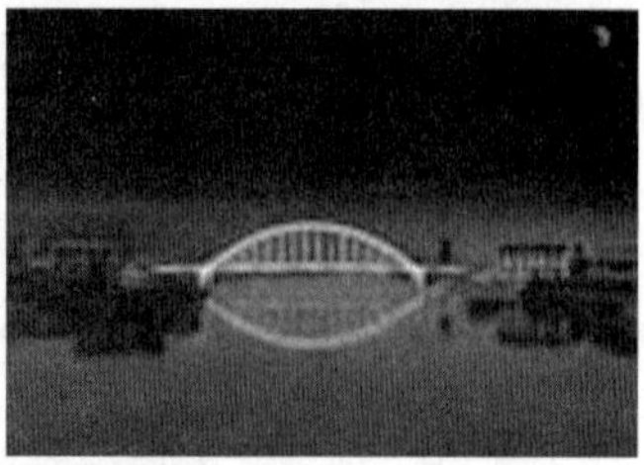

图 5

圆拱跨度 $AB=84$ m，拱高 $A_6P_6=15$ m，在建造时每隔 7 m 需用一个支柱支撑，求：支柱 A_3P_3 的长度（精确到 0.01 m）。（下略）

这节课的设计，无非是用多媒体设备放几张幻灯片，配以3分钟的解说词，使人觉得数学和现代文明息息相关。应该说这并不影响课堂进度。但是，有了这3分钟，数学的人文色彩就突现出来。经常有意识地创设情境，数学就不会孤立，会使学生感到亲切。尤其是本节课的设计者（奉化的数学教师）运用本地方桥的事例，更有亲切感。

（四）学会欣赏：数学文化需要欣赏数学美

笔者近来发现一个数学教学所特有的现象：很多学生会做数学（解方程，证定理），却不能欣赏数学。这和语文教学不同。多数学生可以欣赏唐诗，却不能写唐诗；同样学生能够欣赏音乐和绘画，自己不见得能够演唱和作画。

我们能不能够改变一下呢？数学教师能够帮助学生解题、做数学，也应该能够帮助学生欣赏数学。文化欣赏是一种能力，需要培养。同样，数学文化的欣赏能力也需要培养。

例5 学生的数学审美访谈（丽江师专木振武）。

与高三学生谈数学美，摘要如下：

教师：对几何图形圆形、正方形、倒立正三角形（▽）、双曲线的形象有何感受？

学生1：圆很对称、很美观，有圆满的感觉。

学生2：正方形很稳定，很对称。

学生3：这个倒立正三角形，从边和角来说，很规则，三边相等、三角相等，可以说是完美无缺的。可是，我总觉得要倒，很不舒服。如果把它倒过来，感觉会更好些。

学生4：至于双曲线嘛，怎么说呢。当然也对称，可是有时会让人想起彩虹、流星……很远、很远，说不清楚。

教师：那么，对式子 $x^2+y^2=z^2$ 有什么感受？

学生：这是勾股定理，它刻画了直角三角形三条边之间的关系。

教师：没有其他？（几个学生先是一愣，后是用疑惑的眼睛看着我）如它们的幂指数都是2等。

学生：哎呀！您这一说，还真是呢。这样看来，这式子还很对称、平衡嘛！

教师：有关式子 $x^2+y^2=z^2$ 和直角三角形，你们还了解什么吗？

学生1：勾三股四弦五是我们中国人首先发现的。直角三角形是特殊三角形。

学生2：这个式子好像也可以看成是方程，对吗？但是我不知道怎么解。课本里也没有这个内容。

教师：对，从方程的角度看，3、4、5正好是这个方程的一组正整数解。还有其他正整数解吗？如果将这个方程更一般化，即变为 $x^n+y^n=z^n$（$n\geqslant 3$），此时它没有正整数解。这就是历史上著名的费马大定理。自1621年以来，有成千上万的数学家为了寻求其证明而付出了巨大的努力。然而，直到1993年，英国数学家安德卢·维尔斯，在前人研究成果的基础上证明了费马大定理，并于1995年才将严格的证明公之于众。至于直角三角形，其勾股定理有近百种的证明方法，甚至有的科学家曾计划用一个很大的直角三角形模型作为人类与外星人沟通的“工具”。（顿时学生的眼睛都亮了，有的学生甚至兴奋了起来）

学生：想不到这么简单的式子和图形竟含有如此丰富的知识。太美妙了！

教师：数学中定理很多。如几何定理“三角形的三条中线交于一点”等。请你们谈一谈对这一定理的感受，或者说对这一定理的理解。

学生1：定理就是定理，是一个正确的数学命题。它可以作为数学论证的依据。还有，它需要严格论证。仅此而已。

学生2：（显得较兴奋）教这个定理的时候，老师先让我们自己画出三角形的三条中线，然后要求仔细观察并让我们说出发现什么。当时我画了三次，结果发现三条中线都交于一点。当时我觉得很奇妙，也觉得很自豪。

教师：对 $\sqrt{2}$、$\dfrac{\sqrt{5}-1}{2}$ 有何想法呢？

学生：它们都是无理数，后者又称黄金分割数。

教师：还有吗？（学生几乎是木然）你们学习数学时是否有过很兴奋、很动情的感觉，或是觉得学数学是一种享受呢？

学生1：老师讲得很动情很精彩时，我会觉得学数学是一种享受。

学生2：当自己能顺利地、很熟练地完成相关作业时，我觉得很自豪。

学生3：经过努力做出别人不能做的一道难题时，我会感觉到很兴奋，甚至有再去找另一难题做一做的冲动。

学生4：当自己亲自实践发现数学定理的一刹那，感觉很美妙！

教师：你们是否有过类似$\frac{1}{2}+\frac{1}{3}=\frac{1}{5}$，$(a+b)^2=a^2+b^2$的错误？为什么？

学生：刚学的时候，经常有类似这样的错误。为什么呢，就说不清楚了。

教师：这是内心和谐要求驱使的结果啊！

……

在数学教学中，正视和尊重学生的数学审美需要并创设适当的情境，诱发、激活这种需要是提高学生数学审美能力的必要途径。这需要我们去培养。学生审美能力的缺失，责任在数学教育工作者。

例6 “两点之间线段最短”通过“对称”得到美感（奉化实验中学余长岳）。

我们还可以展现轴对称的另外一种美：“以简驭繁”的数学美。如我们熟悉的以下问题链借助“轴对称”数学平台，通过处理一系列的极值问题，展现一种简洁、智慧、巧思的科学之美。问题链犹如一幅国画长卷，一点点展开，由浅入深，最后获得全貌，美不胜收。

问题1：在河流l的同侧有A、B两个工厂，要在河边（l）修建一泵站M，使$AM+BM$最短，请确定M点的位置。利用轴对称的相关性质，问题最后归结到“两点之间线段最短”。

问题2：如图6，已知正方形$ABCD$的边长为8，M在DC上，且$DM=2$，N是AC上一动点，则$DN+MN$的最小值为多少？

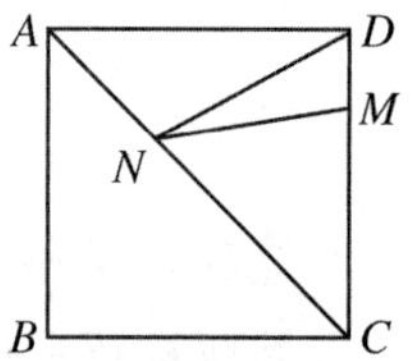

图6

这道题看上去好像是一个动态几何问题，实际上它是问题1的背景复杂化，只要把AC看作问题1

中的直线 l，把 D、M 看作点 A 和点 B，然后找出点 D 关于 AC 的对称点 B，连结 BM，则 BM 就是 $DN+MN$ 的最小值。

问题还可以推广到圆柱形问题。只要将曲面距离，通过剪开、拉直、铺平，变曲面为平面的几何模型即可求解。

问题3：设 $y=\sqrt{x^2+4x+13}+\sqrt{x^2-2x+2}$，试求函数 y 的最小值。

分析：本题看上去是一道纯代数问题，但经构造，化数为形，则可轻而易举解决，同时让学生感觉数形结合之美妙！

先变形：

$y=\sqrt{(x+2)^2+(0-3)^2}+\sqrt{(x-1)^2+(0-1)^2}$。

由平面上两点间距离公式可知，本题实际上是求 x 轴上的点到（-2，3）和（1，1）两点距离和最小，又变成了问题1的几何模型。

这样一来，我们看到反复出现的数学问题，归根结底是“两点之间线段最短”原理的引申，而起关键作用的则是对称点的运用。一个原理，一个方法，构成一幅精美的科学图画，科学之美油然而生。在课堂上，引导学生欣赏这样的数学美，是数学文化教学内容的重要组成部分。

（五）意境沟通：数学与文学的自然连接

数学和诗词，历来有许多可供谈助的材料。例如：

一去二三里，烟村四五家。
亭台六七座，八九十枝花。

把十个数字嵌进诗里，读来朗朗上口。郑板桥也有咏雪诗：

一片二片三四片，五片六片七八片。
千片万片无数片，飞入梅花总不见。

诗句抒发了诗人对漫天雪舞的感受。不过，以上两诗中尽管嵌入了数字，却实在和数学没有什么关系。

数学和诗词的内在联系在于意境。李白《送孟浩然之广陵》诗云：

故人西辞黄鹤楼，烟花三月下扬州。
孤帆远影碧空尽，唯见长江天际流。

数学名家徐利治先生在讲极限的时候，却总要引用“孤帆远影碧空尽”这一句，让大家体会一个变量趋向于0的动态意境，煞是传神。

近日与友人谈几何，不禁联想到初唐诗人陈子昂的名句（《登幽州台歌》）：

前不见古人，后不见来者。

念天地之悠悠，独怆然而涕下。

从数学上看，这是一首阐发时间和空间感知的佳句。前两句表示时间可以看成是一条直线（一维空间）。后两句则描写三维的现实空间：天是平面，地是平面，悠悠地张成三维的立体几何环境。全诗将时间和空间放在一起思考，感到自然之伟大，产生了敬畏之心，以至怆然涕下。这样的意境，是数学家和文学家可以彼此相通的。进一步说，爱因斯坦的四维时空学说，也能和此诗的意境相衔接。立体几何的教学可以从此开始。

例7 关于0是自然数。

自然数系一向从1开始。然而，从20世纪下半叶开始，许多专家逐渐认为0也是自然数，而且是第一个自然数。1993年，中国文字改革委员会也正式宣布这一结论，并据此改编数学教材。

自然数从0开始，许多人不习惯。其实，从人文意境上看，是可以找到契合点的。老子《道德经》有“道生一，一生二，二生三，三生万物”。“道”可以看作宇宙本来只有虚无的“道”，然后才产生具体的实在“一”，接着是二、三，乃至无穷。道相当于0。

【后记】2006年前后，我在宁波教育学院参与一个数学教师高级研讨班的指导任务。班上有来自我的家乡奉化的两位老师：杨亢尔和余长岳。他们在课堂上融入了数学文化的因素，颇有新意。我们一起完成了本文。木振武老师曾是我指导过的访问学者，参与了本文的讨论和写作。本文刊于《中学数学参考》2008年第7期上半月第5~8页。

六、一份“函数单元”的文化清单

数学文化的教学，需要认真仔细地进行设计。在日常教学中，寻求那些可以渗透数学文化的教学点，或者称为数学文化点，是值得做的事情。函数是高中数学的核心单元，我们特别进行了创意性的设计。以下是设计的全文。

（一）函数的本质

函数从其本质属性来看，是一种变量之间的对应的依赖关系。

数学是关系学，相等、不等、大小、全等、相似、对称和等价等都是关系。

最重要的两个关系是：方程是未知数与已知数之间的等式关系，函数是变量间的依赖关系。

世界靠关系维持着，国际关系、国内各阶层的关系、上下级关系、同学关系、师生关系、公共关系……而数学主要研究的是数量关系。

事物间都彼此联系着，看问题不要割裂关系。

（二）函数的定义

初中定义和高中定义的比较，各有所长，不是传统与现代、高级与低级之分。

（1）变量说（初中），是原始定义，强调变量的依赖关系，生动直观，是宏观的、动态的。

（2）对应说（高中），是近代定义，强调具体的对应关系，细致入微，是微观的、静态的。

看问题的两种视角：从政治看，全局与局部；从哲学看，唯物与唯心；从逻辑学看，归纳与演绎；从绘画看，泼墨与工笔；从光学看，显微与放大。

（3）关系（序偶）说，是现代定义，强调本质的序偶关系，严格抽象，是形式的、抽象的。

函数概念又是微积分的中心概念，它的形成和发展与微积分紧密相连。正如其他数学概念一样，函数概念伴随着数学的发展而不断地改进，不断地精确化，其经历的漫长过程体现了人们认识世界，追求真理的科学探索精神。

（三）函数的名称

函数 function 一语，起用于公元 1692 年，最早见于德国数学家莱布尼茨的著作。记号 $f(x)$ 则是由瑞士数学家欧拉于公元 1724 年首次使用的。

英文 function 一词，译为"函数"，始于 1859 年，意为"凡此变数中函彼变数，则此为彼之函数"。首见于清代数学家李善兰（1811—1882）与英国人伟烈亚力合译的美国数学家罗密士（E. Loomis，1811—1899）的《代微积拾级》（1859）。此书传至日本，成为当时日本了解微积分的主要著作。"函数"一词随后为日本沿用。日本后来限制使用汉字的数量。"函"的日本发音与"关"类似，所以现在日本使用"关数"一词。19 世纪 70 年代，日本还在向中国学习数学，但是 1892 年甲午战争之后，中国派留学生到日本学习数学。可见，数学的盛衰与国力的强弱有关。

（四）函数的表示

$y=f(x)$，$x\in D$。这是一串符号，清晰地表示了函数的意义。这是数学使用的符号语言，比较它和自然语言的差别。仔细分析函数符号的意义，理解它们分别表示的含义。什么情况下还能省略？有人只用 f 表示函数，在什么情况下可以这样做？

函数的常用表示法有解析法、列表法和图象法，要注意各种表示法所适用的情形。

解析法能简明、全面地概括变量间的关系，我们可以通过解析式求出任意一个自变量的值所对应的函数值，中学阶段研究的函数主要用解析法表示。

列表法则不需要通过计算就可以直接列出与自变量的值相对应的函数

值，我们知道的平方表、平方根表、三角函数表、银行里的利息表、列车时刻表、公共汽车上的票价表等都是用列表法来表示函数关系的。

图象法能直观形象地表示出随着自变量变化的相应函数值变化的趋势，这样使得我们可以通过图象来研究函数的某些性质，气象台应用自动记录器描绘温度随时间变化的曲线、我国人口出生率变化的曲线、工厂的生产图象、股市走向图等都是用图象法表示函数关系的。

动态的变量采用静态的表示，变化是绝对的，静止是相对的，但是人所能把握住的只能是静止的那一刻，动静结合，思想深刻。

（五）函数的模型

函数是一种数量模型，任何两个变量之间彼此有函数关系吗？

近的说，任何两个人的年龄，彼此间有函数关系吗？课桌和学生之间有对应关系吗？

发挥你的想象力，发现周围存在的各种函数。结合身边的实际生活构造函数，如股票走势、气候变化、人口变化……

例如把一根直径为 d 的圆木，加工成截面为矩形的柱子，问用哪一种锯法可使废弃的木料最少？我们可以设矩形的一边长为 x，构造函数模型“$S=x\sqrt{d^2-x^2}$ （$0<x<d$）有最大值时，求 x 的值”。

（六）函数的奇偶性

为何称奇偶？它与整数的奇偶性有何关联？函数的奇偶性与其图象有什么关系？

在语言文字上，大家都遵循同样的规律。数学是受文化制约的，名词也如此。

（七）函数的单调性

从本质上看，函数单调性揭示的是一种变化趋势。趋势有很多种，例如股票震荡上升的趋势，“和平与发展”是国际关系的基本趋势，虽然不断有局部的战争和冲突。

数学上的单调性，是绝对上升或下降的趋势。天天向上，一个也不能少，这是数学单调趋势的特征。（举反例）想想你的身高，天天增加。你的体重呢？吃得多了重些，但是方便之后就变轻了。

怎样表示这种“一个不能少”的上升和下降呢？如果是有限个数字，把它们排起来看看就行了。现在的麻烦是无限多个变量的值，x 可以取无限多个值，没法一一排开。数学的思考是“任意取两个，都是上升（下降），保证不出意外”，这就是有无限多个变量时，对“一个不能少”的数学处理。其实，人的思考是很实在的，数学语言是原始想法的精确表示，并不是从天上掉下来的，而是合情合理的。

（八）函数图象的变换

函数图象的基本变换主要有平移变换、对称变换和放缩变换。从这些变换中，观察由解析式的变化所引起的图象的变化，可以发现这里不单单有美学意义，更重要的是体现了数形结合的数学思想方法。数与形是函数的两个方面，数量问题有时借助于图形（象）可以直观地解决；反之，图形（象）问题有时可以在转换为数量问题后，通过计算而解决。

（九）不同的解释

对于同样的数据，可以得出不同的函数，画出不同的图象，即所谓公说公有理，婆说婆有理。

表 1　香港某厂业绩（单位：万元）

年份	股东红利	工资总额
1990	5	10
1991	7.5	12.5
1992	10	15

（注：该工厂有 100 名工人，5 名股东）

以下三个图象分别代表了三种人对上述数据的解释。

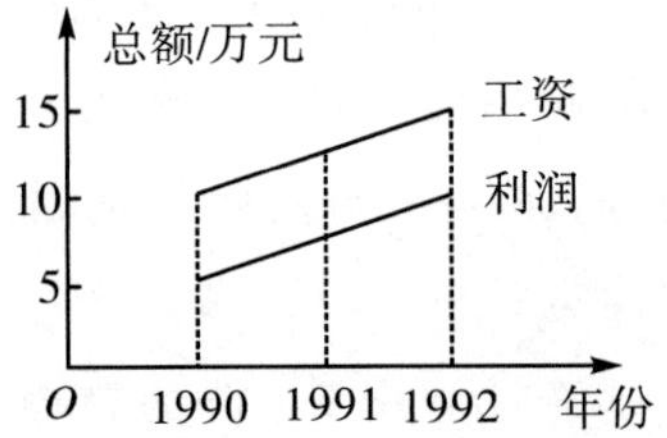

图 1　（老板）工资和股红同步增长

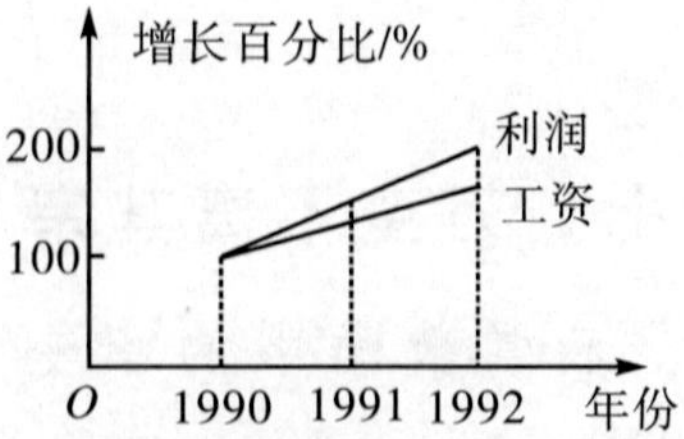

图 2　（工会主席）股红增长 100%，而工资增长 50%

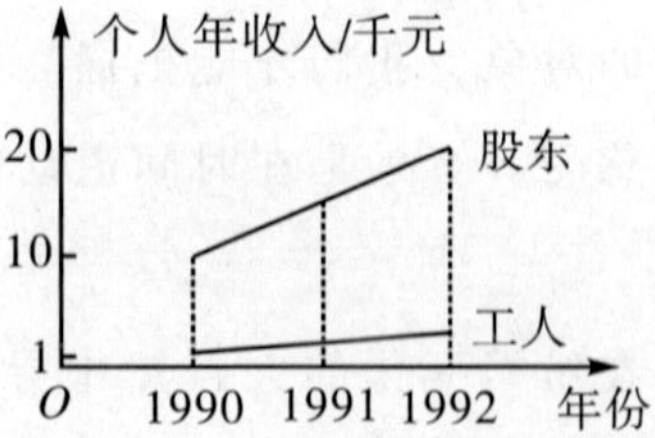

图 3　（工人）工资增长远低于股红增长

（十）指数爆炸

细胞分裂，细菌繁殖，生产增长，人口增加，这些现象在一定条件下都是按指数规律增长的。指数式增长的速度非常快，可以形象地称为“指数爆炸”。

某种细胞分裂，由一个分裂成 2 个，2 个分裂成 4 个……一个这样的细胞分裂 n 次后，得到的细胞个数是 2^n。假如 $n=60$，我们用每秒钟数 100 万个的仪器来数这 2^{60} 个细胞，需要 366 个世纪！

【后记】本文刊于《中学数学教学参考》（高中版）2007 年第 1-2 期。

七、万变不离其宗

——数学欣赏：欣赏数学中的不变量与不变性质

世间万物都处于不断地运动之中。变化是绝对的，静止是相对的。但是唯有相对静止不变的对象，我们才能把握。绘画艺术是选取一个静止的画面来表达人物的感受。音乐是在时间流动的变奏中，保持着主旋律的不变特征。

科学的目的，则是在纷繁变化的大自然中寻求不变的性质和数量。物理学的动量守恒定律、能量守恒定律，化学中的化学反应平衡方程式，生物学进化论中物种变异的分类依据，都是某种不变性质的探究结果。

数学，则要在数量变化中寻求其中的不变因素。许多数学定理和数学运算律都是一种不变性的描述。李煜的词“雕栏玉砌应犹在，只是朱颜改”约略反映了这种意境。

数学课程中，最早出现的算术运算律是加法交换律 $a+b=b+a$，这是描写加法运算的不变结果。无论 a、b 怎样变化，这个等式永远不变。几何课程中一个基本事实是“三角形内角和为 180 度”。无论三角形如何变化，内角和不变，内角和永远是一个定数。仅就此两例，当知不变性质在数学中的地位了。事实上，在中小学数学的学习过程中，随处可见各种变化：代数式的变形、方程的变式、函数性质的变化、图形的变换、方程与曲线的表示等。在如此纷繁的变化中，倘若我们能在一些变化中，把握其中的不变量和不变性质，定会感受到数学之美，看到数学智慧之光。

我们分别进行阐述如下。

（一）数学运算下的不变结果

人们从自然数的加减乘除四则运算进入数学天地，然后领略了一系列的运算律：

加法交换律 $a+b=b+a$；

加法结合律 $a+(b+c)=(a+b)+c$；

乘法交换律 $a\times b=b\times a$；

乘法结合律 $a\times(b\times c)=(a\times b)\times c$；

乘法分配律 $a\times(b+c)=a\times b+a\times c$。

这些运算律都是表明在千变万化的运算过程中呈现的不变性质。利用这些不变性，可以提高运算效率。特别是分配律的出现，使得四则运算“从石器时代进入铁器时代”。小学里学习的“凑十法”“破十法”等，都是基于分配律而来的。

进入代数学，式的运算成为一项最重要的基础。同样有交换、结合、分配的运算律。此外，还出现了“合并同类项”“配方”“因式分解”等代数恒等式运算。代数式的两端可以面貌完全不同，但是彼此恒等。例如，平方差公式

$$x^2-1=(x+1)(x-1)。$$

左边的二次式变换成右边两个一次式的乘积。又如一元二次式的配方式

$$ax^2+bx+c=a\left(x+\frac{b}{2a}\right)^2+\left(c-\frac{b^2}{4a}\right)。$$

左右两端看上去不一致，但是彼此恒等。

正如陆游咏梅诗所云：“零落成泥碾作尘，只有香如故。”尽管梅花已经碾作尘，依然保持着原有的香味。同样，数学恒等变换无论如何复杂，其值是永远不变的。

（二）不同形式下的不变结论

数学上比较深刻的结果，通常称为定理。所有的定理都是在满足条件的无数变化中找到了不变性质。可以说，数学定理是要说明某些对象在一定的条件下是万变不离其宗的。

代数学中的韦达定理表明无论一元代数方程的系数怎样变化，根与系数的内在联系不变。

几何学中的定理特别多。例如，任何一对对顶角必然相等；无论什

么样的三角形，其内角和都不变，为180度。著名的勾股定理是说，无论什么样的直角三角形，直角边的平方和等于斜边的平方。

令人惊叹的是三角形重心、垂心、内心等概念的形成。两条直线交于一点无可厚非，到了第三条中线，或第三条高、第三条角平分线也不偏不倚地与前面两条正好交于同一点。这太奇妙了，造物的安排竟如此之巧，敬畏之情油然而生。这种“三线交于一点”的不变性质，充分体现了数学结构之美。

（三）几何运动下的不变性质

小学数学教材已经出现平移、旋转、轴对称三种图形变换，初中教材介绍了相似变换。在这些几何变换下的不变量和不变性质，成为运动几何的主题内容。

全等形经过刚体运动是不变的。在刚体运动下，线段的长度不变，角度不变，形状不变，因而面积不变。这样，计算面积时使用割补的原理也就顺理成章了。要知道，我们割下来，搬来搬去，补上去，都是基于运动不变的原理。假如，割下来的三角形是冰做的，在搬动时融化了，割补方法还能有效吗？

同理，相似形在相似变换下，对应边的比值不变，角度不变，面积的比值也不变。

这种“变中不变”的思想，在文学中的对仗里也反映出来了。试看毛泽东《长征》诗中的两句：

金沙水拍云崖暖，
大渡桥横铁索寒。

从上联变到下联，整体是变了，但是许多内容没有变，名词对名词，动词对动词，“暖”恰好对“寒”。正因为有这样的不变性质，对仗才显得美。

再看从律诗演化出来的对联（对子）。毛泽东在《改造我们的学习》中，有一副对联：

墙上芦苇，头重脚轻根底浅；
山间竹笋，嘴尖皮厚腹中空。

这里上联（出句）的字和下联（对句）的用字不相重复，却要保持许多的不变性。而它们的平仄则是相对立的。这种对立依然是一种不变性。

文学有如此之美，数学何尝不是如此？

（四）等价变换下的不变属性

数学中的不变量，并非只有相同的数值、恒等的算式、全等的图形。不变性质是多姿多彩的。其中一个使用最普遍的则是方程变形下的"同解"性。

一个十分简单一元一次方程有如下的变形：

$$4x-2=2x+4, \quad ①$$

整理得 $2x=6$，②

于是方程有解 $x=3$。③

这三个式子都是等式，但是彼此都不等。①的左端是 $4x-2$；②的左端是 $2x$，③的左端是 x，当然是不相等的。但是它们有一个共同点，即用 3 代 x，各式都相等。换句话说，它们保持有相同的根 $x=3$。

这使我们想起崔护的诗《题都城南庄》：

去年今日此门中，人面桃花相映红。

人面不知何处去，桃花依旧笑春风。

这首抒情诗非常优美。但是也可以从另外的角度去欣赏："人面"可以隐去，"桃花"是不变的。上述求解方程的过程中，几个式子的原来面貌已不复存在，剩下的只有"桃花"（$x=3$）依然"笑春风"，没有变。

用"人面""桃花"的变与不变，分析"关系-映射-反演"（RMI）方法，也是合适的。尽管研究的数学对象已经通过映射变到另一个领域，已经面目全非了，但是我们所要求的结果，仍然没有变。等到反演回来，那株桃花依然在笑春风。

（五）函数关系中的不变规律

最后，我们来分析“函数”概念中的变与不变。函数研究变量之间的依赖关系，自然要谈变化。但是只说变，而找不到一定的规律，就没有什么价值了。细细想来，不同的函数纵然千变万化，但在变化之中总有一些保留的不变性、规律性，将之提炼出来，就是性质。比如某些变化会随着一个量的变化而有增有减、有快有慢，有时达到最大值，有时处于最小值，有些变化或有规律，或重复出现，或对称出现……这些现象反映到函数中，就成了单调性、最值、周期性、奇偶性等性质。我们知道了函数性质，也就把握了函数变化的规律，掌握了函数的知识，领悟了函数的思想。

总之，数学中到处都是变与不变的矛盾统一。数学研究变化，却以找到其中的不变性作为归宿。探寻并欣赏数学中无处不在的不变性质，领略不变量和不变性的内在魅力，是把握数学的钥匙之一。

【后记】本文原载于《高中数学教与学》2012年第1期。

八、欣赏数学的真善美

世上万物，以真善美为最高境界。数学自然也有自己的真善美。因此，欣赏数学的真善美，就成为数学教育的一项重要任务。“教育形态的数学”与“学术形态的数学”之间的一个重大区别，就在于是否具有“数学欣赏”的内涵。但是，数学的真善美往往被淹没在形式演绎的海洋里，需要我们大力挖掘、用心体察才能发现、感受、体验和欣赏。

欣赏，是教育的一部分。欣赏是需要指导、培育的。语文教育旨在认识和欣赏人生的真善美，数学教育则是为了欣赏数学文化和数学思维的真善美。

不过，语文教育和数学教育有一个明显的差别。语文教育重在欣赏，比如语文课教学生欣赏古文，欣赏唐诗，却基本上不要求学生会作古诗，写古文。但是，从小学到大学，数学教育的重点是做题，几乎不谈“欣赏”二字。数学教育缺少了“欣赏”环节，使得许多学生不太喜欢数学，以至厌恶数学，远离数学。

那么，怎样欣赏数学的真善美呢？大致有以下几种途径。

(1) 对比分析，体察古今中外的数学理性精神；

(2) 提出问题，揭示冰冷形式后面的数学本质；

(3) 梳理思想，领略抽象数学模型的智慧结晶；

(4) 构作意境，沟通数学思考背后的人文情景。

以下我们用10个案例加以说明。

(一) 欣赏数学的“真”，震撼于数学之理性精神

爱因斯坦说过：“为什么数学比其他一切学科更受尊重？理由之一是数学命题的绝对可靠性和无可争辩性。其他各个学科的命题则在某种程度上都是可争辩的，经常处于会被新发现的事实推翻的危险之中。”[1]

数学的“真”，是和数学所使用的逻辑演绎方法密切相关的。严密性是

数学的特点。数学教学中重视逻辑推理，崇尚公理化的演绎方法是每一个数学教育工作者的共识。问题在于，既要讲推理，也要讲道理。[2]

如何使学生能够体会到数学演绎的“真”？许多人认为，数学学好了，题目会做了，思维自然就严密了。数学的“真”，也就在其中了，用不到什么特别的数学欣赏。其实不然，形式化表达的数学，犹如曲折表达的诗词，其背后掩蔽的思想方法和文化底蕴，需要教师有意识地启发、点拨、解释，学生才能有所领悟。

例如，有意识地将古希腊的数学理性和日常思维进行对比分析，会使学生感到震撼。

例 1　“对顶角相等”的教学。

欣赏点：这样明显的命题为什么要证明？

这是平面几何学习的第一个定理。定理本身非常直观，无人质疑。如果就事论事地解说一番，或者时髦地让学生“量一量”“拼一拼”那样地活动一下，都不能使学生获得数学之“真”的欣赏。

事实上，我们的主题不是“对顶角相等”这一知识本身及其如何证明，关键是要问“这样明显的命题要不要证明？”中国古代数学没有这样的命题。古希腊数学家提出这样的定理，认为需要证明它，而且使用“等量减等量其差相等”的公理加以证明。两相对照，我们看到了古希腊理性精神的伟大。

从“显然正确因而不必证明”到“崇尚理性需要证明”，这是一次思想上的飞跃，可以说震撼了许多孩子们的灵魂。可是，现行的教材没有这样写，课堂上教师也没有这样教。数学欣赏的这一缺失，正显示出我们努力之所在。

例 2　三角形的内角和为 180 度。

欣赏点：“数学和物理学的区别”，数学结论的无可争辩性和绝对可靠性。

这也是一个非常基础的几何命题。现在的数学课程和教材，以及无数的公开课教案，都是强调让学生动手剪三个角，分别量，再加起来得到结果；然后分组汇报，最后得到大体上是 180 度的结论。这样“活动”一番，命题就算成立了。

这样做，背离了数学的“真”。可以说这不是数学，而是物理学。记得科普名作家谈祥伯先生说过这样的故事[3]：他是1947年上海大同中学的毕业生，六十年之后，老同学聚会见面，几位研究物理学的老同学说，一个物理学定理成立，只要重复做几次实验，结果都稳定地体现某一个规律，研究就算成功了。可是数学则不行。比如，哥德巴赫猜想说“一个充分大的偶数必定可以表示为两个素数之和”，虽然我们已经用超级计算机验证过，凡小于10^{13}的偶数都是两个素数之和，但是仍然不能说这个猜想已经成立。

这是两种不同的思维形式。我们要欣赏数学的“真”，就必须说明这两者的区别。从数学的角度看“三角形内角和为180度”的命题，“量一量”是不算数的。我们必须从平行公理出发用逻辑演绎方法加以证明。这样的认识不会自动产生。只有教师把问题挑明了，学生感受到数学推理的价值了，数学欣赏也就在其中了。

总之，我们要欣赏数学的“真”，必须浓墨重彩地解说、对比、分析，不能停留在形式的逻辑推演上。不要像“猪八戒吃人参果，吞到肚里却不知道是什么滋味”。

数学运用符号，具有形式之美。数学因为使用符号，显示其纯粹之真。线性相关和线性无关是学生感到头疼的问题。

例3　线性相关与线性无关的定义。

欣赏点：“用数学符号形式化地定义”背后的思想往往是很朴素的。

定义（线性相关向量组）：如果向量组$\boldsymbol{a}_1$，$\boldsymbol{a}_2$，…，$\boldsymbol{a}_m$中有一向量可以经其余的向量线性表出，这个向量组就叫作线性相关。用符号写出来是$\boldsymbol{a}_1$，$\boldsymbol{a}_2$，…，$\boldsymbol{a}_m$称为线性相关，是指有m个不全为零的数k_1，k_2，…，k_m，使$k_1\boldsymbol{a}_1+k_2\boldsymbol{a}_2+\cdots+k_m\boldsymbol{a}_m=0$。

如果一位教师直接把定义抄在黑板上，又逐字逐句地解释了一遍，那么学生仍然不知道为什么会有这样的定义。复旦大学的张荫南教授指出，教师只要问：“这n个向量中哪些是必不可少的，哪些是多余的？”这就是线性相关背后的原始朴素思想。教师还可以更形象地问：“把n个向量比作一座房子的‘承重柱’，哪几根是不可少的，哪几根是由其他柱子派生出来并不承重的？”那就更加清楚了。

数学欣赏的语言不在多，画龙点睛地提出问题，把原始的底牌翻开来，数学之“真”，就很容易理解了。当然，最后还要过渡到符号表示的形式。

以下我们用瞬时速度来理解导数之真。

例 4 “飞矢不动”与“瞬时速度”。

欣赏点：辩证精密思维的典范，微积分思维的人文意境。

微分学的精髓在于认识函数的局部。如何透过微积分教材的形式化陈述，真正领略微积分的思考本质，是微积分教学的一项重要任务。

把直觉的瞬时速度化为可以言传的瞬时速度，需要克服“飞矢不动”的芝诺悖论。古希腊哲学家芝诺问他的学生：“一支射出的箭是动的还是不动的？”

“那还用说，当然是动的。”

“那么，在这一瞬间里，这支箭是动的，还是不动的？”

“不动的，老师。”

“这一瞬间是不动的，那么其他瞬间呢？”

“也是不动的，老师。”

“所以，射出去的箭是不动的。”

中国战国时代“名辩”思潮中的思想巨子惠施（约公元前370—公元前310）提出“飞鸟之景，未尝动也”，这句话的意思是说天空中飞着的鸟实际上是不动的。这和芝诺的观点如出一辙。

孤立地仅就某一时刻而言，物体确实没有动。但是物体运动有其前因后果。于是我们可以很自然地先求该时刻与附近某一时刻之间的平均速度，然后令时间间隔趋向于0，以平均速度取极限作为瞬时速度。可以意会的直觉，终于能够言传。微积分教学把原始的思考显示出来，能让学生知道导数并非是天上掉下来的“林妹妹”。一点的附近、平均速度、极限，这一连串的思考，揭开了瞬时速度的神秘面纱。

以上论断告诉我们，考察函数不能孤立地一点一点考察，而要联系其周围环境。这个就是微积分的核心思想之一：考察局部。微积分的“真”，通过局部的精密分析显示出来，使人觉得妙不可言。

常言道，“聚沙成塔，集腋成裘”，这是简单的堆砌。其实，科学地看待事物，其单元并非一个个孤立的点，而是一个有内涵的局部。人体由细胞构成，物体由分子构成，社会由乡镇构成，所以费孝通的《江村经济》，解剖一个乡村以观察整体，竟成为中国社会学的经典之作。同样，社会由更小的局部——家庭构成，所以我们的户口以家庭为单位。

古语说，“近朱者赤，近墨者黑”。看人，要问他的身世、家庭、社会关系，孤立地考察一个人是不行的。

函数也是一样，孤立地只看一点的数值不行，还要和周围点上的函数值联系起来看。微积分就是突破了初等数学“就事论事”、孤立地考察一点、不及周围的静态思考，转而用动态地考察局部的思考方法，终于创造了科学的黄金时代。

“局部”是一个模糊的名词。没有说多大，就像一个人的成长，大的局部可以是社会变动、乡土文化、学校影响，小的可以是某老师、某熟人，再小些仅限父母和个人家庭，各人的环境是不同的。我们可以把环境中的各种影响汇集起来用以研究某人的特征。同样，微积分方法就是考察函数在一点的周围，然后用极限方法确定函数在该点的性态。

微积分阐述的局部思维，是精密的思维过程，体现了数学的“真”。

（二）欣赏数学的“善”，震撼于数学模型之深刻

数学知识推动社会科技与文明的发展，以其独特的方式为人类文明的发展服务，这是数学“善”的表现。

钱学森在对人类知识分类时，认为数学应与哲学并列。如果说哲学是社会科学和自然科学在规律上的概括，那么数学就是社会科学与自然科学在数量上的概括。数学应用的广泛性，是数学“善”的集中表现。

数学应用，主要通过建立数学模型来体现。

例 5　代数模型：三根导线的例子。

欣赏点：在看不见数学的地方，构建数学模型，感受数学思维之深刻。

什么是代数？中小学教材上异口同声地重复着的一个习惯说法是"代数就是用文字代表数"。这一概括其实是不准确的。例如，小学里讲自然数的交换律，就写了 $AB=BA$，这里，用文字 A、B 代表任意的自然数，可是这和代数无关。

代数建模的核心思想是"文字参与运算"。也就是说，代数的实质是用文字代表未知数，而且由文字代表的未知数和已知数可以进行运算，即进行式的运算。

20 世纪 90 年代的一天，陈振宣先生对我说了一个"三根导线"的故事。他的一个学生毕业后在和平饭店做电工。工作中发现在地下室控制 10 层以上房间空调的温度不准。经过分析，原来是空调使用三相电，而连接地下室和空调器的三根导线的长度不同，因而电阻也不同。问题是如何测量这三根导线的电阻呢？显然，用电工万用表无法测量这样长的导线的电阻，于是这位电工想到了数学。他想：一根一根测很难，但是把三根导线在高楼上两两相连接，然后在地下室测量两根导线的电阻是很容易的。如图 1，设三根导线电阻是 x、y、z。于是，他列出以下的三元一次联立方程：

$$\begin{cases} x+y=a, \\ y+z=b, \\ z+x=c。\end{cases}$$

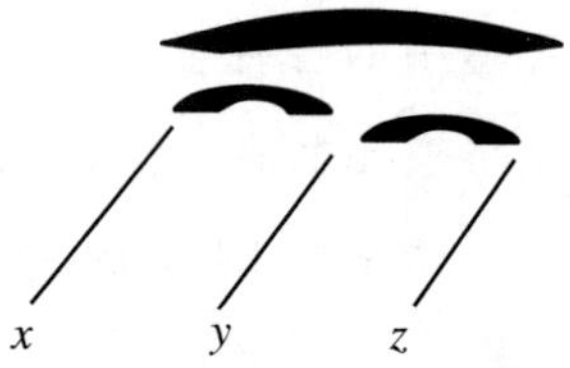

图 1

解之，即得三根导线的电阻。

这样的方程谁都会解。但是，能够想到在这里用方程，才是真正的创造啊！我为这位电工的数学意识所折服。袁枚曾说："学如弓弩，才如箭镞，识以领之，方能中鹄。"有知识，没有能力，就像只有箭，没有弓，射不出去。但是有了箭和弓，还要有见识，找到目标，才能打中。上面的例子说明，解这样的联立方程，知识和能力都不成问题，难的是要具有应用联立方程的意识和眼光在看不见数学的地方创造性地运用数学。

这使我们联想起第二次大战以后，1948 年在美国出现的三项伟大数学成就（图 2）。

维纳：《控制论》　　香农：《信息论》　　冯·诺依曼：计算机方案

图 2

这三项数学成就，不是通常我们所解决的那些数学问题。试问打电报传送的信息，可以是数学研究的对象吗？用大脑控制手去拾地下的铅笔，可以构成“数学控制论”吗？研究数字电子计算机会改变时代吗？他们三个人在 1948 年不约而同地做出了创造性的贡献。在别人看不见的地方，发现了数学问题，解决了数学问题，这是最大的数学创新，也是数学解决问题之深刻的集中表现。在看起来没有数学问题的地方发现数学问题，那往往是大的数学创造。和平饭店那位电工同志解决数学问题的可贵，也正在此。对从事基础教育的研究者和工作者来说，如何培养学生欣赏这样深刻而重大的数学之“善”，值得深思。

例 6　坐标的价值。

欣赏点：用坐标确定位置，那是地理学的目标。坐标系的数学价值远超出确定位置。

近年来，平面直角坐标系的引进成为中学数学公开课的热门课题。大量的教学案例，都是让学生用一对有序的数来确定位置。许多教案设计让学生站成几排，用坐标来表示位置，上上下下好不热闹。事实上，这都不是平面坐标系的本质。用纵横交错的方法确定位置，用经纬度表示一个地点的位置，乃是常识，准确地说是地理学的任务。数学使用坐标系，则远超于此，其实质是要用坐标表示数学对象。

请看上海长宁区的教师是怎样做的。先把教室的课桌椅并拢，以某同学为原点，两条绑有箭头的塑料绳按相互垂直的方向摆放形成坐标轴。于是每个同学都有坐标（尽管坐标都是整数），但已经完成了“用一对数确定位置”的地理学的任务。然后，教师发出如下指令：

（1）两个坐标都是负数的同学站起来（第三象限）；

（2）两个坐标都相同的同学站起来（直线 $y=x$）；

（3）第一个坐标为0的同学站起来（y 轴）；

……

这样“玩坐标”，用坐标表示“数学对象”，才是坐标系的数学价值所在。不懂得欣赏坐标系的数学本质，肤浅地停留在“东大街、北大街”的交汇处那样的浅薄常识，就谈不上什么数学欣赏了。

例7 微分方程 $y'=ay$ 表达的数学模型，e的价值。

欣赏点：人口增长、C^{14} 的衰减，连续复利，它们有一个共同的数学模型。常数e和它们密切相关，共同营造出一种和谐的数学情境。

“许多学生对于以e为底的对数叫作自然对数”很不理解，不知道e“自然”在什么地方。后来，学生知道指数函数 e^x 的导数依然是 e^x，这才有点“自然”起来。待到学习微分方程 $\frac{dy}{dx}=ky$ 时，学生就会知道人口增长，C^{14} 的衰减，以及连续复利的增长，都源于一个事实：底数越大增加（减少）速度也越大。人口越多，人口增加速度越快。特别是连续复利，从以年为单位的简单利息公式 $A(1+\alpha)^t\alpha$ 到复利公式 $A(1+\alpha)^{tn}$（一年分为 n 期的复利）。然后令 $n\to\infty$，就进一步看出常数e的“自然”特性了。

数学的“善”在这里体现为“和谐”“合理”“自然”，而不是天上掉下来的“林妹妹”。

（三）欣赏数学的美，震撼于数学思维内在之和谐

研究数学美的文字已经很多，大多都是说数学是美的，并举例说明数学有对称美、简洁美、统一美、奇异美等。但是，如何欣赏数学的美，却没有很好地研究过。有些被数学家认为美的东西，并不是人人都能欣赏的，欣赏这些美需要数学的剖析，数学思想的揭示，数学意境的营造。

法国名画家苏弗尔皮说过："艺术分两类。一类是小写的艺术，能够悦人耳目；另一类是大写的艺术，能够动人心魂。"数学也有这样的两类"美"，外观的数学美和动人心魂的数学美。[4]

我们先看一个使人赏心悦目的小写的"数学美"例子。

例 8　"无界变量"的意境之美。

欣赏点：用"春色满园关不住，一枝红杏出墙来"加以描摹，人文意境和数学意境相互交融，浑然一体。

贵州六盘水师专的杨光强在课堂上讲授"无穷大"和"无界变量"时，总要引用宋朝叶绍翁的名句："春色满园关不住，一枝红杏出墙来。"（《游园不值》）讲到此处，学生每每会意而笑。

事实上，所谓无界变量 $\{x_n\}$，是指无论设置怎样大的正数 M，变量总要超出设置的范围，即有一个变量的绝对值会超过 M。用数学语言写来就是对任意的正数 M，总存在一个下标 N，使得 $|x_N|>M$。

把 M 比喻成无论多么大的园子，变量 x_n 相当于红杏，结果是总有一枝红杏 x_N 会越出园子的范围。诗的比喻如此恰切，用生动的意境去描述枯燥的数学语言，没有任何牵强。

以下是一个具体而又深刻的数学美欣赏例子。对称与对联，竟然在意境上能够沟通，这是具体形象的美学分析。然后，我们会看到"数学不变量"是和谐深刻的数学美学的"大写"精品。

例 9　对称与对联。

欣赏点："数学美和文学美是相通的，变化中的不变量是数学美的共同根源。"只说变化、化归是不够的，在变化中寻求不变性质和不变量，是人类文明发展的正道。

数学中有对称，诗词中讲对仗。乍看上去两者似乎风马牛不相及，其实它们在理念上具有鲜明的共性：在变化中保持着不变的性质。

图 3

数学中说两个图形是轴对称的，是指将一个图形沿着某一条直线（称为对称轴）折叠过去，能够和另一个图形重合。这就是说，一个图形"变换"到了对称轴的另外一边，但是图形的形状没有变，如图 3。

这种“变中不变”的思想，在对仗中也反映出来了。例如，唐朝王维的两句诗：“明月松间照，清泉石上流。”

诗的上句“变换”到下句，内容从描写月亮到描写泉水，确实有变化。但是，这一变化中有许多是不变的：

“明”——“清”（都是形容词）；

“月”——“泉”（都是自然景物，名词）；

“松”——“石”（也是自然景物，名词）；

“间”——“上”（都是介词）；

“照”——“流”（都是动词）。

对仗之美在于它的不变性。假如上联的词语变到下联，含义、词性、格律全都变了，就成了白开水，还有什么味道？

世间万物都在变化之中，但只单说事物在变，不能说明什么问题。科学的任务是要找出变化中不变的规律。一个民族必须与时俱进，不断创新，但是民族的传统精华不能变。京剧需要改革，可是京剧的灵魂不能变。古典诗词的内容千变万化，但是基本的格律不变。自然科学中，物理学有能量守恒、动量守恒；化学反应中有方程式的平衡，分子量的总值不能变。总之，唯有找出变化中的不变性，才有科学的、美学的价值。

数学上的对称本来只是几何学研究的对象，后来数学家又把它拓广到代数中。例如，二次式 x^2+y^2，当把 x 变换为 y，y 变换为 x 后，原来的式子就成了 y^2+x^2，结果仍旧等于 x^2+y^2，没有变化。由于这个代数式经过 x 与 y 变换后形式上与先前完全一样，所以把它称为“对称的二次式”。进一步说，对称可以用“群”来表示，各色各样的对称群成为描述大自然的数学工具。

物质结构是用对称语言写成的。诺贝尔物理学奖获得者杨振宁回忆他的大学生活时说，对他后来的工作有决定性影响的一个领域叫作对称原理。1957 年李政道和杨振宁获诺贝尔奖的工作——“宇称不守恒”的发现就和对称密切相关。此外，为杨振宁赢得更高声誉的“杨振宁-米尔斯规范场”，更是研究“规范对称”的直接结果。在《对称和物理学》一文最后，他写道：“在理解物理世界的过程中，21 世纪会目睹对称概念的新方面吗？我的回答是，十分可能。”[5]

对称是一个十分宽广的概念，它出现在数学教材中，也存在于日常生活中。我们能在文学意境中感受它，也能在建筑物、绘画艺术、日常生活用品中看到它。它更存在于大自然的深刻结构中。数学和人类文明同步发展，“对称”只是纷繁数学文化中的标志之一。

以上各例中，变中都存在不变性。推而广之，我们会看到“不变量和不变性质”的思想之美。比如，民族要与时俱进，但是传统不变；物体运动，但是能量守恒（不变）；解方程时移项、变形，但是保持根不变；三角式作恒等变换，但是其值不变（如 $\sin^2x+\cos^2x=1$）；（七桥问题）桥、岛、路的形状大小可以变，但是连接的方式不变。

在各门数学学科中，我们常常能看到几何不变量、代数不变量、拓扑不变量。

变与不变，是辩证的统一。一个值得指出的现象是，常常在文章中和书籍中，看到数学思想方法的论述中大量介绍化归方法。化归，是一种将未知转化为已知的方法，在数学上使用很多。遗憾的是，化归是和不变性质联系在一起的。方程变形，最后化为已知可解的情形，但是“变形”的“化归”，必须保持原方程的根不变。不等式证明，也通过不断地放大和缩小化为已知情形，但是不等号的方向不能变。一切化归必须以某个“不变”为前提。流传很广的“关系-映射-反演”（RMI）原理，是一种特殊的化归。但是，这里的映射必须保持一种不变性。例如，这个映射是“同构”和“同态”等，然后才能解决问题。

不变性质和不变量是一篇大学问，是一个令人震撼的大写的“数学美学精品”。

数学之美，浅层欣赏停留在“美观”层次。常见谈数学美的文字，说来说去就是黄金分割和蜂房结构，仅仅关注直观。其实，数学美的“高端”欣赏在于和人文意境的沟通。前面例子中，谈微积分的局部，无界变量的文学描写，对称与对联，都有直观的背景，但更多属于意境的沟通与升华。最后，我们叙述一个纯粹意境性的数学美学欣赏的例子。

例 10　拉格朗日微分中值定理的“存在性定理”的意境。

欣赏点："只知道它存在，却不知道它在哪里"，在数学中是常见的，但是也能用文学意境来想象。

近年来，奥数的某些思考方法渐渐为人所熟悉。其中使用的"抽屉原理"（也称"鸽笼原理"）就是把 M 个苹果放在 N 个抽屉里（$M>N$），那么必定存在 1 个抽屉，其中的苹果多于 1 个。至于究竟是哪一个抽屉，我们并不知道。在高等数学里，连续函数的介值性定理、拉格朗日中值定理都是典型的存在性定理。

拉格朗日中值定理叙述为：设 $f(x)$ 在 $[a, b]$ 上连续，在 (a, b) 内的点都有导数，那么 $f(b)-f(a)=f'(\xi)(b-a)$。

这是典型的纯粹存在性定理，即微分中值定理中的 ξ 只是肯定存在于 a、b 之间，但不确切知道在哪一点。这种意境，也能够找到相应的文学意境。请看贾岛的诗句："松下问童子，言师采药去。云深不知处，只在此山中。"虽然我们不知道"老药师"在山中的什么地方，但他却肯定存在着。

数学欣赏是一门学问，就像艺术欣赏、文学欣赏一样需要专门的研究。我们期待未来该方向研究有所发展。

参考文献

[1] 许良英，范岱年. 爱因斯坦文集 [M]. 北京：商务印书馆，1976.

[2] 教育部高等教育司，全国高等学校教学研究中心. 高等数学改革研究报告（非数学类）[M]. 北京：高等教育出版社，2000.

[3] 谈祥柏. 在大同中学 100 周年校庆聚会上的发言 [R]. 2009.

[4] 杨振宁. 杨振宁文集 [M]. 上海：华东师范大学出版社，1998.

[5] 张奠宙，丁传松. 微积分赏析漫谈 [J]. 高等数学研究，2009（5）.

【后记】本文由张奠宙与柴俊艺同撰字，载于《中学数学教学参考》2010 年 1-2 期合刊（上旬）。21 世纪以来，我把许多精力用于数学文化研究。除发表了一些论文之外做了三件事：一是和丁传松以及中学教师合作编写了《情真意切话数学》（科学出版社，2011 年），为欣赏数学提供参考；二是完成十余年的夙愿，出版《数学文化教程》为文科生提供新鲜数学文化的通识；三是在《中学数学参考》杂志开设“数学欣赏”的专栏，试图研讨如何在课堂上进行数学欣赏的教学。本文及以下的两篇文章就是这方面的记录。

九、数学欣赏：一片等待开发的沃土

数学之美，已有无数论述。大数学家如庞加莱等一再指出，数学有简约美、和谐美、奇异美、冷峻美等，显示出冰冷的美丽。俗话说“爱美之心，人皆有之”，可是对于数学之美，爱者不多。数学之美真正被用于中小学教学实践的非常少。21世纪以来，数学文化、数学的美学价值的提法开始进入国家《普通高中数学课程标准（实验）》，数学欣赏也逐渐受到人们的注意。数学欣赏之困难，固然有数学过于抽象难懂的客观原因，但人们主观上缺乏科学研究和教学实践，也是不容忽视的原因。

我研究数学欣赏，时间还不长。我的研究经历可以追溯到20年前徐利治先生在无锡的一次演讲。他在讲授微积分课程时曾引用李白的名句“孤帆远影碧空尽”，描写一个变量趋向于零的极限过程。一个纯数学的抽象概念迅即人文化、具象化了。这萌发了我研究数学美学欣赏的理想。1998年，参加在法国马赛举行的数学史与数学教学国际会议时，我看到弗赖登塔尔文章的一句话：“没有一种数学的思想，以它被发现时的那个样子公开发表出来。一个问题被解决后，相应地发展为一种形式化技巧，结果把求解过程丢在一边，使得火热的发明变成冰冷的美丽。”[1]

我猛然一惊，悟到展示“冰冷的美丽与火热的思考”乃是领略数学美学价值的根本途径。于是在提倡“数学的教育形态”的教学观时，我心中就有数学美学这样的目标。记得在2000年，曾参加教育部最后一次修改《数学教学大纲》的工作，我就将“欣赏数学的美学价值”一词写了进去。进入21世纪之后，数学文化、数学美学欣赏的提法已经相当普遍。

2010年，宁波鄞州区和苏州太仓市合作举办数学教师高级研讨班，我要求6位教师以“数学欣赏”为主题进行探究，成果陆续发表。最后这些成果集结为《情真意切话数学》（与丁传松、柴俊合作）一书，由科学出版社出版。2011年，《中学数学教学参考》杂志设立专栏，发表一些数学欣赏的文章。我作为专栏主持人，阅读了许多一线教师的创意，收获不少。以下是一些学习体会，敬请批评指正。

（一）数学欣赏的一个范例：徐光启的《〈几何原本〉序》

罗中立有一幅油画“父亲”，触动过许多人的心弦。面对这幅作品，我们会联想到父辈的艰辛劳作，人生的艰难困苦，乃至中华民族勤劳质朴的品格。我们希望这样的震撼也可以发生在几何教学的课堂上。

大家知道，在平面几何课的开头，是“对顶角相等”的证明。大多数学生一定会认为这么明显正确的命题，还需要证明吗。这时，如果教师组织讨论：“古希腊人为什么要证明？”“中国古代数学为什么没有对顶角定理？甚至连‘角’的概念都没有？”经过中西文化的一番剖析对比，一些懵懂的学生便会顿悟自己理性精神的缺失，接受了古希腊理性文明的洗礼，在内心深处出现了理性文明的震撼。这种震撼，和欣赏罗中立的油画，听贝多芬的命运交响曲一样，都是一次心灵的激荡。

实际上，数学欣赏引起心灵震撼，古已有之。一个经典的范例是徐光启在《〈几何原本〉序》里对古希腊数学文化的赞美。他说：“此书有四不必：不必疑，不必揣，不必试，不必改。有四不可得：欲脱之不可得，欲驳之不可得，欲减之不可得，欲前后更置之不可得。”

这段话，是徐光启受到古希腊数学文化震撼之后的感悟。那么今天的平面几何教学，是不是可以把这段话作为我们的教学目标呢？这就是说，除了会做几何证明题，如果能使学生像徐光启一样欣赏古希腊理性文明的伟大，把“四不必”和“四不可得”作为学习的心得，那么落实情感态度与价值观的第三维度目标就不再是一句空话了。

（二）中华文化经典与西方数学的进一步融合

数学欣赏属于文化的层面。现在中小学数学课程的内容大多是辛亥革命之后从西方引进的，它所承载的乃是一种外来的文化。然而在我们的生活环境里，无处不在的是中华文化。100多年来，这两种文化一直在慢慢融合，古希腊文明渐渐地成为当代中华文化的有机组成部分。

与此同时，中国古代文化的经典，也在渐渐渗入由西方传入的数学。中国古代数学中勾股定理、杨辉三角、鸡兔同笼、刘徽割圆等成果，相继进入数学教科书了。早年用“一尺之棰”（《庄子》）比喻极限，“一中同长”（《墨子》）定义圆周，开创了中华古典文献与数学相结合的先河。时至今日，这一过程还在继续，有望在中华文化的语境里更好地展现西方数学。这使我想起了老子《道德经》中的名句：“道生一，一生二，二生三，三生万物。”

这是中国式的自然数公理。众所周知，近代西方的皮亚诺自然数公理从 1 开始，用“后继”的方法导出自然数系。《道德经》则用“生”的动词描述自然数的生成，二者非常相似。

那么在数学课程里如何体现呢？对于一年级小学生，拿它如同“床前明月光”那样的唐诗一样背下来，也未尝不可。因为其中有一、二、三，有易懂的动词“生”，模模糊糊地理解就行了。其难度不会超过“低头思故乡”一句。事实上，何谓“故乡”，儿童也是不大明白的。当然，如果在三年级回顾自然数时，引进分数时，引用也是一种选择。最后，我觉得在数学归纳法教学时加以引用，非常贴切。“三生万物”一句，体现了数列无穷无尽的意思。尤其是“生”这个动词，非常形象，可以很好地解释从 n“生”出 $n+1$ 的过程。从《道德经》的角度欣赏数学归纳法，会有事半功倍的效果。

中国古代经典作品中，有一些人文意境和中学数学思想方法非常接近。我们再举两例。

例 1 苏轼的《琴诗》与“反证法”。

数学上常用反证法。你要驳倒一个论点，只要将此论点“假定”为正确，然后据此推出明显错误的结论，就可以推翻原论点。苏轼的一首《琴诗》就是这样做的：

若言琴上有琴声，放在匣中何不鸣？

若言声在指头上，何不于君指上听？

意思是如果“琴上有琴声”是正确的，那么放在匣中应该“鸣”。现在既然不鸣，那么原来的假设“琴上有琴声”就是错的。

同样，你要证明一个论点是正确的，那么只要证明它的否命题错误即可。就苏轼的诗而言，如果要论述“声不在指头上”是正确的，那么先假定其否命题“声在指头上”是正确的，即在指头上应该有声音。现在，事实证明你在指头上听不见（因而不在指头上听），发生矛盾。所以原命题“声音不在指头上”是正确的。

例2 存在性命题与贾岛的《寻隐者不遇》。

数学中纯粹的存在性定理很多。常用的抽屉原理就是一例：*N*个苹果放在*M*格抽屉里（*N*>*M*），那么至少有一个抽屉里会多于一个苹果。这一原理肯定了这样抽屉的存在性，却不能判断究竟是哪一格抽屉里有多少个（大于1）苹果。

在人文意境上，纯粹存在性定理最美丽动人的描述，应属贾岛的诗句（如图）：

松下问童子，
言师采药去。
只在此山中，
云深不知处。

贾岛并非数学家，但是细细品味，我们就会觉得其诗的意境简直是为数学而作。

中华文化中的许多经典语句，在人文意境上可以和西方书的数学方法沟通，成为欣赏数学的一个重要途径。

（三）从欣赏外部形状的美观，进而领略内涵智慧的美妙

数学欣赏，往往从欣赏几何图形外表的美观开始，然后一步步地逐渐欣赏数学内涵的美妙。这需要别具慧眼，用数学的眼光进行构思。请看一些例子。

例3 圆，是最美的几何图形。现实生活和文学创作中，都以圆为美（钱锺书）。

他在《谈艺录》中说，希腊哲人言形体，以圆为贵。毕达哥拉斯谓立体中最美者为球，平面中最美者为圆。中国古代有“天圆地方”一说，钱锺书指出“吾国先哲言道体道妙，亦以圆为象”。太极图就是“以圆象道体”。西方的新柏拉图主义奠基人普罗提诺（Plotinos，205—

270）说："心灵之运行，非直线而为圆形。"黑格尔则将哲学比作圆。西方古俗以圆或蛇示时间永恒，诗文中有"圆永恒"一说。佛经中更有"圆通""圆觉"的说法。

那么，数学中怎样赞美"圆"呢？那就是无限多的对称：任意角度的旋转对称，任意直径为轴的反射对称。这就是"圆"的数学内涵了。

例 4 轴对称。一般都是从蝴蝶、人体的轴对称出发进行欣赏（林良富）。

教师在教学中用成语画龙点睛地说明轴对称图形的特征，非常别致。然而，我们还可以进一步欣赏轴对称和对联的关系，即都是经过"变换"保持了某种不变性质。轴对称图形，变换后长度、角度不变，因而形状不变。对联，则从上联变为下联，以对仗的形式保持结构、词性、意境等的不变。例如"虎踞龙盘今胜昔，天翻地覆慨而慷"。上下句保持了许多共性。这是中华文化特色和不变量数学思想之间的又一沟通。

例 5 黄金分割。古希腊建筑的矩形构图以及许多画作都服从黄金分割律。但是进一步研究后我们发现 0.618 和优选法、斐波那契数列有关。这是一个多角度的欣赏。

例 6 勾股定理。对它的欣赏含有四个维度：外表直观之秀，内涵深刻之慧，文化底蕴之浓，理性思考之精。首先是直观之美。赵爽弦图、与外星人作无文字交流之图，简洁明快，赏心悦目。其次是内涵之美。条件仅仅是直角三角形，却有直角边平方之和等于斜边的平方。它还是几何、代数、三角交汇之中心点，细细琢磨，体现了和谐之妙、智慧之光。再者是人文之美。勾股定理在数学历史长河中，依附于不同的文化，进行过大量的证明，显示了人类文明的共同追求。2002 年在北京举行的国际数学家大会以赵爽弦图作为会标，实现了古代和现代数学的巧妙对接。最后是理性之美。好的数学一定是具有拓展、变形、升华的发展通道。勾股定理的触角伸向勾股数研究，以至联系到 20 世纪末才解决了费马大定理。

数学欣赏正在从外部的美观，不断地深入到数学概念和命题的内涵深处。欣赏外表直观之秀，内涵深刻之慧，文化底蕴之浓，理性思考之精，也许这就是数学欣赏的普遍规律。

（四）欣赏数学精品，重在展示数学智慧之美妙

数学之美，不仅是美观，更在于“美妙”。数学中有许多精品，闪烁着智慧的文明之光，给人一种心灵的愉悦。试举数例。

（1）三角形的三条高交于一点。妙极了，造物主竟然有这样的精心安排。仔细考察虽在意料之外，却又在情理之中。令人顿生数学世界真奇妙的感叹。

（2）高斯从 1 加到 100 的算法。这种数学技巧，一经点破，觉得实在也很简单，人人都可以领会掌握。所谓朴素中见高雅，更觉可贵。

（3）平面几何题的证明。当一筹莫展的时候，一条辅助线使人豁然开朗，难题迎刃而解。这种感觉，正如辛弃疾《青玉案》词中描写的那样：“众里寻他千百度，蓦然回首，那人却在，灯火阑珊处。”这是一种成功的喜悦，难得潇洒走一回！

如果说，这些命题还比较简单的话，我们可以进一步欣赏数学建模的美妙。下面我们举两个美妙的数学模型，其漂亮而深刻的数学构作，令人拍案叫绝。

第一个例子是“以 2 为底的对数和信息量的定义”。1948 年，香农创立信息论，开宗明义定义信息量的概念，是用 $\log_2$ 来表示的。最简单的例子是古代的烽火台，它有两种信息：燃起烽火意味着敌人来（用 1 表示），不燃烽火则意味着敌人没来（用 0 表示）。在敌人来不来的可能性一样的前提下，一个烽火台传送一个信息量。两种信息一个信息量，数学上的表示就是 $\log_2 2=1$。

如果东面和南面各有一个烽火台。这时的信息状态有四种情况：(0，0)，(0，1)，(1，0)，(1，1)。其中第一个、第二个坐标分别表示东面、南面敌人来否的状态。于是四种状态传送的信息量为 2，用数学符号表示就是 $\log_2 4=2$。

这样，让人看不见摸不着的信息就变得可以“度量”了。更进一步，香农还天才地分析信息量的大小和该信息发生的概率有关，例如为博美人一笑，有事无事天天燃烽火，那么烽火台传送的信息量就小得多了（这里不展开）。总之，香农当年从滴滴答答发电报的活动中创立信

息量的定义，其智慧令人折服，其美妙使人流连忘返。

第二个例子出自上海和平饭店的一位电工。已故的陈振宣告诉我，他的一个学生毕业后在和平饭店做电工。工作中该电工发现在地下室控制10层以上房间空调的温度不准。分析之后，原来是使用三相电时，连接地下室和空调器的三根导线的长度不同，因而电阻也不同。问题是：如何测量这三根导线的电阻呢？用电工万用表无法测量这样长的导线的电阻，于是这位电工想到了数学。他想：一根一根测很难，但是把三根导线在高楼上两两相连接，然后在地下室测量两根导线的电阻是很容易的。如图所示，设三根导线的电阻分别是 x、y、z。于是，他列出以下的三元一次联立方程：

$$\begin{cases} x+y=a, \\ y+z=b, \\ z+x=c。 \end{cases}$$

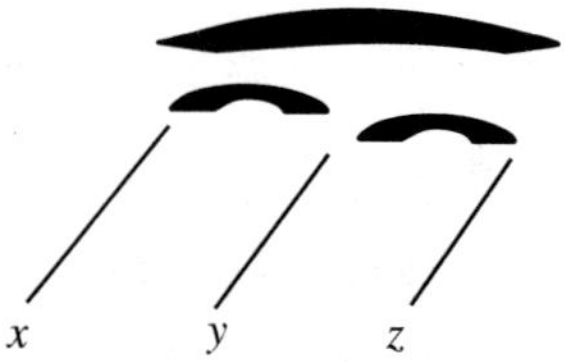

解之，即得三根导线的电阻。

这样的方程谁都会解。但是，能够想到在这里用方程，才是真正的创造啊！

这样的创造，是一件美妙的数学精品，完全有资格成为中国数学教育的经典之作。真的希望教科书编写者能够将它收入课本。

这两个例子都是在看不见数学的地方用上了数学。这种数学智慧体现了一种美妙的创新思维，令人叫绝。

（五）数学欣赏，从具体解题方法走向系统价值的欣赏

数学之美，还在于整体的结构。巍峨的，精致的，华丽的，各种各样，等待人们细心鉴赏。每个单元的复习小结，更是进行数学鉴赏的大好机会。现在教科书中的小结，往往只是一张知识点的逻辑框图，没有血肉和灵魂，简直是X光照射下的一副骨架，毫无美感。

这里以面积、体积的定义为例说明如何欣赏数学结构。

面积、体积，人人都明白，但是难以严格定义。现今的中小学数学课程里从来没有给“面积”“体积”下过严格的定义。唯一的定义出现在小学教科书上，都用黑体字写着：“封闭图形的大小叫作图形的面

积”；“物体占有空间的大小叫作体积”。

许多公开发表的教案，都将它当作严谨的数学定义，用整整一堂课去认识、讨论、理解，让学生齐声朗读、背诵，其实是不必要的。事实上，把体积归结到空间，可“空间”比“体积”更难理解。空间已经不好理解了，还要谈其大小，岂不是难上加难了。

面积：数 m 是一个平面图形 A 的面积，是指能用 m 个单位正方形不重叠地恰好填满 A。

在度量几何学里，单位1，以及一维、二维、三维的概念是最基本的。这就是说，首先要有点动成线、线动成面、面动成体的朴素认识。这不难懂。“2D”“3D”已经是日常使用的普通名词了。此外，由单位长度给出的单位正方形的面积是1，单位立方体的体积是1，则是我们的出发点。根据以上定义可知：

（1）单位正方形的面积是1。

（2）矩形的长和宽分别是小数 a、b，则它的面积是 ab。

接着应该研究，长和宽分别为无限小数（循环或不循环）a、b 的情形。这涉及无限，要用极限方法处理。结果面积同样也是 ab（此结论中小学都默认了，未加细究）。

（3）用出入相补原理可以将平行四边形的面积归结为矩形的面积（底乘高）。（边长是小数的平行四边形，其高可能是无理数。小学里未加细究）

（4）三角形、多边形的面积也就可以求了。

（5）圆的面积。这时无法绕开 π 是无理数的情形。实际上，我们用刘徽的割圆法直观地描述了这一极限过程，求得圆的面积为 πr^2。

（6）由此可以求得扇形、环形等图形的面积。

小学里的面积教学到此为止。中学数学课程没有对面积概念做进一步的探究。只是在高中阶段，将求面积、体积的度量几何学扩展到能够计算常见几何图形的体积，如球体、锥体、台体。这就是说，中小学教材里的内容大多是求平面图形的面积和物体的体积，并没有对“面积”“体积”下过严格的定义。

大家知道，求一般的曲边梯形的面积，那是微积分学的基本内容。定积分的定义过程，就是用分割以后“内填”“外包”的互不重叠的矩形面积之和无限逼近（填满）的结果。只在此时，才对边长为无理数的矩形面积、圆面积进行严格的论证。事实上，求平面图形面积的过程贯穿于整个数学发展史。从古希腊的数学、17世纪的微积分、现代的测度论，乃至今天的分形理论，一直没有完结。通过进一步的学习，我们就会知道并非所有平面图形都有面积。那就涉及勒贝格测度等的现代数学内容了。

这一段总结梳理，把度量图形的本质，配合数系的发展，使用极限的思想方法进行无限过程的处理，一步一步地登上度量几何的高峰。一路上，层层递进，不断攀登，达到“无限风光在险峰”的境界。

数学结构有宏观结构和微观结构之分。面积、体积的度量几何有整体结构之美，已如上述。同时，数学里也有微观的局部之美。

微积分之美在于局部与整体的完美结合。微积分学是考察局部的数学。局部思想的形成，是微积分学的精髓所在。

事实上，只看曲线上一点，在该点是画不出切线的，必须在该点的附近（局部）取一点，作割线，切线被定义为这些割线的极限位置。同样，一支箭在一个时刻是不动的。不动，哪里来的瞬时速度？还得从这一时刻的附近（局部）取另一个时刻，求平均速度，瞬时速度是这些平均速度的极限值。我们两次运用了“附近”这样的局部性字眼。附近，有多近？局部，有多大？这些都没有说，小大由之，可以无限小。所谓微分，就是将整体分割为局部去处理；积分，则是将局部累积成整体。这样的文字，在依照学术形态展开的微积分教科书里是找不到的，只能靠自己去悟出来，悟的过程就是欣赏的过程。

参考文献

[1] FREUDENTHAL H. Didactical phenomenology of mathematical structures [M]. Dordrecht: Reidel, 1983.

【后记】本文刊于《中学数学教学参考》2014年第1-2期。

十、数学欣赏论文点评选载

说明：大约从2010年开始，我应《中学数学教学参考》杂志的邀请，开设"数学欣赏教学研究"的专栏。在专栏里发表的文章，我多半会写一些点评。这里选载若干。

点评一　汪杰良：漫谈勾股定理

［原文见《中学数学教学参考》（上旬）2013年第3期］

【点评】若要评选最美数学定理，得票最高的大概非勾股定理莫属。我们可以用8个字概括其美：秀外慧中，文理兼备。其中含有四个维度：外表直观之秀，内涵深刻之慧，文化底蕴之浓，理性思考之精。试看汪杰良老师的文章，从8个不同的角度欣赏勾股定理之美，也是从以上4个维度进行的数学欣赏。

首先是直观之美。赵爽弦图和与外星人作无文字交流之图，简洁明快，赏心悦目。其次是内涵之美。条件仅仅是直角三角形，却有直角边平方之和等于斜边的平方；它还是几何、代数、三角交汇之中心点，细细琢磨，不难发现其体现了和谐之妙、智慧之光。再者是人文之美。勾股定理在数学历史长河中，依附于不同的文化。针对其进行的大量证明，显示了人类文明的共同追求。2002年在北京举行的国际数学家大会以赵爽弦图作为会标，实现了古代数学和现代数学的巧妙对接。最后是理性之美。好的数学一定是具有拓展、变形、升华的发展通道。勾股定理的触角伸向勾股数研究，以至联系到20世纪末才解决的费马大定理。

值得研究的是，外观之美、内涵之美、人文之美、理性之美，是不是也是欣赏其他数学成果的4个基本维度呢？

晚近的教学改革，只注意学习过程的前半段，如创设情境、自主探究等。其实学习过程还有更重要的后半段，包括巩固、反思、总结、升华和欣赏。学会了、弄懂了、理解了、反思了一个数学成果，并将其升华为数学思想方法，尤其是能够欣赏其美，这才是一个完整的思维过程。在复习课上，教材的"本章小结"里，我们应当多多进行数学反思和欣赏，不再限于综合解题和干巴巴的逻辑框图。

点评二　王继光：初中数学“第一式”

——二次方程根的判别式欣赏

［原文见《中学数学教学参考》（上旬）2011 年第 5 期］

【点评】判别式是初中代数学中的精品，称之为“初中代数第一式”，并非过誉。数学之美，我们不能仅在外观上着眼，如黄金分割、蜂房构造等，也不能只以形式上的对称、和谐作为依据，如勾股定理的公式：$a^2+b^2=c^2$。二次方程的判别式并不怎样美观，却十分有用。就像在茫茫戈壁上凭考察找到石油，美好至极。久而久之，我们对它产生感情，“情人眼里出西施”，就会觉得这个 Δ 很美。本文是为一堂复习课做准备，除了欣赏判别式的本源之美，还要兼顾判别式在各种舞台上表现之美。重根的计算惯例，几何曲线的交点以及不可滥用等，都显示出它的个性。把解题教学寓以某种欣赏趣味，值得继续研究探讨。

点评三　王继光、龚辉：关于“圆”的欣赏

［原文见《中学数学教学参考》（上旬）2010 年第 9 期］

【点评】这篇文章不好做，因为我们对“圆”太熟悉了。墨子关于圆的定义，圆的对称性，圆周率与刘徽割圆法，祖冲之的密率和约率等，我们已经耳熟能详，没有什么可以补充了。

实际教学中，学生的“篮球是圆的”说法，触发了一场讨论。究竟什么是圆呢？这把大家都弄糊涂了。于是作者有了本文的思考与写作。玛雅文化中没有车轮的考古结论，又给大家一个触动，原来从“圆”形到制作“圆轮”，并非举手之劳，这需要一个认识过程。

至于九点圆问题和江泽民在澳门提到的五点共圆问题，都是欣赏“圆的几何”的好题。这些问题，学生不必会解，却应该会欣赏。正如我们不能像李白、杜甫那样作诗，像齐白石那样画画，像敦煌巨匠那样雕塑，但作为普通公民，学会欣赏诗、画、雕塑，则是必要的素质。

点评四　蒋亮：直面“无限”，彰显数学教学品位

［原文见《中学数学教学参考》（上旬）2014 年第 4 期］

【点评】蒋亮的这篇文章重在“驾驭无限”。他将中学里涉及无限的概念和命题加以梳理，凸显了有限和无限之间的转化，展示了数学思想方法的魅力。其中的许多案例都是教学中要碰到，却在教材中被忽略或者刻意回避的“无限”话题。这样的论述，非常少见。作者在文章的最后呼吁“关注无限”“理解无限”“运用无限”“敬畏无限”，说得好。

此外，文中也有一些段落，是在欣赏“无限”，体现了作者的数学文化意蕴。这里，我们不妨再加以梳理，按下列几个层次对“无限”进行欣赏。

第一，无限是人类理性精神的产物。我们可以回忆一下，尽管数学里大量出现无限性的命题，却从来没有给“无限”下过定义。自然数可以无限增大，平行线可以无限延长，有的分数可以写成无限循环小数，对此教材没有任何解释，小学生也都懂了、接受了。为什么？原来无限是人类与生俱来的直觉。没有听说哪个小学生因为不懂“无限”而学不好数学的。蒋亮在文中引用陈子昂的《登幽州台歌》感叹时间之无限，天地之无穷，以至怆然涕下。这就是说，虽然人们看不见“无限”，摸不着“无限”，但能感知无限、想象无限。数学中的无限，原来是人类想象出来的意境。

第二，我们要欣赏数学科学“驾驭无限”的矫健神态。一方面是用可以把握的“有限”生成“无限”，另一方面则是将难以捉摸的“无限”转化为可以操作的“有限”。

蒋亮在文中以《道德经》为例，说明自然数的“无限”是一个个地“生”出来的，十分贴切。仔细想想，数学归纳法的关键，不就是要每一个与 n 有关的命题，都能“生”出与 $n+1$ 相关的命题来吗？大家知道，愚公移山故事的根据是“子又生孙，孙又生子；子又有子，子又有孙；子子孙孙无穷匮也”。这里的无穷匮也是依赖于“生”。

反过来，无限可以转化为有限。蒋亮举了许多例子，如函数的周期性，无限多的向量可以用有限多的“基”来表示，直线和平面垂直的判定等。这种转化和数学解题有关，以“有限承载无限”是一种重要的数学思想方法，体现的则是一种美妙的数学智慧和技巧。

第三，特别要欣赏用“任意”来消解“无限”的数学魅力。其本质无非是解剖麻雀。举例来说，三角形有无限多个。我们要论证这无限多个三角形的内角和都是180度，怎么做？就是取“任意一个”这样的逻辑量词，对任意的三角形进行论证。这样一来，“无限”的困难就绕过去了。用这一量词，我们就能理解函数的单调性定义的无限实质了。特别是困扰两百年的“无穷小”悖论，用“任意一个 ε”和“存在一个 δ”算术化语言就彻底解决了。其中闪烁着的数学智慧，是何等的精致而秀美，我们怎样加以赞美也不过分。但是，如果再朴素地回味一下，其手法也很普通。比如你要定义“好猫”，尽管“好猫”无限多，可是你只要说“任意一只猫，不管白猫、黑猫，抓住老鼠就是好猫”，无限多只猫的问题就化为“一只猫”的检验了。

第四，中小学碰到的无限有两种：“数列”的潜无限和区间 $[a, b]$ 无限集合的实无限。目前，课程标准和教材都还未曾涉及彼此的区别，其实这是不难理解也无需回避的概念。将无限做这样的区分，不过是几句话的事情，又不会编成考题来考，并不会增加什么课业负担。事实上，语文课里杜甫的诗《登高》就能解释。其中的名句“无边落木萧萧下，不尽长江滚滚来”，前者是无边无沿的实无限，后者是没完没了的潜无限。这非常形象而精准，把数学和文学相沟通，何乐而不为？

最后，研究函数变化的极限过程是微积分的基础。那是理解“无限”的更高层次了。

点评五　文卫星：诗意课堂引领学生审美

［原文见《中学数学教学参考》（上旬）2014年第10期］

【点评】文卫星是上海的名师，一向以多产创新闻名。他也是我多年的朋友，但近年来联系不多。编辑部转来他的新作，果然不同凡响，别具一格。一个数学教师，善用诗歌表达自己的教育体验和数学感受，难能可贵。

这使我想起了数学语言的话题来。一位名师曾经对我说：“一篇数学文章，没有汉字，通篇是数学符号的推演，那才是最美的啊！”的确，形式主义的数学的冷峻之美曾经是许多数学家和数学教师追逐的目标。但是，纯粹的形式主义数学形式，过于冷和干，多数人无法欣赏。毕竟形式主义数学是一种难懂的学术形态，教育工作者的任务应该是将之转化为学生易于接受的教育形态。这就是说，中小学课堂上使用的语言，既要能体现数学的理性，表达的简约和严谨，又要能激发学生的兴趣，展现数学的美观与和谐。

教师使用的语言传达着自己的感受，对学生而言起着示范作用。文卫星用诗歌的形式总结自己对教学过程、数学概念、数学方法，以及数学价值等的认识，当然会引起学生的共鸣，为课堂教学增色。教师只有自己会欣赏数学，才能帮助学生欣赏数学。

华罗庚先生的一句“数形结合万般好”流传至今，可说是一个典范。就我个人的观感，我比较喜欢文中关于椭圆和双曲线的那段新诗。学生张乔乔的那首，更有诗意。咏诗表情，诗必须写得好。不过，这是因人而异，永无止境的事。

在数学课堂上，用诗歌表达自己的感情，会不会成为一种时尚？我们期待着。

点评六 沈金兴：“形神兼备”之均值不等式欣赏

[原文见《中学数学教学参考》(上旬) 2015 年第 9 期]

【点评】沈金兴的文章多视角地审视“均值不等式”，展现了它的“视觉美”“外在美”“抽象美”“统一美”“和谐美”“简洁美”。尤其是，文中提供了一些少见的材料，如运动学的视角以及“最大视角”等案例，丰富了我们的认识。至少我是第一次看到。按照教材的安排，全文从变异的赵爽弦图开始，运用出入相补原理，将原本体现勾股定理的中国数学国宝，与均值不等式联系起来，深度地体现数学人文之美。我想，这是教材改革的一个经典范例，也是沈老师实践数学美欣赏的一个重要收获。

论数学美的文章，目前多半是教师自己在欣赏，将自己比较喜欢的段落一一贴上“××美”的标签。给人的印象是，似乎数学美就只有大家常说的那几种。于是我常常在想，我们能不能从教学过程中提炼一些段子，看看怎样做、怎样说能够触动学生的心弦，或使其心灵为之一震，或使其觉得如沐春风般通体舒服。我希望在数学欣赏过程中，有的学生会将大腿一拍，连呼“妙、绝妙”。就我而言，每当看到文中图 1 中间那块白色的正方形，联想到勾股定理、均值不等式等，就有这种“绝妙”的感觉。如饮甘露，沁人心脾；如嚼橄榄，回味无穷。

均值不等式的教学，我建议和一元二次方程的判别式联系起来。例如：问方程 $ax^2+bx-a=0$ 有几个实根？判别式 $b^2+4a^2\geqslant 0$ 告诉我们必有两个实根。不等式有如此功效，令人顿觉震撼。事实上，$b^2+4a^2\geqslant 0$ 只是对一切实数 a、b 都成立的一个文字不等式。而原方程是一个等式关系，数式变形也是恒等变换，等式变形是同解变换，本来都与不等式没有关系，可是判别式的出现使不等式成为了解方程的锐利武器。一个喜欢数学的学生，一旦觉察这一点，一定会对数学产生好感，觉得数学非常美妙。

均值不等式用于极值，又是一次数学思想升华的思维节点。事实上，要证明只含有一个字母的不等式好办，现在要处理的是都含有 a、b 两个字母式子之间的不等关系，顾了字母 a 还要顾字母 b，a、b 互相制约，彼此牵制住了。正如白居易《卖炭翁》诗所说：“可怜身上衣正单，心忧炭贱愿天寒。”天寒和衣单也是互相牵制的。数学和诗歌在意境上的沟通，每每有“会心一笑”的心灵触动。

均值不等式的本源很简单，但是变化无穷，各种应用和推广犹如川剧变脸，变幻无穷。这也很容易引起学生“数学妙不可言”的感受。

从学生感受的角度去进行教学设计，事后再问问学生的感受，会使数学欣赏的教学更上一层楼。我期待着。

点评七　林运来：妙用诗歌对联，打造诗意课堂

[原文见《中学数学教学参考》（上旬）2015 年第 3 期]

【点评】连续收到几篇谈诗歌与数学的文章，这从一个侧面说明中华文化正在悄悄融入数学课堂。当然，数学的主体必须采用形式化的逻辑表示，那是理性思维的外壳，重要非凡。但是，逻辑骨架背后的数学思想，却会有血有肉、充满人文色彩。清末民初以来，西方数学一旦进入中国大地，就要用中华语文来表达，开启不断本土化的进程。勾股定理、杨辉三角、刘徽割圆、祖冲之率等的融入都是范例。这一传统在新

世纪应有新的发展。诗歌和数学联姻是重要的标志之一。本文作者善于用中文形象地描写一些数学对象，尤其采用汉字特有的对联方式描述数学，别开生面。至于改变流行歌曲歌词来阐述数学含义，更是一种新潮。要做到这一点，既要对数学内涵有深切理解，又得具有运用中文表达事物情境的娴熟功夫，很不容易。

数学课堂上出现诗歌、对联，恐怕也不是人人都赞成的。有人或认为这种啰啰嗦嗦的枝蔓，会影响课堂效率，难登大雅之堂。不过，枝蔓过多固然要削剪，但是没有枝蔓却不能成活。这似乎也不必强求一致。不同意见可以倒逼我们多多反映学生对诗歌进数学课堂的感受。如学生喜欢，效益自彰，必然会有说服力。

本文的一些诗歌都是自己编写或改编的。只要写得有趣、有理、有益，何乐而不为？当然，能够从描述数学外貌进一步到描写神韵，读后才会回味无穷，才是上品。我常常品味《道德经》里“道生一，一生二，二生三，三生万物”一段，觉得和高中数学的数学归纳法有十分密切的联系。一生二，二生三，相当于数学归纳法中 $n=1$，2 时，命题成立。最后的目标是要获得“三生万物”。“三生万物”意味着必须生生不息，如同愚公所说那样：“子又生孙，孙又生子；子又有子，子又有孙；子子孙孙无穷匮也。”（《列子·汤问》）数学归纳法后半部分要做的不在于检验“n 命题”是不是正确，要做的证明是 n 命题究竟能不能“生”出与 $n+1$ 有关的命题来。这不正是数学归纳法原理的精髓吗？诗歌若能增进学生对数学的理解，才是上品。

点评八　任伟芳、华婧：欣赏三角函数波浪起伏的和谐美

——以正弦函数、余弦函数性质 2 的教学设计为例

（原文见《中学数学教学参考》2016 年第 1-2 期）

【点评】数学教育领域谈论数学欣赏，已有几十年的历史。早先，所谓欣赏数学之美，无非是黄金分割、蜂房结构、五角星之类的外观美。后来进一步，从国际数学名家那里学习了要领会数学的内在美，包括统一美、和谐美、简洁美、冷峻美、奇异美等。这些美感的来历都源于高等数学，与中学数学的关联实在不多。进入 21 世纪之后，数学欣

赏的内涵扩展到人文领域，本刊就陆续发表了“数学与诗歌”的美文，既有古代诗歌的介入，也有现代流行歌曲的参与。一部分文章是作者自己编写诗歌，用以表达自己对某一数学内容的欣赏与赞美。这就使得数学欣赏和中学数学发生了一定的联系。不过，这样的研究大多是若干案例的集锦，就某一知识点引一段诗句，谈自己的感受，并没有和课堂教学紧密地联系在一起。结果是零打碎敲，不够系统。下一步要做的是，探讨如何对每个数学教学单元，甚至在某节课上进行数学欣赏的教学，努力将数学欣赏融入日常教学工作中。

任伟芳的这篇文章有关如何对三角函数这一单元进行数学欣赏的设计，给出了在一堂课上如何切入数学欣赏的若干做法，具有新意。

我以为，数学欣赏的教学设计，应从真、善、美三个层面加以展开。真，是本真之美。三角函数（指正弦函数和余弦函数）的本真在于将做匀速圆周运动的质点在两个坐标轴上投影的运动规律表示出来。善，是美好的表现。三角函数之善，在于它是波动的数学模型。大自然中的声波、电磁波、光波、引力波，支配着我们的生活。美，则是体现数学对象的美丽形象。三角函数图象之美，它具有无限个对称轴，平移不变，起伏均衡，显示柔和婀娜的美观。任伟芳抓住三角函数的对称美及其起伏均衡的规律，做了很好的教学设计。

欣赏数学之美还应有人文的介入。美是一种主观的感受，离不开社会和人文的传统观念。一般来说，数学欣赏要从历史渊源、人文意境、人生哲理三方面切入。数学史上的许多故事是数学美的重要来源。如前所说，人文意境与数学美的关系已经有许多文章做了阐述。最后则是将数学美与人生哲理相联系。任伟芳的文章用范仲淹的文句切入，使人生起伏不定的哲理与三角函数相通，做了很好的尝试。

数学欣赏是体现“情感态度与价值观”教学目标的有机组成部分。教学方法应该遵循“润物细无声”的原则。在日常教学中，数学先要着重理性把握，打好基本功，在理解的基础上谈数学欣赏。没有理解，何谈欣赏？凡是你真正欣赏的人和事，必定是深入理解的。欣赏是在基本理解的基础上做进一步的再深入。因此，日常教学中的数学欣赏，只能结合内容阐述，点到为止。然而，等到一个单元结束，我们是不是应该从欣赏的角度，对已经基本理解的内容做一番欣赏呢？在进行本章小结的时候，如果说“本章知识逻辑框图”是一次“以理服人”的回顾与总结，那么一场充满高尚情感的数学欣赏活动则是以情感人的激励与享受。当然，要做到这一点，并不容易。教材编写者也许应该做一些努力，可现在基本上是空白。

为了给出一个例子，我在任伟芳文稿的基础上对三角函数单元补充一些欣赏点，写成短文附在下面，冀望得到大家的指教与帮助。

附：三角函数欣赏漫谈

三角函数是一座美丽的数学山峰。我们可以从真、善、美三个层面进行欣赏。

（一）三角函数之真

圆是世界上最美的图形。没有想到，在单位圆上运动的质点，它的两个投影可以表示为正弦函数和余弦函数。正弦函数是一个波浪的模型。波浪同样是美的化身。我们由勾股定理，就知道 $\sin^2 x+\cos^2 x=1$。这个美丽和谐的等式，是以后三角函数研究的一个根本出发点。

张景中院士说，正弦 $\sin x$ 是单位菱形的面积。也就是说，将单位正方形压扁为菱形之后，面积变小了。变小的程度，所打的折扣率就是正弦。

理解正弦函数，投影是关键词。如果有一面靠墙的梯子（长度为1），当梯子与地面所成角度为 x 时，$\sin x$ 的意义就是梯子在墙上投影所缩短的折扣率。不同的角度，折扣率是不一样的。圆上不同的点 A 所成向量 $\overrightarrow{OA}$ 虽然一样长，但它们的投影却不一样。再如，平行四边形或三角形的高，也是某边的边长打了折扣的结果，这些折扣率都是正弦函数的本源。

我们从以上的大局考察，居高临下，就看到正弦不能只记得“对边比斜边”的定义，更要理解它背后的规律性。数学的真理性需要认识，正弦的意义不能被淹没在形式定义的海洋里。

（二）三角函数之善，在于三角函数是波浪的数学模型

波动，是最基本的物理现象之一。声波、电磁波、光波，都是波动。研究波动，就必须使用三角函数。可以说，如果没有三角函数，就

不会有今天的电视、手机、互联网。

在数学上，三角函数的地位越来越重要。我们将来后继学习会碰到三角级数、调和分析、小波分析、傅立叶变换、傅立叶积分等。

三角函数是数学的一块基石。

（三）三角函数之美

不同函数之外观美，各有千秋。折线之美在于“有棱有角”，简单明快。二次函数之美在于大起大落，雍容大方。指数函数之美在于一飞冲天，望尘莫及。那么，三角函数之外观美，则在于柔美、光滑、错落有致、婀娜多姿，如同微风摆柳、脉脉涟漪。具体说来有：（1）三角函数之周期美，循环往复，以至无穷。（2）三角函数之对称美，奇偶函数定义，无限多的对称轴。（3）三角函数之起伏美，波浪的特点是起伏。数学上要找到单调区间。（4）三角函数图象的峰顶与低谷。那些点上的切线是水平的，斜率为0。

如能用计算机教育软件做些三角函数的图象演示，可增加美感。

（四）三角函数的人文视角

三角学起源于古希腊，用于天文测量。18世纪以后，三角函数脱离天文学独立出来，成为分析学的基础。中国古代数学有直线相交、垂直的概念，也有东南西北等方位认识，但是没有角的概念，因此三角函数无法在中国产生。17世纪徐光启引进西方的测量学，开始有了三角学。直到19世纪，我国才从国外引进三角函数，并研究其级数展开。没有角的概念，缺乏三角学、三角函数的研究，是中国古代几何学的短板。

三角函数的人文化，可以从波浪切入。人生的航程必须面对波浪。人生的起伏也有惊涛骇浪，任何波浪都有起伏，都会登上峰顶，也会掉入谷底，我们要有这样的人生感悟。“君看一叶舟，出没风浪里”（范仲淹），这种动态的描写，容易使人产生联想。越剧《红楼梦》描写林黛玉出场“好似风拂柳”，轻轻摆动形成波浪。

从人文的角度欣赏三角函数，会有生活的情趣，容易亲近。加上人生哲理的联想，令人回味无穷。

数学欣赏依欣赏者的视野、兴趣、学术水平之不同而不同。本文系一己之见，写出来是为了抛砖引玉，敬请批评指正。

十一、数学归纳法与愚公移山故事

数学，犹如雨后初霁的天空，一尘不染，阳光万里，然而未免稍显单调。人文则如漫天云彩，白云苍狗，丰富多变，又会令人眼花缭乱。若得二者相配，蓝天白云，何等赏心悦目？那么，设想数学与人文之间如能获得沟通，又将会呈现怎样的深邃意境呢？

现在，纯西方的数学归纳法真的碰上了《道德经》以及《愚公移山》的东方经典故事。

如今高中课程中的数学归纳法，目标是要证明对所有的自然数 n，命题 $P(n)$ 都成立，一个也不能少。教学中，则常以多米诺骨牌作喻。意思是，推倒第一块，接着便会推倒第二块、第三块，直至成千上万块。然而，多米诺骨牌无论制作得怎样精致，总有结束的时候。能够推倒的，毕竟只是有限块。可是数学归纳法所要面对的是自然数全体，要求从有限跨入无限的大门。如此看来，多米诺骨牌对数学归纳法来说，只是形似，没有神似，差得很远呐。

于是，中国经典《道德经》登场了。“道生一，一生二，二生三，三生万物”，这十三个汉字，尽显无限本色。原来，所谓“万物”泛指的“无限”，乃是不断“生”出来的啊。更进一步，愚公移山故事里的一段妙语构造了一个生生不息的无限思维模型。愚公说：

虽我之死，有子存焉；子又生孙，孙又生子；子又有子，子又有孙；子子孙孙无穷匮也，而山不加增，何苦而不平？

这里，愚公高调宣布了用“无限”战胜“有限”的胜利。他以自己拥有的世代永续的无限家族，战胜了“山不加增”的有限山体。我们先不去追问愚公为何能够保证自己的各代子孙都能生育的“前提条件”。值得我们关注的结果是，愚公家族已经成为“一代接着一代、没有‘穷匮’、没有中断、没完没了、无穷无尽”的一个无限世代序列。这是实实在在的无限。如按世代的顺序记下来就是自然数 1、2、3……全体。换句话说，愚公已经用“子孙都能生育”换来了世代永续、无穷匮的无限家族，终于越过有限、跨入了无限的大门。

数学归纳法在古希腊数学中已有萌芽。但真正作为一种重要的数学方法，是19世纪皮亚诺提出“自然数公理”前后的事情。如今，在东方的中国，遇上了《道德经》和《列子·汤问》中的愚公移山故事，二者间有怎样的关联呢？

既然愚公家族的序列可以做到“无穷匮”，那么用于任何命题列$P(n)$行不行呢？这就要看$P(n)$能不能具有愚公家族序列的特性了。如前所说，愚公模型之所以能达到无限，是因为神话人物愚公自动地获得了他的子孙世世代代必定都能够“生”的特殊保证。至于$P(n)$的每一代能不能“生”？那就需要检验了。事实上，数学归纳法本身正是在做这样的检验。

首先，数学归纳法的第一步是要验证$n=1$时$P(1)$成立。这相当于$P(1)$的正确性必须像愚公自己一样要能“生”，即有子存焉。其次，要验证已经具有正确性的$P(n)$是否如愚公的每一代子孙那样都能“生”，即对任意的n，由$P(n)$的正确性能生出$P(n+1)$的正确性来。一旦这两步都成立了，$P(n)$的正确性序列能够一代代地“生”出下一代，就可以像愚公家族一样达到“无穷匮”，无一例外地全部都成立。

从《道德经》的三生万物，愚公的生生不息，到“野火烧不尽，春风吹又生”，东方经典的无限观一直和“生”联在一起。一个“生”字，终于使得数学归纳法不再神秘。记得在中学课堂上，学生们对那两步检验的来历往往不知所云。如果读了愚公移山的故事，大概就会会心一笑，觉得那不过是在进行能不能“生”的检验而已。

中国文化经典中，能正面阐述西方数学的并不多。多年来流传“一尺之棰，日取其半，万世不竭”可以接轨于西方的“极限”概念，其实也只是在意境上相通。不过，这样的例子有心去找，还是会有的。近日读韩愈的名句“草色遥看近却无”，于是联想到拓扑学的“整体与局部”。试想，一个球面，和一个环面（自行车内胎）远看确实是不一样的两种曲面结构。球面切一刀，必成两片；而环面剪一刀可以仍是一个整体（打开变成圆柱面）。这说明二者的曲面结构确实不同。但这种整体性的拓扑性质，需要远看，近看则无。设或有一只近视的蚂蚁趴在球面和环面上，它分别看到的都是差不多的一小块平坦的圆片而已。这就是说，那两个不同的结构“近看却无”了。“草色”与拓扑结构，都归于“远看可以，近看则无”的意境。

这种数学与人文的沟通，初接触时会觉得有些出乎意料，但是细细一想，却又在情理之中了。现在提倡“文理不分”，真希望“文科生”“理科生”，大家都来关注这样的沟通。

【后记】本文刊于2016年11月22日《文汇报》副刊《笔会》。

十二、八十老翁对话中美数学教育

美国科学院院士、威斯康星大学阿士凯（Richard Askey）教授今年夏天初次访华，就碰上了那波酷热。大热天，观景不如访友。原定的周庄之行取消了，阿士凯得空遂来我家访问，聊聊中国和美国的数学教育。

我和阿士凯教授的见面，是马立平博士促成的。立平博士是上海人，今夏正好回乡探亲。她在斯坦福大学的博士论文是将上海等地和美国的一些小学数学教师的数学专业知识进行比较，揭示了美国小学数学教育的一些缺陷。论文出版以后，引起轰动。美国有些地方的小学数学教师几乎是人手一册。很多美国的教育界人士也由此知道了中国数学教育成功的一面。应该说，这是中美文化教育交流史上的重要一笔。

阿士凯教授和我都出生于1933年，今年恰好80岁。我们都是从事纯数学研究的（他的成就远胜于我，不能相提并论），也都从事过现代数学史研究，晚年又都专注于数学教育，经历颇为相似。立平博士因数学教育研究和我们两人交往多年，觉得让我和阿士凯教授见面，彼此一定会有话可说，于是力促我们的会见。阿士凯教授参加的学术会议在华东师大的闵行校区。由于我行动不便，立平博士请熟人来回接送，让我在苏州河边的家中迎候阿士凯教授。

那天见面后开始的话题，自然是天气。位于美国北部的威斯康星州，夏季的最高气温不会高于30摄氏度。老人遇高温，很不适应。说着说着，阿士凯教授就拿出一张纸，写下国际数学与科学测试（TIMSS）中，针对8年级学生的一道分数相减的计算题：问$\frac{1}{3}-\frac{1}{4}=?$这是道选择题，有四个选择项。答案之一是分子分母分别相减，即$\frac{(1-1)}{(4-3)}$。这一答案当然是错的，但是选择这一答案的学生还是很多，国际平均占参赛学生的25%，日本学生中选此答案的占到10%，韩国小于3%，而美国则为32%。近三分之一的美国学生“喜欢”这一答案，为什么？令人不解。大家知道，分数相减的正确答案要用通分方法求得。获得正确答案的学生，国际平均只占总数的37%，日本有65%，韩国高达87%，美国只有29%。这就是说，经过基础教育的多数美国人，未来将不会做分数的加减法。

阿士凯教授问，如果中国也参加TIMSS测试，成绩会怎样？我觉得大概会和韩国差不多。阿士凯教授于是说，中国不要向美国学习数学教育。日本就是因仿效美国的数学教育，学生成绩不断下降。事实上，20世纪80年代，日本学生在国际测试中的数学成绩曾经位居世界第一，以后渐渐落后，现在已经比韩国差一大截了。

我的看法是，中国数学教育得益于基础扎实。在中国，要求学生使用通分方法做分数加减，属于基本技能的训练。基本训练，往往很枯燥，学起来不怎么愉快，也没有太多的道理可讲。教学上只要按部就班，一丝不苟，熟练准确，养成习惯就好了。这种教育理念，初初看来，好像不大符合近来时髦的"创新""发现"的建构主义教育理论，可是我国的第一线数学教师依照传统而行，严格训练，绝不走样。在阿士凯教授看来，美国缺的就是这种朴素的有关基本技能训练的教育理念。

我向阿士凯教授请教的是对一篇文章的看法。2012年7月29日，美国《纽约时报》发表一位政治学教授的文章，题目是 *Is Algebra Necessary*?（学习代数是必要的吗？）文章认为学生学那么多的代数没有用，浪费青春。我请阿士凯教授发表评论。阿士凯教授自然是极力反对。他还说了一个二战时期的故事。美国飞行员需要学一点三角学，训练了6个星期还是不大懂。后来进一步学习微积分，三角学忽然就懂了。这就是说，大家都认为算术很重要，但是只有学习了代数，才能更好地懂得算术。我理解阿士凯教授的意思是，数学的价值在于培养人的理性思维能力。高一级的数学能力有助于思考低一级数学内容。居高临下，高屋建瓴地揭示数学内容的本质，最为要紧。

美国数学教育"忽视数学内容"的现象，有很深的历史根源。马立平博士说，美国D.克莱因有一篇文章，梳理了美国百年基础教育的历史。其中提到，20世纪初，美国的数学教育曾被杜威的进步主义教育思想所左右。杜威教育学说的传承人 W. H. 克伯屈原是一位数学教师，后来投入杜威门下。他在 20 世纪 20 年代曾有两段十分雷人的话："就日常生活中的思维类型而言，数学害大于利。现有中学的代数学和几何学的学习不应继续下去""我们过去教的代数和几何，不是太少，而是太多了"。

我读到这一段，也是惊诧莫名。马立平博士说，美国因为克伯屈在数学教育里推行杜威进步主义教育，美国中学生选修代数的人数比例，由 1910 年的 56.9% 下降到 1954 年的 24.8%。阿士凯教授则说，20 世纪 60 年代的新数学运动，目的是加强现代数学内容。那时，一批真懂数学的数学家，已经用通俗的笔法写了教科书，可是大部分数学教师还是根本看不懂。后来新数学运动自然是失败了。归根结底，仍旧是美国数学教师的数学水平跟不上。数学内容的把握永远是第一位的。

这次会面之后，我一直在想，杜威的进步主义教育，倡导"以学生中心"的愉快教育，主张"教育即生活""学校即社会"，说得十分动听。但是忽视对"数学内容"的研究，缺乏数学知识的系统性，具有致命的缺陷。我们如果紧随其后，亦步亦趋，将来会不会像美国数学教育那样，弄得学生做分数加减法也大量出错？如果不认真对待，任凭"去数学化"思潮泛滥，后果真的很难说。

谈话中，我也回应阿士凯教授："这 29% 会做分数加减的美国学生，可是很厉害的。将来很可能成为世界级的数学家和科学家，那是美国的优势。"阿士凯教授则说，现在美国大学里的数学教授，80% 都具有在国外接受基础教育的背景。美国的大学研究生水平虽好，但是基础教育不行。

阿士凯教授表达的是美国式的忧患意识。我们也有自己的忧患意识：数学英才教育的缺失。美国的一些优秀中学生，已经在学习多变量微积分和群论，接触爱因斯坦的相对论，走上 DNA、RNA 的分子生物学前沿。可是我们的优秀学生却在为争做"高考状元"而深陷题海，空转不止。

老人谈话，百无禁忌，无关宏旨。会面之后，备简单午饭。茭白毛豆，几片牛肉；干贝蒸蛋，粽子稀粥。

【后记】本文载于2013年12月6日《文汇报》副刊《笔会》。我初识R. Askey的名字，是在20世纪90年代。那时我写作《20世纪数学经纬》一书，常常参考美国数学会出版的100周年纪念文集*A Century of Mathematics in America*，主编是P. Duren教授，阿士凯教授是两位副主编之一。这就是说，我们都关注当代数学史。后来，马立平博士常常提起阿士凯教授在促进美国数学教育进步上的贡献。这又表明我们都在晚年投身各自国家的基础数学教育改革。没有想到的是，我们竟然能在80周岁时握手见面，这真可以说是缘分。上海会面之后，阿士凯教授赠我三卷本的*A Century of Mathematics in America*，扉页上还有Duren的签名，这是十分珍贵的礼物。现在它静静地躺在我的书架上。阿士凯教授来访的照片见本书插页。

第四编　数学教育访谈录

收入这一部分的访谈录，除梳理访问陈省身先生的以外，都是与共事多年的朋友进行的。内容涉及国内外数学教育、国内数学教育历史的会议，以及一些问题的探讨。

一、张奠宙、陈省身谈话录：陈省身谈数学教育

【《高等数学研究》编者按】　本文是数学大师陈省身生前最后一次接受张奠宙教授访问的谈话记录。访问中，陈先生谈了数学、数学教育、中国的数学教育等问题。就在这次访谈一个月后，2004 年 12 月 3 日，陈先生不幸辞世，这次谈话成了他老人家留给世人关于数学教育的最后一次忠告。陈省身教授是 20 世纪一位世界级大数学家和大教育家，他深邃的思想、理念和丰富的阅历、体验是数学世界的宝贵财富，我们深深怀念他。

感谢张奠宙教授在第一时间提供了文稿。

定居南开的陈省身教授，近来喜讯不断。9 月刚刚获得百万美元的邵逸夫数学奖，11 月 2 日又接受“陈省身星”的命名证书。当天，访问者在南开大学宁园的书房里和陈先生谈起数学教育。以下是有关的访谈记录。访谈人：张奠宙。

张：听说您最近解决了 S^6 这个百年悬而未决的难题。

陈：是的。这是指 6 维球面上不存在复结构。以前也有一些相关的论文，都不大对。我从 2002 年下半年开始，用一个巧妙的方法把它解决了。我想把它发表在中国的数学杂志上，已经在和上海的《数学年刊》接洽。

张：您 93 岁高龄，还能解决世界性难题，应该说破了世界纪录。您为何能做到这一点呢？

陈：我喜欢数学，也只会做数学。我不会欣赏音乐，不喜欢体育，也不大会做实验，所以只好读数学，做数学，终老一生。

张：这么说，人不可以要求得太全面，应该发挥每个人的长处才是。反过来，是不是也不应该要求每个人都学好数学呢？

陈：我想也是。钱锺书的数学很差，可是依然是大学问家。有些孩子很聪明，善于动手，又有艺术天赋，何必拿数学来苛求他呢？

张：可是，世界上所有国家都把数学当作中小学的必修课，数学也

是考大学的必考科目之一。

陈：那当然。要求人全面发展是一种理想。从多方面培养人也是对的。只是不能用一把“理想”的尺子要求所有人。中国的教育古训是“因材施教”。现在中国的教育太注重分数，人人用一个“总分”来衡量。这就像旧时科举一律拿“八股文”的写作来选拔人才，不大合理。不拘一格选人才，让孩子自由地发挥才能，应该是我们追求的目标。

张：大多数人懂得一些必要的数学，也是我们的目标。

陈：数学是很有意思的科学。所以我给孩子们题词：数学好玩。数学课要讲得让孩子们有兴趣。孩子们都是有好奇心的。他们对数学本来也有好奇心。可是教师教得不好，把数学讲得干巴巴的，扼杀了孩子们的好奇心，数学就难了。

张：数学有时是枯燥的，例如背“九九表”。

陈：小孩子记忆好，背“九九表”也不难。中国人背诵一些重要的东西的传统可以好好利用。所谓“熟读唐诗三百首，不会做诗也会吟”。中国的数字都是单音节，“九九表”读起来朗朗上口。这种优势，应该发扬。

张：1989年的IAEP国际数学测试中，中国大陆以80分的正确率在23个国家中排名第一。

陈：高水平的国际奥林匹克数学竞赛，中国学生也老是拿第一。所以说，中国的数学教育是不错的。

张：近来，中国向国外的流行教育理论学习，引进了很多“后现代主义”的教育理论。结果是认为中国的数学教育很落后，美国的数学教育才是先进的。

陈：中国千万不要学习美国的数学教育。中国的数学教育在实践上肯定比美国好。事实胜于雄辩。中国好不容易有一项比美国好的数学教育成绩，为什么自己不珍惜、不总结呢？

张：美国中小学生的数学成绩不佳，但是美国出了很多世界一流的数学家。

陈：美国数学家很好，但是很多都是移民。美国吸引世界上最好的数学家到美国工作。至于说在美国本土产生年轻数学家，实际上和美国的基础教育关系不大。我一直认为，好学生不是教出来的。只要数学环境好，好学生有自主学习的能力，自己可以成长。现在我们主要是讨论对大多数中小学生的数学教育问题。

张：我也注意到杨振宁先生在台湾评论中国教育现状时说："90%的小孩，用中国传统教育较扎实……我总觉得太把西方人的见解当成讨论的基础、焦点。"

陈：由于中国曾经长期处于比较落后的状态，中国人往往会有"不如外国人"的心理。我在数学上努力，就是想打破这种心态。我想证明，中国人在数学上可以做得和外国人一样好，甚至更好。中国的数学教育在某些方面也做得很好，应该有自信。当然，自信绝不是自满。

张：最近，在数学教育中强调"发现学习"和"合作学习"，您怎么看？

陈：能够发现当然好。问题是发现什么，如何发现。

张：有一个关于小学生的加法、乘法交换律的教案，就要求学生自己"猜想"和"发现"交换律，并把它和"四色猜想"相比拟。"发现"之后，还举例说明交换律的日常应用："当用很长的柄的勺子自己无法给自己喝水时，可以两个人交换地给对方喝。"

陈：交换律在小学不要教。加法、乘法服从交换律，无须去猜想、发现，用就是了。只有到出现"非交换"情形时，学生才需要认识交换律的重要性。交换律的本质是"交换次序"后，和与积不改变。至于给对方喝水的例子，那是胡闹，与数学交换律无关。

张：现在时兴小学生每堂课都要自己"发现"，而且是合作讨论地发现。数学家常常合作发表文章，请您谈谈"合作"的经验。

陈：数学是自己思考的产物。自己先要能够思考起来，用自己的见解和别人的见解交换才会有很好的效果。但是，思考数学问题需要很长的时间。我不知道中小学数学课堂是否能够提供很多的思考时间。我现在还给大学生上课。在大学数学课堂里，没有时间让学生去"合作""发现"，主要是教师"示范""讲解"。

张：您对中国数学教育有怎样的期望？

陈：走自己的路，不要学美国的数学教育。我们的学生基础比较好，应当保持。教师还要注意创造性，使学生对数学发生兴趣，使学生觉得“数学好玩”。我希望，中国的中小学课堂里能够走出一大批世界一流的数学家。

【后记】2004年，我因写《陈省身传》到南开大学宁园，与陈省身先生有长时间的接触。期间，他谈了许多与数学教育有关的看法，我记录下来，整理成文。后经陈先生审阅，发表于2004年11月29日《文汇报》。此文发表之后的第四天，一代宗师陈省身先生就去世了。文中提到陈先生93岁高龄仍在研究世界性难题。后来的事实表明，此研究未能成功，难题并未解决。

二、张奠宙、李旭辉谈话录：聚焦美国数学教育改革

——从一则美国的数学教育新闻谈起

【《数学教学》编者按】美国是当今最有影响力的国家之一，包括数学教育领域。中国的数学课程标准的制订就很受美国数学教育理念的影响。张奠宙教授多次访问美国，关注美国的数学教育。李旭辉博士曾在华东师范大学任教，现旅居美国。他们都是数学教育方面的学者，具有全球视野，又都关心中国数学教育的未来，因此每有长谈，把他们从不同角度的观察和思考记录下来，当是有意义的事。

张：最近美国最主要的数学新闻是什么？

李：我想大家都在关注美国国家数学教育咨询委员会的活动。委员会计划在2008年2月向总统提交最后报告之前，在全美各地举行十次会议。从2006年5月（华盛顿）开始，继续在6月（北卡州）、9月（波士顿）、11月（洛杉矶）、2007年1月（新奥尔良）、4月（芝加哥）举行了六次会议，现在是第七次会议，地点在迈阿密，时间是6月5日至6日。详细的日程已经公布。

2006年4月18日，布什总统任命一个“国家数学教育咨询委员会”（National Mathematics Advisory Panel），旨在帮助总统和教育部长在科学研究的基础上构建最好的美国数学教育。委员会有20位成员和4位正式机构的“当然成员”。委员会的具体目标是在2008年2月向总统提出正式的报告（一个供讨论用的初步报告已经在网上公布，通过适当的手续就可以读到）。委员会分成以下5个工作小组：概念性知识和技能、学习过程、教学实践、教师、评价。委员会有专门的网站，公布所有的信息。每个成员的简历都公开在网上。20名委员来自各个领域，主席佛克纳尔（Larry R. Faulkner）是一位化学博士，在许多大学化学系任教授、主任以及学院院长，退休前连续8年在美国最大的公立学校德克萨斯大学担任校长，现任休斯顿一个私人设立的慈善基金会主

席，德州大学荣休教授。副主席本鲍（Camilla Persson Benbow）是一位教育心理学家。

张：我注意到成员中有心理学家、数学家、数学教育家、数学教师等。其中包括两位华裔学者，一位是加州大学伯克利分校数学家伍鸿熙教授，另一位是卡耐基基金会的马立平博士。

李：马博士先在华东师范大学获得硕士学位，后在斯坦福大学获得博士学位。其导师是全美教育研究学会前会长 Lee Shulman。一本以博士论文为基础的著作（*Knowing and Teaching Elementary Mathematics*）指出美国小学数学教师的数学水平低下，成为美国教育方面的畅销书。美国数学教育界几乎人手一册。

张：2005 年在香港遇到她，她说该书已经卖掉 5 万本，在数学教育类的学术著作中，真可说是绝无仅有。那么这本有关中国和美国小学数学教师的著作为何在美国如此受欢迎？

李：1999 年该书出版时，美国数学教育界正经历两件历史性事件。其一是第三次国际数学和科学评测（TIMSS）的结果刚刚出炉，美国学生的数学成绩落后于全球平均水平，其对美国政府、社会和教育界的震动不亚于 1957 年苏联发射第一颗人造地球卫星。马博士的研究揭示了造成中美学生数学成绩差别的一个重要原因——教师的专业知识水平。其二是时值所谓的“数学战争”达到白热化。涉及论战的两大对立派系都从该书中找到了对本方观点有利的论据：强调基本技能的数学家们认为此书点出了美国数学基础教育的死穴——缺乏扎实的基本功；主张“概念性理解”（Conceptual understanding）的改革派则指出中国数学教师胜在对数学知识的系统和灵活的理解，并将此种理解融会贯通在教学中。此书不仅有其导师 Lee Shulman 作序，而且同时得到论战两派的鼎力推荐，这在美国教育论争的历史上实在少见。

另外，马博士的研究选取了借位减法、多位数乘法、分数除法等几个小学数学的核心问题，数据分析层层深入，最后上升到理论的高度，这对教师培训的理论和实践都有直接的指导作用，这也是此书受欢迎的另一个重要原因。

张：美国一般数学教师怎样看待中国的数学教育？

李：我所接触过的美国中小学数学教师，对亚裔学生的刻苦努力和良好成绩十分认可。每当我有机会向他们介绍中国数学教育里重视“双基”教学的传统，他们都感到很新奇和佩服。但是，由于对中国文化和数学教育没有切身体会，他们往往不完全赞成学生从小学开始就做大量的训练。当今美国数学教育的整体氛围是强调概念性理解，淡化技能，很多人甚至将技能训练（drill and practice）谑称为“训练加扼杀”(drill and kill)。

张：关于“双基”，是我们以后的话题。我在思考的另一个问题是马博士的著作既然涉及中国小学数学教师，理应在中国受观注。但是中国教育界很少谈论该著作。我想这是中国教育界长期忽视学科教育带来的结果。中国的学科教育很少能进入教育家和教育领导部门的视野。数学教育很难得到研究经费，数学教育工作者有点像是“二等公民”。

李：美国的情形稍微好些。首先是学科教育研发经费的来源多样化，有联邦、州和地方政府拨款，民间基金会和非赢利学术机构立项，企业和私人赞助等。数学和科学教育可以从基础教育、高等教育和数理科学研究等多个方向申请经费。资助力度也比较大。我参与过几个大型数学教育研究项目，3 年的经费介于 100 万美元到 200 万美元，5 年项目则可以超过 1000 美元。

同时，学科教育研究要得到更多重视，必须发展出自己独特的理论体系、研究课题和研究方法。从这个意义上说，当代数学教育还没有完全从一般教育中独立出来，还有很长的路要走。美国数学会“数学科目分类”在 2000 年将“数学教育”新增为第 97 个二级条目，下设 5 个三级条目和 44 个四级条目。数学教育工作者可以在几个有影响力的数学教育研究期刊上发表论文，教育界和数学界每年召开全国和地区性的大会，并专门设立数学教育类专题。这些都对数学教育学科的发展起到促进作用。

张：项武义教授在华东师范大学的一次谈话中提到数学教育研究有“去数学化”的倾向。我觉得很切中时弊。

李：只重教育手段而忽视数学知识内容的情形在美国也很普遍。不过，数学内容是基础，是必要条件，但并不是高质量教学的充分条件。

Shulman 提出研究教师学科教学知识（即 Pedagogical Content Knowledge）的建议，成果就基于此。

张：那是另一个话题了，我们下次再谈。

【后记】本文刊于《数学教学》2007 年第 7 期。李旭辉于 1995 年在华东师大数学系获得硕士学位，我是他的导师。毕业后他留校工作。1999 年去美国留学，2005 年获得密西根大学的博士学位。其研究方向是数学教育。我们一直有许多联系，时常讨论一些学术问题。我将来往的电子邮件整理一下，写成了三篇谈话录，即本文及以下两篇文章。

三、张奠宙、李旭辉谈话录：关于数学知识的学术形态和教育形态

李：好几年前，你提出数学知识的学术形态和教育形态（《数学通报》2001 年第 4 期），那是出于怎样的考虑？

张：那是我思考所谓“师范性”得出的结果。我在华东师范大学 50 多年，常常被人问起：师范大学和其他大学有什么区别？确实，师范大学数学系的课程如数学分析、线性代数、微分几何，和一般大学并没有区别。但是我认为，师范大学的老师，不管是否从事数学教育研究，都要善于把数学知识的学术形态转变为学生容易接受的教育形态。

荷兰教育家弗赖登塔尔（H. Freudenthal）认为所谓“数学知识的学术形态”，是按照逻辑演绎方式进行形式化的表述，显示出一种“冰冷的美丽”。数学的教育形态，则是依照人的认知规律做使人容易接受的陈述，呈现为火热的思考过程。可是，许多大学数学老师的教学只是把教材上的定义、定理、证明在黑板上抄一遍。只讲推理不讲道理，这是所有数学教师都应该避免的，在师范大学尤其要不得。

1998 年在北京师范大学举行的面向 21 世纪师范教育国际研讨会上，我曾经就这一想法做过发言。那次会议，美国的 Lee Shulman 教授也参加了。他提出的 Pedagogical Content Knowledge（PCK，学科教学知识），对我们实施教师教育、办好师范大学有启示作用。

李：数学家希望学生学习数学的学术形态，严密而精炼，教育家希望学生享受学习过程，培养合作、探究、创造的品格。数学教育家要做的事就是研究怎样呈现教育形态，所以数学教育家的工作是很重要的。Lee Shulman 也正是看到了这一点。教师的 PCK 包括以下几种基本知识：选用适当的术语、实例和例题来讲解概念、性质和方法，熟悉学生常犯的典型错误，普遍的学习难点，其成因及教学对策，根据学科结构和学生特点安排和联系不同知识点和前后章节等。

张：让我们来考察一些具体的实例。我经常引用的一个例子是关于

"方程"的概念。教材上用黑体标出"含有未知数的等式叫方程"。这个定义看起来简单明了，是一种学术形态的表示。但是对学生来说，这实在不重要。记住它能提高解方程的能力吗？我觉得"方程是为了寻求未知数，在已知数和未知数之间建立的等式关系"。这是教育形态的定义。其中讲明了方程的目标，提供了数学思想，指明它是一种关系。

李：学术形态和教育形态并不排斥，很多情形下是统一的。有一个很简单的例子，一个小学生说："6是偶数，也可以是奇数。"老师顺藤摸瓜，让该学生解释为何6是奇数。学生说："因为它是3个2相加，里面有奇数3。"（密西根大学数学教育家 Deborah Ball 的著名例子）思维过程是暴露出来了，错误原因也找到了。教师要帮助这个学生改正错误，就必须按奇偶数定义和逻辑规则，一步步解释，回归到严密的学术形态。这样的思维过程，既是学术形态，也是教育形态。

教育形态并非无所不能。在美国，数学教学大量使用教具、计算器和计算机等直观手段，数学教师既要熟悉这些辅助工具的特长，也要了解其局限。比如，天平模型可以很形象地表示一元一次方程的求解过程，但系数和根必须是正整数。滥用教育形态则可能误导学生。很多美国老师喜欢用类比和比喻。我曾听过一位老师讲直线的斜率。英文里用"rise over run（上升与前进之比）"描述。于是这位老师用"早上起床后去厨房喝水"这个比喻：从床上坐起来是"上升"，然后走到厨房是"前进"。这样说，似乎很贴近学生生活，学生容易听懂，却和"斜率"概念的本质不相干。离开了数学本质，谈教育形态就没有意义了。

张：我在上海也听说，正弦定理用量角器和刻度尺量，用计算器算出来。这也离开了数学本质。实际上，数学是一种科学语言。逻辑地表示一种思维过程，本身就有巨大的教育意义。

当然，有些概念只能使用教育形态，不能使用学术形态。例如长度、面积、体积的概念，只能模糊地描述，总不能要求中小学生去理解"某集合类上定义的有限可加、运动不变的正则测度"。所以数学家不能苛求。苏步青先生对编写中学教材的建议是"混而不错"，混，是为了容易接受；不错，则是不能离开数学本质，这已经成为数学教育的经典论断。

李：怎样阐述数学知识的学术形态和教育形态，是数学教育工作者的责任所在，也是一般教育学、心理学“难以解决”的课题。

张：Lee Shulman 的 PCK 理论，研究具有教学法意义的学科知识，对此我们似乎还关注得不够。

李：最近在网上浏览了《数学教育学报》2001 年至 2007 年的目录，初步印象是：（1）国内数学教育研究方向主要集中于“三论”；（2）理论和思辨类文章多于实证研究。

在《数学教育学报》的教师心理研究门类里，绝大多数论文探讨的是教师的观念，仅有一篇直接讨论教师知识。看来，“数学 PCK 的特征及其在教学实践中的应用”“教师教育形态的数学知识及其与学术形态数学知识的关系”这样的课题还大有研究的可能和必要。

张：可能的话，请写一篇研究综述，介绍教师的“教育数学知识”（mathematical knowledge for teaching）这类概念的起源、认识论基础、国外研究的理论框架、课题和方法，以及对中国数学教师心理和发展研究的启示等，我想会有参考价值。

李：愿意尽力。

【后记】本文原刊于《数学教学》2007 年第 8 期。

四、张奠宙、李旭辉谈话录：《成功需要基础》给我们的启示

张：最近，从网上看到美国国家数学教育咨询委员会在今年4月初正式发表了题为《成功需要基础》（*Foundations for Success*）的总结报告。你对这份报告有何看法？

李：经过20个月的资料分析、调查研究和开放式讨论，该委员会从7个方面分析了美国数学教育的现状（课程内容、学习过程、教师和教师培训、教学实践、教材、测试评估、教育研究的政策和机制），并有针对性地提出了一系列建议。

张：我对这份报告的名称很感兴趣——成功需要基础。意思是为了成功，必须打好基础。也就是说，报告的核心是谈打好学生的数学基础。我们最近一段时间，谈创新、探究、发现，却不提或者轻视基础。对于“数学双基教学”，我国教育界并未给予好评。当然，不能为基础而基础，花岗岩基础上盖茅草房是一种浪费。因此，打基础的目标是成功，说得很对。

李：给我印象最深的，是贯穿于报告中的“阶梯上升式”数学课程和教学理念：数学概念和技能的教学必须一步一个台阶，基础扎实了才能向前向上迈进。报告强调，小学和初中阶段的数学课程教材和教学必须突出重点，打好基础，内容前后连贯，循序渐进。报告特别以中学代数为例，阐述了代数学的本质，6个主要课题（符号和表达式、一次方程、二次方程、函数、多项式、排列组合）和各自的知识要点，以及三大核心基础技能（自然数的四则运算，分数、小数和百分数的比较与运算和一些基本几何形体的周长、面积与体积计算）。对于这些基础技能，报告明确指定了学习目标。比如，到三年级末，学生必须熟练掌握自然数的加减法；到五年级末，学生必须熟练掌握自然数乘除法，分数、小数和百分数的比较以及加减法运算。

张：这在中国似乎不是问题。“整、小、分”三种运算必须过关，

能够心算，还要有一定的速度，早已是大家的共识，必须达到的目标。我记得以前美国学生学习分数要在中学进行，现在五年级也要掌握。看来改革的决心不小。我仿佛已经听到了追赶的脚步声。

李：我觉得这次提倡的"阶梯式"理念，切中了美国数学教学重点不清、逻辑关系不明的要害，意在纠正现行的小步子的"螺旋上升"课程教学模式。在2000年发表的《学校数学原则和标准》中，NCTM认为数与运算、代数、几何、测量、数据分析和概率不仅仅是单独的科目（subject），也是5条数学课程主线（strand），学生们从幼儿园到高中毕业每年都应当同时学习这5方面的内容。各州制订的数学课程标准在小学和初中阶段基本上都遵循这样一种设计。"螺旋上升"模式的初衷是充分照顾到学生在认知能力、兴趣和需求上的差异，但重复性很强，逻辑递进关系不明确。比如说我们随便找一套三本的代数教材（代数预备、代数1和代数2），肯定有三四章内容是雷同的。实施起来，很容易变成数学概念和方法的简单堆砌，浅尝辄止后，学习上出现的问题往往带到下一个年级，"学习欠债"的雪球越滚越大。

张：前段时间，中国也曾经提倡过"螺旋上升"。学习领域也是数与代数、空间与图形、统计与概率、综合实践4大块。不过，除了概率部分有重复，其他部分似乎并没有出现重复和浅尝辄止的毛病。但是，现在美国用"阶梯上升"的提法比较科学，我们也要警惕这种小步子"螺旋"搞得不深不透的现象。

李：这次报告还特别研究了一些TIMSS数学成绩优秀的国家和地区的数学课程，认为他们的共同特色是"重点突出、基础扎实、前后连贯"，所以值得借鉴。我想这些特点也正是中国数学教学强调"双基"的风格。

张：中国数学"双基"教学，我认为是好传统，应该科学地继承。2002年和2004年的数学教育高级研讨班都以数学"双基"教学为主题，而且出版了著作《中国数学双基教学》。但是，"双基"教学也可能被异化，成为"考试功利主义"的挡箭牌。那么，美国数学界和教育界对这份报告的反应如何？

李：我所接触的数学家对报告多持肯定态度。遵循数学学科的逻辑结构，注重严格性和准确性，这些是数学家对数学教学的基本要求。NCTM 在报告发表的当天就表明了支持的立场。教育家和教师们则评价不一。有的认为学生学习的差异很大，尤其是像代数这样的学科分支。有的则质疑报告中所援引的一些教育研究资料的可靠度。人们对什么是“科学的”可靠的教育研究仍有争议。

张：这份报告为什么特别强调中学代数？20 世纪 80 年代末和 20 世纪 90 年代初美国数学教育工作者曾提出“人人学代数”（Algebra for All）的口号，代数在当今美国中学数学课程里的地位如何？

李：美国多数州要求学生在高中阶段修读 3 到 4 门数学课（代数 1、代数 2、几何、三角、数学建模和应用、微积分预备等），但一般只有代数 1 是必修课程，其余为选修。代数 1 的主要内容包括数与式、一元一次和一元二次方程、一次和二次函数，二元一次方程组、一元一次不等式（组）。与我国的代数课程比起来，要求并不高。

张：这大体相当于我国初中的水平。代数 2 则相当于我国高中的代数：幂函数、对数函数、指数函数、级数、排列组合、概率计算，但不包括三角函数。既然中美两国中学的数学内容大体差不多，那么美国的问题究竟出在哪儿呢？

李：问题是选读代数的学生太少。过去十多年里美国的中学代数课程有三个发展趋势：一是高中毕业前至少修读过一年代数的学生百分比逐年上升，现在已超过 95%。二是越来越多的学区和学校希望学生在八年级（初三）就学习代数 1，而不必等到高一。我所在的加州就是自上而下极力建议尽早学代数。三是已有多个州已经或正在考虑要求学生高中毕业前修读两年的代数。

张：中国中学生几乎都要学习代数 1 和代数 2。这样看来，必修要求比美国高。但是美国的优秀生，高中学习微积分、线性代数、微分方程，内容要求又比中国的优秀学生高得多。上海的学生一律不学微积分，一刀切是中国的问题所在。考试一张卷子，多元化就谈不上了。

李：美国则相反，主张多元化的人多，不要求每个人都学那么多的数学。要求全部学生都要学习代数，尤其是提早到初中阶段，美国社会和教育界内部对此一直存在争议。支持者认为，代数语言是现代数学的核心语言，代数思想是极其重要的思维工具，它们为学生将来的工作和更高层次的学习打下知识和技能基础，对思考解决生活实际问题也有关键作用，因此是有独立思考和问题解决能力的现代公民的必备素质。黑人数学教育家和社会活动家 Bob Moses 甚至将普及代数知识视为人权运动的一部份，从 20 世纪 60 年代开始就在中南部少数民族聚居的地区致力于帮助学生学习代数。反对者认为，这种普及和提早代数学习的愿望是好的，但是学生知识和兴趣发展不平衡，许多人基础不够，各州和学区的课程设置和教材也不同，所以不应搞一刀切。

张：那么为什么要求每个人都学习更多的代数呢？代数对于学生的未来有用吗？重要吗？美国人是怎么看的？

李：记得有同事当笑话提过一个非正规的问卷调查：一组美国成年人被问及“代数学知识在你的日常生活的主要用处是什么？”多数人回答说：“辅导自己的孩子学习代数。”一般大众往往不认为代数对日常工作生活有直接的作用。《教育周刊》在 2006 年曾做问卷调查，调查过 2300 名各类普通工人，94% 的受访者承认在工作中用到一些数学，但 78% 用到的仅限于四则运算，用到代数 1 的仅有 19%，用到代数 2 的只有 9%。对于高层次高收入职业者，情况有所不同。美国教育考试中心（ETS）在 2003 年进行的一次权威调查显示，在收入最高的 25% 的美国年轻人中，有 84% 的人至少学习过两年的代数或更高级的数学。

张：这就是问题的关键所在了。高收入的人学习代数多，说明未来就业和学生学习代数的多少有密切关系。多读数学，接受高等教育，有利于成长为中产阶级，甚至加入富人队伍。所以，加强代数学习乃是社会对数学教育提出的要求。

李：是的。2005 年比尔·盖茨在全美州长联合会年会上尖锐地指出，“我走遍一个又一个学区，看到的是富有家庭的孩子在学习代数 2，而低收入家庭和少数族裔的孩子们学的只是如何平衡自己的账本。我们必须消除这种不公平现象”。

张：代数不仅仅是具体的知识和技能，还是一种思维方式，并且与一个人的其他知识能力有正相关关系。

李：高素质的人力资源是维护美国世界经济领头羊地位的保障。近年来美国经济走下坡路，大量企业移往发展中国家，尤其是中国和印度等国经济稳步崛起。美国政界、商界和教育界的一些人士将这种反差归结于美国劳动者综合素质的下降，以及中国、印度理工科高级人才数量的激增。提高数学教育质量成了提高劳动力质量和竞争力的关键。两年前我在密歇根州工作时，那里的经济不景气，以汽车城底特律为代表的汽车制造业迅速衰退。该州州长在进行连任竞选时明确提出，要增强密歇根人的竞争力，增加就业机会。其措施之一就是由州议会通过了新的法案，要求所有学生在高中毕业前必须学习代数2。

张：我认为中国经济起飞和中国数学教育的相对成功不无关系。中国劳动力在数的运算和代数式的演算方面，与发达国家相比并无劣势，也许有相当优势。不过国内教育界并没有对此加以强调，我认为有所偏颇。最后一个问题，你对这次报告中只强调代数的重要，而未提加强几何教学是怎么看呢？

李：我也想过这一问题。美国已经很多年没有平行公理这样的内容了。但是，人们似乎没有多大的抱怨。可能是不会做平面几何证明，对大学学习微积分、线性代数、概率论影响不大。可是，代数运算不行，理工科大学生就没法读下去。

张：也许就是这个道理。试想，如果高中毕业，还是停留在$\frac{1}{2}+\frac{1}{3}=\frac{2}{5}$，不学习对数、指数函数、三角函数，微积分根本不能学习。如果没有平行公理、中位线定理、四点共圆等知识，凭借代数知识还能够应付。现在，中国强调演绎几何，特别是平面几何的重要性，认为这是培养学生理性精神的不可缺少的部分。我们坚持这样做，是中国特色。未来究竟会怎样，让实践来检验。

【后记】全文发表于《数学教学》2008年第9期。

五、张奠宙、冯承德、徐云华谈话录：中国数学教育的软肋——高中空转

——冯祖鸣老师等访谈录

时间：2007年8月29日。

地点：美国新罕布什尔州冯祖鸣老师寓所。

谈话人：冯祖鸣，毕业于北京大学。国际数学奥林匹克美国代表团领队。美国新罕布什尔州EXECTER中学教师。

冯承德、徐云华（冯祖鸣父母），均于1964年毕业于华东师范大学数学系，天津市高级教师。1990年去美国，在奥克拉荷马州科学与数学中学任数学教师，在美国任教17年。

奠宙：我事先打电话给各位，今天谈话的主题是“中国数学优秀生如何培养?”，各位熟悉中国和美国的数学教育，应该有许多感想与思考。

祖鸣：我是有许多感慨。中国有许多很聪明的孩子。在国际数学奥林匹克竞赛中获得好成绩的学生，在美国都很出色。最近见到几个在MIT的中国孩子，由于浓厚的学术气氛的熏陶，心无旁骛，努力学习，很受导师的重视。我的一个深切的感受是：“中国数学教育的软肋在高中，在高中最后两年的‘空转’。”

承德：我们都有同感。美国一般学生的数学水平不如中国，但是优秀生的数学水平超过中国。

奠宙：请说得明白些。

祖鸣：人到16岁开始成人，知道自己要有人生目标，优秀生开始思考未来。这是一个人成长、成型的关键时期。中国学生却在这两年天天复习高考，追求初等数学的考试高分。美国学生则不同，他们有AP课程。数学类包括微积分和线性代数两门，相邻的有计算机科学C++语言，以及高等物理、高等化学等，让学生自己选。考试是全国（甚至和欧洲的AP相联系）统一，成绩大学承认。免修意味着少交学费。

承德：我所在的 Oklahoma School of Science and Mathematics，就是专门为自然科学和数学方面的优秀生举办的学校。全美国已有 20 多所中学标明是“科学与数学学校”（未标明的优秀生学校更多）。

我们学校是两年制，只有十一和十二年级。单变量微积分是必修课。然后有 70% 的学生选修多变量微积分和线性代数。喜欢数学和物理的学生则选修常微分方程和偏微分方程。我讲过实分析和拓扑学。总之，你有能力可尽力选读。

云华：我们学校不仅数学课程多，物理课程一直教到量子物理，出现薛定谔方程，所以我们必须开设微分方程。生物学的课程尤其先进。遗传学、分子生物学、克隆、DNA 测序都要开课。整个学校的氛围是向科学的最前沿迈进。美国的优秀学生不断向前攀升，中国学生天天做高考题。中国高中的“空转”，使学生在最容易吸收知识、开始思考人生的年龄段，束缚于考试。更令人心焦的是，许多顶尖的中学不觉得“空转”现象是问题。

奠宙：可是反复的高考训练，也许有助于基础知识的掌握。常常听到美国导师夸奖中国学生数学基础扎实。

祖鸣：基础扎实是为了发展。没有远大目标的盲目打基础就是“空转”。“空转”的危害不仅限于知识的贫乏，更严重的是易带来人生目标的狭隘。美国优秀生学习 AP 课程，接触科学前沿，更重要的是开阔数学视野，树立远大理想。最可悲的是问一些中国高中生的理想是什么？回答居然是“考上北大、清华”。这算什么理想？美国学生就不同了。他们的心里都有“改变人类生活”的想法。我认识的一个亿万富翁每天还蹲在实验室熬夜工作。问他为什么，他的回答就是“想改变人类命运”。在美国，一些好的高中的目标就是要为“各行各业输送领袖式的人才”。抱负不同，结果也不同。

奠宙：古人云“取法乎上，仅得乎其中”，取法乎下，还能得到多少呢？不过，年纪轻轻，抱负很大，会不会好高骛远，脱离实际呢？

承德：美国人是基本上把知识弄清楚了就向前看，往前跑，直到最前沿。当然也会有失败者。我注意到，美国高中生有的基础不扎实，单变量微积分还可以，一到多变量微积分，就不行了，垮了。但是，一大批人冲上去了，整体的教育就成功了。许多国际竞争，最后决胜于少数顶级专家手里。比尔·盖茨的微软公司就是例子。

祖鸣：最近美国有一种手电筒，用手摇几下，就可以发出电，用以照明。

奠宙：昨天刚刚用过。

祖鸣：现在一帮人就在琢磨将这一技术用于手提电脑，免得老是充电。也许将来可以大大减轻手提电脑的重量。美国天天有人在琢磨，想用自己的努力来改变人类文明进程。这股力量是伟大的。

奠宙："高中空转"现象如何避免？

承德、云华：那就是改变高考制度的问题了，中国需要一个认定优秀学生免试直升大学的机制。AP 课程就是值得引进的课程体系。我们曾经在上海复兴中学，利用暑假，用英文讲微积分，每天 3 节课，两个星期就讲完了，学生家长都很满意。非不能也，乃不为也。

祖鸣：中国学生太听话了。给人家打工，听话、认真做事，老板才会喜欢。但是对于要求创新的优秀生，这就不行了。大家知道，有一个很出名的数学问题："在一个长方体的房间内，小虫位于最长对角线的一端，问小虫沿着墙壁上用怎样的路线爬，行程最短？"答案是把长方体表面展开成平面，则以联结这两点的直线距离为最短。但是，我在上课时，一个学生竟然站起来问哪条线是最远的呢，我一时语塞，回答不出来。中国学生或许很少会这样问的。

奠宙：现在中国的教育强调教育公平，改善西部教育条件，帮助农村中学提高教学质量。特别是没有"英才教育"的口号，避免提"精英"两字。两位怎么看？

承德：我们学校是公立学校。学生进这样的中学，也不需要交任何学费。优秀的学生有能力读，学校就要想办法开。我教过微积分、线性代数、微分方程、离散数学，以及拓扑学。然而在中国，教师把考试题做得好较容易被评为高级教师、特级教师。数学上不想进步，思想境界就不同，对学生的感染就很不一样。

祖鸣：中国的中学里，许多搞奥赛的教练还是要学习很多现代的数学，例如图论、数论等。可是一般的数学老师就不大上进了。听到和高考无关的数学就头疼。你能指望这样的数学老师培养出优秀的数学人才吗？

承德：当年陈景润在中学读书时就知道哥德巴赫猜想，听说现在教师不准讲和高考无关的数学，一旦讲了，校长、家长都会出来干涉。

奠宙：一般情形的确如此。中国教育的考试功利性远甚于美国，但是美国的英才教育又远优于中国。想到这里，不免忧心忡忡。不过，事情终会发生变化。一些优秀的中学校长已经开始意识到这一点。办学不能围着升学率转。优秀的中学需要放眼世界，也为输送“能够改变人类命运”的优秀人才做贡献。谢谢几位的谈话。下次我们谈谈中国和美国数学教师的工作环境和生活状态。

【后记】2007年，我去美国探亲，住在新罕布什尔州。那里华人不少，我认识了冯祖鸣先生，以及他的父母亲冯承德和徐爱华两位数学老师。我们畅聊了几次，我将其整理成文后，相继发表于《数学教学》杂志上。本文刊于2007年第11期。

六、张奠宙、冯承德、徐云华谈话录：没有批评表扬的学校管理

——在美国中学任数学教师的一些个人感受

2007年10月3日，我在上海会见冯承德和徐云华两位老师，继续我们的谈话。这次冯祖鸣老师没有参加。

奠宙：上次我们谈的是美国优秀中学生的培养。这次我们谈谈教师的工作。请问，在美国担任中学数学教师，和在中国担任数学教师有什么不同。

承德：最大的不同就是我们在美国中学吃大锅饭，没有晋级，工资按年资增加。没有批评表扬，大家埋头干就是了。

奠宙：美国是现代管理科学的发源地，怎么会吃大锅饭呢？请道其详。

云华：我们在天津的时候，年年评级，指标有限。晋级和房子挂钩，一家三口挤一间房。为了第二间书房，我们得先评高级职称，申报特级教师，最后终于得到了房子。可是比我们更困难的、一家三代挤在一起的同事却没有得到，所以拿到了房子心里也不大平衡。拿了房子以后，压力更大，你必须做得比别人多、比别人好才行。不断评级，指标又少，工资、房子都公开地竞争，教师处于重重压力之下，人际关系自然会紧张，自己当然觉得不快活。

承德：在美国，没有教师的等级制度。没有一级、二级、高级、特级教师等区别。回国后我们听到又出现了许多教师等级：首席教师、学科带头人、教学能手、优秀教师等，简直令人眼花缭乱。在我们奥克拉荷马学校，同事的工资相互间是不知道的，不能问也不必问。美国的教师工资不算高，勉强可以挤进“中产阶级”，基本生活无后顾之忧，主要精力全放在教学上。自己的工资按年份不断地涨。大家都是为了把学校办好，自己努力工作就是了。

奠宙：那么，就没有批评表扬，分出高下来？

云华：在学校里，教师之间从来不议论别人，更不要说公开的竞争了，目的是避免造成人际关系的紧张。我从来没有看见校长公开地表扬或者批评某个教师。表扬某个教师，就会对其他人产生压力。即便学校的学生在国际数学奥林匹克竞赛中获奖，也只是通报一下，大家鼓掌表示祝贺也就完了。没有什么因此加工资、上光荣榜、让大家学习之类的举措。

奠宙：这样做，好坏不分，怎样调动教师的积极性？

承德：这主要靠两条：一是诚信和责任感。校长尊重教师，一切交给教师处理，环境宽松，教师有责任感，就会自律，自觉做好工作。二是自由流动。如果工作环境、工资待遇能够满足自己的愿望，就一定会好好干，不需要外界压力。如果不满意，你可以到其他学校去。校长绝对不会阻拦，还会提供方便。实际上，在这样的氛围中，如果自己的工作业绩比较差，就会觉得呆不下去，自动离职。

奠宙：这有点像老子说的“无为而治”。记得数学大师陈省身在谈到数学研究所如何管理时曾说过：“你把有能力的人请来，他做什么，你不要管，他自己会做好。”学校是精神家园，从事的是培育人的工作。它的管理机制不能等同于工商企业管理“物”的机制。现在中小学的管理完全学习企业的那一套。教学以学生的统考、高考的成绩为依据，而且和工资挂钩；研究水平则以论文的篇数比较高下。一切都数量化了，似乎先进得很。人才培养能够用如此功利的方法培养吗？值得怀疑。

承德：至少，我们两人喜欢校长的这种“无为而治”的做法。我们校长非常平易近人，没有一点架子。下班后，穿上牛仔裤，回到自己的家庭农场，管理几百头牛。

奠宙：那么教学提高怎么办？有教研组吗？有教研活动吗？有公开课吗？互相听课吗？

承德：学校里没有数学教研组。数学上有一个负责管理、排课的老师，只是处理事务，不管如何教学。教学是个人的事情，教得好不好，自有公论。学生也会自然地反映出来，但是不公开调查，没有向学生发问卷之类的措施。对教师的教学，要做长时间考察，不能听到意见就找教师谈话、处理。我们的校长不干涉教学事务。

奠宙：那样做，教师是不是会偷懒、不上进呢？

云华：校长越是信任，自己越是兢兢业业。我们学校是科学与数学学校，学生的水准很高。自己不提高，就应付不了学生的提问，开不出新课，讲不出新意，自己会着急。例如数学课要为其他学科服务，量子物理课要讲薛定谔方程，所以你必须把偏微分方程准备好。如果你教的学生不能满足物理老师的需要，那多丢脸啊。所以教师不能有一点懈怠。

奠宙：老师之间是不是彼此听课，组织研讨呢？

承德：没有。凡是有人来听课，教师上课就上得不自然，往往不自觉地渗入表演的成分。上课好坏，没有绝对的标准。外人来评课，不了解学生的情况，不了解教师的整体设计，教育观念也不尽相同，就课论课，往往评不到点子上，反而伤害了老师的自尊。如果事先不通知，校长或其他人就来听课、监督，那更是绝对不行的。

奠宙：这么说，教师就没有进修、学习、提高的机会了？

云华：其他渠道很多。例如，美国有许多民间学会组织的会议，可以借此进行教学研讨。美国数学教师协会（NCTM）每年都有年会，规模很大。教师们互相交流，相当深入。政府也有培训教师的计划，暑期里去参加一次培训也是有可能的。在学校里，我们喝咖啡时，同事之间也常常会研究讨论。但是，我们不会采取听课、评课的方式。

奠宙：这是不是会影响教学质量的提高呢？

云华：美国是一个多元化的国家。教育理念不求统一，政府不会宣布某种教学方法是正确的、应该提倡的；而另外一种则是不正确的、需要批评的。一切都是由教师自己选择确定，自己做主。至于教学质量高低，又没有统一的尺子衡量，如何评定？中国用学生的考试成绩衡量教师的教学质量，用高考成绩评定教师的业绩，美国的舆论认为这不科学。学生是学习的主体，学生学不好，首先是学生自己的事情。教师的作用很重要，但并非唯一的因素。

承德：我们在美国习惯上是备课充分，讲课非常有条理，“嚼”得比较细，所以学生接受起来很舒服，效率很高，考试成绩也很好，总之很受欢迎。但是，也有一些老师，上课讲究即兴发挥，线条粗放，教学进度也不大在乎，课堂上充满激情，数学感染力比较强。这样，学生可以从不同老师的教学风格中获得多元的数学素养。我们的校长也有意地让学生接触不同老师的教学，适应各种不同的风格。俗话说，好学生不是“教”出来的，是自学“悟”出来的。细有细的好处，粗有粗的好处。那些自己能“悟”出数学真谛的学生，是极度有创造力的，并非考试成绩所能够衡量。

奠宙：说到底，还是社会文化的不同造成的。科举情节、考试公平、功利目标、压力管理等，是中国教育的特色。

承德：不管在中国还是在美国，我们都是兢兢业业，努力工作，钻研教学，提高自己。进修学习，是我们的自觉行动。当然，我们希望在比较平和、自主、自尊的环境下进行教学。

奠宙：看来，“无为而治”的学校管理，“层层压力之下”的学校管理，何者为好，见仁见智，还是一个值得研究的问题。谢谢两位。

【后记】全文发表于《数学教学》2007年第12期。

七、张奠宙、张荫南谈话录：关于数学问题解决的谈话

张荫南：复旦大学数学系教授。长期从事数学研究和教学，关注中学数学，致力于用问题驱动和问题转化来进行数学研究和教学的推广。

宙：前两年我们谈过数学教学要用问题驱动[1]，今天我们来谈如何解决“数学问题”。

南：波利亚的名著《怎样解题》能够对学生有帮助吗？

宙：书中有一个“怎样解题表”，其中分为了解问题、拟订计划、实施计划、回顾4个部分。每个部分中都列有一些问题，如：

●未知数是什么？已知数是什么？条件是什么？可能满足条件吗？

●你以前看见过吗？你知道与此相关的问题吗？试想出一个相同或相关的与未知数有关的问题。

●你可能改述此问题吗？你能够想出一个更容易着手的问题吗？你能解决问题的一部分吗？

●你能核验结果吗？你能用不同方法得出结果吗？

波利亚是著名的数学家。他在合情推理方面的论述似乎更受人们注意。国外有报道说，学生无法根据这张“怎样解题表”去解决问题。国内似乎也没有人声称按这张表去教如何解题。

南：这么说，“怎样解题”还有进一步研究发挥的空间啦！

宙：我想是的。中国是数学解题教学的大国，应该有自己的理论。最近有什么新想法吗？

南：大学老师写数学论文和中学生解答数学问题，思维过程大体上是一样的。我认为解决世间大多数的问题和数学解题一样都有4个步骤，即了解题意、找出关键、用对知识、正确表示。

宙：这听上去很一般化。

南：确实，解决任何问题的过程大体都是这样4个要点，解数学问题不应该例外。今天我们通过做数学题学会如何分析问题、准备问题、

转化问题，明天我们就可以运用在解数学题的过程中获得的经验去解决各种现实的问题。数学题容易取得，也容易说明白，解决它也不需要很多其他的专业知识作为先导。成本低廉，只要有一支笔、一张纸和坐下来静心用功的决心即可。因此，解数学题是一个很好的训练场和实验基地。

宙：数学题目大家都在做。题海战术、魔鬼式训练，以做大量的题目来达到考试时的快速反应，这类解题的训练模式的确对提高考试成绩能起到立竿见影的效果。我们相信熟能生巧，应该要求学生做相当数量的练习，以形成对知识点的快速、正确、灵活的反应。这类似于邓亚萍每天要练习打斜线数千下，练发球几百次，才能成为一名乒乓名将。

南：这就是基本训练。这是能解出题目的前提。有句名言，“重复造就完美”。基本训练不但要分章节练，还要合起来反复练。有位著名的数学家每年避暑时总要做一段矩阵计算的练习，可能就是这个原因。

宙：简单地苦练带来的“后遗症”应引起严肃的关注。久而久之，学生碰到题目时，就会产生将它与做过的、听过的、看过的题目挂钩来寻求解答的习惯性思维反射。这种方法是很辛苦的。首先，要做大量的题目，否则你将难以找到解答和模板。其次，题目的变化是千姿百态的，只是简单地对比和模仿常常不能解决问题，这时你会感到很慌张，考试时不知所措。

南：世界上的题目千千万，解法万万千，年年都考试，年年题不同。你能穷尽吗？我们真正要做的工作是提高解题效率，即如何读懂题目、找出关键、用对知识、正确表达。这里，读懂是前提，突破靠关键，用对知识是保证，正确表达才能最终完成任务。下面让我们结合一个例子来说明。

例 1 如图 1，正方形 $ABCD$ 中，以 BC 为直径作半圆，过 D 作 $\odot O$ 的切线 DE 切 $\odot O$ 于 F，交 AB 于 E。若 $AB=a$，求 $\triangle ADE$ 与四边形 $EBCD$ 周长的比。

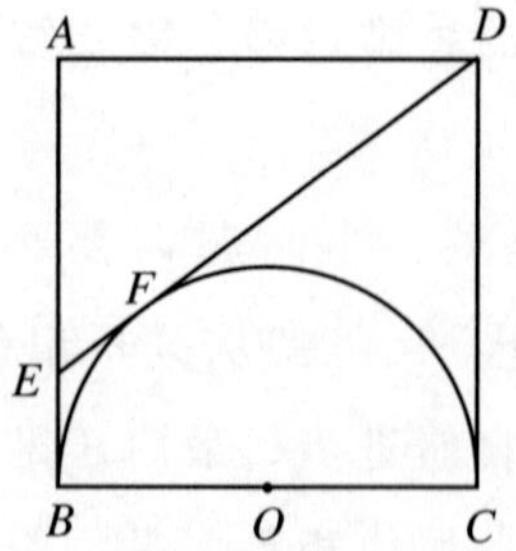

图 1

宙：先说读懂题目。我觉得读题要有数学思想做支撑。你总得明白这道题目是属于哪一个数学领域，是几何问题、论证问题？还是数字求解、代数问题？或者是随机现象的概率问题？动态的函数问题，还是静态的方程问题？是常规的程式计算问题，还是非常规的探究性问题？这些都不是看看哪些是已知数、未知数之类就事论事的思考。这需要对数学思想方法有深入的理解，依靠平时的积累。

就这道题目来说，一眼看出这是几何问题，又是求“比”的问题，涉及代数计算、比值问题，不是要求各条边的具体数值，而是令正方形边长为 a，求出相应周长之比即可。这些想法，蕴藏在脑海里，直觉地、下意识地帮助你读题。

南：你说的是宏观的读题。微观的读题则要针对每道题目所要求完成的任务。读题的任务就是利用我们的数学知识和理念对原始的题目进行加工和转化，即对题目进行预处理的过程。

就上述问题而言，我们如何读题？首先要读图。从图 1 可知，$AB=BC=CD=DA=a$，ED 是关于半圆 BFC 的切线，F 是切点。本题的目标是求 $\triangle AED$ 的周长与四边形 $DEBC$ 的周长之比。如何将切线性质转化为线段的相等，将是本题的目标。这些数学积累，使我们剥开数学题目外在的语言外壳，看到了数学问题的本意。

宙：这就是说，读题的过程是利用数学知识对题目进行加工、转化的过程。读题之后的下一步是找出关键。这大概是最困难的一步。毛泽东说“要抓事物的主要矛盾”，抓住关键，问题就解决了一半。他提出“枪杆子里面出政权”是取得中国革命胜利的关键。找关键，是一个不断分析的过程。猜想一个、尝试一个、肯定一部分、否定一部分，甚至重新探索，这是一个创新的思维过程，需要智慧。智慧只能感悟，不能传授。

南：大问题需要大智慧，小问题需要小智慧。不能把智慧当作“天上突然掉下来的林妹妹”！坚持从分析出发，从数学知识出发，使每步之间都是思维运动的自然进步，最后还是可以找到关键的。就本题而言，圆外一点所作的两条切线相等，是一眼就能看出来的结果。EB、DC 也是关于半圆 BFC 的切线，这可能是读图的关键之处。于是，将两周长分解为：

$$\triangle AED \text{ 的周长} = AE+EF+FD+DA = AE+EB+CD+DA = 3a,$$

四边形 $DEBC$ 的周长 $= FE+EB+BC+CD+DF = 2FE+2a+a = 2FE+3a$，

我们立刻可以看到 $EF=EB$，$DF=DC=a$。从此可知，关键是求 FE。

宙：找到关键，一定能够解决吗？在现实问题中依然十分困难。上面说到“枪杆子里面出政权”是关键，但是如何才能掌握好枪杆子，谈何容易！不过，对于解数学题而言，用对知识相对要容易些。这是因为数学试题是人为编制的，一定有解的，即所修课程中的知识是一定能用上去、而且够用的。只要基础扎实，就容易做到。

南：找到关键后我们对解这道题就有了思考的方向。但是，究竟路如何走，涌到面前的相关知识可能杂乱无章，一时理不山头绪来。这时需要“摸着石头过河”。方向明确，探索前进。就本题而言，只是在切线上下功夫是不够的，需要摸一块前进时可以踏上去的“石头”。圆、直径、正方形、直角等都摆在面前。根据经验，勾股定理是可以尝试的“石头”。

设 $FE=x$。由于 $\triangle AED$ 是直角三角形，故 $(a-x)^2+a^2=(a+x)^2$，

故 $x=\frac{a}{4}$。问题就解决了。

宙：你说的最后一步是“正确表达”，这重要吗？

南：正确的表达是保证我们最终完成这道题的最后一步，是我们提供结果的重要环节。可惜，这一点并不为大家所重视。任何数学问题解决的思考过程和问题解决的表示过程，它们的表示方向往往是相反的。

思考过程一般是从目标出发，看看达到目标需要什么，一步步倒退，化归为已知的情形，问题得解。而表示过程，则往往从条件出发，一步步地推向结果。就我们的例题来说，就是从条件出发的。

从图1可知，$AB=BC=CD=DA=a$，ED 是关于半圆 BFC 的切线，F 是切点。四边形 $ABCD$ 是正方形和半圆 BFC 的事实推出，EB、DC 也是关于半圆 BFC 的切线。我们立刻可以得到：

$$EF=EB,\ DF=DC=a。$$

因为 $\triangle AED$ 的周长 $=AE+EF+FD+DA=AE+EB+CD+DA=3a$，

四边形 $DEBC$ 的周长 $=FE+EB+BC+CD+DF=2FE+2a+a=2FE+3a$，

由此可知，关键是求 FE。

设 $FE=x$。

由于 $\triangle AED$ 是直角三角形，

故 $(a-x)^2+a^2=(a+x)^2$。

得到 $x=\frac{a}{4}$。

从而 $\frac{\triangle AED\text{ 的周长}}{\text{四边形 } DEBC\text{ 的周长}}=\frac{6}{7}$。

将已知信息的数学内涵用数学的术语进行正确且清楚的表达，对于要我们做的事也转化为一种适合进一步思考的形式。这时，我们会领悟到我们的题目原来是这样的！这样的思考是非常必要的。

宙：上面我们讨论的解数学题能力的4个要素，或者说4个步骤，确实与具体的数学题无关。在解任何具体问题时，都可以遵循这样的思考流程与工作规范。坚持这种理念去进行数学训练，持之以恒，必有所获。

南：这也是我们进行数学问题解决的素质教育目标。解数学题的训练能够迁移到做其他各种各样工作。例如，为了完成一个计算机的软件开发，我们首先要理解客户需求，这就是读懂题目。其次，要找出开发的关键，是算法设计还是数据整理呢？用对知识的环节对应于开发工具、开发平台的选择。最后提供正确的文档才能算完成了项目。试想，如果项目经理具有以上四要素的概念和训练，他的工作是否会有更出色的表现呢？

宙：中学是人生的起点，形成正确的工作理念和良好的工作习惯是受用一辈子的事情。具体的几何三角题都会成为你生活的往事，但通过解数学题的四要素训练所形成的工作理念、工作习惯、工作程序将伴随你一生。

南：系统的解题四要素能力训练将帮助学生系统、生动、灵活地掌握知识，并能取得应用数学工具去解题的实战经验。因为他们不是用题目套题目的模式去工作，而是从知识到题目再回到知识的方式去做题，这样学生的头脑将变得更清楚，思路更明白。当然，解题能力的四要素训练也是要有相当的强度，是需要苦练的真功夫。最终它将大大增强学生的考试能力。这一点在大学的教学中已得到证明。当然，四要素训练与传统的助考方法并无冲突，它们是互补和互相促进的关系。

参考文献

[1] 张奠宙，张荫南. 新概念：用问题驱动的数学教学（续）[J]. 高等数学研究，2004（5）.

【后记】1965年，我在复旦大学数学系进修，师从夏道行教授。张荫南是夏道行先生的研究生。那时我们就很熟悉。1966年“文革”开始，张荫南尚未完成研究生学业即去江西农场劳动。“文革”之后重返复旦大学，为我国首批18博士之一。专长泛函积分、随机过程等。退休后关注数学教育。本文载于《数学教学》2008年第3期。

八、张奠宙、毛宏德谈话录：为什么澳大利亚的学校没有升学压力

毛宏德：1958 年毕业于华东师范大学数学系。退休前任教于上海教育学院数学系，从事中小学教师培训与数学教学研究工作。现定居澳大利亚。

张：欢迎做客编辑部。1997 年上海教育学院再次并入华东师范大学。所以，我们其实是一个单位的同事了。

毛：我 20 世纪 90 年代初去澳大利亚，那时还没有合并。

张：您在澳洲还关注数学教育吗？

毛：一辈子做数学教育，已经形成一种惯性。到澳洲之后，多少还是关注的。

张：您觉得中国和澳大利亚在数学教育方面最大的差别在哪里？

毛：我国与澳大利亚的数学课程与教学差别很大。但是，我想根本的差别在于教育思想的不同。我国数学教育改革步履维艰，摆脱不了升学率的束缚是一个主要原因。在澳大利亚，学校基本上没有升学率压力。校长的行为、教师的教学都不会受升学率的影响。有一次参加家长会，一位家长问校长："学校有多少学生升到 SHS（Selective High School，华人称之为'精英中学'）呢？"校长说："我们不在乎这个比例，我们在乎学生成长得怎么样。我们的毕业生现在生活得都不错嘛。"

张：这是西方发达国家校长的典型回答。为什么中国和澳洲有这样的差异呢？

毛：中西数学教育差别在于教育思想背景的不同，而教育思想背景又是社会经济与国民生活状况的反映，简单地说就是国情不同。澳大利亚人不那么重视学历，大学教授并不那么令人羡慕，更不会让人肃然起敬，大多人认为那不过是一种职业选择而已。

张：中国人的科举意识根深蒂固。"学而优则仕"，光宗耀祖。孩

子读书好，大人有面子。澳洲人也这样吗？

毛：要回答这个问题，只要摆出澳大利亚各种职业的收入状况就行了。在这里，出租车司机的年收入是6万澳元，城市清洁工为6万～7万澳元，公立中学教师只有5万～6万澳元，大学教授的年收入也不过8万澳元。体力劳动者和脑力劳动者的收入差别不大，蓝领阶层的生活水准未见得低于白领阶层，大家都有房子、汽车，出外旅游，过着体面而舒适的生活。

张：不过，企业家、律师、医生等许多高收入者还是有的吧。

毛：那当然。我只是谈大多数的普通百姓。此外，高收入者要交很重的税，用来提高公共福利。澳大利亚是所谓的社会福利国家，国家经济要发展到相当程度才会出现这样的情形。

张：这大约是发达国家中学校没有升学率压力的社会经济根源。我曾在一位德国教授的家里，问教授的儿子想不想当教授，他回答："不，我爸爸每天工作很晚，几乎没有假期。太辛苦了。我希望每周工作35小时，其余时间都是我的。我有我的生活。"人生道路的选择，因人而异。

毛：可是澳大利亚的华人社会就不是这样了。大家还是要上好学校，考名牌大学。

张：华人有何特别的表现呢？

毛：澳大利亚是英联邦国家，学校制度基本上和英国一样。小学6年，中学6年。在小学四年级和六年级各有一次分流。四年级学年末有选拔考试，学生自愿参加，挑选不超过5%的成绩优秀学生进OC班（Opportunity Class），华人称之为"精英班"。到六年级又有一次选拔考试，遴选进入SHS的学生。SHS选拔考试通常在每年3月举行，考试科目是英语、数学、一般能力三门。华人都以子女能进"精英班"和"精英中学"为荣。

张：这相当残酷！小学四年级学生就要分流，小小年纪哪里能分辨出优秀不优秀呢？

毛：OC班学生基本上都能考入SHS，不是OC班的学生也可以应考SHS。有些孩子的智力发展晚些，早期不突出，后来很出色，这是经常有的事。澳大利亚主张受教育机会的公平，也主张因材施教，使不同成长水平的学生都能各得其所，并注意给学优生充分发展的自由与机会，OC班就具有提供机会的意思。

张：这使人想起2006年获得菲尔兹奖的数学神童陶哲轩（Terence Tao，1975—）。他的父母是香港过去的移民。1986年、1987年和1988年，陶哲轩是国际数学奥林匹克最年轻的参赛者，分别获得铜牌、银牌、金牌。11岁读微积分，17岁大学毕业，21岁获得美国普林斯顿大学博士学位，24岁升为加州大学洛杉矶分校正教授。中国学生拿了很多奥赛金牌，却还没有出现这样出类拔萃的数学人才。

毛：在澳大利亚，不像中国那样迷信考试成绩，从高分到低分，分分计较。精英班和精英中学的录取，选拔考试成绩占一半，另一半是学校的平时成绩。高考也是如此。

张：请说得详细些。也许我国能够有所借鉴。

毛：这涉及课程、考试与评价三者的作用和它们之间的关系，比较复杂，我只能说个大概。OC班、SHS和高考，即HSC（Higher School Certificate）考试都是选拔性考试，但考试成绩对于录取只起部分作用，其余则取决于各科教师对学生历年的学习的评价，包括平时考试的成绩。

张：具体说说大学入学考试。

毛：澳大利亚中学各门课程按教学大纲设有不同的学习目标与教学要求，在高考时则提供难易程度相应的不同水平的试题。如十一至十二年级的数学课程分为4种水平，分别称为“普通数学”“数学”“延伸数学1”“延伸数学2”。在高考时就有相应的4套试题，供自由选择。各种水平的考试成绩分值不同，比如说“延伸数学2”的考分也许会一分抵两分，但是题目较难；“普通数学”虽然一分只是一分，题目容易得多。学生根据自己的所长，选择报考的科目和水平。高校录取工作中最重要的一项工作是给出每位考生的UAI（Universities Admission Index，即大学录取指数）。UAI才是大学录取考生的完全依据。UAI由学生的HSC考试成绩和学校对学生在十至十二年级所学课程的成绩评价以及其他学习成绩表现换算而成。它的计算相当复杂，以非常细致的科学研究为依据，并由独立的专门机构进行操作。

张：中国的高考是一张试卷，一个水平。学优生也不得不重复地为应考做一些重复练习，在原地踏步、空转。为了实现“不同的人学习不同的数学”，澳大利亚的经验也许是非常值得参考的。

毛：我确实很欣赏这一做法。每个学生本人和家长的意愿是不同的，数学要求是不一样的。不同水平的学生上不同的数学课，各得其所，有利于身心健康。教师上课，也符合学生的实际需要，事半功倍。

张：澳大利亚普通学生的数学水平怎样呢？我想，中国学生在数学考试成绩上一定比澳大利亚要好。不过我也注意到，澳大利亚的学生在国际数学和科学评测（TIMSS，1999）中的成绩还不错，排在第11位，属于第二梯队，比英国、美国都好。

毛：中国的人口数为世界之首，要办好教育难度非常大。中国以前的教育投入很少，贫困地区连小学老师的工资都发不出，可是小学生都能背“九九表”，买东西能够心算，打工能够应付各种职业的数学需要。所以，中国的经济起飞和数学教育的支持是分不开的。至于中国学生负担重，花在数学上的时间比澳大利亚学生要多得多，是否合算？值得讨论。

张：创新能力也不够。

毛：西方文化主张个性发展，不强求学生。孩子不爱学就不学，尊重孩子的意愿。教学主张让学生自主、探索、开放，这些国内的教育改革都已经在做了。中国学生在数学考试成绩上比澳大利亚、美国都好。但各国数学教育目标的差异很大。近年来，国内有不少“小留学生”来澳大利亚上高中。他们的数学程度确实令人刮目相看，但我认为自我感觉不能太好。中国的初中数学比较深，几何、代数比别的国家要求高些，但人家学的许多东西是你所没有的。愈到高年级，便愈发现自己后劲不足，初中那点“本钱”还是很不够的。

张：不过，我们也不要以此来批判东方教育。华人孩子的数学成绩普遍比较好，有什么不好呢？孩子小时候不懂事，较贪玩，家长、老师不督促，很容易荒废的。

毛：当然，世界数学大师陈省身在20年前曾预言中国将成为“21

世纪数学大国”。这既是预言，又是期望。要实现这个目标，基础还在于我国中小学数学教育的改革与发展。

张：确实，如您所说，东西方都要进行改革，最终找到科学的平衡点。

毛：改革是永恒的。如果有一天，我国的学校能够摆脱升学率的重压，那该多好啊。至于如何摆脱，东亚各国都在想办法。事实上，要从理论上科学地找到答案确实很难。按我对澳大利亚基础教育状况的大致了解，我想，我们应该从社会思想文化观念的主导、教育制度的健全完善和教育科学方法与技术的运用这三方面去着手探究。

张：谢谢您的谈话。下次有机会再来请教。

【后记】本文刊于《数学教学》2008年第5期。毛宏德先生于1958年毕业于华东师范大学数学系，后在上海川沙县任教，之后任县教研室数学考研员，“文革”后调入上海教育学院数学系。我们曾有许多合作。他退休后移居澳大利亚，但几乎每年我们都会碰面一次。本文是我们多次谈话的整理记录。

九、张奠宙、康士凯、邹一心谈话录：从20年来的课程改革看今天

张：21世纪数学课程的改革，可以溯源于1988年开始的上海第一期课程改革。现在距那次改革，已经整整20年了。课程改革，短时间很难看出有什么效果，但是20年后回头一望，还是觉得变化很大。两位都是当时的主要参与者，应该还记得当时的情景。

康：当时教育部要求上海先走一步，把高考权、课程权、教材权一齐下放，率先做一些实验研究，为全国取得经验。数学教材的主编是微分几何专家陈昌平教授，他是数学课程改革的领导者。副主编有刘鸿坤、许鸣岐、邹一心和邱森。日常事务由组长邱森、吴炳煌、林天泗、邹一心、吴伟国等先生领导。我那时还年轻，按照主编意向在第一线当编写者。

张：这次数学课程改革一共进行了多少年？

邹：从1988年华东师范大学、卢湾区教育学院、杨浦区教育局联合中标开始，到2000年启动上海第二期课改，教材编写前后12年。按照上海市中小学课程改革委员会组织我们编写的《数学课程标准》，出版了从小学一年级到高中三年级，共12个年级的成套数学教材及教参。市教材改革主要领导也费尽脑子。如果从使用时间算，我们这套教材一直到今年（2008年）才全部由二期课改新教材代替，前后用了18年。

康：在1988年课程改革之前，学校课程设置都是单一的必修课程。于是，当时的课改理念提出“两个改变”，即要改变应试教育的课程体系，改变统得过死、学得过死的课程模式；并且针对性地提出三类课程，即必修课、选修课和活动课。这样数学课程比改革之前要灵活些。

张：中学设选修课，确实是一大进步。但是，用课程改革来抑制应试教育，似乎并不成功。现在的应试教育比那时厉害得多了。

康：与应试教育相对提出的是“素质教育”，这在当时来说仍然是一种进步。现在上海数学课程有基础课程、拓展课程和研究性课程，就是脱胎于那时。教育是一个薪火相传的过程。

邹：当时还有“三个突破”，是指要在“减轻学生负担，提高教学质量；加强基础，培养能力；提高素质，发展个性”这3个方面有所突破。21世纪的改革理念可以概括为“自主、探究、合作”，与此也是一脉相承的，只是力度更大些。

张：我那时是新编教材的审查委员，所以对教材内容的变化记忆犹新。当时新教材的主编陈昌平先生在数学上有很深的思考。我感觉当时的数学课改有4个重大突破：一是代数中的方程、负数进入小学。二是把几何分成实验几何和论证几何，包括立体几何和平面几何都是如此。三是向量的使用。四是使用计算器。从数学课程体系来说这4项改革符合时代发展，而且基本取得了成功，为全国的改革积累了经验。

邹：以前是初中一年级才开始学习代数。上海一期课改，将方程思想放到小学，用等式性质求解。这种做法应该是成功的。现在全国都接受了，国家《全日制义务教育数学课程标准（实验稿）》的一个学习领域叫“数与代数”，代数正式进入了小学。回首过去20年的改革路，感慨良多。

张：最近美国总统授命的数学教育咨询委员会研究报告，特别提出要加强代数的学习。报告指出：“如果学生能够很好地掌握代数，那么他们就能在大学里获得成功，并在21世纪全球经济发展中得到较好的就业机会。”确实，演绎几何非常重要，对于提高学生的逻辑思维能力，培养理性精神，是无可替代的。但是，就使用需要来说，平面几何的那些复杂的定理证明，不如代数来得直接。代数的本质是从“数”的运算过渡到“式”的运算，并非只是文字代表数。将来的微积分的学习都以方程、函数的思想为基础。这些都要靠式的运算（合并同类项、配方、因式分解等）来解决。所以代数的重要性日益凸现。

康：中学代数也还有一些变化，如对数。我记得在20世纪70年代“利用对数表和反对数表来计算多位数的乘法、除法、多位数的 n 次幂是几位数”这种题目很繁，计算器引入以后，这些内容一下子全部删掉了。由于计算器的引入，三角函数的诱导公式、三角恒等变换等都淡化了。削枝强干、删去繁难的运算是一期课改的重要思想，今天看来是很自然的事，但是当时一步一步走来不理解的意见还是不少的。

张：这说明对数的简化计算功能已经没有了。以前的“真数、反对数、首数和尾数、正的纯小数”等概念完全退出了历史舞台。现在学对数是为了研究对数函数。对数函数是一种数学模型。作为函数的增长，指数函数最快，当中是幂函数，对数函数最慢。现在来谈谈几何的改革。

邹：经过几何编写组反反复复研究、推敲，专家审查，几何内容也有比较大的变化，改革前的几何教学只重视公理体系出发的演绎推理，而归纳推理、类比推理等不受重视。我们当时将几何教学分为直观几何、实验几何和论证几何三个不同的阶段。直观几何只是感性认识，实验几何则是感性加上理性操作。感性认识就是观察和动手实验，是非演绎的，理性操作就是在头脑中的操作，就是说理。最后逐步向论证几何过渡。

张：以前没有实验几何的部分，一开始就从公理出发。现在引入了实验和操作，当初对此有很大的争论。

邹：那是一个大胆的尝试。论证和操作都是要把握好一个度，学生在六、七年级时形象思维能力强，而抽象思维能力不足，这时利用实验操作的方法，激发学生的学习兴趣，而到了八、九年级就需要进行论证了。2003年，讨论二期课改《高中数学课程标准》时，我们总结出平面几何改革的十六字方针“直观感知，操作确认，度量计算，思辨论证”，这和一期课程改革有关。现在国家义务教育数学课程标准实验教材华东师大版在几何内容的处理上也是沿用这种方法。

几何部分与过去相比还有一个变化，就是强调了图形的运动变换：平移、旋转和对称。通过平移和平行四边形、旋转和圆、对称和等腰三角形来学习变换，这和以前也是不一样的。

张：那么解析几何在一期课改中改了些什么？我读书时还要学蚌线和心脏线，过去就强调这些。

康：20世纪70年代时也还有不少，如旋轮线、渐开线、三叶玫瑰线等都有。一期课改后就删掉了，只剩下圆锥曲线。以此为载体，着力研究方程与曲线。以前强调解析几何的技能，如椭圆中的一些特殊性质，求某某“定值”等题目很多，当时大家对解析几何越学越庞大是意见很大的。

张：现在轨迹问题还有吗？

康：现在还有轨迹问题，但非常简单。重点是曲线和方程的思想，就是通过方程来研究曲线或者通过坐标法来研究曲线的性质。现在强调数学学科的本体性知识，而不是孤立的知识。现在强调通性通法，我记得通性通法最早是项武义老师提出的，后来大家都觉得学数学就是要学人人都能接受的数学，要让学生学到最根本的东西。解析几何的难度得到了控制。

张：我觉得这是一条课程改革的规律：内容减少，但基本思想保留。解析几何的核心思想是“方程和曲线”，学生只要掌握这个基本思想就可以了。内容可以减少，但基本思想反而突出了。

邹：但当时老师也有一些意见。准线、离心率等概念不出现，老师感觉很不方便。可如果一出现，可能又会出现无数的偏题、难题。

康：几何改革总是数学课改的难点，当时几何改革还是费了很大的力气，刚才谈了平面几何和解析几何的改革。而立体几何过去难就难在如何把空间想象能力与抽象的逻辑思维能力结合在一道。一般学生根据几何图形直观形象来形成的空间观念都能接受，而有些时候没有几何图形支撑思维，通过抽象的逻辑推理来得到空间线面关系，这样难度就又增加很多。所以当时提出一种想法，就是增加载体，立体几何开始时只考虑长方体、四面体，先研究这些载体的线面的关系，因为这些几何体在生活中较为常见，并且对长方体、四面体等这些几何体的理解将会对立体几何的定理和推论的理解提供直观形象的支撑，这样整个立体几何的难度降下来了。

邹：我感觉几何的改革还是比较平稳的，大家都能接受，步子不是很大。过去的几何很难，如欧拉线和五点共圆。平面几何降低难度，立体几何使用向量，大家都接受了并且已经习惯使用。再如向量方法的引入，教师不熟悉，需要重新学习。这在当时意见很大。可是一轮实验下来，大家就不那么反对了。现在的上海，如果不准用向量方法解立体几何题目，人们反倒会有很大的意见。

张：陈昌平先生做了很多努力。

邹：他把所有高考中的立体几何题目统统用向量方法解了一遍，很顺，所以下决心改。现在全国向量进入数学课程也成了时尚。但在当时，要费很大的力气，需具备很大的勇气。

康：一期课改时教材编写比较严谨。落笔时反复斟酌，在教材的细节处理上力图做到精雕细刻。如空集的定义，以前空集的定义是不含任何元素的集合，集合又是由有确定对象的全体构成的，集合是有确定对象的，空集是集合但又不含对象，那么从逻辑上来看，这个空集的定义就有些问题。为此，我们对空集做了如下处理："为了表示不含元素的情况，我们引进了空集的概念，规定空集不含任何元素。"用"引进""规定"这样的字眼进行处理，就比较合适。当时为了这个定义，我们还查了那汤松的《实变函数》。如"集合相等"这个概念，我们是放在子集、集合的包含关系等出现以后才出现的，在这以前等号是不允许出现的。教材写得严格能培养学生思维的严谨性。当时每一页教材都是反复修改的。

邹：当时还没有电子稿，在手写稿上改来改去，陈昌平先生用了很多小纸条，一张张粘上去。一本薄薄的教材原稿像一本大字典。

康：另外，对于教材的框架，即什么内容先出，什么知识后出，当时也是花了很多功夫。比如立体几何中的直线和平面的位置关系，应该在公理"两个平面相交有且只有一条交线"这个公理后出现，如果出现在公理前面，如何知道平面与平面相交是一条直线？所以当初是很注意这种言必有据以保持教材框架上的逻辑性。还有，我认为向量的引进也要注意和谐，如在立体几何中这样引出"直线和平面平行"的判定定理：平面外的直线和平面上的一条直线平行，那么这条直线与平面平行。学习向量以后，又是这样引出"一条直线和平面的法向量垂直就是直线和平面平行"。我认为一个好的教材是和谐的，对同一个问题的说法前后要一致。当时我们的做法就是先立体几何、最后向量，不要捏在一块，学生容易搞不清楚。

邹：这个问题很有趣，如何理顺立体几何和向量两套语言，使其能够统一？这是一个可以研究的问题。

康：一期课改十分注意结构问题，要注意先出来的内容是否对后面的内容有影响？依据是否充足？如果依据充足，那么结构就比较和谐。我的体会是教材的前后顺序在保证科学性的前提下也要考虑学生的认知规律。例如，以前教材的排列组合这部分内容都是先出现加法原理，再出现乘法原理，而当时我们的教材编写是先出现乘法原理，再讲排列，然后讲组合，最后再出现加法原理的学习，教材难度一下子就降下来了。这样一调整，逻辑上没问题，而且比较符合学生的认知心理，现在大家都接受了这种调整。

邹：在这方面确实有讲究。一期课改也有经验教训，如那时等差数列和等比数列是一起类比出现的，本想通过类比的方法来学习，提高效率。这个愿望很好，但是两个内容搞在一起了，学生却不好掌握。有些急于求成，通过实验发现还是原来的好。

康：从认知心理来说，这样给学生造成了障碍，所以现在二期课改又改回来了。

邹：我认为上次课改还有些问题需要弥补，最急迫的就是微积分的问题。陈昌平先生到中学里讲到这个问题就潸然泪下，而且就高中微积分被砍问题写了一首诗，“可怜十载报国心，换来一把辛酸泪，曲直是非何须争，长江毕竟入海流”，当时被砍的理由是大学教师反对，其实我也问过许多大学教师，他们并不反对中学里引入微积分。多数国家的高中教材里都有微积分，全国的教材中也有微积分。外地老师有一首打油诗，也是讲上海的微积分改革，“外地学上海，刚刚学到手，上海又变样，赤脚赶不上”。平面几何改革也曾出现曲折，为所谓“减轻学生负担”，当时几何曾被指令硬性砍掉30%，只好砍圆的内容，与圆有关的角基本删掉了，内容支离破碎，这些都是当时取得的教训。一期还有很多来不及考虑的问题，如数学应用、习题的设计等，这些都需要二期课改来完善。

张：问题不能避免，如微积分的反复、平均数没有统计味道、统计与概率割裂，变换几何的处理也不能说很成功。有些问题尽管前进了，但是仍然没有得到很好的解决。现在这次谈话，就是要大家不要忘了上次的改革。陈昌平先生作为教材的主编，他是一个数学家，对数学做了非常深刻的思考以后来指导教育，他天天都在思考，从数学、教育，从国外的比较当中，认真地思考，拿出了具体的做法和方案。

康：那时组织工作做得比较好，编委会一个星期一定要碰两次头，进行讨论，第一本教材出来的时候，我在华东师范大学“关”了半个月修改稿子。一期课改的正副主编和编者已有多人过世，很怀念他们。

张：这次谈话，算是一种“不能忘却的纪念”，谢谢两位。

【后记】全文发表于《数学教学》2008年第11期。

附 《从20年来的课程改革看今天》的读后感

张福生

读了张奠宙先生与邹一心、康士凯先生的谈话，作为上海一期课改的过来人和数学教材的编写者，不由得勾起许许多多的回忆，百感交集。

我觉得，邹一心先生提到的一期课改“两个改变，三个突破”的改革目标，在当时是很有现实针对性的，由此产生的必修课程、选修课程、活动课程3个板块的课程结构，也是符合改革目标的。康士凯、邹一心先生谈到的数学教材“削枝强干，删去繁难的运算”“精简内容，突出思想方法”等做法，就是改革的目标在数学教材中的体现，而张奠宙先生总结的4项改革，确实如他所说，是“符合时代发展，而且基本取得了成功，为全国的改革积累了经验”的。

三位先生谈话中列举了一期课改数学教材在结构上的许多变化，我当时大多参与研讨，还执笔编写了部分章节教材。我当时编写教材，在内容处理上十分认真严谨，在组织安排上十分重视时空保证，确实做到了呕心沥血、精雕细刻。

谈话中先生们多次深情地提到了主编陈昌平先生的工作作风和他

对这套教材的巨大贡献。对此我深有体会。记得华东师范大学在投标编写中小学数学教材，提名陈先生担任这套教材的主编时，他还在美国，但当他知道这次改革的目标和分量后，欣然领命，并在美国收集了不少资料，回国时带回了一批中学教材。编写过程中他严格要求，一丝不苟。除了对负数与代数方程进入小学，向量进入到几何，微积分进入高中等做了大量细致的研究、论证和指导工作，他对概率统计进入中学也费尽心思。记得有一次邹一心老师来电，说陈先生要我们傍晚到华东师范大学商量初中教材中的统计问题。在那次商讨中，陈先生一方面十分肯定概率统计进入中学，另一方面对只是引进平均数、方差公式，没有包括统计思想很不满意，尤其是初中的统计。他说这变成了求代数式的值，失去了学习统计的意义。他详细地谈了他的想法，还专门写了不少内容供编写人员参考。陈先生还经常深入到中小学听课，亲自听取一线老师对教材的意见。

对于微积分问题，陈先生非常执着，正如邹一心先生提到的那样。陈先生流泪写诗的事，感人至深。对此，我想补充几句。一期课改数学教材中原本是有微积分的。当时的设计也是遵循“精简内容，突出思想方法”的思路，只学习一次有理整函数的求导与积分，以此为载体，掌握微积分的基本思想方法。这与立体几何以长方体等为载体学习线面关系，解析几何以二次曲线为载体学习方程与曲线的思想方法等的思路是一致的。可是后来为了所谓“减负”，连这么一点点微积分也变成了选学内容，于是高考不考，微积分内容变得名存实亡。在二期课改的课程标准和教材中，微积分就完全退出，甚至没有进入拓展内容。这样，上海的数学教材就没有国家高中课程标准教材中的微积分这一块内容。邹一心先生说陈先生和高校、中学很多人对此有意见，我有同感。我多次参与这个问题的讨论，对于强行砍去微积分的做法多次据理力争，但也无济于事。这至今还是极大的遗憾。但我相信如陈先生诗中所言，“曲直是非何须争，长江毕竟入海流”，微积分进入高中是必然的事。

谈话中提到项武义教授关于中学教材要突出“通性通法”的思想，对上海乃至全国中学数学教材编写有影响。我深有体会。其实，项先生作为著名的数学家，对中学数学教材提出过许多独创见解，都值得重视。例如，在内容上，他构想通过数系通性，把方程引进小学，设计了从算术到代数的转折；通过集合逻辑，设计了由实验几何到论证几何的转折；引进向量，实现综合几何到解析几何的转折；把逼近法等分析的思想方法引进中学，设计了从常量数学到变量数学的转折。由这4个转折，形成了有特色有新意的中学数学教材体系。

最后，我还想就张奠宙先生说的“问题不能避免”，谈点认识。我认为无论什么改革，甚至无论做什么事，结果都会如张先生所说不可避免地出现问题。而其原因则是多方面的：一是当时在认识上或操作上就有偏差或不足，造成结果产生问题；二是原本设计在当时是相对更为合适的，但时代的发展提出了新的要求，使原来的做法与需求有距离，产生新的问题；三是对一种方案，本来就有多种看法或在学术上有不同见解，使得被采用的方案始终成为不同见解者的“问题”。我认为，改革不可能十全十美，但改革者一般都是采取当时认为最为适当的方案，第二种情况居多。因此，当我们回顾过去时，不要否定和指责过去，要总结经验，继承发展，不断完善，在薪火传承中更好地适应现在和未来。三位先生的谈话很好地体现了这种精神。我想，这篇谈话的意义，不仅是“不能忘却的纪念”，而且对二期课改或者今后的改革，都会有很好的思想价值和借鉴意义。

注：本文作者张福生曾任上海中小学课程教材改革委员会办公室副主任，是中学数学特级教师，上海市教育学会中小学数学教学专业委员会副理事长，中国教育学会课程专业委员会副理事长。

十、张奠宙、顾鸿达、康士凯、朱成杰谈话录：从 1939 年的数学高考试卷谈起

本次谈话者为：

顾鸿达：特级教师，上海市数学名师培养基地（黄浦）主持人。

康士凯：特级教师，上海市数学名师培养基地（杨浦）主持人。

朱成杰：教授，上海市数学名师培养基地导师。

张奠宙：华东师范大学教授，《数学教学》杂志名誉主编。

2006 年 4 月，上海设立名师培养基地。数学基地有三处，分别由顾鸿达、康士凯、胡仲威三位名师主持。张奠宙应邀到基地做过演讲，2007 年底第一期培训结束张奠宙又出席了结业仪式。在顾鸿达基地的陈列资料中，有一份“学员作业”，是 1939 年高校统一招生的数学试卷。访谈从这份考卷谈起。

1939 年国立各院校统一招生数学甲试题

（应第二组考试者试之）

1. 已知$\sqrt{2}+i$（$i=\sqrt{-1}$）为方程式 $x^6+3x^5-3x^4-6x^3+11x^2+27x-9=0$ 之一根，求其余诸根。

2. 用 De Moivre 定理解方程式：$(x-2)^2(x^2+2x+4)^2+12=0$。

3. 设 a、b、c 为不全等于零之实数，求证以下方程式恒表示两个二次曲线，并讨论其性质。

$$\begin{vmatrix} x^2 & 2xy & y^2 & 0 \\ 0 & x^2 & 2xy & y^2 \\ c & -2b & a & 0 \\ 0 & c & -2b & a \end{vmatrix}=1$$

4. 求过椭圆上之一定点上诸弦之中点之轨迹，并讨论之。

5. 设 a、b 为合乎关系 $ab\neq 0$，$a^2\neq b^2$ 之二常数，θ、φ 为合乎关系 $a+a_n\theta\neq b+a_n\varphi=0$ 之二参数（parameters）。求证：

$x=a\sin^2\theta+b\cos^2\theta$，$y=b\sin^2\varphi+a\cos^2\varphi$。

6. 有互相外切之三圆，其半径分别为 a、b、c，试求三圆当中空隙之面积。

（说明：第5题似不完整，原资料如此）

张：顾老师，你把这份考卷给培训学员看，用意何在呢？

顾：看了这份试卷，颇有些吃惊。一共6道题目，几乎都超出今天的《数学课程标准》的内容。高次方程、De Moivre 定理、行列式都被我们削减了。一个初步的感想是，数学教学似乎年年教同样的课程，可是几十年之后回头一望，变化还真不少。让学员看看，知道数学教学并非是一成不变的老套子，而是在不断地变化着。教学改革是历史发展的需要。

张：看到这张卷子，似乎回到我的中学时代。我在1949年读高二，用《范氏大代数》，内容就是这样的。我特别注意到，第一题中有 $\sqrt{2}+i$（$i=\sqrt{-1}$）的记法，现在已经没有了。现在只说 $i^2=-1$。记得那是1957年，我刚刚研究生毕业留校上复变函数论，发觉直到新中国成立后依然写 $i=\sqrt{-1}$，很不妥当。当时主编《数学教学》的余元希先生叫我将意见写成文章发表。后来这种写法就没有了，我想多少和这篇文章有关。《范氏大代数》以方程为纲，高次方程是必考的内容。

康：现在的数学课程是以函数为纲了。此外，这6道题目中没有立体几何内容。但今天的高中数学，空间想象能力培养是数学课程的重要内容之一，所以立体几何有一定地位，包括用向量方法处理。近年来，概率也进入课程，所以今日的数学课程内容，和1939年的数学课程内容相比，着重点不一样。

张：加强函数的学习，是20世纪50年代学习苏联以后形成的格局，这是一个历史的进步。其原因在于大学要学习微积分，而微积分是研究函数局部性质和整体性质的学问。三次以上方程没有根式解，一般都得用计算机求近似解。所以现在的方程内容到二次方程为止，也就够了。20世纪线性数学发展成熟，行列式很受重视，可是从20世纪50年代起就删掉了，很可惜。

顾：用向量、矩阵和行列式是水到渠成的事情。上海的课程标准中有行列式，目前准备增加矩阵。

张：美国课程标准中，矩阵是一个基本课题，看来这是一个国际趋势。第3、第4两道题目涉及解析几何，和今天的课程要求相比也有不小的变化。

朱：轨迹方程的题目现在考得少了。解析几何明显地受微积分需求的影响，较多地从函数的角度着眼。此外我的一个明显的感觉是，题目这么少，一共只有6道，和我们今天21道题目相比，数量上十分悬殊。

张：顾老师和康老师怎么看？现在许多省市有高考自主命题权，可是数学试卷的样式却大同小异，好像是一个模式。这是什么原因？

顾：2007年全国高考有十几个省市可以独立命题，各省市考生从10万左右到几十万不等，这既是一考定命运的大范围招生考试，又要能让不同类型的高校完成选拔任务，这样使试卷命题难度很大。同时命题还要受到社会稳定等各种复杂因素的制约。数学高考的内容要求这几年来有改革，一般都是做些微调。目前数学高考总题量是20～22题；三种题型：选择、填充、解答题，其中解答题占5～6题。各省市大致都是这个模式。

康：将1939年试卷与现行高考数学卷从题型方面做比较，现行高考数学卷题型丰富多了。填空题、选择题、简答题、综合题，此外还有探究型问题、能力型问题等。应该肯定，在如何培养学生探究能力方面，现行高考数学卷每年都有值得品味的好题，这也为中学教学的导向做出好的样子。如果看1939年的第2题，仅涉及因式分解和De Moivre定理，而且试题已有提示，基本上属考查技能的试题。不能不说在探究能力培养上，数学教学是在朝前走的。

张：现在的考卷题目多，又较难，是怎么造成的？

朱：1978年恢复高考时并没有这么多题目。后来受某种考试理论的影响，即考试纲要有知识点，试卷必须有相当大的知识点覆盖率，为了达到这个目标，试卷就不得不拉长。

康：在题量与得分的分布上，填空题与选择题占如今高考数学卷相当大比例。小题多就是为了追求覆盖率。今天的高中数学教学几乎用一年时间进行复习。为了提高准确率和速度，许多学生把大量时间花在填空题、选择题和简答题的重复操练上。即使再优秀的学生也不敢在这三部分试题上因为不熟练和粗心失分。

顾：这些年来数学高考试题的要求与难度都高于教材，“总题量多，试卷长度长，试题难度高，完卷时间紧”是我国数学高考四大特征。

张：上海一期课改数学教材的主编陈昌平先生呼吁减少题目数量，增加思考的时间，可惜一直没有成功。

康：确实，得分率保持在0.9的试题，难道对学生素质真那么重要？真值得百万考生花那么多时间去操练？瓶颈在于一张试卷既要保证重点大学招到优秀学生，又要兼顾高等职校也有合理的生源。

张：考试模式一成不变，就成了考试八股。八股之害，就是使得思想僵化。

康：招生制度改革或许会带来契机。高校自主招生考、春考乃至即将推出的能力水平考（与过去会考略有区别），如果大专（高职）招生能根据能力水平录取学生，那么简单的填空题、选择题的数量完全可以压缩。

朱：上海在考试改革上应该率先走出一步，毕竟地方小，组织考试要容易些。

张：听说顾老师最近在上海组织过一个测试，不少中学老师不会证明$\sqrt{3}$不是有理数，lg3不是有理数。这是否预示着证明能力越来越差？

顾：2007年10月上海市部分区对申报中学数学高级职务的教师做了一次数学测试，参加测试的高中组教师会证明lg3不是有理数者占56.5%；初中组教师会证明$\sqrt{3}$不是有理数者仅占16.4%。这些问题都是中学数学教学中的基础知识，涉及的都是数学中的基本思想和方法，不能正确完成的教师比例之高出乎大家的意料。

张：这样的题目为什么老师会觉得难？

顾：问题与高考命题模式不无关系。“lg3不是有理数”和“$\sqrt{3}$不是有理数”都不在考试范围内，所以教师就不关注。为应付高考，不少教师陷进“操练式”的教学，教师和学生都被困于题海之中，无暇顾及考试以外的题目。所以，要让中学数学教学回到数学的本和源上，改革升学考试模式是个突破口。

张：这两个题目为什么不能考，超纲吗？

朱：证明这两个题目要用反证法，对一般同学也许难了些，对学优生应该不成问题。所以如果考试分成等级，那么这类问题可以考，教师也就会关注了。

顾：能考固然好，不考也应该会做。这是基本数学素养问题。当前提高中学数学教师的数学专业素养是一项十分急迫的工作。

朱：在新一轮课改背景下，教师培训往往侧重于对先进教育理念和教学方法的学习，看来还应加强对教师的数学专业能力进行培训，因为先进的理念和教学方法脱离了具体学科就会成为僵死的教条。

张："去数学化"的情形相当严重。中国千万不能走美国的老路。现在，学习发达国家（特别是美国）的许多好经验，很有必要。但是，数学教育也不能照搬。中国基础教育的数学教育总体情况和平均水平比美国好。中国有哪些好的数学教育传统需要总结发扬呢？

朱：中国学生数学"双基"扎实是全世界公认的。教师善于运用一题多变以及将相关题目编成题组的变式训练，使学生对基础知识理解得更加深入，对基本技能掌握得更加牢固。利用一题多解激活学生的思维，让学生增强发散性思维能力、掌握解题策略也是许多优秀教师常用的法宝。我国学校有教研组、备课组，老师在教学中遇到困惑，可以在组内同行中进行研讨。我国学校对日常课堂教学、学生作业、课后辅导、考试评价等都有比较规范的管理。

张：中国数学教师的数学学科知识水平比较高，本来也是优点之一。中国旅美学者马立平博士将上海静安区第一小学的老师和美国小学老师的数学水平做比较，发现中国老师的数学解题能力明显好于美国同行。她的著作在美国成为畅销学术著作。

顾："文革"之前，中学教师培训有对教材的分析与处理，但更多的是帮助教师提高数学学科的专业水平。这也应该是我国数学教育的优良传统。

张：七一中学的詹晓民老师寄给我一张20世纪90年代初上海数学

会辅导报告的听讲证，其中写的报告内容是：

苏步青：怎样学好数学。

钱端壮：非欧几何。

张奠宙：复数的一些应用。

夏道行：e和π。

胡和生：几何变换。

我能和几位名家一起做演讲，是对我这样晚辈的提携。现在的问题是，这样的报告还能组织得起来吗？

顾：恐怕很难了。

康：老师其实是有积极性的。浮躁和功利的风气不能怪罪于老师。如果能把考试“紧箍咒”松一下，数学教师当然愿意听数学名家演讲。

张：最近我突然想到，学生学习语文是能欣赏，但不一定会做。例如喜欢唐诗，却不见得会做。音乐和美术教育也是如此。唯独数学学习，学生会做题，却不会欣赏数学。好似猪八戒吃人参果，吃到肚子里，却不知道是什么滋味。

朱：确实，我们的数学教育也有不足之处，主要是学生的创新精神和创新能力不足。数学不只是解决问题的工具，而且还是一种探求真理、认识世界的思想方法，一种现代公民的修养。

张：谢谢各位。下次有机会再谈。

【后记】全文发表于《数学教学》2008年第8期。

十一、张奠宙、张景中、王鹏远谈话录：超级画板有了免费版和“方便面”

谈话者：数学家、中国科学院院士、超级画板创建人张景中

北京大学附属中学高级教师王鹏远

华东师范大学数学系教授、《数学教学》杂志名誉主编张奠宙

谈话时间：2008年9月10日。

地点：华东师范大学逸夫楼910室。

奠宙：接到两位先生的电话，我就赶来了。这次到华东师大开什么会呢？

景中：这是教育部科技司召集的一个讨论教育信息化发展战略规划的工作会议。昨晚一到上海，我和王老师谈起数学课程改革和数学教育软件的事，马上想到您，就给您去了电话，约您一起聊聊。

奠宙：这个会的议题倒是蛮有意思的，很有讨论的必要。会议有什么进展吗？

鹏远：还是有些进展。看来至少信息技术使用的实效性得到了大家普遍的关注。许多人谈到，想要信息技术在教学和学习中发挥更大的效果，不深入学科是不行的。调查表明，针对学科开发的软件，其使用效果比普适的软件要好。

奠宙：的确，现在课堂上有不少形式主义的东西，华而不实，在数学教学中使用信息技术的状况也是这样。应该突出数学学科的特点、学科的教育价值，满足学科教学的需要。在这个前提下考虑信息技术的应用。

景中：我给中学数学老师讲课时问他们：“你们最需要技术帮你们做什么？”老师们说，一个是画图，一个是计算。我当时用超级画板现场演示给他们看，很受老师们的欢迎。现在教育信息化存在的一个误区是把普适的办公软件应用到教学中，这些软件本来就不是专为学科教学

开发设计的，自然也满足不了学科教学的特殊要求。

鹏远：我举一个例子。现在高中新课程中有利用导数研究函数单调性的内容。可在黑板上画一个三次函数的图象就是个问题。

奠宙：那当然了，用粉笔是很难在黑板上准确画出三次函数图象的，这时计算机的优势就显示出来了。老师们知道了这一点肯定会用技术。

鹏远：不单是画图象，而且可以在图象上任意取一点随手画出过这点的切线。还可以当场测量出切线的斜率。用鼠标选择这点拖动，切线也随着变化，屏幕显示的切线斜率也跟着变化。这个效果那真是一个爽！学生一看，导数的符号与函数单调性的关系全明白了。

奠宙：所以，使用计算机可以使数学变得容易一些。

鹏远：再举一个函数单调性的例子。这是学生进入高中第一个遇到的不容易理解的形式化定义。课本上的定义是这么说的：设 D 是函数 $f(x)$ 的定义域，区间 I 是 D 的子集，如果对于 I 上任意两个值 x_1、x_2，当 $x_1<x_2$ 时，都有 $f(x_1)<f(x_2)$，那么就说 $f(x)$ 是区间 I 上的递增函数，如果对于 I 上任意两个值 x_1、x_2，当 $x_1<x_2$ 时，都有 $f(x_1)>f(x_2)$，那么就说 $f(x)$ 是区间 I 上的递减函数。这么一说就把学生搞晕了，不知说的是什么意思。现在借助计算机演示，学生可以很容易理解这个形式化的定义。

奠宙：这里的关键是怎么让学生理解定义中“任意的两个值”。首先因为区间上的点有无穷多个，不能一一比较检验，所以不得不用“任意两个”的说法。这和极限定义中用“任意给一个正数 ε”的道理是一样的。现在利用计算机的可视化，真的在图象上任意取两个点，然后拖动这两个点给学生看。抽象的形式化概念借助几何直观一下子变得容易理解了。看来，信息技术给教学方法的改革提供了更多的思路。

景中：计算机对数学教学的影响不单是几何直观，比如研究函数增长的快慢：函数 $y=1.1^x$ 和 $y=x^2$ 哪个增长得快？如果凭借图象就会认为 $y=x^2$ 增长得快，但利用超级画板的计算功能，你可以方便地计算 1.1^x-x^2 的数值，利用鼠标拖动计算机屏幕显示的变量尺上的滑钮改变 x 的值，不断进行实验：让 x 从 10 变到 100，从 100 变到 500，从 500

变到1000等，你会发现函数 $y=1.1^x$ 后来居上，最终能超过函数 $y=x^2$。

鹏远：说到数学实验，张先生您还记得我跟您提到的那个例子吗？就是指数函数与它的反函数图象有几个交点的问题。我在给老师们讲课时向他们提出这个问题，多数老师认为只有当底小于1大于0时，两图象有一个交点。我说底大于1时，有可能有一个或两个交点，底小于1大于0时，两图象有可能有一个或三个交点。老师们不信，说难以想象（包括一些教了几十年高中数学的老师），我现场给他们做了数学实验，老师们一下信服了。张先生我现在给您出一个题目，您现场做做（围在张景中旁边，王鹏远出题，张景中操作电脑）。我的问题是：还有没有其他的一个函数与其反函数的图象恰好有三个交点的例子？您现在做函数 $y=x^a+b$ 与其反函数的图象，然后改变其中 a 和 b 的值试试看（看着张先生几分钟内完成这个实验，在计算机上给出反例，三人彼此对视，会心地笑了）。

奠宙：漂亮！没有计算机是不可能得到这个效果的。我想到一个比较理论性的问题：使用计算机软件进行数学教学，以前都叫作“计算机辅助教学”，我总觉得不大对。现在有人管它叫作“信息技术与数学课程整合”，我还是不大明白。到底怎样认识这件事呢？想听听张院士的高论。

景中：谈不上什么高论，只能说些想法。其实，在信息技术支持下进行学科教学是件新生事，还没有什么系统的、经过实践检验的理论。我想，在教学中使用信息技术，就是整合。整合深度不同，可以由浅入深。第一个层次，叫作“举重若轻”，就是改变工具减轻劳动。用计算机画一些比较复杂的图形总比用粉笔在黑板上画方便。用计算机写教案，修改引用总要方便些。在网上布置作业答疑就更便利了。这些工作，本来也能做，用了新技术能够做得更快更方便，学习新的工具要花时间精力，但学会了能减轻劳动，是值得的。例如，学会用超级画板做几何图形和函数曲线只要十几分钟甚至几分钟，这样一本万利的事何乐而不为呢。

奠宙：那么第二个层次呢？

景中：第二个层次，叫作“心想事成”。过去，在教学过程中常有一些想象或虚拟的比方，但实际上做不到。例如在黑板上画一个圆内接正多边形，说如果正多边形的边数越来越多，它的面积和周长就越来越接近圆的面积和周长。用了超级画板，画一个边数会逐步增加的正多边形是轻而易举的事。又如让几何图形和函数图象随参数变化，让运动的图形留下踪迹，让统计图表跟着数据变化，许多过去想到做不到的事，用了信息技术可以做到了。

奠宙：这两个层次，还是有点“辅助教学”的味道，下面呢？

景中：第三个层次，叫作“推陈出新”。随着对超级画板操作的熟悉，受同行所做的课件的启发，更多地吸取或总结了别人或自己的经验，就会产生创新的愿望和灵感。原来想不到的知识表现方式，现在可以想到了，可以设计出来了，有更多创新了。

鹏远：这相当于在一个计算机平台上，演出新戏，前面关于“反函数”的例子就是创新思考。

景中：第四个层次，叫作“众志成城”。教学资源丰富了，对信息技术运用自如了，备课方法、讲授方法、学习方法、教学组织会自然地发生变化。学生看到老师在课堂上运用自如地做图、计算、推导，看到老师创作的引人入胜的动画，就会产生自己动手试一试的强烈愿望。这时组织学生自己动手在教师指导下探索、试验，尝试开展研究性的学习。由于信息技术的介入，学生能全身心地投入到教学活动之中，对课程内容产生浓厚的兴趣。在这方面，有些老师已经做了成功的探索。

奠宙：这第四个层次，表明我们已经或者即将进入“数学教学的信息时代”，就如同“烽火台—快马驿站—航空快信”，到今天的电子邮件，是一种跨越。

鹏远：说到学生动手发现数学，其实这件事还蛮有意思呢！张先生您还记得咱们前几年主持的课题实验吗？合肥的一个初中学生提出了平行线交于无穷远点的想法，后来还写了一篇小论文。广州北大附中实验学校的初一学生成立了兴趣小组，在计算机上创作了那么多作品，自学了课外的不少数学知识……

景中：广州、济南和宜昌的实验都可以说是成功的，他们中考的成绩明显提高。所以学生如果能用上计算机学数学，肯定是有好处的。

奠宙：我相信科学地运用计算机软件，一定会增进数学理解，从而提高考试成绩。我听说贵州符美瑜老师就大面积地提高了数学考分。下面咱们换一个话题，谈谈推广问题。早在十多年前，我就看到过“Z+Z平台”，2000年在日本东京举行的国际数学教育大会上演示，许多国外同行表示非常惊讶。可是8年过去了，这么好的平台怎么没在中国普遍使用呢？我们是不是能想点办法？

鹏远：看来还是宣传得不够。我和一些专家及老师们不止一次提起过这件事。他们提了两个问题：一是几何画板是免费的，而超级画板要花钱买。二是超级画板不好学，会了几何画板一般教学的需要也能满足，所以就不想再花力气学新的了。

奠宙：这倒是个实际问题。

景中：其实，这两个问题都是误解。第一，超级画板免费版本的功能在许多方面，特别是涉及中学数学教学的一些常用功能，已经超过了几何画板。第二，超级画板学起来比几何画板容易。通常几何画板中级培训是5天。如果用超级画板，只要2～3天，而且能够掌握更多的功能。有些原来从事过几何画板培训工作的老师，现在又从事超级画板培训，对此体会很深。

鹏远：其实几何画板是国外的商业软件，不是免费的。我们现在使用的几何画板实际没有得到授权，属于盗版。几何画板在台湾等地区和新加坡等国家都是要收费的。怎么在我们这里是免费的呢？美国人就那么热心支持中国的数学教育？现在不少网站可以下载几何画板，这是有风险的。人家现在是不告你，要告的话一告一个准儿。所以“几何画板是免费的”一说不符合实际，倒是超级画板确实有免费版本或者叫普及版。

奠宙：我查了网上的数据，某搜索引擎上，超级画板是4万8千条，几何画板则是41万条，相差近10倍。超级画板如果真有免费版本，那应该胜过几何画板。可是怎样才能得到这个软件的免费版本呢？

景中：这很简单，在网站www.zplusz.org上下载，方便得很。

奠宙：我再问一个问题，王老师，你是国内最早使用几何画板的老师，记得19世纪末人民教育出版社曾经出版了你参与编写的《如何用几何画板教数学》，这是国内最早介绍几何画板的书，你能够结合自己的体会简单说说超级画板比起几何画板来“超”在哪里吗？

鹏远：可以呀！根据我切身的体会，超级画板的功能大大超过了几何画板。我们后来居上，乃是客观规律。超级画板，不限于处理几何问题，特别是对于数字计算和符号演算这部分，例如要解答有关闰年的计算方法需要计算5小时48分46秒是多少天，也就是计算$\frac{5}{24}+\frac{48}{24\times60}+\frac{46}{24\times3600}$的值，利用超级画板马上就能得到结果。又如投掷一枚硬币，正面向上的概率是0.5，现在问投掷100次（200次、500次等），恰好有一半向上的概率是多少，这其中就需要计算$C_{100}^{50}\times(0.5)^{100}$，怎么算？利用超级画板也马上能够解决。我一开始对超级画板的符号计算功能感到不可思议，就故意拿一些题目为难它，例如分解质因数12345678987654321，计算$(2a+3b)^{50}$，求$\frac{\cos 3x+\sin x}{\sin 3x+\cos x}$的导数，结果都没难倒超级画板。我感到它的确可以做数学老师的超级平台，借助超级画板仿佛站得高了，看得远了。

景中：当初开发超级画板有一个基本的想法，那就是要结合中国的实际需要，为我国基础数学教学量身定做。几何画板顾名思义，主要是为几何教学设计的，而超级画板就不仅应满足几何教学的需求，而且要考虑到代数、概率统计、微积分初步、向量、算法这些内容的教学需要。就几何而言，我们的功能要覆盖国外的所有“画板”类软件，而且操作简单。

奠宙：超级画板的免费版也操作简单吗？

鹏远：说到这里，我还得说几句。张先生为了在国内大力推广这个平台可真没少费心思。近来，不仅推出超级画板的免费版，还有操作简单的“方便面”……

奠宙：“方便面”？这是怎么一回事？

景中（笑）：你们来看我演示（张景中、王鹏远围过来边看演示，边听介绍），“方便面”就是为老师方便使用超级画板操作设计的“方便空白页面”，戏称“方便面”。许多命令都是汉语拼音字母简写组成，容易记忆使用。比如要画 $y=a\sin(bx+c)$ 的函数曲线，只要记着用“函数线”三个字的拼音首字母 hsx，键入 hsx（$a*\sin(b*x+c)$）；后按 Ctrl+Enter 执行就是了。怎么改变参数 a，b，c 的值来观察曲线变化呢？只要做出这 3 个参数的“变量尺”，“变量尺”就是“blc”，因为是 3 个参数，只要键入 blc3（a，b，c）；后按 Ctrl+Enter 执行就是了……我试着给老师们讲了几次，“方便面”非常受欢迎，老师们觉得很好学。他们说，用几何画板做同样的事情复杂得多，用其他软件如 Flash、Authoware 等就更复杂了。

奠宙：真亏了张先生为老师们想得这么周到，可谓“挖空心思”呀！

鹏远：就是没有“方便面”，超级画板的免费版对广大老师也非常有用，因为有了它就可以演示为新课程开发的课件了。这样的课件有成百上千个。老师自己开发这些课件还是需要花费许多时间的。例如配合概率教学的“投针试验”，配合圆锥截线教学的“双球”，配合对空间图形认识的“正方体的侧面展开”等。这样一来，老师教学方便多了，学生也特别喜欢。

奠宙：哎呀！你们真是做了不少工作。这一听丰富了我对超级画板的认识。看来超级画板不仅提供了功能强大的工具，还提供了内容丰富的课件库。我就不明白这么好的软件，我们为什么不能让更多的老师用起来呢？

景中：看来有个指导方针问题。如果能把“博采众长、自主创新、深入学科、讲求实效”作为指导方针，就会形成一股合力，把教育信息化落到实处。

奠宙：这样自主创新的工作，国家理应给予大力扶持。我想既然超级画板有免费版和“方便面”，我们可以建议把它写进课程标准和教材。教育软件的推广使用，有商业成分，所以不能采取政府行为加以推广。但是，扶持自主创新的知识产权，是国家应有的责任。至少应该在学术研究、教师培训等方面，给予支持。

鹏远：这就要依靠您的影响了。您是数学教育的专家，景中院士是数学家、计算机专家，又是数学教育改革的“发烧友”，这是一个很好的组合。我想我们还可以合作做一些事情的。现在的问题是，虽然超级画板在性能上完全覆盖了国外的一些通用软件，在智能性上超过了它们，但是却得不到国内的数学教育杂志和一些大出版社的支持。大家不了解，又缺乏宣传。要将国外软件已经占领的市场收复回来，很不容易。

奠宙：我想大家了解了，一定会积极支持。既免费，又方便，大家当然会欢迎。首先，我们《数学教学》可以做一点事，为超级画板开辟一个专栏。从入门开始，让每一个愿意使用的老师，都能按部就班地容易地用上超级画板免费版和“方便面”！先放一个“试探气球”看看反应吧。

景中：很好，希望大家做比较。

奠宙：还有一个问题，既然免费版有这么强的功能，那超级画板的正式版还有什么使用价值？人家不买正式版怎么办？

景中：免费版考虑更多的是社会效益和我国的国情，让全国的老师享受信息化的好处。但是，老师的需求不同，有的需要我们提供更多更强的功能，如机器证明功能，自己开发的课件的加密功能等。超级画板的正式版可以满足老师们这方面的需要。另外，我们对这个软件的国际竞争力有足够的信心。在国际上按照通常的惯例，我们将提供正式版本。

奠宙：今天的谈话很有意思，下一次你们到上海来，我们再聚聚。

鹏远：好！您先把下次沙龙的议题布置一下。

奠宙：21 世纪的第一个十年快要过去，那么 2010 年以后的十年间，数学教育技术会是怎样的局面，下次能不能就这个问题深入讨论一下呢。谢谢你们。

【后记】全文发表于《数学教学》2008 年第 12 期。

十二、张奠宙、黄毅英谈话录：关于东西方数学教育观念的碰撞

谈话者：香港中文大学教授黄毅英

华东师范大学数学系教授、《数学教学》杂志名誉主编张奠宙

2008 年 5 月 6 日，黄毅英博士应邀访问华东师范大学，在课程与教学研究所演讲，题目是“一个‘半路出家’者的漫漫教育研究路”。谈话在演讲前后进行。

张：许久不见，欢迎你来上海。我们交往快 20 年了吧。

黄：记得是 1992 年在加拿大的魁北克举行国际数学教育大会时第一次见面。

张：今天演讲题目中有“半路出家”，这是何意？

黄：我在香港大学毕业后先从事数学研究，研究拓扑学；后来又当过十年中学教师，中间念第二个硕士——教育学，后进入香港中文大学任教，之后在香港大学念博士，正式“出家”。

张：我更是“半路出家”，以前研究泛函分析，当了教授之后，于 1986 年招收数学教育的硕士生范良火，算是介入数学教育。不过，我没有你教中学的经验，比不上你。

黄：我讲“半路出家”的意思是，数学问题的解决是黑白分明，教育问题则是多面的，往往没有绝对的对错之分。于是，就有如何选择研究方法的问题，而这至今仍在探索中。

张：香港是中西文化交流碰撞的地方，你又在中国传统文化和西方实证研究两个方面都有深入的研究，所以大家都很期待你的演讲。

黄：多谢，除像弗洛伊德、皮亚杰这样的大家能够别开生面以外，我想我们一般的研究都是在漫漫研究长河中向前推一步而已。推一步也很有挑战性，先得做周密的文献调查，把前人的东西弄清楚。还得有自己选择的研究方向，要想做到研究方法正确，结论有所创新，还是很不

容易的。

张：现在数学教育研究的话语权掌握在西方学者手里，学院派的研究方法倡导实证主义，崇尚定量分析，我们在这方面做得很不够。我们出版的《数学教育学报》在海外得不到认可，被认为不像学报。主要原因就是在学术研究层面上有缺失。

黄：在数学教育领域，东西方的学术研究确实有差异。东亚各国，在数学教育实践上有一些成功的经验，至少学生的数学学习成绩优于欧美各国。但是，在理论研究上，东亚各国还没有达到较高的学术水平，在客观性、严谨性、可检验性等方面，都有待提高。

张：不过，我注意你的数学教育研究并非都是西方模式，你很注意中国的文化，对佛学、禅宗有很深的了解。刚才你的学生孔企平介绍你在报刊上发表的文章已经有2000多篇，而且多半不是“学院派”式的研究，但是影响很大。记得我读过你的一篇短文，说“孔夫子的学说是教人追求现世功业”，无关于身后“上天堂、下地狱”的事。我就觉得很对，而且常常引用。

黄：谢谢您的赞誉，在数学教育领域，东方和西方各有短长，需要相互借鉴。不过在研究方法上，我们还是要多多向西方学者学习。

张：记得以前著名油画家罗工柳说过，学习油画，必须先“学进来”，把西方油画的精髓学到手，然后再谈“民族化、打出去”。数学教育研究大概也是如此。

黄：我今天演讲的目的，也是谈我在这方面的个人的正反两方面的体会，所以叫“漫漫教育研究路”。例如，我们在求学时都希望有好的导师，我的体会是无论有没有好的导师，都要有自学能力和自己的想法，然后再与导师交流、互动，才能找到好的研究题目。好的导师对一些具体操作可能并不会提供什么帮助，但他能在研究过程的关键点上给你指明方向。很多人都很关心论文的完成，但我觉得要有在这条研究路上走下去的能力。故此，毕业之后比毕业还要重要，以后才会碰到真正的研究。毕业论文是个学术的作业和训练而已，从中学会不同的东西和方法才是最重要的。

张：那么毕业之后，研究又从何而来？

黄：我的经验是读书和读文章要读得够多、够透、够系统，那么研究问题就会来找你。我们做研究的时候不能太依赖二手资料或论述性的书刊，因为这些书可能不能反映最新的进展。另外，我们要注意报纸文章不同于学术文献。我的女儿在写本科毕业论文（还不是研究院）时，导师要求她最少看200篇文章，然后做一个文献综述。我觉得这是一个很好的基本功训练。纵使我们当时看文章没有现在方便，还是努力得到图书馆复印的十年间的学报，又写信询问作者是否有新的进展，并向其索要抽印本，一般学者都会很高兴地答应。在看了大量相关文献之后，我写论文的文献综述就敢用“到目前为止……”这样的话了。

张：听你的演讲知道你要求学生关注文献调查。那么究竟是先有自己的想法再做文献调查呢？还是先做文献调查再有自己的想法呢？文献调查容易被别人牵着鼻子走，缺乏个人创意。但是个人冥思苦想，又会打不开思路。你觉得如何呢？

黄：我想是两者交叉结合。我往往在听课、读书、看报时会突然有想法，那是自己的东西，是一切创造的开始，然后用文献印证，奠定研究的基础。毕竟，文献是为我服务的。

张：我也是觉得应该个人思考是基础。好像是叔本华说过，读书是让别人在我们的脑海里跑马；思考，则是自己跑马。现在有种说法，确定题目之后，第一阶段是收集文献。如果自己没有主见，没有猜想、直觉和预感，把文献当作神明一样尊奉，那就会被别人的马踏得稀巴烂。所以我不主张做博士论文有一个单独的查文献阶段。

黄：查文献的另一个目的是不要重复别人的工作，在研究长河中真正往前走一步。

张：在你的演讲中你举了一个例子来介绍如何把一个最初的想法逐步具体化、细化，形成可以回答的研究问题的过程。这个例子也让我们知道了一个成功的研究，光有一些好的想法是远远不够的，还需要后面做大量的细致工作才行。

黄：对，要把问题转化成可分析方案确实要花一番功夫，而且这一步很关键。最好在收集资料之前想好分析方案，通过分析方案来调整收集数据的方法。否则，收集的数据很可能难以进行有效分析。比如说课堂录像，我的经验是如果不是先有研究题目或分析方案，那么摄制了一大堆录像，资料会太多、太复杂，因而没有太大的作用。

张：问卷调查是我们常用的一种研究手段。关于问卷的设计，你举了很多的例子，给我们提供了一些实用的经验，很实用。

黄：问卷是我们做量化研究的工具，不同的研究需要做不同的问卷。如做关系性的研究我们经常用量表，量表比较方便，便于做复杂的统计分析，但比较虚，不实际，不适合做现状研究。另外，很难在短时间自己完整开发问卷，可以用别人的，但要小心使用，要根据自己的需求调整。数据是我们的学术生命，数据的准确性是最重要的。同样，我们在做质化研究的时候，研究者本身就是工具，研究者对数据的敏感度很重要。如做访谈，对所希望探索的问题要很了解，要和访谈者有默契，这样才能得到有价值的东西。

张：我注意到你演讲中的细节，你说发问卷调查表，非万不得已，必须亲自去发，不能委托别人草率从事。那种一边喝可乐、啃面包，一边填问卷所获得的数据，可信度还剩多少？你还问："如果某学生提前完成问卷之后怎么办？"你的妙招是准备另外的问卷让他做，以免其他学生也急于答完草草了事。处处显示着严谨和机智。值得我们学习。

黄：我也是在探索，漫漫长路呢！

张：话说回来，东方自己的东西也应该重视。范良火最近发电子邮件过来说你们四人主编的英文著作 *How Chinese Learn Mathematics*（《华人如何学习数学》）在国外反响很好。最近，国际权威杂志 JME（*Journal for Mathematics Education*）也发表了书评。

黄：世界关注我们，是一件好事，但是也会带给我们压力。我们拿出去的成果，学术成色要令人满意。

张：大家都在议论，是否再出一本 *How Chinese Teach Mathematics*（《华人如何教数学》）呢？最近，美国总统授权的数学教育咨询委员会公布了一份报告，标题是 *Foundations for Success*，译过来当是《成功需要基础》。这就是说，美国数学教学也在重视基础了。这是否表示美国也在吸收东方数学教育的长处呢？

黄：这是蛮有价值的，这将会是国际的另一个关注点。

张：最后一个问题，我们怎样看西方的建构主义呢？台湾地区推行建构主义碰到了问题，香港地区的情况如何呢？

黄：我想建构主义有它的好处，问题是形式主义搞得过头，容易由“满堂灌”变成“满堂问”。中国人讲中庸，我也曾提出由“入法”到“出法”，中国各地区社会文化背景相同，大有共同探索的空间。

张：谢谢！欢迎再来师大。

【后记】全文发表于《数学教学》2009年第1期。

十三、方均斌、李秉彝、张奠宙谈话录：数学教育三人谈

谈话者：温州大学数学与信息科学学院老师方均斌
新加坡国立教育学院数学与数学教育系教授李秉彝
华东师范大学数学系教授张奠宙

【《数学教学》编者按】李秉彝教授是新加坡著名的数学家和数学教育家，2008年岁尾来宁波、温州、上海访问。本刊名誉主编张奠宙教授与李先生是多年的朋友，温州大学方均斌老师恰好在华东师范大学数学系访问。于是三人围绕着数学教育进行了多次谈话。方老师作为主持人，负责向两位教授提问，并将谈话记录整理成文。谈话内容颇多，按照内容划分为若干主题。

主题一　关于数学教育国际间的交流

方：两位教授好！据说你们两位是多年的朋友，当初你们是怎样认识的？

李：我是在新加坡出生的华人，祖籍温州。由于我读中文学校，所以我也会讲中文，能用中文写作。20世纪80年代初，我担任东南亚数学会的会长，曾到北京访问。1983年，应董纯飞教授的邀请访问上海华东师范大学。

张：李先生在英国女王大学以积分论研究获博士学位，专长实分析和序列空间理论。1983年他以数学家的身份来访时，我的研究方向是泛函分析，所以是比较接近的同行。那时，刚实行改革开放政策，学校接待条件很差。记得有一个晚上，我陪同他看一场滑稽戏，散戏后在昏暗的公共汽车站等车。他说：“新加坡经济起飞不过用了20年。中国20年以后一定会进步，20年可以做很多事情！”现在，事实证明了李先生的预言。

方：后来你们怎么会在数学教育领域合作呢？

李：我始终教数学，指导数学博士生。虽然没有招收过数学教育的博士生，但是我一向关心数学教育，因为数学教育是国家教育的基本建设。由于我比较热心东南亚的数学和数学教育，关注国际交流，1986年，国际数学教育委员会（ICMI）来信，要我担任委员会的副主席。从1987年开始我连续做了两届，到1994年为止一共8年。

张：巧得很，也是在1986年，华东师范大学数学系成立数学教育研究室，要我兼职（我的编制仍在函数论组直至退休）。真正涉足数学教育就是从1986年开始的。

方：中国数学教育界和国际数学教育委员会（ICMI）的接触，李先生起了很大作用。

张：是的。比如，1988年，我接到当时ICMI秘书长豪森的信件，说我可以和另外一位北京的数学教育学者到匈牙利参加第六届国际数学教育大会，并附有一张支票。当时我和豪森教授未曾相识，这当然是秉彝先生的介绍。后来，我请丁尔陞先生和我一起到布达佩斯参加了ICME-6。接着，1991年在北京、1994年在上海举行了两届ICMI—中国的数学教育会议，李先生都是倡议者和组织者。我后来当选为ICMI的执行委员（1994—1997）也是李先生的推荐。

李：我比较了解情况，当然应该推荐。但推荐能够成功的主要原因在于中国是数学教育大国，中国理应在国际数学教育界有一定的地位。

方：今年是改革开放30周年。中国数学教育走向世界，是实行改革开放政策的结果。20多年过去了，中国数学教育仍然需要与国际交流，学习世界上的先进经验。这方面，两位先生有什么建议呢？

张：当前数学教育的东西方交流非常活跃。美国是发达国家，但数学教育在打好基础上有弱点，今年3月发表的国家报告的题目就是《成功需要基础》（*Foundations for Success*），中国是最大的发展中国家，具有数学“双基”教学的传统，但是在创新发展方面有缺陷。至于新加坡则是兼而有之，社会经济发达，数学教育成绩优异，在TIMSS国际测试中长居首位，是全世界公认的数学教育最好的国家。中国要向美国学习成功的经验，更要学习新加坡的先进经验。

李：国际交流非常重要。但各国国情不同，不能随便移植。我常常会讲以下的寓言："某地区一个原始部落的房子，一向用茅草盖屋顶。人们在茅屋里用木柴点火照明、取暖、做饭，相安无事。后来，'科学文明'来了，所有的草屋都装了电灯，大家都觉得很好。可是，一年之后，茅草屋都坍掉了。为什么？原来每天燃火时会冒烟，烟把各种昆虫赶出屋外。现在使用电灯，没有烟薰，昆虫大量繁殖。屋顶被昆虫蛀坏，茅屋轰然倒塌。"

这则寓言告诉我们，原来的生活方式，尽管原始，但十分和谐。电灯当然更为先进、文明。但先进的技术引进来，必须和原来的环境相适应。要用好电灯，则必须采取防虫、除虫措施。不然，好事会办成坏事。正如电灯之于木屋，西方的教育理念也许很先进，但未必都适合现代的中国。引入先进的理念，需要符合本国的国情。

张：比如建构主义教育理论，在认识论上具有一定的科学价值，但是并非放之四海而皆准的普遍绝对真理。台湾用建构主义教育理念搞了十年，结果失败了，说"都是建构主义惹的祸"。

李：我把对建构主义的这种盲从叫作迷信。

方：据说美国很关注东方的数学教育经验，特别研究新加坡数学教育的成果，引进新加坡的数学教材。这方面有什么值得关注的地方？

李：美国对待东方的数学教育，是从美国的基准着眼的。就以新加坡的数学教材为例，我到美国访问时，发现美国人引进的是新加坡已经停止使用的老教材。于是问美国学者："你们怎么不用我们最新的教材？"美国学者回答："你们的新课本去年才开始用，效果怎么样，现在还不知道。旧的你们用过，我们也研究过，可信度强。所以我不用你的新课本，而是用旧课本。"

张：这很发人深思。在美国学者看来，新的理论和研究成果未必是好的。需要经过实践检验，经历一段时间的沉淀和考验，才能判断其是否正确。

方：数学教育中这样的例子很多。一个难忘的教训是20世纪60年代美国掀起的新数学运动，当时没有经过严格实验就全面推行该运动。结果，新数学运动到20世纪70年代宣布"回到基础"，以总体上的失败而告终。

李：所以我们在学外国人的东西时也应该有这样的想法，应该掂量一下："他们有没有试过？我们有没有试过？"我们有时往往没有考虑得那么仔细，喜欢赶时髦，不加分析地用别人最新的东西。

张：我们是一个发展中国家，习惯到"国际教育理论超市"中选购最新式的"教育产品"。往往根据"广告宣传"买产品，直接拿到国内来推广使用。最好不要简单地移植，而要实行"嫁接"使外来的先进基因和本土的合理基因相结合。

方：就像买最新款的手机，看见广告就想买。

张：比如合作学习，本意很好。可是美国是小班上课，课堂里不过20来个学生，分成4～5个小组活动，老师可以照顾得过来。我们是50人的大班上课，分成10多个小组以后，老师无法关注各小组的情况。因此，还不如大班讨论更为有效。那种前后桌互相交头接耳式的交流，如果缺乏独立思考的基础，就往往容易流于形式。

李：学习外国的经验，不能停留在表面上引进。美国学者看东方的经验，是要找出成功的原因，而不是照搬。美国人用我们的课本，并不是直接搬用我们的教材，而是要知道什么因素使得新加坡在某些方面，如国际测试比赛中占有优势地位；到底是靠什么，通过哪些渠道获得成功？后来我们渐渐悟出一个道理：美国人买我们的"教育产品"，不是直接用"产品"，而是解剖"产品"，改进成他们自己的"产品"。反过来，东方国家对于外国的数学教育理论，也要抱这样的态度。

方：现代中国倒没有用美国的教材（民国时用过），也没有用新加坡的教材。问题是我们对于外国的经验没有花大力气研究，容易过度相信国外的理论。比如上面谈到的建构主义教育理论。西方一些教育理论对东南亚国家的影响如何？我们只是参考吗？

李：（笑）对，只是参考。美国在基础教育上投入很多钱，支持研究项目。一个教授完成研究项目之后，总要用一些漂亮的术语、系统的理论、新颖的主义包装起来。其中有许多科学的成分，但是有的并没有经过详尽的实践检验，我们贸然拿来用是不成的。新加坡也吃过亏，例如新数学运动也曾波及新加坡。

方：新的未必见得是好的。

李：就像你突然发现有人用螃蟹煮米粉，你并非真的要直接把螃蟹放到米粉中去。实际上，这只是启发我们在烧菜的时候，观念要开放一些。我们也可以用别人没有尝试过的东西来烧米粉，以至联想到螃蟹是否也可以烧面条等。假如我们采用这样的观点看外国人的东西，也许就不会出现太大的偏差。

张：用中国流行的语言说就是要“学习外国经验的基本思想和基本精神”。

方：这也许算得上是国际间文化交流的一条基本经验。

主题二　数学教育理论与实践——关于数学教育理论与实践，关于“上通数学、下达课堂”

方：我有一个感觉，西方的数学教育长于理论，而东方的数学教育则长于实践。今天，想请教两位先生关于数学教育中理论和实践关系的处理。

张：我经常引用李先生的名言，“做数学教育要上通数学，下达课堂”。我们先谈一下“下达课堂”吧。

李：我先说一些题外的话。历届国际数学教育委员会（ICMI）的主席都是数学家，例如 F. 克莱因，H. 弗赖登塔尔，H. 巴斯以及现届主席阿迪格（Michèle Artigue）等都是著名数学家。下一届（2010 年开始）的主席则是巴登（Bill Barton），他是新西兰数学教育家。数学家往往不大懂得数学教育中一些特有的规律，有时候提出的看法似乎是要求学生将来都成为数学家。数学教育家领导 ICMI 可以避免这个问题，也有助于数学教育学科的独立。这是好的方面。不过，研究数学教育的人都想自己成家，弄出不少特有的理论。某些数学教育理论基本脱离数学载体，又和课堂挂不上钩。现在许多数学教育工作者有这样一种担心，就是怕国际数学教育委员会研究的方向会越走越理论化，离课堂实际太远。

张：美国的数学理论在指导数学教育方面确实有脱离实际的倾向。10 年前，美国加州大学伯克利分校数学系的伍鸿熙教授，代表一群数学家和科学家，强烈批评美国数学教育存在的弊端，讽刺美国的数学课程内容是“一英里宽，一英寸深”，基础不扎实以致美国学生在所有重要的国际数学测试中，成绩始终在中下游。于是，这引起了著名的美国“数学战争”。西方国家拥有数学教育理论的话语权，理论一大套，但是实际效果不理想。此外，近10年来日本采用西方教育理念进行数学教育改革，学生在TIMSS测试中的成绩反而不如以前，目前日本正在反思。这都说明理论是否正确最后还得靠实践检验。

方：那么新加坡的情形如何呢？

李：以前的教育研究，也是理论归理论，实践归实践。一个项目研究完后，报告交上去，文章一发表，任务就结束了。最近，我们成立了一个教育研究中心，情况有些不同。中心的研究项目要求理论研究完成后，还要有一个发展部分，使得理论研究最后还得回归到课堂。也就是说，这个中心里的研究课题经费使用包括理论推广使用的环节。不过，这还是刚开始，结果如何，或许3年后你问我，我才能够回答（笑）。

方：实践环节怎么做呢？

李：研究与推行就像打天下和治天下，两个环节有很大的不同。研究一般是理论性的探讨，属于学术上的创新与提升。为了推行理论研究成果，我们正在提倡“行动研究”。行动研究首先是解决课堂教学问题，它的定位和关键是在课堂，所做的研究是为了课堂教学而研究如何落实到课堂问题。而理论研究的主角在理论，实践似乎只是副产品。行动研究不一定要建立一个新的自己的理论，人家的理论我们也可以拿来用，进一步做与课堂相关的研究并不一定是完全创新的，但是要跟课堂挂钩。这种研究不是研究人员去做，而是老师自己去做。现在我们学校就在鼓励这种研究。

张：既然要落实到课堂上，就必须和学科专业内容结合起来。打个比方，一般教育理论研究好像是科学院的工作，主要研究基础教育理论，而学科教育研究包括数学教育，就相当于工程院的任务。立足于课堂的行动研究，必须有数学教学的具体目标、教学进度、教学设计，讲究教学成本，提高教学效率。我国顾泠沅教授也在倡导行动研究，卓有成效。

方：新加坡的教育行动研究怎样开展呢？

李：我们（教育部）已经出了两本记录行动研究的书，内容是把老师所做的行动研究记录下来。行动研究尽量从底层开始，即老师自己搞研究。因为他做了，他自己会推行。研究者说自己怎么怎么好，教师不一定说好，人家不一定用你的成果。如果是教师因自己需要而做的研究，他会主动在课堂上使用。这个很重要。

方：对，我们现在国内搞研究，评价体系还不够完善。也就是说，由于搞行动研究所花的时间很多，研究成果限于实践的动态层面，往往很难得到理论界的承认。而一些只是查阅文献、拍拍脑袋写出的文章却容易发表，成绩“立竿见影”。您对这个问题怎么看？

李：现在的杂志基本上只登理论研究的成果，行动研究和记录教学经验被认为学术性不强，很难刊登。我们（教育学院）出版一套供教师参考的丛书，就是想建立一个似乎比较“俗”的平台，使得一些行动研究的成果和课堂教学的经验能够得到发表，获得认可，就像商标注册一样得到认可。这样对教师的升级等会有帮助。

张：现在办杂志受到网络的冲击，纸质媒体不如电子媒体传播来得快。不过，所谓发表，却只是纸质发表才算数。

李：这是人的观念问题。这就像我给你打个电话不能算互相认识，必须与你见个面、拉拉手才算认识一样（笑）。假如你是在网上发表的，大家觉得好像这样不是很正式。如果你的文章在杂志上发表了，表明研究成果已经“注册”，得到了认可。这就像两个恋人已经住在一起了，但是还要登记结婚。

方：今后也许会改变，因为网络的影响越来越大。

李：我也希望如此。其实电子版比印刷的“硬版本”要好。首先，能够快捷搜索，阅读方便，不像纸质的那么麻烦。其次，电子版毕竟便宜啊！

方：现在应该有条件建立这样的平台了。

李：最难的是第一步的突破。我们从小范围做起，我做出来了，你总得相信吧。就像数学证明存在性定理，我要证明我这个东西是可能的，只要我做出来了，而且是有效的，它就会得到认可。

方：中国的数学教育有自己的特点，但没有把实践的经验上升到理论。所以，我们的数学教育就像中医，尽管有的中医医生救了不少人的命，但讲不出所以然来，西医医生却能够一套一套地讲，形成自己的理论。

张：我觉得一是中医要学习西医，讲究实证；二是中医需要保留自己的特色，自己认可自己。数学教育也是一样。西方学者握有科学与否的“话语权”，我们必须在认真学习的同时，总结自己的成功经验，即使一时得不到西方的承认，也要研究总结。

李：美国人如果做一个新研究，就会搞一套新理论，给出很多听起来好像很漂亮的新名词，然后进行“包装”，卖给你。西医也是如此，发现一种病、一种症状、一种药，都会带出一套新名词。但是，我们搞行动研究，必须用老师能够听得懂的语言来介绍，需要体验别人如何接受的过程。我跟我的纯粹数学专业的学生说：“你不要用新名词，否则你的读者就少了一半。你应该考虑使用旧名词，也就是说，要用大家都听得懂的名词与对方交流。”数学教育研究要用大家通用的语言讲述，西方的要用，东方的也要用，在交流中逐渐找到公共都可以接受的语言。

方：理论研究，行动研究，西方论证，东方语言，都需要一个磨合的过程。下面，请两位谈数学教育如何“上通数学”。

主题三　数学教育必须“上通数学”——警惕“去数学化”的倾向

方：如前所说，国际数学教育委员会的主席历来都是数学家，从2010年开始，数学教育家巴登当选主席。这是否意味着数学教育将离开数学圈了？数学教育和数学的关系究竟怎样？

张：中国的数学教育学科，在博士和硕士的专业目录中，早先是属于数学范围的，后来改为教育类“课程与教学论”二级学科的一部分。离开数学圈的结果是数学教育研究的模式只是“教育学+数学例子”，甚至于一篇数学教育论文里没有一个数学问题。教师进修培训只有教育学课程，没有数学课程。数学教育硕士招生，只考教育学和心理学，不考数学。总之，目前“去数学化”的趋势很明显。

李：我想谈一个波兰朋友（数学家）的故事，他的女儿五岁的时候进小学（波兰小学入学年龄比较低），他认为小学数学不够严格，于是他放弃数学研究去搞小学课本编写。他讲了这样的一句话："虽然你编的是数学课本，或者说你教的是小学数学。但是，假如你把你做的事情摆在数学领域里面，它还是正确的，还是能数学化的。"

张：这相当于当年苏步青先生说的"混而不错"。美国教育家布鲁纳认为，教某门学科，只要按照儿童观察事物的方式去表现那门学科的结构，就能把任何知识有效地教给处于任何发展阶段的所有儿童。小学四年级学生也能学习集合论，玩拓朴学和集合论原理指导的游戏，甚至还会发现新的定理。像"投影几何学"这样比较复杂的概念，如果在教学中能用儿童自己触摸到的具体材料来学习，那么它就完全可以为7～10岁的儿童所接受。

李：这位波兰朋友的另一层意思是，数学教育不能离开数学的本质。小学数学虽然比较简单，也不能变成模糊不清、似是而非的数学。打一个比方，如果我们跟一个婴儿讲话，不能采用婴儿的发音方式与他交流，否则他就不能学好语言。应该采用正规讲话的语言与婴儿交流，尽管他还听不懂，我们讲多了以后，他就能够听懂了。我们与小孩讲数学，我们可以用比较通俗的语言，但是也必须用一些相应的数学名词，使用符合数学本质的表述。

张：也就是说，基本思想不要打折扣，更不可以"去数学化"。

李：20世纪60年代曾经有一个趋势，就是想尽办法把高年级的数学讲给低年级的学生听。当然，能教、可以教不等于要教、应该教。

张：我觉得通俗介绍高等数学是一个必须面对的问题。数学知识在爆炸，而中小学的学习年限只有12年，因此数学知识的整合与下放是必然趋势。微积分、概率统计、向量矩阵、算法程序等都在中学出现了。

方：高中新课程增加了许多新内容，教师需要的数学知识储备需要扩充，对此老师们觉得有困难。

张：困难有一点，但好像不是很大。中国数学教育在实践上比较好，和中国数学教师的数学水平比较好、数学基本功比较扎实有关。比如，平面几何证明、式的运算、逻辑思维、ε-δ语言、勒贝格积分，曾经是中学教师的必修课。这些基础非常重要，只是近年来这方面的学习有所淡化。

李：你们师范大学的学生参与教学实践时间比我们少，但在数学学科方面念的东西比我们多。现在有一个国际性争论：什么时候培养教师才是合适的呢？几十年前，数学系学生毕业后就当老师，然后一面教书一面培训，即在职培训教学能力。后来，国家提倡进行职前培训。师院的学生还没有教过书，就学习如何教学，这就像是纸上谈兵。这些学生毕业去学校，校长就说："怎么搞的？教育学院没有教你像如何备课这样的基本技能吗？"学生说："没教！"其实我们是教了的。为什么学生会说没教呢？因为他们没有用过，所以还是不会。

张：这个争论我们还在进行，也分为两派。我们的传统是职前多读数学。因为学生毕业做教师以后，没有时间系统地读数学了，而教学经验的积累却是一辈子要做的事情。这也许是一个优良传统。

李：我想职前多读点数学是有道理的。我在美国写过文章，说美国培养数学教师是"mathematics for teaching"，即让教师学习"要教的数学"。于是，职前培训数学教师，只学习将来要教的那一点点数学知识，但那是不够的。我们则主张"mathematics for teachers"，意思是应该学习"为了做教师所需要的数学"。一词之差，教学的重心就不一样了，即新加坡的职前教育是为未来教师专业成长服务的，而不是就事论事地学习一点数学。总之，数学教育研究必须"上通数学"，数学教育课程也必须"上通数学"。

张：近年来，美国的教育界也出现一些新的声音，要求重视学科内容的教学。例如，L. 舒尔曼提出 PCK（Pedagogical Content Knowledge）理论，即指要教师掌握教学内容知识。他强调对教学内容的研究，过去的教育理论总是在教学方法上兜圈子，那是远远不够的。

方：我们常说的"为了给学生一杯水，教师需要有一桶水"，就是这个意思。现在我们国内进行数学教育研究的人，是夹在数学与教育之间的。数学家往往认为，我们搞的这些不严格，不像数学那么严谨，没有多少技术含量。而研究教育学和心理学的专家则往往认为，我们不是在搞正宗的教育，都是一些枝枝节节的东西。很多数学教育的杂志得不到应有的认可。所以，进行数学教育研究的人很苦。不知道新加坡到底怎么样？

李：新加坡也有这种现象，这不只是中国的问题，是国际上的共性问题。我觉得数学界、数学教育界、教育界三者要彼此跨界，一旦跨界了，很多事情就可以交流。我最近在新加坡讲庞加莱猜想，由于是针对普通听众，所以我不能讲得太深。但是，我在演讲中讲的每一句话都经得起推敲，假如听众要追问我的话，我可以一套一套地跟他转换成比较严谨的数学语言，最后出来的东西还是对的。我的意思是，小学数学教学也可以做到与数学家工作相衔接。这种通俗的讲解，需要数学的理解和教育的方法。如果能做到这一点，数学家没有理由看不起数学教育。

张：你说的“跨界”很重要。“跨界”就是数学家要设身处地看数学教育怎样思考，数学教育工作者则要努力体现数学的本质。

李：我们数学教育者与数学家有距离，大家不能互相理解，这主要是跨界的人太少；将来数学家兼数学教育家的人多起来，沟通的渠道多，像美国那样的“数学战争”就打不起来。大家的目标是一样的。只要大家把焦点集中在目的上，争议就会减少许多。至于手段，可以允许百花齐放。

方：数学教育家和教育家之间是否也要跨界呢？

张：当然。总的来说，数学教育是教育的一部分，所以教育家很自然地就把数学教育看作自己研究的一部分，不仅跨过来，而且占领了。倒是数学教育研究工作者比较局限，腰杆不硬，不敢跨过去。前面说过，如果说教育研究具有“科学院”的性质，那么数学教育就具有“工程院”的性质。两者是相辅相成的、平等的。

主题四　数学教师的职业与培训

方：李先生，您现在70岁了，还在上课？

李：我现在上硕士班和博士班的课。数学硕士学位班有两种：一种是普通的数学硕士学位班，全部课程基本上是纯粹数学，毕业后可以做数学家以及其他工作，也包括当数学老师；另外一种是新举办的数学硕士学位班，这个班级的学生多半都是中小学的数学教师，其中一部分数学非常好，也完全能够当数学家。由于两个班的学生多半是教师，开的课尽量与中小学数学教学挂钩，如代数、离散数学等。教的方法也有所不同。

方：您对这些老师有无论文的要求？

李：我们现在一般的硕士有两种，一种是需要写论文的，另一种干脆就不写论文。不写论文的学生要学的科目就比较多，选课的范围也比较广。不需要写论文的班级比较受欢迎。培训时间本来不多，如果把时间都花在搞论文上了，以后又不搞研究，不如多念一些符合需要的课程，对以后教课也许更有用。

方：在新加坡，谁能当数学教师呢？

李：我们新加坡没有搞教师职业资格证书的方式。凡要教书的未来教师，都要经过我们教育学院培训，没有来的就是不合格的教师。受训的老师可以分成三种：一种是大学毕业生，无论是教小学还是教中学，他们需要受训一年，扣除假期，实际上只有九个月；第二种是高中毕业生，需要受训两年，他们出去后教小学；第三种是最近才有的，大概在最近10年内，举办学士课程班，就像你们的师范大学一样。不过我们这种班级培养是教育部出钱的，他们毕业后一定要教书。

张：中国从2007年开始招收免费师范生，学生毕业后也是必须从事教学工作的。

方：那么，教师参加受训后还有什么要求？

李：在职教师每年有100个小时受训时间。受训时间怎么算呢？去听课也算，在学校自己本身培训也算，总之在课外做的一些对课内有帮助的活动都算培训，并不是一定要求教师坐在那里听课才算参加培训。所以这100个小时受训时间只是一个大概的数字。另外，我们鼓励教师去念高一级学位，以前教师念了硕士、博士后一般会去找别的工作，现在不是，硕士读完后还是在学校里工作。当然，目前博士读完后还是在学校里工作的不多，但也不是没有。

方：你们有集体备课吗？

李：这里的集体备课等活动，在我们那里较难组织。因为把全部教师招集起来几乎不可能，不是这个老师有课就是那个老师有课。教育部也在动脑筋，建立一个所谓的“空白时间”，在这个“空白时间”内所有教师都不给排课，要搞的活动就在这个时间安排，教师也就比较有可能参加了。

方：教师的待遇如何？

李：相对于整个人力市场，我们教师的起薪比较高，但是我们老师的待遇提升比较慢，如果肯去外面拼搏的话，也许赚的钱更多。话又说回来，每当国家经济情况不好时，大家就觉得教师职业好，收入稳定。当经济情况好时，有些人就会说：“为什么要去教书？！你看，我现在多好！”所以，待遇好坏完全是相对的。不过，老师的待遇基本上还是比较好。

方：教师的流失现象是否严重？

李：那要看你怎么认为的。在教育界，基本上是你培训他 1 年，他工作 10 年。过去，我们总觉得“当老师要一辈子献身教育”。有一年，一个教育部长来我们学校，他以前是在国防部工作的，有人对他说：“我们的教师流失很大。”他问：“多少？”那人说：“每个教师大约平均做十三年半的教师工作。”他说：“这很不错啊！在军队里，人员的流动量更高，你怎么能培训一年就要人家一辈子都做教师呢？”

张：新加坡小学生需要分流，我觉得太残酷。那么小的年纪，就要被判断将来能不能升大学，是蓝领还是白领？现在强调教育公平，不能早早就剥夺一部分学习困难学生日后的升学权利。谈谈你的看法。

李：教育机会要公平，就是让学生获得适合自己的学习环境。成绩好的学生当然可以有老师的特别帮助，如参加竞赛等。问题是一些进步缓慢的、学习成绩比较差的学生怎么办。新加坡人口少，对每一个劳动力，都要给予充分的教育，使他对社会有贡献。有一批留在底线的学生，他小学会考考了 3 次都不及格，那怎么完成十年义务教育呢？（新加坡是小学六年制，初中四年制）最近我们成立的“特别学校”收到了很好的效果。

张：这是中国教育的软肋。我们只讲竞赛、拔尖，对优秀生关爱有加，对成绩差的学生很少过问。或者他们就这么在班上耗，耗满九年。

学差生上课听不懂，有可能会闹事，甚至成了“问题学生”。我们还没有什么有效措施予以解决。

李：这种“特别学校”的教学是特殊安排的。比如数学，一般学校按照常规教学进度进行，而“特别学校”则是讲授4个主要的情境，数学就在这4个情境中进行。其中之一是生活，比如买东西、搭车等。教师创设一些社会情境，在这个情境里面提出很多有关的数学问题，所以就比较有意思。如果说传统数学进度是一个课题一个课题地横向传授，那么“特别学校”的教学则是垂直进行的，即他们把一个情境所涉及的数学问题由浅到深地进行教学，围绕这个课题进行数学教学。这样做是有效的，我们已经做了两年，这个学校正在扩充。这个学校最成功的是给学生自尊。以前这些学生被人家瞧不起，所以他们根本抬不起头来。所以这个学校做得最成功的是让学生树立了信心。当然，这个学校也教学生很多技术，比如教理发、怎么服务等，因为新加坡有很多服务行业。

方：这样的学校受欢迎吗？

李：很受欢迎。一些家长由于孩子成绩不好，想把孩子送到“特别学校”，但不行，只有不及格才能去。于是他们讲一个笑话，你要进这个学校，只有先考不及格，及格了就没法进去了（笑）。

方：他们日后的出路如何？

李：“特别学校”其实就是面向小学升初中时分流出来的学生。毕业时保证这些学生接近或者达到初中毕业的学业水平。这些“特别学校”毕业生能够抬得起头，并且初步掌握一门手艺。他们还可以进工艺教育学院，在那里才真正学习和掌握一门更加职业性的手艺。

张：新加坡的职业学校办得好，大大减轻了升学压力，缓解了应试教育。

李：我先讲两件事情。第一件事情是，前些时候教育部相关人员讨论是否增办一所新的大学，结果没有办。理由是整个新加坡劳工市场是金字塔式的。一个经理需要很多助手，就像一个乐队，只有一个指挥，一个首席小提琴手，不能够整个乐队都是指挥呀！因此后来就决定不办一所新的大学，只是多开了几所理工学院（学生初中四年毕业后可以进理工学院学习。进理工学院后，基本上是进行职业训练，如做工程技术、媒体工作、设计工作等）。也就是说底盘要大，底盘以上不能有太多的人员。第二件事情是，因为理工学院毕业后动手能力强，比较受厂家的欢迎，结果造成这样一种现象：一些学习很好的学生为了解决就业问题不进大学，而是进理工学院。

张：中国还是发展中国家，农村劳动力比较充沛。所以劳动力的"金字塔"暂时不会消失。不过，针对每个学生的实际情况进行教育，总是对的。发展职业教育，给体力劳动者更高的社会地位和收入，是我们发展的重点之一。听说新加坡的学生不进高中，也能上大学，那是怎么回事？

李：以前只有一条路，即进高中考大学。但是，由于大学的学生名额有限，很多学生高中毕业后就不能上大学。这些学生不能升学，又没有一技之长，在社会上难以立足。后来我们有这样一种做法，如果学生要念高中的话，他就是要进大学；假如他不太可能进大学，那就让他进理工学院。所以现在有第二条进大学的路，就是理工学院毕业工作后再进大学。这些有一技之长的人，可以升学，也可以就业，都不耽误。

张：中国的职业教育发展缓慢，家长想方设法要子女进高中，不想做蓝领。这是社会问题。不过，现在大学毕业生就业难，职业学校学生就业容易。到了一定的时候，情况也许会变化。我们要认真学习新加坡的经验。

李：我们也存在一些问题。比如，我们在 TIMSS 国际测试中考第一，不管人家怎么认为，我们毕竟是考第一，第一就是第一。假如你钻进去研究，我们的第一是怎么来的，我们怎么比人家好？严格说，我们并不比人家好，我们只是平均分高，从统计角度上讲，我们的学差生比人家少，学优生不见得比别人好得了多少。此外，我们参加 TIMSS 考试太久了，结果目的也就有点歪曲了，手段变成目的了，教学往往完全朝着这个考试目标走，这就产生了偏差。

方：就是考什么教什么的应试教育。

李：为了改变这种偏差，我们准备参加 PISA 考试，因为 PISA 试卷有点不一样。回答 PISA 考试的题目要动脑筋，它没有像 TIMSS 考题那么直截了当。TIMSS考题一看就懂。而PISA考题，你看上去懂了，却不一定懂，解答PISA考题要看你有没有分析能力，能否活用你所学的知识。此外，我们有意淡化考试，跟学生与家长等做宣传：这些考试不是“生死关”，学生这个考不及格，还可以通过其他考试。不是这次考试不及格，这辈子就完了。如果能够淡化考试意识，对学生的成长是有利的。

方：克服应试教育的弊病，是东亚各国的共同任务，新加坡的教育工作做得很细，很有成效。我们多多交流吧！谢谢两位老师！

【后记】全文发表于《数学教学》2009年第3期。

十四、邹佳晨、张奠宙、汪晓勤、李旭辉访谈录：究竟什么是方程

——析“含有字母的等式叫方程”之误

【《数学教学》编者按】关于“什么是方程”的议论，多年不绝。但是教科书和工具书上都异口同声地说“含有未知数的等式叫方程”。仔细想来，英文的 equation 原本就是“等式”的意思。方程二字则源出《九章算术》第八卷，却并无“等式”的含义。那么“方程”二字的本意究竟是什么？值得我们一探究竟。本刊记者邹佳晨采访了华东师范大学数学系张奠宙教授、汪晓勤教授，以及美国加州大学长滩分校的李旭辉教授，请他们谈谈看法，希望能打开我们的思路。

（一）采访张奠宙教授：究竟什么是方程

邹：近读某杂志的“问讯处”栏目，有一位读者问：“$x=1$ 是方程，还是方程的解？”意思是已经知道 $x=1$，x 已经不是未知数了，不应该看作方程。一位专家（也是某教材的编者）代编辑部回答说，根据“含有未知数的等式叫方程”的定义，以及通常用字母 x，y，z 表示未知数，$x=1$ 满足方程定义的条件，所以 $x=1$ 是方程。我很不解，讨论此类问题好像没有什么意思。张先生，您作为数学教育界的前辈，请问您如何看？

张：早在 1993 年，西南师范大学已故代数学家陈重穆先生就对这个所谓的方程定义提出质疑，认为这个定义不重要，应该淡化。20 多年过去了，数学教育界一直不予理睬。各类教材将之奉为绝对真理，似乎是万万改不得的经典。结果就逼得一线教师来问“$x=1$ 是不是方程”这样的怪问题。这样的讨论，几近文字游戏，对于理解方程思想方法并无裨益，一本正经地在杂志上讨论，毫无必要。

邹：那么，这个定义的问题出在哪里呢？

张：所有的教科书上都用黑体字写着“含有未知数的等式叫方

程”，然后笔锋一转，就自说自话地改成“含有字母的等式叫方程”了。教科书上用一堆含有字母的代数式，让学生判别“是不是等式？”“有没有字母？”来认识方程。闹了半天，学生没有增加任何对方程概念本质属性的认识，很有点“庸人自扰”的味道。试问有哪个学生因为不认识方程，导致数学学习困难呢？方程概念一旦脱离寻求未知数这一核心思想，也就远离了它的数学本质。

邹：许多人认为，在逻辑上给方程一个定义还是很有必要的。

张：首先，将“含有未知数的等式”偷换为“含有字母的等式”在逻辑上是不允许的。其次，“含有字母的等式”种类很多，可以具有不同的意义。这就是说，“含有字母的等式”未必都是方程。方程只是“含有字母的等式”的一种情形。这个所谓的方程定义，在逻辑上以偏概全。

邹：请您举例谈谈。

张：方程中的字母是一个特定的数字，叫作根。但是字母可以表示其他的意义。以下是三个例子：

（1）字母泛指任意数。例如，描述加法交换律的式子 $a+b=b+a$，也是含有字母的等式，但这并不是方程。

（2）字母表示某类数。例如，三角形面积公式 $S=\frac{1}{2}dh$，其中 d 是底边，h 是这条底边上的高，这也和方程求未知数没有关系。

（3）字母表示变量。例如，函数也是含有字母的等式：$s=vt$，$y=\frac{1}{x}$等，它们虽然可以看作是某条曲线的方程，但是一旦作为函数进行研究，在意义上是表示两个变量的依赖关系，这与方程求根也是不相同的。

这就是说，认为“方程是含有字母的一种等式”是可以的，反过来说，认为所有“含有字母的等式都是方程”就不对了。“含有字母的等式叫方程”不能被当作严格的定义来看待。如果非要拿它当基本出发点来判断是非，硬要人们承认 $x=1$ 是方程，恐怕是一种自我折腾，不足为训。

邹：是的。我们的教材上应该写“如果我们用字母表示未知数，那么方程就是含有未知数的等式”。这样写，既描述了方程的形式，又避免了以偏概全的逻辑错误。

张：但愿教材能这样做。我在这里打一个比方，“含有字母的等式”好像是一个馒头，你可以拿它当早餐，也可以拿它当午餐、晚餐。全凭你的使用目的而定。说“含有字母的等式叫方程”，就像“当早餐吃的才叫馒头”，是不对的。为了真正揭示方程思想的本质，我建议进一步用以下语言描述方程：“方程，是为了求未知数，在已知数和未知数之间建立起来的一组等式关系。”

这样做，涉及我国古代数学家的智慧和近代数学家在翻译西方数学著作时的远见，意义深远。我的直觉告诉我，“方程”是李善兰特有的“中国创造”。详细论证要请教数学史家汪晓勤教授。

（二）采访汪晓勤教授：equation 为什么译作“方程”

邹：留给我们思考的问题是：等式是西方的数学名词，方程则是中国古代的数学名词，它们的本意是什么？二者怎么会连接在一起呢？请您谈谈看法。

汪：维基百科上 equation 的解释是“In mathematics, an equation is a formula of the form $A=B$, where A and B are expressions that may contain one or several variables called unknowns, and ‘=’ denotes the equality binary relation.”（在数学上，方程是一个形如 $A=B$ 的式子，其中 A 和 B 是含有一个或几个未知数的表达式，等号“=”表示相等的二元关系）。

从这个定义看，equation 的意思就是“等式”。那么，当年将 equation 翻译成中文时，直接译成“等式”就是了。为什么用“方程”二字呢？难道中国古代数学里的“方程”就是“等式”的意思？答案当然是否定的。中国古代数学里的“方程”二字，与等式并不直接相关。

邹：我翻开《九章算术》第八卷，标题是“方程”（郭书春，2004）。这里所讨论的问题是：“今有上禾三秉，中禾二秉，下禾一秉，实三十九斗；上禾二秉，中禾三秉，下禾一秉，实三十四斗；上禾一秉，中禾二秉，下禾三秉，实二十六斗。问上、中、下禾实一秉各几何？”

汪：用今天的语言叙述，这是求解三元一次方程组的问题。中国古代，将方程组的各项系数和"实"之数，用算筹布列成矩阵状（即今之增广矩阵，也是"方"字的由来），然后用消元法变换这些系数（"程"就是计量），最后求得问题的解。

邹：那么中国古代是怎样界定"方程"的一般含义呢？

汪：刘徽（魏晋时代人，生卒不详）是这样界定方程的："群物总杂，各列有数，总言其实。令每行为率，二物者再程，三物者三程，皆如物数程之。并列为行，故谓之方程。"（郭书春，2004）结合《九章算术》方程章的问题，就可以知道，"方程"二字，其核心思想是借助一组等式关系求出未知数，所面对的是一个多元一次方程组。

邹：看来在中国古代数学中，方程只和多元线性方程组捆绑在一起，和一元高次方程求解没有关系。

汪：中国古代在高次方程求解上贡献很大，世称"天元术"。明末清初，西方的 algebra 传入中国，中文音译为"阿尔热巴喇"，也称之为"借根方"术，那时没有把天元术和方程联系在一起。

邹：那要到什么时候呢？

汪：1859 年，李善兰（1811—1882）和伟烈亚力（A. Wylie，1815—1887）合作翻译英国著名数学家德·摩根（又译棣么甘，A. De Morgan，1806—1871）著的《代数学》（*Elements of Algebra*）。第一次将 equation 译成方程。原文是"Every collection of algebraical symbols is called an expression，and when two expressions are connected by the sign =，the whole is called an equation."（A. De Morgan，1837）。李善兰和伟烈亚力将这句话译为："并代数之几数名为式，两式之间作等号，谓之方程。"（棣么甘，1859）

从原文来看，equation 就是"将两个代数式用等号连接起来的式子"，全然还是等式的原始本意，并没有任何"未知数"之类的意思。那么为什么李善兰没有将 equation 直译为"等式"，而是意译为"方程"呢？我认为，这是一个意义深远的中国式再创造。

邹：这样说来，是李善兰把方程和天元术挂起钩来，认识到解线性方程组和解一元高次方程都是求解未知数的过程。

汪：这里，我们不妨揣测李善兰的深刻用意。李善兰做出这样的翻译是出于一个整体思考。在李善兰看来，中国的天元术和解线性方程组都是从一个或一组等式求出那些符号所代表的未知数之值。这样一来，方程就是一种等式关系，但又超出了“等式”原来的含义。中国的“方程”一词，是和“求未知数”“求满足等式的根”这样的含义联系在一起的。因而“方程”一词具有中国算学特色，和西方的“等式”一词并不对等。事实上，方程作为最重要的一种等式，在中国甚至东方的汉字文化圈里得到传播，使后学从中受惠，至于仅仅把方程看作“含有字母的等式”，那是过于简单化，辜负了李善兰的一番苦心。

邹：因此，我们要从中国古代数学的角度认识方程，而不要把方程回归到西方的“含字母的等式”里去。那您赞成张先生的建议吗？

汪：我赞成张先生的建议，在教科书上采用如下的定义：“方程，是为了求未知数，在已知数和未知数之间建立起来的一组等式关系。”这样的提法，既保持了中国古代借数量关系求未知数的核心含义，又符合西方数学中突出等式的界定，体现了中华文化与西方数学的一种融合。

总而言之，中国人对方程二字的理解，应该具有中华文化的底蕴，才能够更加深入地体会其中所蕴涵的数学思想方法。如果我们把方程仅仅理解为含有字母的等式，那就有点缺乏民族文化自觉性了。

（三）采访李旭辉博士：美国数学教材如何处理 equation 这个词

为了了解国外关于方程概念的处理情形，邹佳晨向美国加州大学长滩分校数学教育终身教授李旭辉博士请教。

邹：李博士，请问美国人是如何认识 equation 这个词呢？

李：我刚来美国时就意识到 equation 一词的多义性。在数学里，狭义的理解当然是含有未知数待解的等式。而广义上说就是等式（equality），是指两个数量或表达式之间的相等。总体来说，除了“恒等式”（identity），美国数学教材对“等式”基本不做什么解释，因为这是英语里一个浅显易懂的基本单词。而在美国这个十分强调种族和社会平等的体制里，equality（公平，平等）更是个大众媒体频繁使用的关键词。equation 一词也很类似，时政新闻和评论里经常会有“political equation” “balance the equation”“change the equation”之类的措辞，equation一词被赋予“关联”“平衡”之义。

邹：这么说，美国教材中没有将“含有未知数的等式”命名为“方程”。

李：对。“方程”一词是中国特色的称谓，也是东亚汉字文化圈里的数学特色。“方程”二字将一类用等式表示、并由此求出未知数的数学模型凸显出来了，比广义的“等式”一词更加准确。

邹：方程的内涵确实比“等式”要丰富得多。现在我们常常说的“方程思想”是具有特定含义的。如果将其译成英文，恐怕不能直译为“等式思想”。

李：介于这广义和狭义之间，equation在英文数学教材里还有一种用法是用于函数的equation（表达式），如$f(x)=3x+5$。当然这种用法比较特殊，因为此处的等号除了表示输出值“等于”$3x+5$，更多是表示“定义为”。大概由于这种特殊含义，有些教材称函数表达式为formula（公式）或者rule（法则），以显示其与普通等式或方程的区别。

邹：这倒使我想起“F1（FIA Formula 1 World Championship，即世界一级方程式锦标赛）”来。体育赛事怎么也会要解方程呢？原来是参加F1赛事的汽车的气缸、动力、传动、轮胎等都要符合一套规定，即一组formula。formula也就顺理成章地被翻译成“方程式”了。

李：从全球范围看，当代中学代数的核心内容可以归结为对5种equation的研究：（1）古典初等代数（求解未知数）；（2）等式（和不等式）；（3）平面直线和曲线的方程（解析几何）；（4）函数表达式及其他表示（数学分析）；（5）一个新的内容是基于数据收集和分析而得出的模型，尤其是回归方程（数理统计）。解析几何里过两点求直线方程有确定的过程和唯一的结果。而过3个或更多个点求最佳直线就是统计回归，所得方程不唯一，具不确定性。

上述几种equation同时出现在一本英文代数教材里，难免会产生混淆。中文将这些内容给予特别的5个名词（方程、等式、曲线方程、函数表达式、回归方程）以凸显各自的特殊意义，是很有好处的。

（四）启示

通过这次访谈，我们发现：中文里的“方程”一词突出了“建立关联等式以求解未知数”这个重要的思想方法，比较具体，有可操作性；而英文里的 equation 一词更多是从宏观上强调其“平衡”“等价”的本质，比较粗泛。如果我们将其混为一谈，是不准确的。当今教材中用“含有未知数的等式叫方程”这样的表述，是受到西方数学教材中对方程定义的影响，而在实际操作中，往往变为“含有字母的等式叫方程”，那就是谬误了。

明清以来，有识之士历经万难将西方数学著作译成中文，教育国人，旨在让中国数学赶上西方数学的进程。在翻译西方数学名词中尚考虑与中国古代数学之联系，李善兰将 equation 译为“方程”便是出于一番苦心，而今我们却忽视西方数学与中华文化的融合，实属遗憾。我们应该重视这样一种文化融合，找到西方数学背后的“中国元素”。

参考文献

[1] DE MORGAN A. Elements of Algebra [M]. London: Printed for Taylor and Walton, 1837: ix.

[2] 棣么甘. 代数学：卷 1～3 [M]. 李善兰，伟烈亚力，译. 上海：墨海书馆，1859（咸丰九年）.

[3] 郭书春汇校. 汇校九章算术 [M]. 2 版. 沈阳：辽宁教育出版社，2004.

【后记】本文刊于《数学教学》2015 年第 1 期。这是一篇有关数学史的谈话，却和数学教育密切联系。我对此文的期望很高。尽管此文一时没有多大反响，未来一定会得到应有的重视。事实上，“方程”一词，是中国古代思想家的创造，意义远较“等式”一词来得深刻。李善兰没有将 equation 简单地翻译成“等式”，而是赋予求解未知数、联立方程的系数排成方阵，进行一定的程序操作，最终获得解答，这样丰富的内容。现在的课本，把含有字母的等式叫作方程，抽掉了方程概念的内涵，剩下一个干巴巴的躯壳。中国数学教育不能一切都囿于西方的说法。我们应当努力阐发方程概念的中国理解，将李善兰苦心赋予的真正含义继承发扬开来。

附录　张奠宙著作目录

纯粹数学研究论文

1. 关于黎曼定理的证明.《华东师范大学学报》1957 年第 1 期.

2. 非拟解析算子与广义标量算子（张奠宙、沈祖和).《复旦大学学报》1966 年第 1 期.

3. 无界可单位分解算子（张奠宙、王漱石).《华东师范大学学报》1981 年第 4 期.

4. 无界算子组的 Taylor 联合谱（张奠宙、王宗尧).《华东师范大学学报》（自然科学版）1983 年第 3 期.

5. 无界超广义标量算子与无界可分解算子（张奠宙、王漱石).《数学年刊 A 辑（中文版）》1983 年第 5 期.

6. S-可分解算子的一些性质（张奠宙、王漱石).《华东师范大学学报》1984 年第 4 期.

7. Hilbert 空间上闭算子组的 Taylor 联合谱（张奠宙、王宗尧).《中国科学 A 辑》1984 年第 12 期.

8. 乘积谱测度与 Taylor 谱（张奠宙、黄旦润).《科学通报》1985 年第 3 期.

9. On the joint spectrum for n-tuple of linear operators (Zhang Dianzhou, Huang Danrun).《数学年刊 A 辑（英文版）》1986 年第 1 期.

10. Joint spectrum and unbounded oprator algebras (Zhang Dianzhou, Huang Danrun).《数学年刊（英文版）》1986 年第 3 期.

11. S-可分解算子的谱对偶定理（张奠宙、王漱石).《数学研究与评论》1987 年第 4 期.

12. Some results on the joint specrum for n-tuple of linear operators (Zhang Dianzhou) 收入 Functional Analysis in China (Kluwer Academic Publishers). 1996.

数学一般著（译）作

1.《数学分析中的问题和定理》（G. 波利亚、G. 舍贵著）（张奠宙、宋国栋等合译）. 上海科学技术出版社. 1983.

2.《实变函数与泛函分析基础》（程其襄、张奠宙等）. 高等教育出版社. 第1版：1983. ［程先生2000年去世后由张奠宙主持第2版（2003）和第3版（2010）的修订］

3.《线性算子组的联合谱》（张奠宙、胡善文等）. 华东师范大学出版社. 1992.

4. Proceedings of operator algebra and operator theory（与 Huaxin Lin 等合编）. 美国数学会（AMS）出版. 1998.

5.《复数的应用》. 上海教育出版社. 1964.

6.《漫谈现代数学》. 广西人民出版社. 1986.

7.《不动点定理》（张奠宙、顾鹤荣）. 辽宁教育出版社. 1989.

8.《原理集》（数学部分）（张奠宙、张瑞瑾）. 科学普及出版社. 1989.

9.《现代数学思想讲话》（张奠宙、朱成杰）. 江苏教育出版社. 1991.

10.《数学的明天》. 广西教育出版社. 1999.

11.《大千世界的随机现象》（张奠宙等）. 广西教育出版社. 1999.

12.《组合数学方兴未艾》（张奠宙等）. 广西教育出版社. 1999.

13.《数据与人生》. 上海交通大学出版社. 2000.

14.《现代数学大观》（与赵小平合作）. 华东师范大学出版社. 2002.

15.《二战时期密码决战中的数学故事》（王善平、张奠宙）. 高等教育出版社. 2008.

数学史主要著作

1.《二十世纪数学史话》（张奠宙、赵斌）. 知识出版社. 1984.

2.《中国现代数学史话》（张奠宙、许慎）. 广西教育出版社. 1987.

3.《中国现代数学史略》（张奠宙）. 广西教育出版社. 1993.

4.《近代数学教育史话》（张奠宙、曾慕莲、戴再平）. 人民教育出版社. 1990.

5.《数学史选讲》（主编）. 上海科学技术出版社. 1997.

6.《几何风范·陈省身》. 山东画报出版社. 1998.

7.《杨振宁文集》（杨振宁著，张奠宙）. 华东师范大学出版社. 2000.

8.《中国近现代数学的发展》. 河北科学技术出版社. 2000.

9.《科学家大辞典》（主编之一）. 上海辞书出版社. 2000.

10.《陈省身文集》（张奠宙、王善平）. 华东师范大学出版社. 2002.

11.《20世纪数学经纬》. 华东师范大学出版社. 2002.

12.《现代数学家传略辞典》（张奠宙、王善平、倪明等）. 江苏教育出版社. 2001.

13.《数学无国界》（莱赫托著，张奠宙、王善平译）. 上海教育出版社. 2002.

14.《陈省身传》（张奠宙、王善平）. 南开大学出版社. 第1版：2004. 修订版：2011.

15.《当代数学史话》（张奠宙、王善平）. 大连理工大学出版社. 2010.

16. 传记（杨武之，陈省身，林家翘，周炜良，王浩，杨忠道，陈国才等）收入《20世纪中国知名科学家学术成就概览：数学卷》（第1分册，第2分册）. 科学出版社. 2011.

17.《李郁荣传》（张奠宙、李旭辉、王善平）. 即将在澳门出版.

18.《做好的数学——陈省身数学思想》（张奠宙、王善平）. 大连理工大学出版社.（即将出版）.

数学史主要论文

1．（编译）突变理论．《世界科学》1978年第2期．

2．（编译）突变理论的现状和未来．《世界科学》1978年第2期．

3．一种不连续现象的数学模型——托姆的突变理论．《自然杂志》1980年第10期．

4．二十世纪数学发展一瞥．《自然杂志》1982年第3期．

5．二十世纪的中国数学与世界数学的主流．《自然科学史研究》1986年第3期．

6．现代微分几何的形成与发展．《科学》1986年第4期．

7．现代纯粹数学的若干发展趋势．《科学》1986年第3期．

8．四色问题解决了吗？《科学》1988年第1期．

9．现代数学和数学教育的某些趋势．《苏州铁道师范学院学报》1995年第2期．

10．“推测数学”是否允许存在．《科学》1995年第2期．

11．数学：从“幕后”走到“台前”．《文汇报》2001年1月10日．

12．李俨与史密斯通信始末（1915—1917）．《中国科技史料》1991年第1期．

13．杨振宁谈中国科技史研究．《科学》1991年10月．

14．大师之路——访陈省身．《21世纪》（香港）1991年4月．

15．杨振宁和当代数学．《数学传播》（台湾）1992年4月．《科学杂志》1992年第3期．

16．《代微积拾级》的原书和原作者．《中国科技史料》1992年第2期．

17．中国数理科学百年话旧．《21世纪》（香港）1991年10月．

18．传记［杨武之、夏道行、王宪钟、周炜良、王浩、樊畿、林家翘（与岳曾元合作），冯祖荀（与袁向东合作）］收入《现代科学家传记》（第四集：1993）．（第六集：1994）．科学出版社．

19．5人传记：巴拿赫、香农、庞特里亚金、外尔、弗莱谢（张奠宙、王善平）收入《世界科学家传记》. 科学出版社. 1995.

20. 三上义夫、赫师慎和史密斯——兼及本世纪初国外的中算史研究（张奠宙、王善平）.《中国科技史料》1993年第4期.

21. 维纳和李郁荣（与李旭辉合作）.《数学史研究文集》第四辑. 内蒙古大学出版社. 1993.

22. 数学老人话沧桑——苏步青教授访谈录（张奠宙、张友余、喻纬）.《科学》1993年第5期.

23. 三位早期的中国物理学博士.《现代物理知识》1993年第6期.

24. 嘉当和陈省身的通信.《21世纪》（香港）1995年第1期.

25. 杨振宁谈华人科学家在世界上的学术地位.《科学》1996年第3期.

26. 杨振宁谈数学与物理学的关系.《数学传播》（台湾）1997年6月.

27. 三上义夫与史密斯的通信.《数学史论文集》. 内蒙古师范大学出版社（呼和浩特）、九章出版社（台北）. 1998年.

28. 数学科学百年回顾.《科学》1999年第1期.

29. 数学思维的威力和魅力.《文汇报》2001年5月.

30. 创新：面对原始问题——陈省身和杨振宁"科学会师"的启示.《自然杂志》2006年第5期.

31. 学术生涯与爱国情怀——王浩先生访谈录.《科学》2007年第6期.

32. 继往开来，推陈出新——回望迈向数学大国之路.《文汇报》2009年10月26日.

数学教育著作

1.《现代数学与中学数学》（张奠宙、邹一心）. 上海教育出版社. 1990.

2.《国际展望：九十年代的数学教育》（张奠宙、丁尔升、李秉彝等编译). 上海教育出版社. 1990.

3.《数学教育学》(张奠宙、唐瑞芬、刘鸿坤). 江西教育出版社. 1991.

4.《数学教育国际透视》(张奠宙、唐瑞芬主编). 浙江教育出版社. 1995.

5.《数学教育研究导引》(张奠宙、唐瑞芬、李士锜、戴再平). 江苏教育出版社. 1994.

6.《数学方法论稿》(张奠宙、过伯祥). 上海教育出版社. 第1版: 1996. 第2版: 2013.

7.《数学素质教育设计》. 江苏教育出版社. 1996.

8.《中学教学全书: 数学卷》(柳斌、张瑞琨、陈和、张奠宙). 上海教育出版社. 1996.

9.《中学数学问题集》(张奠宙、戴再平). 华东师范大学出版社. 1996. (繁体字版由台湾九章出版社于1997年刊行, 书名改为《日常生活中的数学问题》)

10.《数学素质教育教案精编》(张奠宙主编). 中国青年出版社. 2000.

11.《数学教育学导论》(张奠宙、李士锜、李俊). 高等教育出版社. 2003.

12.《数学教育经纬: 张奠宙自选集》. 江苏教育出版社. 2003.

13.《数学教育概论》(张奠宙、宋乃庆). 高等教育出版社. 第1版: 2004. 第2版: 2008. 第3版: 2016.

14.《中国数学双基教学》(张奠宙主编). 上海教育出版社. 2006.

15.《中学几何研究》(张奠宙、沈文选). 高等教育出版社. 2006.

16.《中学代数研究》(张奠宙、张广祥). 高等教育出版社. 2006.

17.《数学学科德育——新视角·新案例》(张奠宙、马岷兴、陈双双、胡庆玲). 高等教育出版社. 2007.

18.《数学"双基"教学的理论与实践》(张奠宙主编). 广西教育出版社. 2008.

19.《交流与合作——数学教育高级研讨班15年》(张奠宙、何文忠). 广西教育出版社. 2009.

20.《小学数学教育概论》(宋乃庆、张奠宙). 高等教育出版社. 2008.

21.《我亲历的数学教育(1938—2008)》(张奠宙). 江苏教育出版社. 2009.

22.《小学数学研究》(张奠宙、孔凡哲、黄建弘、黄荣良、唐采斌). 高等教育出版社. 2009.

23.《情真意切话数学》(张奠宙、丁传松、柴俊). 科学出版社. 2011.

24.《张奠宙数学教育随想集》(张奠宙). 华东师范大学出版社. 2013.

25.《数学教育的"中国道路"》(张奠宙、于波). 上海教育出版社. 2013.

26.《数学文化教程》(张奠宙、王善平). 高等教育出版社. 2013.

27.《大学数学教学概说》(张奠宙、柴俊). 高等教育出版社. 2015.

28.《小学数学教材中的大道理》(张奠宙、巩子坤、任敏龙、张园、殷文娣). 上海教育出版社. 2016.

英文论文

数学史

1. Mathematical exchange between the US and China: a concise overview (Zhang Dianzhou, Joe Dauben) 收入 E. Knoblock 主编的 History of modern mathematics. Academic Press. 1994.

2. C. N. Yang and contemporary mathematics. Mathematitical Intelligeancer. 1993 (4).

数学教育

1. Some aspects of the populalization of mathematics in China 收入 The populalization of mathematics. ICMI studies series. Cambridge University Press. 1990.

2. Some puzzling questions arise from mathematics education in China proceedings of UCSMP. Chicago. 1992 (3).

3. Some characteritics of mathematics education in East Asia: an overview from China. Proceedings of ICMI-East Asia regional conference. Korea. 1998.

4. The "Two Basics" mathematics teaching approach and the open ended problem solving (Zhang Dianzhou and Dai Zaiping). Research in Mathematical Education. 2014 (8).

5. Two basics mathematics teaching approach in China (张奠宙、李士锜、唐瑞芬) 收入 How Chinese learn mathematics (Fan Lianghuo, Wong Ngai-Ying, Cai Jinfa, et al.). World Scientific Publishing Company. 2004. 《中国大陆的"双基"教学》(中译版) 收入范良火等主编《华人如何学习数学》. 江苏教育出版社. 2005.

6. An overview of the mathematics curricula in the West and East: discussions on findings in the Chongqing paper (Margaret Wu, Zhang Dianzhou). The 13th ICMI Comprative Study Conference. The Hong Kong university. 2002.

7. Mathematics education in different culture traditions: a comparative study of East Asia and West (Frederick K. S. Leung, Klaus D. Graf, Francis J. Lopez-Real). Springer. 2006.

8. Teaching geometrical theorems in grade 8 using the "Shen Tou" method: a case study in Shanghai (Ding Liping, Keith Jones, Zhang Dianzhou) 收入 How Chinese teaching mathematics (Fan Lianghuo, Wong Ngai-Ying, Cai Jinfa, et al). World Scientific Publishing Company. 2015.

说 明

1. 数学教育方向上的各类文字，大多分别收入《数学教育经纬：张奠宙自选集》《张奠宙数学教育随想集》和本书。由于是选集，有些文章未收入，例如：

(1) 走进"大数学"视野的教育.《数学教育研究》(镇江师专，后来并入江苏大学) 创刊号2004年第1期.

(2) 常规数学教学中创新点的设计 (张奠宙、崔雪芳).《教育科学研究》2006年第1期.

(3) 建设符合中国国情的合作学习——以数学学科为例 (张奠宙、黄荣良).《中学数学教学参考》2007年第1-2期.

(4) 话说"数学双基".《湖南教育》(数学教师) 2007年第1期.

(5) 关于基础与创新.《中学数学月刊》(苏州大学) 2010年第1期.

(6) 中国基础教育在改革、继承与自信中前进.《中国教育学刊》2011年第11期.

(7)《普通高中数学课程标准》的回顾与展望.《中学数学月刊》2013年第3期.

(8) 请多多关注小学数学教材的科学性.《小学教学 (数学版)》2015年第12期.

(9) 乘风破浪，大力开创珠算文化的新局面.《上海珠心算》2014年第1期.

(10) 关于"函数教学中的几个问题"的谈话——数学教学要抓住数学本质 (张奠宙、施洪亮、薛茂昌).《数学教学》2009年第2期.

(11) 努力诠释中国特色的数学教育理念以及实践特色：张奠宙访谈录 (张红、宁锐).《中学数学教学参考》(上旬) 2013年第1期.

(12) 对中国数学教育的历史和发展之若干问题的理性思考：对张

奠宙先生的访谈录（代钦、李春兰）.《数学教育学报》2012年第1期.

2. 大学数学教育，在我国是一个新的研究领域。2015年与柴俊合作出版的《大学数学教学概说》是此前一系列有关文字的概括。例如：

《新概念：用问题驱动的数学教学》（张奠宙、张荫南）.《高等数学研究》2004年第3、第5期.

《微积分赏析漫谈》（张奠宙、丁传松）.《高等数学研究》2009年第3期.

《努力掌握微积分思想的精髓——“初等数学里的微积分”读后感》（张奠宙）.《数学教学》2010年第2期.（后收入张景中《直来直去的微积分》一书中作为代序）

《在理论和实践上进一步加强大学数学教学：国际研究述评》（张奠宙、柴俊）.《大学数学》2010年增刊.

《关于大学数学教学的一些基本原理》（张奠宙、柴俊）.《高等数学研究》2012年第3期.

《微积分：局部与整体的统一》（张奠宙）收入《数学与科学》（“数学与人文”丛书之一）. 高等教育出版社. 2015.

3. 基础教育的著作较多，自认为较有创意的有以下10本：

《中国数学双基教学》《数学教育的“中国道路”》《数学教育概论》《数学文化教程》《数学学科德育——新视角·新案例》《情真意切话数学》《大学数学教学概说》《小学数学教材中的大道理》《张奠宙数学教育随想集》《我亲历的数学教育（1938—2008）》